高层民用建筑空调设计

潘云钢　编　著

中国建筑工业出版社

图书在版编目（CIP）数据

高层民用建筑空调设计/潘云钢编著．—北京：中国
建筑工业出版社，1999

ISBN 978-7-112-03975-3

Ⅰ．高… Ⅱ．潘… Ⅲ．高层建筑：民用建筑-空气
调节系统-建筑设计 Ⅳ．TU976

中国版本图书馆 CIP 数据核字（1999）第 47052 号

本书从设计人员具体工作的角度出发，对目前高层民用建筑中的空调水系统、空调风系统、空调自动控制及防排烟系统等的设计进行了较详细的分析，对目前常用的一些空调设备及附件的特点和使用也做了简要的介绍。同时，本书还针对一个工程的各个具体设计阶段、设计步骤、工种之间的配合等内容，结合作者的工作实践提出了一些看法和做法，以供设计同行参考。

本书也可供暖通空调专业设计、施工、教学及空调管理人员参考。

* * *

责任编辑 时咏梅

高层民用建筑空调设计

潘云钢 编 著

*

中国建筑工业出版社出版、发行（北京西郊百万庄）

各地新华书店、建筑书店经销

廊坊市海涛印刷有限公司印刷

*

开本：787×1092 毫米 1/16 印张：25¼ 字数：613 千字
1999 年 11 月第一版 2017 年 10 月第十二次印刷

定价：**35.00** 元

ISBN 978-7-112-03975-3
（9378）

前　言

　　20 世纪 80 年代以来，随着改革开放的不断深入和我国国民经济的不断发展，以高层旅馆为先导的高层民用建筑在我国有了蓬勃的发展。通过与国外的交流和先进技术的引进，对我国高层民用建筑空调技术的设计、发展和应用起到了极大的推动和促进作用。从近 20 年来空调技术在我国高层民用建筑的应用情况和目前国外的发展状况可以看到，我国的高层民用建筑空调设计的水平有了较大的提高，国际上目前常用的一些先进的空调技术在我国都有了较为广泛的使用，一些工程设计也达到了国际先进水平。

　　但是，在目前国内的大约 14000 多家设计单位中，从设计水平、设计能力和总体规模上看参差不齐，因而也有相当多的工程设计的经济、技术等多方面都有值得商榷之处，总体水平与国际先进水平存在一定的差距。形成这一差距的原因是多方面的。宏观上来看，有设计体制的原因，有建筑市场的需求不同等。从行业内来看，新技术的研究和掌握只局限在一些大专院校、科研机构和有较强实力的大的设计院之中，而其推广普及工作相对落后；在空调产品上差距更大一些，由于对一些先进设备的不了解又反过来影响设计水平的提高。作者认为：宏观上的原因将随着我国的不断发展进步而得到改善，但后者的改进则是我们全体空调设计人员所面临的一个重要任务。

　　本书针对高层民用建筑空调设计的特点，从空调设计的基本原理、不同建筑空调系统的特点、目前作者所了解的一些成熟的新的空调技术及设备、空调设计与建筑设计的配合等几方面，结合作者在设计工作中的研究和体会进行了介绍。其目的是希望与各位同行一起共同来关心我国的空调事业的发展，为缩小与世界先进水平的差距而共同努力。

　　本书第十四章由丰涛同志编写，其余由潘云钢同志编写。由于作者水平有限，书中一定存在许多不当之处，恳请各位读者不吝赐教。

目　　录

第一章 概 述

高层建筑目前在我国的建筑业中，占了相当重要的地位。从其本身来看，高层建筑的发展是建立在以下两个基础之上的：

首先，随着社会的不断发展和进步，对建筑的要求越来越多，功能也越来越复杂，人们对建筑的依赖性也越来越大。城市人口的不断增加，导致地面面积已越来越紧张，为了保证必需的建筑使用面积和地面交通、绿化等公用设施的所需，向高空去要人们的生活与工作空间已经成为现代化社会的需要了。在旅游地区，旅游业的发展也越来越呈现出上述倾向。因此，高层建筑的发展首先是适应现代社会人们的生活和工作等的需求而出现的。在发达国家，高层建筑占有相当大的比例。当然，高层建筑并非发达国家的"专利"，一些人口较多的发展中国家，更需要对建筑面积的需求问题予以解决。

其次，随着社会的发展与进步，建筑技术有了不断的创新和完善，给高层建筑的发展不断提供了新的工艺和技术保障。

正是在上述人们的需求与建筑技术得以提高这两点相适应的基础上，才有了高层建筑的蓬勃发展。

应该说，在我国高层建筑从 20 世纪 30 年代就已开始出现了（如上海的一些建筑），但发展速度一直是较缓慢的。之所以如此，其间有诸多原因，但总的来说有两大方面：一是技术落后及经济不发达，制约了高层建筑的发展；二是观念落后，闭关自守。直到 20 世纪 70 年代末，我国改革开放方针政策的确立，才让人们看到了我国与国外建筑技术的差距和现代社会观念的落后性，也正是从此时起，我国的高层建筑才真正进入了一个飞速发展的新时期。可以这样说，近 20 年来我国高层建筑的发展，完全可以作为我国向现代化社会迈进的一个标志和里程碑。

关于高层建筑的划分，就其本身而言，并无一个统一的标准。但就建筑设计来说，到目前为止，我国各级行政主管部门和建筑设计人员通常是按中华人民共和国《高层民用建筑设计防火规范》（GB 50045—95）（以下简称《高规》）的规定来划分的。

《高规》第 1.0.3 条规定：本规范适用于下列新建、扩建和改建的高层民用建筑及其裙房：

    1.0.3.1　10 层及 10 层以上的居住建筑（包括首层设置商业服务网点的住宅）；

    1.0.3.2　建筑高度超过 24m 的公共建筑。

就目前我国的实际情况而言，高层建筑几乎全都是民用建筑（极少有工业建筑的情形），如高层住宅、高层公寓、高层酒店及办公楼（有时又称为写字楼）等等。在近年来，商业建筑和医疗建筑等也开始逐渐向高层发展。因此，以《高规》来区分高层建筑还是比较合理的。

第一节 高层民用建筑的特点及其分类

一、共有特点

(一) 楼层数较多 (10 层以上)

楼层越多,在同样占地面积的条件下,建筑面积也就越大,容积率越高,越能满足人们对使用面积的需求。

(二) 高度较高 (超过室外地面 24m 以上)

在相同的层高条件下,高度增加,意味着楼层数的增加,同样增加了建筑面积。目前,我国的高层建筑有向高度上发展的趋势,一些超过 100m 的超高层建筑在一些大中城市中不断涌现。

(三) 建筑标准高

关于建筑标准的衡量,通常有两大项:一是室内外装修标准,二是室内机电设备的设置情况。除普通民用高层住宅外,其它多数高层民用建筑的室外装修材料都比较高级,有的甚至采用全金属幕墙或玻璃幕墙;室内装修材料考究,装修形式复杂多样;完备的机电系统设置以及其它供使用和管理的措施 (如楼宇计算机管理系统、文件数据传输系统、供配电系统、通讯系统、卫星电视系统、消防系统、卫生系统和空调系统等等),对整个建筑的使用提供了良好的支持。

(四) 结构复杂

结构的复杂性是由高层建筑本身的特点引起的,但它对建筑内其它各专业的设计又起了一定的限制作用。目前,我国绝大多数高层民用建筑通常都采用剪力墙结构或剪力墙-框架的混合结构体系 (近年来也有一些建筑开始采用钢结构体系)。为了在层高不变的条件下尽量提高室内空间 (或者说,为了在保证要求的室内净空的条件下尽量节省层高),结构梁板设计的变化也较多,如宽扁梁、密肋梁、预应力梁板、模壳、无梁厚板等结构形式均有较广泛的采用。

(五) 功能复杂

高层民用建筑在使用上的功能是复杂多样的。如前述的公寓、酒店、办公楼等,一些建筑甚至是上述几种功能的组合体。另外,多种内部机电系统及其设计也可以得到多种不同的使用功能。

(六) 人员密度大

相对于低层建筑而言,这一点是显而易见的。楼层越多,相对于占地面积的人员密度就越大,这也是设计中需认真考虑的。

二、分类特点

高层建筑除具有上述共性外,不同类型的建筑还有一些独自的特点。

(一) 普通民用住宅类

普通民用高层住宅在我国的高层建筑中占有相当大的比例,可以说是高层建筑发展的一个基本点,也是关系到大众百姓日常生活的重要环节。它的基本特点是以适用为第一原则,其内部构造相对简单,房间尺寸规范,室内装修以普及型为主,造价低廉,但人员较多，使用效率较高。

（二）旅馆、酒店、饭店类

此类建筑在我国高层建筑中所占比例目前仅次于民用高层住宅。其特点是种类繁多，标准不一，从分类上看既有按国际标准划分的一～五星级，又有按国内标准划分的一～六级。按国际标准时，星级越高则标准越高，功能越复杂；而按国内标准则是级别越高表示标准越低。总的来说，此类建筑功能复杂，管理要求高，使用上既有公建设施（如大厅、餐厅、娱乐设施等），又有客房及一些管理用办公室。另外，人员的流动性较大，各种人员对使用上的要求也不尽一致。

此类建筑在客房的设计上比较趋于标准化，也是其明显的特点。

（三）办公楼类

此类建筑在使用上和管理上与酒店建筑有一些相似之处，但其明显的区别在于：其使用时的人员密度较高，使用的时间性较强，因此统一的管理比酒店建筑方便一些。但对于一些出售或出租性的办公楼，由于使用者的不同要求，有可能会对房间进行二次分隔和装修，给设计带来一定的困难。另外，一些房间内特殊办公设备的使用也是需要设计人员认真去考虑的问题。

（四）公寓类

严格来说，公寓类建筑与普通民用住宅类建筑并没有多大的本质区别，本书之所以把它单独列出，主要是从建筑标准上加以区分的。因此，本书以下提到公寓时，若没有特别指明的话，主要是指建筑标准较高，设备系统配置较复杂（尤其是暖通空调系统，这将在以后的章节中提及），以出租或出售形式而建造的高级公寓。

最近几年，我国的一些大城市中开始出现称为服务式公寓和称为公寓式写字楼的建筑形式。所谓"服务式公寓"，即是介于酒店与普通公寓类之间的一种建筑，其服务和管理方式与酒店类似，房间的布置与酒店客房相比，增设了简易厨房、饭厅甚至起居室，但比公寓的同类房间规模小一些；"公寓式写字楼"从本质上来说与公寓并无多大区别，只是房间使用性质的改变。当然，由于这两种建筑在使用、管理上的变化，建筑设计中也应作相应的考虑和调整。

（五）商业类

商业建筑的高层建筑的形式出现是近几年才开始的，也是随着人们生活水平提高而发展的。商业建筑的特点是：①形式花样变化多，既有大空间形式，又有小的分隔间（如精品店），甚至部分与办公楼相似，需进行二次装修的出租性商场（目前这种情况越来越多）；②使用要求随营业性质的不同而有较大的差异；③人员流动性较大，同一商场人员密度通常随时间有较大的区别，不同的商场人流量则有可能大不相同，无法一概而论。

（六）多功能综合建筑及建筑群

90年代以来，随着国外建筑思潮的引入及国内房地产开发的不断发展，人们生活及工作观念的变化，出现了一系列可在同一建筑或同一区域内即能同时满足人们生活、工作、娱乐、购物等需求的综合性建筑（或建筑群）。简单的综合建筑可以是包括前几类建筑功能的单一楼宇，其每一功能的规模相对较小（一些大型酒店就是具有类似的情况）；而复杂的则是上述几类建筑形式有机地结合在一起或组合在某一区域内的综合建筑群（多以"中心"、"广场"及"花园"等名称命名）。可以预料的是，随着国民经济的不断发展，此类综合建筑会越来越多。

（七）医疗建筑

近年来，医疗建筑（尤其是住院楼）也开始步入高层建筑的领域（如在北京已建成的中国人民解放军总医院等）。此类建筑随医疗性质的要求，设计上受一定的工艺影响，特殊性较强。关于此类建筑，由于目前已有较多的书籍、资料对此作过专门详细的介绍，因此本书也就不打算在此详细讨论了。

第二节 常用规范、标准及其应用

在高层民用建筑暖通空调设计中，常用的规范分为两大类：即设计类和施工类。在设计类规范中，又分为通用设计规范（适合于各类建筑）和专用设计规范（只针对某类建筑）。

设计类规范是每个设计人员应首先遵循的基本规范，不符合设计规范原则的工程设计是不允许的。在此前提下，一个工程的施工图设计还应尽可能满足有关施工的规范和要求。

一、通用设计规范

1.《采暖通风与空气调节制图标准》（GBJ 114—88）；

2.《采暖通风与空气调节设计规范》（GBJ 19—87）；

3.《民用建筑节能设计标准（采暖居住建筑部分）》（JGJ 26—95）；

4.《民用建筑热工设计规范》（GB 50176—93）；

5.《高层民用建筑设计防火规范》（GB 50045—95）；

6.《民用建筑设计通则》（JGJ 37—87）。

二、专用设计规范

1.《人民防空工程设计防火规范》（GB 50098—98）；

2.《人民防空地下室设计规范》（GB 50038—94）；

3.《汽车库设计防火规范》（GBJ 67—84）；

4.《宿舍建筑设计规范》（JGJ 36—87）；

5.《住宅设计规范》（GB 50096—99）；

6.《托儿所、幼儿园建筑设计规范》（JGJ 39—87）；

7.《中小学建筑设计规范》（GBJ 99—86）；

8.《文化馆建筑设计规范》（JGJ 41—87）；

9.《图书馆建筑设计规范》（JGJ 38—87）；

10.《档案馆建筑设计规范》（JGJ 25—87）；

11.《博物馆建筑设计规范》（JGJ 66—91）；

12.《剧场建筑设计规范》（JGJ 57—88）；

13.《电影院建筑设计规范》（JGJ 58—88）；

14.《办公建筑设计规范》（JGJ 67—89）；

15.《综合医院建筑设计规范》（JGJ 49—88）；

16.《疗养院建筑设计规范》（JGJ 40—87）；

17. 《旅馆建筑设计规范》（JGJ 62—90）；

18. 《商店建筑设计规范》（JGJ 48—88）；

19. 《饮食建筑设计规范》（JGJ 64—89）；

20. 《城市热网设计规范》（CJJ 31—90）；

21. 《旅游旅馆建筑热工与空气调节节能设计标准》（GB 50189—93）。

三、施工类规范

1. 《采暖与卫生工程施工及验收规范》（GBJ 242—82）；

2. 《通风与空调工程施工及验收规范》（GB 50243—97）；

3. 《制冷设备安装工程施工及验收规范》（GBJ 66—84）。

在空调设计中，除应遵守上述规范外，对于不同地点的建筑，当地或地区另有一些规定或具体要求，也是应在设计中遵守或满足的。

设计过程中，有时具体情况会与上述规范有所矛盾，甚至上述规范之间对于某一具体问题也可能存在一定的区别处理，这就需要设计人员在把握规范有关条文的精神实质的基础上，与有关主管部门协商解决。

由于时间原因，读者看到本书时，上述规范有的可能已修编，请各位读者注意此点。

第三节　高层民用建筑空调设计的内容及范围

一、夏季冷风空气调节系统

这是空调设计的重点和难点，衡量一幢建筑空调设计的好坏，很大程度上取决于此部分的设计，尤其是在我国一些冬季不设供热系统的南方地区的建筑更是如此。本部分既有空调风系统，又有空调水系统，需考虑的问题较多，技术上也有较大的难度。另外，高层民用建筑冷风空调系统的能耗和投资占建筑总能耗及投资的比例较大，因此，技术经济的合理性分析是必不可少的。

二、冬季热风空气调节系统

此部分除要考虑上述夏季冷风空调系统的问题外，在北方地区还要考虑诸如建筑的防结露问题、设备的防冻问题、室内空气湿度控制及加湿等问题。另外，当冬、夏季合用一个系统时，水系统的切换及风系统的气流组织也是一个值得重视的问题。

三、机械通风系统

民用建筑的机械通风系统从原则上来说是指不采用冷、热源的机械送风及机械排风系统。通常，这部分的服务范围是一些不空调的房间，如机电设备用房、库房、卫生间等。此部分的设计从技术和原理上来说并不困难，但由于内容较多且在建筑物内较为分散，对设计图纸的实际布置及制图会产生较大的影响。

四、防火及防排烟系统

此部分是高层民用建筑设计的又一个关键部分。从《高规》中我们就可以看出，从民用建筑空调设计来说，此部分也是高层民用建筑与普通低层建筑空调通风设计的一个显著区别。设计中首先应与建筑设计密切配合，同时，建筑所在地消防主管部门的意见和规定对于设计起着决定性的作用。

五、空调自动控制系统

空调自动控制系统并非空调设计之外的新系统，它应属于建筑空调系统的一个重要组成部分，通常包括的范围有参数的自动控制和设备联锁。尽管此部分应与电气设计配合完成，但把它完全交给电气工种（或所谓自控专业）的做法只能是适用于工业建筑而不适用于民用建筑，这是由民用建筑在使用上具有更大的灵活性的特点所决定的。

随着控制技术的不断发展，空调通风自动控制系统的形式也越来越多，这从另一个方面来说，也为空调通风系统本身的不断发展和更新提供了可靠的技术保证。

第二章 空调负荷

第一节 人体的舒适性及室内设计参数

一、人体的舒适性

空气调节建筑的一个主要目的就是要为其使用人员创造一个舒适的生活、工作、娱乐或购物等的环境空间，因此，也可称为人工环境工程的一部分，这一点对于高层高级民用建筑尤为突出。通常来说，在高层民用建筑空调中，影响人体舒适性的环境因素有以下内容。

（一）室内温度

室内温度是影响人员舒适性的最主要因素，也是空调设计中首要考虑的问题。室温对人员的影响是通过人体表面皮肤的对流换热和导热作用来表现的。无论是冬季还是夏季,过高或低的室内温度都会使人体本身的热平衡受到破坏，从而产生极不舒适的感觉，严重时甚至导致室内人员生病的情况发生。

（二）相对湿度

相对湿度影响人体表面汗液的蒸发，实际上也是对人体热平衡的一种影响。相对湿度过高会使人感到气闷，汗出不来；过低又会使人感觉干燥。我国北方地区的一些建筑，冬季室内物品经常产生静电，也是相对湿度过低引起的。相对湿度过低的另一个不良影响是使室内的木质家具及装修材料产生裂纹，给用户带来直接的经济损失。

（三）CO_2 浓度及新风量

在空调建筑中，通常对门窗的密闭性要求较高，除非特殊要求，采用开窗取新风的办法是不合适的。然而，近年来由于新鲜空气不足而产生的所谓"空调病"使许多人对空调产生了一种抵触心理，因此，必须不断地对人员的活动空间提供一定量的新鲜空气，以稀释室内人员产生的 CO_2 及其它物品产生的有害气体的浓度。只有当有害气体和 CO_2 的浓度控制在一定的范围时，才能满足室内人员的"最低舒适性"要求——实际上即是保证人员卫生健康所要求的最低标准。

随着人民生活水平的提高，相信对此的要求也会逐渐提高，这也符合目前学术界正关注的关于"IAQ"（室内空气质量）问题的讨论结果和要求。尽管这样做必须以多耗能源为代价（提高新鲜空气量意味着能耗的增加，此点将在以后的章节中详细讨论），但如果不这样要求，则是以人体的健康为代价，这显然背离了人们最根本的需求及空调建筑的"初衷"了。

（四）室内空气流速

由于空调通风，必然会造成室内空气的流动,气流速度也会对人体造成一定的影响。最明显的是夏季送冷风时，如果冷空气的流速过大，造成人体吹冷风的感觉时，会对舒适性产生不利的影响。

（五）周围物体的表面温度

由于人体的散热量中，有一部分是通过人体对周围物体的辐射来进行的，辐射散热量的大小取决于人体与物体表面的温差。因此，周围物体的表面温度也是影响室内人员冷、热感觉的因素之一。

（六）噪声

噪声将使人产生烦燥不安的情绪，有害于人体身心健康。有效的控制空调通风系统的噪声，是空调设计的一个重要部分。

影响人体舒适性的因素是多方面的。除上述之外，诸如人员穿衣的多少、个人的生活习惯、房间的使用性质等，都会对其产生一定的影响。另外，现行的国家和地方的有关标准、规范等，也会对上述舒适性参数的设计选用产生一定的制约因素。

二、室内设计参数的选用

结合目前国际上较为认可的标准并就我国的实际情况而言，作者推荐在我国的高层民用建筑空调设计中，采用的室内设计参数如表 2-1 所示，供读者及有关设计人员参考。

高层建筑室内设计参数表　　　　　　　　　　　　　　　　　　　表 2-1

房间使用 性 质	夏　季			冬　季		新风量 [m³/（h·人）]	噪声 NR (dB)
	干球温度 (℃)	相对湿度 (%)	气流速度 (m/s)	干球温度 (℃)	相对湿度 (%)		
客　房	24～27	50～60	0.2～0.4	20～22	35～40	50	35～40
办公室	24～27	50～60	0.2～0.4	20～22	35～40	25～40	35～45
公　寓	24～27	50～60	0.2～0.4	20～22	35～40	30～40	35～45
病　房	24～27	50～60	0.2～0.4	20～22	35～40	50	35～40
按摩室	24～27	50～60	0.2～0.4	22～24	35～40	30～40	40～45
教　室	24～27	50～60	0.2～0.4	20～22	≥35	30～40	35～40
保龄球	23～25	50～60	0.3～0.5	18～21	≥35	50	45～55
舞　厅	23～25	50～60	0.3～0.5	18～21	≥35	40	40～50
健身房	23～25	50～60	0.3～0.5	18～21	≥35	50	45～55
商　场	24～27	50～60	0.2～0.4	18～20	≥35	15～25	40～50
餐　厅	23～25	50～60	0.2～0.4	18～20	≥35	25～30	40～50
门　厅	25～28	55～65	—	18～20	30～35	15～25	45～55
会议室	24～27	50～60	0.2～0.4	20～22	35～40	50	35～40
展览馆	25～28	50～60	—	18～21	≥35	20～30	45～55
影剧院	25～28	50～60	0.2～0.4	20～22	≥35	15～25	40～50
游泳池	27～29	60～70	0.2～0.4	27～29	40～50	50	45～55

在应用表 2-1 时，应根据不同的建筑及房间的使用标准或业主的要求，在所给的范围内灵活地选取。

第二节　室外气象参数的选用

室外气象参数是空调设计的基础，正确地选取它，是空调设计合理性的一个基本保证。选用时，必须严格地以《采暖通风与空气调节设计规范》（GBJ 19—87）为依据。从目前情况看，与高层民用建筑空调设计有关的主要室外气象参数及其用途如下：

一、纬度

纬度用于区分工程所在地的区域，不同的纬度有不同的太阳辐射值，因而会对空调负荷产生不同的影响。此参数主要用于本书所推荐的冷负荷计算方法之中。

二、大气压力

大气压力决定了湿空气的状态参数，不同的大气压力应采用不同的湿空气状态图（如 $h-d$ 图等）。

三、通风温度

在只设有机械通风的房间，室外空气通风温度会对室内温度产生一定的影响，因此，此值主要用于房间机械通风设计之中。

四、冬、夏季室外空气调节计算干球温度

在冬季空调热负荷计算及确定冬季室外空气状态时，将使用到冬季室外空气调节计算干球温度；在确定夏季室外空气状态时，将用到夏季室外空气调节计算干球温度。上述两者通常都是在 $h-d$ 图上确定的。

五、夏季空气调节室外计算湿球温度

此值是确定夏季室外空气状态的另一个参数，用于在 $h-d$ 图上对空气状态的定位。

六、最冷月平均室外相对湿度

此值与夏季空调室外计算湿球温度相似，用于在 $h-d$ 图上对冬季室外空气状态的定位。

七、室外平均风速

室外平均风速在冬、夏季是不一样的。因为风速的大小将直接影响到物体表面的放热系数，因此，此值主要用于建筑外围护结构传热系数的计算。

八、风向及频率

它们主要用于设计图中对进、排风口的朝向上的安排以及针对外门朝向所采取的相应措施。

九、极端最低或最高温度

由于空调设计以室外计算温度为依据，对于室外出现极端高、低温度时，可能会产生无法满足室内设计参数的情况。因此，在选择设备时，根据工程的具体情况或业主的使用要求，参考上述值作适当的调整有时是必要的。

十、夏季空气调节室外计算日平均温度

此参数主要用于本书推荐的冷负荷计算方法中部分结构的冷负荷计算。

除上述参数之外，其它的室外气象参数在一些特殊的工程中有时也有一定的参考或应用价值，需要设计人员灵活采用和取舍。

第三节 建筑热工、保温及防结露

在高层民用建筑中，由于建筑设计的多样性和灵活性，会导致其平、立面都越来越复杂。简单地要求建筑设计体型的规整甚至成为一个"方盒子"式建筑是不现实的，也是不可能的。空调通风设计对建筑设计的附属性，在高层民用建筑的设计中尤为明显，多数情况下，只能以建筑设计为基础提出本工种的要求。

由于能源的日益紧张，不合理的热工设计对能源的耗费会加大。通常，空调通风设备在高层民用建筑中所耗能源占整幢建筑能耗的 $50\%\sim70\%$ 左右，因此，从客观上又要求我

们必须做好热工设计。

不合理的热工设计还会导致本工种的风管和水管占用更多的建筑空间，这样又反过来影响建筑室内设计的合理性。

因此，高层民用建筑热工设计相对而言更是一个值得重视的问题，要求既不能影响建筑设计的总体效果，又要尽量满足本工种的要求，各工种的密切配合是必不可少的。只有不断地去解决这些矛盾，才能从整体上创造出一个优秀的建筑来。

一、热工要求

在不影响建筑设计的大原则下，通常应对其热工设计提出以下的一些注意事项或要求。

1. 空调建筑的外窗采用双层窗（或双层玻璃），窗缝的密封要求严密，窗面积应尽可能地减少。当窗的朝向为东、西方向时，若有条件可结合建筑立面的处理采取一些外遮阳的措施，因为从冷负荷计算来看，外遮阳比内遮阳能更有效地减小冷负荷。

2. 外门的朝向应尽量避免当地的主导风向，尤其在冬季时，冷风的渗透和侵入是一个不好处理的问题。同时，外门应能自动关闭或做门斗。有条件时，可对外门进行保温。

3. 外墙通常采用复合墙体，其传热系数根据不同地点及用途以及经济技术的合理性来选取，由于原材料价格随地点及时间的变化不同，外墙传热系数也是有所不一的。但从目前的实际情况和今后一段时期的发展趋势来看，为了方便室内空间设计和有效地节能，外围护结构的传热系数正在向越来越小的方向发展，目前国外建筑的外围护结构的传热系数也远小于国内同类建筑的同类结构。因此，通过对国内已有工程的调查研究并总结国外建筑的情况，作者认为在现阶段，外墙的传热系数在夏季不宜大于 $0.9 \mathrm{W}/ (\mathrm{m}^2 \cdot \mathrm{℃})$，冬季不宜大于 $1.0 \mathrm{W}/ (\mathrm{m}^2 \cdot \mathrm{℃})$。

4. 由于太阳在水平方向上的辐射强度远大于其它各个朝向，因此屋顶的保温性能对于夏季空调负荷的影响是相当大的。作者建议屋顶传热系数在夏季不大于 $0.65 \mathrm{W}/(\mathrm{m}^2 \cdot \mathrm{℃})$。

5. 部分轻质材料在施工过程中出现压缩、吸水及因为湿施工导致其干燥缓慢等原因，会使其导热系数比标准值加大，因而在向建筑工种提出保温材料的厚度及计算冷、热负荷时，还要考虑到对其导热系数进行修正，其修正公式如下：

$$\lambda_s = a \cdot \lambda \qquad (2-1)$$

式中　λ_s——实际导热系数 $[\mathrm{W}/ (\mathrm{m} \cdot \mathrm{℃})]$；

λ——标准导热系数 $[\mathrm{W}/ (\mathrm{m} \cdot \mathrm{℃})]$；

a——导热系数修正系数，见表 2-2。

导热系数修正系数表　　　　　　　　　　　　　　　　　　表 2-2

序　　号	材料、构造、施工、地区及使用情况	a
1	作为夹芯层浇筑在混凝土墙体及屋面构件中的块状多孔保温材料（如加气混凝土、泡沫混凝土及水泥膨胀珍珠岩等），因干燥缓慢及灰缝影响	1.60
2	铺设在密闭屋面中的多孔保温材料（如加气混凝土、泡沫混凝土、水泥膨胀珍珠岩、石灰炉渣等），因干燥缓慢	1.50
3	铺设在密闭屋面中及作为夹芯层浇筑在混凝土构件中的半硬质矿棉、岩棉、玻璃棉板等，因压缩及吸湿	1.20
4	作为夹芯层浇筑在混凝土构件中的泡沫塑料等，因压缩	1.20

序　号	材料、构造、施工、地区及使用情况	a
5	开孔型保温材料（如水泥刨花板、木丝板、稻草板等），表面抹灰或与混凝土浇筑在一起，因灰浆渗入	1.30
6	加气混凝土、泡沫混凝土砌块墙体及加气混凝土条板墙体、屋面，因灰缝影响	1.25
7	填充在空心墙体及屋面构件中的松散保温材料（如稻壳、木屑、矿棉、岩棉等），因下沉	1.20
8	矿渣混凝土、炉渣混凝土、浮石混凝土、粉煤灰陶粒混凝土、加气混凝土等实心墙体及屋面构件，在严寒地区，且在室内平均相对湿度超过65%的采暖房间内使用，因干燥缓慢	1.15

二、防结露

防结露是空调设计中的一个重要内容。尤其是在我国北方的一些高寒地区，如果室外温度较低或室内湿度较大（如室内游泳馆等房间），其外围护结构尤其是采光窗的结露是经常发生的，而这是高级民用建筑中不能容忍的。因此，必须对外围护结构的最小热阻进行限制。

应该明确的是，所限制的外围护结构的热阻并不是设计采用的最合理热阻，而仅仅是满足最低使用要求的热阻。

外围护结构的冬季传热过程如图2-1所示，图中：

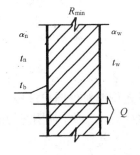

图 2-1　墙体传热示意图

α_n——内表面对流换热系数 [W/（m²·℃）]；

α_w——外表面对流换热系数 [W/（m²·℃）]；

t_n——室内温度（℃）；

t_w——室外温度（℃）；

t_b——内壁面温度（℃）；

R_{min}——外围护结构最小热阻（m²·℃/W）。

根据传热学原理可得出下列热平衡方程：

$$\frac{1}{\frac{1}{\alpha_n} + \frac{1}{\alpha_w} + R_{min}} \cdot (t_n - t_w) = \alpha_n \cdot (t_n - t_b) \tag{2-2}$$

由上式可得：

$$R_{min} = \frac{1}{\alpha_n} \times \left(\frac{t_b - t_w}{t_n - t_b} \right) - \frac{1}{\alpha_w} \tag{2-3}$$

要保证外围护结构在冬季内表面不结露，则 t_b 必须大于室内空气状态时的露点温度，由此及式（2-3）可计算出最小热阻要求。

为了读者及设计人员的使用方便，表2-3列出了不同室内状态及室外气温下，对外围护结构最小热阻 R_{min} 的要求数值。

外围护结构最小热阻表 R_{min} （m²·℃/W） **表 2-3**

t_n（℃）	20		21		22		23	
φ_n（%）	35	40	35	40	35	40	35	40
t_w（℃）								
−2	0.000	0.023	0.008	0.031	0.015	0.04	0.022	0.048
−4	0.015	0.04	0.022	0.048	0.029	0.056	0.037	0.064
−6	0.029	0.056	0.037	0.064	0.044	0.072	0.050	0.080
−8	0.044	0.072	0.050	0.080	0.058	0.089	0.065	0.097
−10	0.058	0.089	0.065	0.097	0.072	0.105	0.080	0.113
−12	0.072	0.105	0.080	0.113	0.087	0.122	0.094	0.130
−14	0.087	0.122	0.094	0.130	0.101	0.138	0.108	0.146
−16	0.101	0.138	0.108	0.146	0.116	0.155	0.123	0.163
−18	0.116	0.155	0.123	0.163	0.130	0.171	0.137	0.179
−20	0.130	0.171	0.137	0.179	0.144	0.187	0.151	0.196

注：本表应用条件为：

1. 外表面放热系数 $\alpha_w = 23.3$ W/（m²·℃）；

2. 内表面放热系数 $\alpha_n = 8.7$ W/（m²·℃）；

3. t_n、t_w——室内、外空气温度（℃）；

4. φ_n——室内空气相对湿度（%）。

表 2-3 仅列出了大多数空气调节房间在正常的使用范围时对外围护结构防结露的最低热阻要求。由于在实际工程中，使用房间是多种多样的（如室内游泳池及浴室等高湿度房间，对最小热阻的要求要小得多），因此应以实际情况为准。另外，不同地点的建筑以及同一建筑在不同高度的室外风速的区别，对外表面放热系数也会产生影响（如图 2-2 所示），因而也会导致对 R_{min} 的不同要求。

不同地点的室外标准风速 v_0（即距室外地面 10m 高处的风速）可在规范中查出，风速随高度 h 的变化可根据下式进行计算：

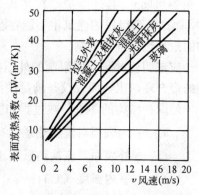

图 2-2　表面放热系数与风速的关系

$$v = \left(\frac{h}{10} \right)^{0.2} \times v_0 \tag{2-4}$$

第四节　冷负荷计算

冷负荷计算是空调设计及合理选用空调设备的主要依据。从性质上来看，空调冷负荷可分为围护结构冷负荷和室内冷负荷两部分。在目前的空调设计中，对空调冷负荷的计算有多种方法，作者在此推荐目前应用较多、以传递函数法为基础、通过研究和实验而得到的冷负荷系数法。

此计算方法的一个基本出发点是把房间的得热量与冷负荷两者从概念上区分开来。得热量即某一瞬时进入室内的热量，而冷负荷系指维持房间一定温度时应从室内除去的热量。在辐射得热量（包括室外太阳辐射得热及室内照明发热）中，其中一部分并不是立即传至室内空气之中，而是以辐射形式传给围护结构及室内物体作为蓄热，通过一定的时间延迟后，再以对流形式从这些物体传至室内空气之中。因此，任一时刻的室内冷负荷与其得热量并不总是相等的，可以说一天内的最大瞬时冷负荷肯定小于最大瞬时得热量。由于各类蓄热体的性质不同，通过计算机模拟及实验可由此得到不同的冷负荷系数（针对太阳辐射得热及室内人员、照明及设备发热等）或冷负荷计算温度（针对于窗的温差传热、外墙及屋面传热）。对于内围护结构，则按稳定传热计算。在计算出各时间不同类型的冷负荷后，按时刻逐时相加，即可得到各时刻的计算冷负荷值。

一、围护结构冷负荷

围护结构冷负荷，可以分为外围护结构和内围护结构两大部分，外围护结构通常由外墙、外窗（或自然采光部分）和屋顶等直接与室外空气相接触的部分组成。

（一）外围护结构冷负荷

1. 外窗冷负荷

外窗冷负荷由两部分构成，即太阳辐射得热引起的冷负荷和温差传热引起的冷负荷。

太阳辐射得热通过玻璃窗引起的逐时冷负荷按下式计算：

$$CL_1 = C_a \cdot C_s \cdot C_n \cdot F_c \cdot D_{j\max} \cdot C_{cl} \quad (\text{W}) \qquad (2-5)$$

式中　C_a——窗有效面积系数，见表 2-4；

　　　C_s——窗玻璃遮挡系数，见表 2-5；

　　　C_n——窗内遮阳系数，见表 2-6；

　　　F_c——外窗面积（m^2）；

　$D_{j\max}$——最大太阳辐射得热因素（W），见表 2-7；

　　　C_{cl}——外窗冷负荷系数，见表 2-8（a）～表 2-8（d）。

窗的有效面积系数值 C_a　　　　　　　　　　　　表 2-4

系　数 ＼ 窗的类别	单层钢窗	单层木窗	双层钢窗	双层木窗
有效面积系数 C_a	0.85	0.70	0.75	0.60

窗玻璃的 C_s 值　　　　　　　　　　　　表 2-5

玻　璃　类　型	C_s　值
"标准玻璃"	1.00
5mm 厚普通玻璃	0.93
6mm 厚普通玻璃	0.89
3mm 厚吸热玻璃	0.96
5mm 厚吸热玻璃	0.88
6mm 厚吸热玻璃	0.83
双层 3mm 厚普通玻璃	0.86
双层 5mm 厚普通玻璃	0.78
双层 6mm 厚普通玻璃	0.74

注：1. "标准玻璃"系指 3mm 厚的单层普通玻璃；

　　2. 吸热玻璃系指上海耀华玻璃厂生产的浅蓝色吸热玻璃；

　　3. 表中 C_s 对应的内、外表面放热系数为 $\alpha_n = 8.75\text{W}/(\text{m}^2 \cdot \text{℃})$ 和 $\alpha_w = 18.7\text{W}/(\text{m}^2 \cdot \text{℃})$；

　　4. 这里的双层玻璃的内、外层玻璃是相同的。

窗内遮阳设施的遮阳系数　　　　表 2-6

内 遮 阳 类 型	颜 色	C_n
白布帘	浅色	0.50
浅蓝布帘	中间色	0.60
深黄、紫红、深绿布帘	深色	0.65
活动百叶帘	中间色	0.60

夏季各纬度带的太阳辐射得热因数最大值 D_{jmax}（W）　　　　表 2-7

纬度带 ＼ 朝向	S	SE	E	NE	N	NW	W	SW	水 平
20°	130	311	540	464	130	464	540	311	874
25°	145	331	509	420	134	420	509	331	833
30°	173	374	538	415	115	415	538	374	831
35°	251	435	574	428	122	428	574	435	843
40°	302	476	598	441	114	441	598	476	841
45°	367	507	597	432	109	432	597	507	810
拉萨	174	461	726	591	132	591	726	461	989

北区无内遮阳窗玻璃冷负荷系数　　　　表 2-8（a）

朝向 ＼ 时间	0	1	2	3	4	5	6	7	8	9	10	11	12	13	14	15	16	17	18	19	20	21	22	23
S	0.16	0.15	0.14	0.13	0.12	0.11	0.13	0.17	0.21	0.28	0.39	0.49	0.54	0.65	0.60	0.42	0.36	0.32	0.27	0.23	0.21	0.20	0.18	0.17
SE	0.14	0.13	0.12	0.11	0.10	0.09	0.22	0.34	0.45	0.51	0.62	0.58	0.41	0.34	0.32	0.31	0.28	0.26	0.22	0.19	0.18	0.17	0.16	0.15
E	0.12	0.11	0.10	0.09	0.09	0.08	0.29	0.41	0.49	0.60	0.56	0.37	0.29	0.29	0.28	0.26	0.24	0.22	0.19	0.17	0.16	0.15	0.14	0.13
NE	0.12	0.11	0.10	0.09	0.09	0.08	0.35	0.45	0.53	0.54	0.38	0.30	0.30	0.30	0.29	0.27	0.26	0.23	0.20	0.17	0.16	0.15	0.14	0.13
N	0.26	0.24	0.23	0.21	0.19	0.18	0.44	0.42	0.43	0.49	0.56	0.61	0.64	0.66	0.66	0.63	0.59	0.64	0.64	0.38	0.35	0.32	0.30	0.28
NW	0.17	0.15	0.14	0.13	0.12	0.11	0.15	0.17	0.19	0.20	0.22	0.25	0.28	0.39	0.50	0.56	0.60	0.59	0.31	0.25	0.22	0.21	0.19	0.18
W	0.17	0.16	0.15	0.14	0.13	0.12	0.14	0.15	0.16	0.17	0.17	0.19	0.25	0.37	0.47	0.52	0.62	0.55	0.24	0.23	0.21	0.20	0.18	0.17
SW	0.18	0.16	0.15	0.14	0.13	0.12	0.14	0.15	0.17	0.18	0.20	0.21	0.29	0.40	0.49	0.54	0.64	0.59	0.39	0.25	0.24	0.22	0.20	0.19
水平	0.20	0.18	0.17	0.16	0.15	0.14	0.16	0.22	0.31	0.39	0.47	0.53	0.57	0.69	0.68	0.55	0.49	0.41	0.33	0.28	0.26	0.25	0.23	0.21

北区有内遮阳窗玻璃冷负荷系数　　　　表 2-8（b）

朝向 ＼ 时间	0	1	2	3	4	5	6	7	8	9	10	11	12	13	14	15	16	17	18	19	20	21	22	23
S	0.07	0.07	0.06	0.06	0.06	0.05	0.11	0.18	0.26	0.40	0.58	0.72	0.84	0.80	0.62	0.45	0.32	0.24	0.16	0.10	0.09	0.09	0.08	0.08
SE	0.06	0.06	0.06	0.05	0.05	0.05	0.30	0.54	0.71	0.83	0.80	0.62	0.43	0.30	0.28	0.25	0.22	0.17	0.13	0.09	0.08	0.08	0.07	0.07
E	0.06	0.05	0.05	0.05	0.04	0.04	0.47	0.68	0.82	0.79	0.59	0.38	0.24	0.24	0.23	0.21	0.18	0.15	0.11	0.08	0.07	0.07	0.06	0.06
NE	0.06	0.05	0.05	0.05	0.05	0.04	0.54	0.79	0.90	0.88	0.58	0.39	0.29	0.29	0.27	0.25	0.21	0.16	0.12	0.08	0.07	0.06	0.06	0.04
N	0.12	0.11	0.11	0.10	0.10	0.09	0.59	0.54	0.54	0.65	0.76	0.81	0.83	0.83	0.79	0.71	0.60	0.61	0.68	0.17	0.16	0.15	0.14	0.13
NW	0.08	0.07	0.07	0.06	0.06	0.06	0.09	0.13	0.17	0.21	0.23	0.26	0.26	0.35	0.57	0.76	0.80	0.83	0.67	0.13	0.10	0.09	0.09	0.08
W	0.08	0.07	0.07	0.06	0.06	0.06	0.08	0.11	0.14	0.17	0.18	0.19	0.20	0.34	0.56	0.72	0.83	0.77	0.53	0.11	0.10	0.09	0.09	0.08
SW	0.08	0.08	0.07	0.07	0.06	0.06	0.09	0.13	0.17	0.20	0.23	0.28	0.38	0.58	0.73	0.84	0.79	0.59	0.37	0.11	0.10	0.10	0.09	0.09
水平	0.09	0.09	0.08	0.08	0.07	0.07	0.13	0.26	0.42	0.57	0.69	0.77	0.85	0.84	0.73	0.63	0.49	0.33	0.19	0.13	0.12	0.11	0.10	0.09

时间 朝向	0	1	2	3	4	5	6	7	8	9	10	11	12	13	14	15	16	17	18	19	20	21	22	23
S	0.21	0.19	0.18	0.17	0.16	0.14	0.17	0.25	0.33	0.42	0.48	0.54	0.59	0.70	0.70	0.57	0.52	0.44	0.35	0.30	0.28	0.26	0.24	0.22
SE	0.14	0.13	0.12	0.11	0.11	0.10	0.20	0.36	0.47	0.52	0.61	0.54	0.39	0.37	0.36	0.35	0.32	0.28	0.23	0.20	0.19	0.18	0.16	0.15
E	0.12	0.11	0.10	0.09	0.09	0.08	0.24	0.39	0.48	0.61	0.57	0.38	0.30	0.29	0.28	0.27	0.23	0.21	0.18	0.17	0.15	0.14	0.13	0.12
NE	0.12	0.12	0.11	0.10	0.09	0.09	0.26	0.41	0.49	0.59	0.54	0.36	0.32	0.32	0.31	0.29	0.27	0.24	0.20	0.18	0.17	0.16	0.14	0.13
N	0.28	0.25	0.24	0.22	0.21	0.21	0.38	0.49	0.52	0.55	0.59	0.63	0.66	0.68	0.68	0.68	0.69	0.60	0.37	0.35	0.33	0.32	0.31	0.30
NW	0.17	0.16	0.15	0.14	0.13	0.12	0.13	0.15	0.17	0.19	0.20	0.21	0.22	0.27	0.38	0.48	0.54	0.63	0.52	0.25	0.23	0.21	0.20	0.18
W	0.17	0.16	0.15	0.14	0.13	0.12	0.12	0.14	0.16	0.17	0.17	0.19	0.20	0.28	0.40	0.50	0.54	0.61	0.50	0.24	0.23	0.21	0.20	0.18
SW	0.18	0.17	0.16	0.15	0.14	0.13	0.13	0.16	0.20	0.23	0.25	0.27	0.29	0.37	0.48	0.55	0.67	0.60	0.38	0.26	0.24	0.22	0.21	0.19
水平	0.19	0.17	0.16	0.15	0.14	0.13	0.14	0.19	0.28	0.37	0.45	0.52	0.56	0.68	0.67	0.53	0.46	0.38	0.30	0.27	0.25	0.23	0.22	0.20

时间 朝向	0	1	2	3	4	5	6	7	8	9	10	11	12	13	14	15	16	17	18	19	20	21	22	23
S	0.10	0.09	0.09	0.08	0.08	0.07	0.14	0.31	0.47	0.60	0.69	0.77	0.87	0.84	0.74	0.66	0.54	0.38	0.20	0.13	0.12	0.12	0.11	0.10
SE	0.07	0.06	0.06	0.05	0.05	0.05	0.27	0.55	0.74	0.83	0.75	0.52	0.40	0.39	0.36	0.33	0.27	0.20	0.13	0.09	0.09	0.08	0.08	0.07
E	0.06	0.06	0.05	0.05	0.05	0.04	0.36	0.63	0.81	0.81	0.63	0.41	0.27	0.27	0.25	0.23	0.20	0.15	0.10	0.10	0.07	0.07	0.07	0.06
NE	0.06	0.06	0.05	0.05	0.05	0.04	0.40	0.67	0.82	0.76	0.50	0.38	0.31	0.30	0.28	0.25	0.21	0.17	0.11	0.11	0.08	0.08	0.07	0.06
N	0.13	0.12	0.12	0.11	0.10	0.10	0.47	0.67	0.70	0.72	0.77	0.80	0.82	0.85	0.84	0.81	0.78	0.77	0.75	0.56	0.18	0.17	0.16	0.15
NW	0.08	0.07	0.07	0.06	0.06	0.06	0.08	0.13	0.17	0.20	0.24	0.26	0.27	0.34	0.54	0.71	0.84	0.77	0.46	0.11	0.10	0.10	0.09	0.08
W	0.08	0.07	0.07	0.06	0.06	0.06	0.07	0.12	0.16	0.19	0.21	0.22	0.23	0.37	0.60	0.75	0.84	0.73	0.42	0.10	0.10	0.09	0.09	0.08
SW	0.08	0.08	0.07	0.07	0.06	0.06	0.09	0.16	0.22	0.28	0.32	0.35	0.50	0.69	0.84	0.83	0.61	0.34	0.11	0.10	0.10	0.09	0.09	0.09
水平	0.09	0.08	0.08	0.07	0.07	0.06	0.09	0.21	0.38	0.54	0.67	0.76	0.85	0.83	0.72	0.61	0.45	0.28	0.16	0.12	0.11	0.10	0.10	0.09

需要注意的是：C_{cl}值按南北区的划分不同。划分标准为：建筑地点在北纬 $27°30'$ 以南的地区为南区，以北的地区为北区。

温差传热通过玻璃窗引起的逐时冷负荷按下式计算：

$$CL_2 = k_c \cdot K_c \cdot F_c \cdot (t_1 + t_d - t_{ns}) \quad \text{（W）} \tag{2-6}$$

式中　k_c——外窗传热系数修正值，见表 2-9；

　　　K_c——外窗夏季传热系数 $[\text{W}/(\text{m}^2 \cdot \text{℃})]$，见表 2-10（a）及表 2-10（b）；

　　　t_1——外窗冷负荷计算温度（℃），见表 2-11；

　　　t_d——外窗冷负荷计算温度地点修正值（℃），见表 2-12；

　　　t_{ns}——夏季室内设计温度（℃）。

玻璃窗传热系数的修正值　　　　　　　　　表 2-9

窗框类型	单层窗	双层窗
全部玻璃	1.00	1.00
木窗框，80%玻璃	0.90	0.95
木窗框，60%玻璃	0.80	0.85
金属窗框，80%玻璃	1.00	1.20

单层窗玻璃的 K_c [W/(m² · h · ℃)]　　　　表 2-10 (a)

α_w ＼ α_n	5.8	6.4	7.0	7.6	8.2	8.7	9.4	9.9	10.5	11.1
11.7	3.90	4.15	4.39	4.61	4.82	5.02	5.19	5.37	5.54	5.70
12.8	4.02	4.29	4.54	4.79	5.01	5.22	5.42	5.60	5.79	5.98
14.0	4.13	4.41	4.68	4.94	5.17	5.40	5.62	5.83	6.01	6.20
15.2	4.22	4.52	4.81	5.07	5.32	5.57	5.79	6.01	6.22	6.42
16.4	4.31	4.62	4.91	5.19	5.46	5.71	5.96	6.19	6.41	6.62
17.5	4.40	4.70	5.02	5.30	5.58	5.85	6.11	6.35	6.59	6.81
18.7	4.46	4.78	5.10	5.64	5.70	5.98	6.24	6.49	6.74	6.97
20.0	4.52	4.87	5.18	5.50	5.80	6.08	6.36	6.63	6.88	7.12
21.0	4.57	4.93	5.27	5.59	5.90	6.19	6.48	6.75	7.02	7.28
22.2	4.63	4.99	5.34	5.66	5.99	6.29	6.59	6.87	7.15	7.41
23.4	4.68	5.04	5.41	5.74	6.07	6.38	6.68	6.97	7.27	7.53
24.5	4.73	5.10	5.46	5.80	6.14	6.47	6.77	7.08	7.31	7.45
25.7	4.76	5.15	5.51	5.87	6.21	6.54	6.87	7.12	7.48	7.76
26.9	4.81	5.19	5.57	5.93	6.28	6.62	6.95	7.27	7.57	7.86
28.0	4.84	5.23	5.62	5.98	6.34	6.68	7.02	7.35	7.66	7.97
29.2	4.88	5.28	5.86	6.04	6.40	6.75	7.09	7.42	7.75	8.05

双层窗玻璃的 K_c [W/(m² · h · ℃)]　　　　表 2-10 (b)

α_w ＼ α_n	5.8	6.4	7.0	7.6	8.2	8.7	9.4	9.9	10.5	11.1
11.7	2.39	2.48	2.56	2.63	2.70	2.76	2.82	2.87	2.91	2.96
12.8	2.43	2.53	2.61	2.69	2.76	2.82	2.88	2.94	2.98	3.03
14.0	2.47	2.57	2.66	2.74	2.81	2.88	2.94	3.00	3.04	3.09
15.2	2.50	2.61	2.70	2.78	2.85	2.93	2.98	3.04	3.10	3.15
16.4	2.54	2.64	2.74	2.82	2.89	2.96	3.03	3.09	3.14	3.19
17.5	2.56	2.67	2.76	2.85	2.93	3.00	3.07	3.12	3.18	3.23
18.7	2.59	2.69	2.80	2.88	2.96	3.03	3.10	3.16	3.22	3.28
20.0	2.61	2.71	2.82	2.90	2.98	3.07	3.14	3.19	3.25	3.30
21.0	2.62	2.74	2.84	2.93	3.00	3.09	3.16	3.22	3.28	3.33
22.2	2.64	2.76	2.85	2.95	3.03	3.11	3.18	3.25	3.31	3.36
23.4	2.66	2.77	2.88	2.97	3.05	3.14	3.21	3.28	3.33	3.39
24.5	2.68	2.78	2.89	2.98	3.08	3.16	3.23	3.29	3.36	3.42
25.7	2.69	2.81	2.91	3.01	3.09	3.17	3.24	3.31	3.38	3.43
26.9	2.70	2.82	2.93	3.02	3.11	3.19	3.26	3.33	3.39	3.45
28.0	2.71	2.83	2.94	3.03	3.12	3.21	3.28	3.35	3.42	3.47
29.2	2.73	2.84	2.95	3.05	3.14	3.22	3.30	3.37	3.43	3.49

注：α_n——窗内表面换热系数 [W/(m² · h · ℃)]；

　　α_w——窗外表面换热系数 [W/(m² · h · ℃)]。

玻璃窗冷负荷计算温度 t_l（℃）　　　　表 2-11

时　间	0	1	2	3	4	5	6	7	8	9	10	11
t_l	27.2	26.7	26.2	25.8	25.5	25.3	25.4	26.0	26.9	27.9	29.0	29.9
时　间	12	13	14	15	16	17	18	19	20	21	22	23
t_l	30.8	31.5	31.9	32.2	32.2	32.0	31.6	30.8	29.9	29.1	28.4	27.8

编　号	城　　市	t_d	编　号	城　　市	t_d
1	北　京	0	21	成　都	—1
2	天　津	0	22	贵　阳	—3
3	石 家 庄	1	23	昆　明	—6
4	太　原	—2	24	拉　萨	—11
5	呼和浩特	—4	25	西　安	2
6	沈　阳	—1	26	兰　州	—3
7	长　春	—3	27	西　宁	—8
8	哈 尔 滨	—3	28	银　川	—3
9	上　海	1	29	乌鲁木齐	1
10	南　京	3	30	台　北	1
11	杭　州	3	31	二　连	—2
12	合　肥	3	32	汕　头	1
13	福　州	2	33	海　口	1
14	南　昌	3	34	桂　林	1
15	济　南	3	35	重　庆	3
16	郑　州	2	36	敦　煌	—1
17	武　汉	3	37	格尔木	—9
18	长　沙	3	38	和　田	—1
19	广　州	1	39	喀　什	0
20	南　宁	1	40	库　车	0

2. 外墙及屋面冷负荷

温差传热通过外墙或屋面引起的逐时冷负荷为：

$$CL_3 = K_q \cdot F_q \cdot (t_2 + t_d - t_{ns}) \quad (W) \tag{2-7}$$

式中　K_q——外墙或屋面夏季传热系数 [W/（m^2·℃）]；

F_q——外墙或屋面面积（m^2）；

t_2——外墙或屋面冷负荷计算温度（℃），见表 2-13（a）～表 2-13（g）；

t_d——外墙或屋面冷负荷计算温度地点修正值（℃），见表 2-14（a）及表 2-14（b）。

外墙冷负荷计算温度 t_2（℃）

Ⅰ 型 外 墙　　　　　　　　表 2-13（a）

时 间 ＼ 朝 向	S	SW	W	NW	N	NE	E	SE
0	34.7	36.3	36.6	34.5	32.2	35.3	37.5	36.9
1	34.9	36.6	36.9	34.7	32.3	35.4	37.6	37.1
2	35.1	36.8	37.2	34.9	32.4	35.5	37.7	37.2
3	35.2	37.0	37.4	35.1	32.5	35.5	37.7	37.2
4	35.3	37.2	37.6	35.3	32.6	35.5	37.7	37.2
5	35.3	37.3	37.8	35.4	32.6	35.5	37.6	37.2
6	35.3	37.4	37.9	35.5	32.7	35.4	37.5	37.1
7	35.3	37.4	37.9	35.5	32.6	35.4	37.4	37.0
8	35.2	37.4	37.9	35.5	32.6	35.2	37.3	36.9
9	35.1	37.3	37.8	35.5	32.5	35.1	37.1	36.7
10	34.9	37.1	37.7	35.4	32.5	34.9	36.8	36.5
11	34.8	37.0	37.5	35.2	32.4	34.7	36.6	36.3
12	34.6	36.7	37.3	35.1	32.2	34.6	36.4	36.1

朝向 时间	S	SW	W	NW	N	NE	E	SE
13	34.4	36.5	37.1	34.9	32.1	34.5	36.2	35.9
14	34.2	36.3	36.9	34.7	32.0	34.4	36.1	35.7
15	34.0	36.1	36.6	34.5	31.9	34.4	36.1	35.7
16	33.9	35.9	36.4	34.4	31.8	34.4	36.2	35.6
17	33.8	35.7	36.2	34.2	31.8	34.4	36.3	35.7
18	33.8	35.6	36.1	34.1	31.8	34.5	36.4	35.8
19	33.9	35.5	36.0	34.0	31.8	34.6	36.6	36.0
20	34.0	35.5	35.9	34.0	31.8	34.8	36.8	36.2
21	34.1	35.6	36.0	34.0	31.9	34.9	37.0	36.4
22	34.3	35.8	36.1	34.1	32.0	35.0	37.2	36.6
23	34.5	36.0	36.3	34.3	32.1	35.2	37.3	36.8
最大值	35.3	37.4	37.9	35.5	32.7	35.5	37.7	37.2
最小值	33.8	35.5	35.9	34.0	31.8	34.4	36.1	35.7

外墙冷负荷计算温度 t_2（℃）

Ⅱ 型 外 墙

表 2-13（b）

朝向 时间	S	SW	W	NW	N	NE	E	SE
0	36.1	38.2	38.5	36.0	33.1	36.2	38.5	38.1
1	36.2	38.5	38.9	36.3	33.2	36.1	38.4	38.1
2	36.2	38.6	39.1	36.5	33.2	36.0	38.2	37.9
3	36.1	38.6	39.2	36.5	33.2	35.8	38.0	37.7
4	35.9	38.4	39.1	36.5	33.1	35.6	37.6	37.4
5	35.6	38.2	38.9	36.3	33.0	35.3	37.3	37.0
6	35.3	37.9	38.6	36.1	32.8	35.0	36.9	36.6
7	35.0	37.5	38.2	35.8	32.6	34.7	36.4	36.2
8	34.6	37.1	37.8	35.4	32.3	34.3	36.0	35.8
9	34.2	36.6	37.3	35.1	32.1	33.9	35.5	35.3
10	33.9	36.1	36.8	34.7	31.8	33.6	35.2	34.9
11	33.5	35.7	36.3	34.3	31.6	33.5	35.0	34.6
12	33.2	35.2	35.9	33.9	31.4	33.5	35.0	34.5
13	32.9	34.9	35.5	33.6	31.3	33.7	35.2	34.6
14	32.8	34.6	35.2	33.4	31.2	33.9	35.6	34.8
15	32.9	34.4	34.9	33.2	31.2	34.3	36.1	35.2
16	33.1	34.3	34.8	33.2	31.3	34.6	36.6	35.7
17	33.4	34.4	34.8	33.2	31.4	34.9	37.1	36.2
18	33.9	34.7	34.9	33.3	31.6	35.2	37.5	36.7
19	34.4	35.2	35.3	33.5	31.8	35.4	37.9	37.2
20	34.9	35.8	35.8	33.9	32.1	35.7	38.2	37.5
21	35.3	36.5	36.5	34.4	32.4	35.9	38.4	37.8
22	35.7	37.2	37.3	35.0	32.6	36.1	38.5	38.0
23	36.0	37.7	38.0	35.5	32.9	36.2	38.6	38.1
最大值	36.2	38.6	39.2	36.5	33.2	36.2	38.6	38.1
最小值	32.8	34.3	34.8	33.2	31.2	33.5	35.0	34.5

外墙冷负荷计算温度 t_2（℃）

Ⅲ 型 外 墙 表 2-13（c）

朝 向 时 间	S	SW	W	NW	N	NE	E	SE
0	38.1	41.9	42.9	39.3	34.7	36.9	39.1	39.1
1	37.5	41.4	42.5	39.1	34.4	36.4	38.4	38.4
2	36.9	40.6	41.8	38.6	34.1	35.8	37.6	37.6
3	36.1	39.7	40.8	37.9	33.6	35.1	36.7	36.8
4	35.3	38.7	39.8	37.1	33.1	34.4	35.9	35.9
5	34.5	37.6	38.6	36.2	32.5	33.7	35.0	35.0
6	33.7	36.6	37.5	35.3	31.9	33.0	34.1	34.2
7	33.0	35.5	36.4	34.4	31.3	32.3	33.3	33.3
8	32.2	34.5	35.4	33.5	30.8	31.6	32.5	32.5
9	31.5	33.6	34.4	32.7	30.3	31.2	32.1	31.9
10	30.9	32.8	33.5	32.0	30.0	31.3	32.1	31.7
11	30.5	32.2	32.8	31.5	29.8	31.9	32.8	32.0
12	30.4	31.8	32.4	31.2	29.8	32.8	34.1	32.8
13	30.6	31.6	32.1	31.1	30.0	33.9	35.6	34.0
14	31.3	31.7	32.1	31.2	30.3	34.9	37.2	35.4
15	32.3	32.1	32.3	31.4	30.7	35.7	38.5	36.9
16	33.5	32.9	32.8	31.9	31.3	36.3	39.5	38.2
17	34.9	34.1	33.7	32.5	31.9	36.8	40.2	39.3
18	36.3	35.7	35.0	33.3	32.5	37.2	40.5	39.9
19	37.4	37.5	36.7	34.5	33.1	37.5	40.7	40.3
20	38.1	39.2	38.7	35.8	33.6	37.7	40.7	40.5
21	38.6	40.6	40.5	37.3	34.1	37.7	40.6	40.4
22	38.7	41.6	42.0	38.5	34.5	37.6	40.2	40.1
23	38.5	42.0	42.8	39.2	34.7	37.4	39.7	39.7
最大值	38.7	42.0	42.9	39.3	34.7	37.7	40.7	40.5
最小值	30.4	31.6	32.1	31.1	29.8	31.2	32.1	31.7

外墙冷负荷计算温度 t_2（℃）

Ⅳ 型 外 墙 表 2-13（d）

朝 向 时 间	S	SW	W	NW	N	NE	E	SE
0	37.8	42.4	44.0	40.3	34.9	36.3	38.0	38.1
1	36.8	41.1	42.6	39.3	34.3	35.5	37.0	37.1
2	35.8	39.6	41.0	38.1	33.6	34.6	35.9	36.0
3	34.7	38.2	39.5	36.9	32.9	33.7	34.9	35.0
4	33.8	36.8	38.0	35.7	32.1	32.8	33.9	33.9
5	32.8	35.5	36.5	34.5	31.4	32.0	32.9	33.0
6	31.9	34.3	35.2	33.4	30.7	31.2	32.0	32.0
7	31.1	33.2	33.9	32.4	30.0	30.5	31.1	31.2
8	30.3	32.1	32.8	31.5	29.4	30.0	30.6	30.5
9	29.7	31.3	31.9	30.7	29.1	30.2	30.8	30.3
10	29.3	30.7	31.3	30.2	29.1	31.2	32.0	30.9
11	29.3	30.4	30.9	30.0	29.2	32.8	33.9	32.2
12	29.8	30.5	30.9	30.1	29.6	34.4	36.2	34.0
13	30.8	30.8	31.1	30.4	30.1	35.8	38.5	36.2

时间\朝向	S	SW	W	NW	N	NE	E	SE
14	32.3	31.5	31.6	31.0	30.7	36.8	40.3	38.2
15	34.1	32.6	32.3	31.7	31.5	37.5	41.4	40.0
16	36.1	34.4	33.5	32.5	32.3	37.9	41.9	41.1
17	37.8	36.5	35.3	33.6	33.1	38.2	42.1	41.7
18	39.1	38.9	37.7	35.1	33.9	38.4	42.0	41.9
19	39.9	41.2	40.3	36.9	34.5	38.5	41.7	41.8
20	40.2	43.0	42.8	38.9	35.0	38.5	41.3	41.4
21	40.0	44.0	44.6	40.4	35.5	38.2	40.7	40.9
22	39.5	44.1	45.3	41.1	35.6	37.7	39.9	40.1
23	38.7	43.5	45.0	41.1	35.4	37.1	39.0	39.2
最大值	40.2	44.1	45.3	41.1	35.6	38.5	42.1	41.9
最小值	29.3	30.4	30.9	30.0	29.1	30.0	30.6	30.3

外墙冷负荷计算温度 t_2 （℃）

Ⅴ 型 外 墙

表 2-13（e）

时间\朝向	S	SW	W	NW	N	NE	E	SE
0	36.2	40.9	42.7	39.5	34.2	34.8	36.0	36.1
1	34.9	38.9	40.5	37.8	33.3	33.7	34.7	34.9
2	33.7	37.1	38.4	36.1	32.3	32.7	33.6	33.7
3	32.6	35.4	36.5	34.6	31.4	31.8	32.5	32.6
4	31.5	33.9	34.9	33.2	30.5	30.9	31.5	31.6
5	30.6	32.6	33.4	32.0	29.7	30.0	30.6	30.6
6	29.8	31.5	32.1	30.9	29.0	29.3	29.7	29.8
7	29.0	30.4	31.0	30.0	28.4	28.7	29.1	29.1
8	28.4	29.7	30.1	29.3	28.1	29.0	29.4	28.9
9	28.1	29.2	29.6	28.9	28.3	30.5	31.1	29.8
10	28.3	29.1	29.4	28.8	28.7	33.0	34.1	31.8
11	29.0	29.4	29.7	29.2	29.3	35.4	37.4	34.5
12	30.5	30.1	30.3	29.8	30.0	37.3	40.5	37.4
13	32.7	31.1	31.1	30.7	30.9	38.4	42.8	40.2
14	35.2	32.6	32.2	31.8	31.9	38.9	43.8	42.3
15	37.7	34.9	33.7	32.9	33.0	39.1	43.9	43.4
16	39.8	37.8	36.0	34.2	34.0	39.2	43.6	43.7
17	41.3	40.9	39.1	36.0	34.8	39.3	43.0	43.4
18	42.0	43.7	42.5	38.3	35.5	39.2	42.4	42.9
19	41.9	45.8	45.7	40.7	36.0	39.0	41.7	42.1
20	41.2	46.8	47.9	42.8	36.4	38.5	40.8	41.2
21	40.1	46.4	48.4	43.5	36.4	37.8	39.7	40.0
22	38.9	45.0	47.2	42.8	36.0	36.9	38.5	38.3
23	37.5	43.0	45.1	41.3	35.2	35.9	37.2	37.4
最大值	42.0	46.8	48.4	43.5	36.4	39.3	43.9	43.7
最小值	28.1	29.1	29.4	28.8	28.1	28.7	29.1	28.9

外墙冷负荷计算温度 t_2（℃）

Ⅵ 型 外 墙   表 2-13（f）

时间 朝向	S	SW	W	NW	N	NE	E	SE
0	33.7	37.4	39.0	36.7	32.6	32.8	33.5	33.6
1	32.4	35.3	36.6	34.7	31.5	31.7	32.3	32.4
2	31.3	33.6	34.6	33.1	30.5	30.7	31.2	31.3
3	30.3	32.2	32.9	31.7	29.6	29.8	30.3	30.3
4	29.4	30.9	31.6	30.5	28.8	29.0	29.4	29.4
5	28.6	29.9	30.4	29.5	28.1	28.3	28.6	28.7
6	27.9	29.0	29.4	28.7	27.5	27.7	27.9	28.0
7	27.4	28.3	28.6	28.0	27.2	27.8	28.1	27.8
8	27.2	28.0	28.3	27.7	27.7	29.9	30.4	28.9
9	27.5	28.1	28.4	27.9	28.5	33.5	34.5	31.6
10	28.6	28.8	29.0	28.6	29.3	37.0	39.2	35.3
11	30.5	29.8	30.0	29.7	30.2	39.5	43.2	39.2
12	33.3	31.1	31.2	30.9	31.3	40.5	45.8	42.6
13	36.5	33.0	32.5	32.3	32.6	40.5	46.6	45.0
14	39.7	35.7	34.2	33.6	33.8	40.1	45.9	46.0
15	42.2	39.3	36.8	35.0	34.9	39.9	44.6	45.7
16	43.7	43.1	40.6	37.0	35.8	39.7	43.5	44.6
17	44.1	46.5	44.8	39.6	36.4	39.5	42.5	43.4
18	43.4	48.8	48.7	42.6	36.8	39.2	41.5	42.2
19	42.0	49.6	51.3	45.2	37.1	38.6	40.4	40.9
20	40.3	48.6	51.6	46.1	37.1	37.6	39.1	39.5
21	38.5	45.9	49.1	44.5	36.4	36.5	37.7	38.0
22	36.7	42.8	45.4	41.8	35.2	35.2	36.2	36.4
23	35.1	39.9	42.0	39.1	33.9	33.9	34.8	34.9
最大值	44.1	49.6	51.6	46.1	37.1	40.5	46.6	46.0
最小值	27.2	28.0	28.3	27.7	27.2	27.7	27.9	27.8

屋面冷负荷计算温度 t_2（℃）   表 2-13（g）

时间 屋面类型	Ⅰ型	Ⅱ型	Ⅲ型	Ⅳ型	Ⅴ型	Ⅵ型
0	43.7	47.2	47.7	46.1	41.6	38.1
1	44.3	46.4	46.0	43.7	39.0	35.5
2	44.8	45.4	44.2	41.4	36.7	33.2
3	45.0	44.3	42.4	39.3	34.6	31.4
4	45.0	43.1	40.6	37.3	32.8	29.8
5	44.9	41.8	38.8	35.5	31.2	28.4
6	44.5	40.6	37.1	33.9	29.8	27.2
7	44.0	39.3	35.5	32.4	28.7	26.5
8	43.4	38.1	34.1	31.2	28.4	26.8
9	42.7	37.0	33.1	30.7	29.2	28.6
10	41.9	36.1	32.7	31.0	31.4	32.0
11	41.1	35.6	33.0	32.3	34.7	36.7
12	40.2	35.6	34.0	34.5	38.9	42.2
13	39.5	36.0	35.8	37.5	43.4	47.8
14	38.9	37.0	38.1	41.0	47.9	52.9

屋面类型 时　间	Ⅰ型	Ⅱ型	Ⅲ型	Ⅳ型	Ⅴ型	Ⅵ型
15	38.5	38.4	40.7	44.6	51.9	57.1
16	38.3	40.1	43.5	47.9	54.9	59.8
17	38.4	41.9	46.1	50.7	56.8	60.9
18	38.8	43.7	48.3	52.7	57.2	60.2
19	39.4	45.4	49.9	53.7	56.3	57.8
20	40.2	46.7	50.8	53.6	54.0	54.0
21	41.1	47.5	50.9	52.5	51.1	49.5
22	42.0	47.8	50.3	50.7	47.7	45.1
23	42.9	47.7	49.2	48.4	44.5	41.3
最大值	45.0	47.8	50.9	53.7	57.2	60.9
最小值	38.3	35.6	32.7	30.7	28.4	26.5

Ⅰ～Ⅳ型结构地点修正值 t_d（℃）

表 2-14（a）

编号	城　市	S	SW	W	NW	N	NE	E	SE	水　平
1	北　京	0.0	0.0	0.0	0.0	0.0	0.0	0.0	0.0	0.0
2	天　津	−0.4	−0.3	−0.1	−0.1	−0.2	−0.3	−0.1	−0.3	−0.5
3	石家庄	0.5	0.6	0.8	1.0	1.0	0.9	0.8	0.6	0.4
4	太　原	−3.3	−3.0	−2.7	−2.7	−2.8	−2.8	−2.7	−3.0	−2.8
5	呼和浩特	−4.3	−4.3	−4.4	−4.5	−4.6	−4.7	−4.4	−4.3	−4.2
6	沈　阳	−1.4	−1.7	−1.9	−1.9	−1.6	−2.0	−1.9	−1.7	−2.7
7	长　春	−2.3	−2.7	−3.1	−3.3	−3.1	−3.4	−3.1	−2.7	−3.6
8	哈尔滨	−2.2	−2.8	−3.4	−3.7	−3.4	−3.8	−3.4	−2.8	−4.1
9	上　海	−0.8	−0.2	0.5	1.2	1.2	1.0	0.5	−0.2	0.1
10	南　京	1.0	1.5	2.1	2.7	2.7	2.5	2.1	1.5	2.0
11	杭　州	1.0	1.4	2.1	2.9	3.1	2.7	2.1	1.4	1.5
12	合　肥	1.0	1.7	2.5	3.0	2.8	2.8	2.4	1.7	2.7
13	福　州	−0.8	0.0	1.1	2.1	2.2	1.9	1.1	0.0	0.7
14	南　昌	0.4	1.3	2.4	3.2	3.0	3.1	2.4	1.3	2.4
15	济　南	1.6	1.9	2.2	2.4	2.3	2.3	2.2	1.9	2.2
16	郑　州	0.8	0.9	1.3	1.8	2.1	1.6	1.3	0.9	0.7
17	武　汉	0.4	1.0	1.7	2.4	2.2	2.3	1.7	1.0	1.3
18	长　沙	0.5	1.3	2.4	3.2	3.1	3.0	2.4	1.3	2.2
19	广　州	−1.9	−1.2	0.0	1.3	1.7	1.2	0.0	−1.2	−0.5
20	南　宁	−1.7	−1.0	0.2	1.5	1.9	1.3	0.2	−1.0	−0.3
21	成　都	−3.0	−2.6	−2.0	−1.1	−0.9	−1.3	−2.0	−2.6	−2.5
22	贵　阳	−4.9	−4.3	−3.4	−2.3	−2.0	−2.5	−3.5	−4.3	−3.5
23	昆　明	−8.5	−7.8	−6.7	−5.5	−5.2	−5.7	−6.7	−7.8	−7.2
24	拉　萨	−13.5	−11.8	−10.2	−10.0	−11.0	−10.1	−10.2	−11.8	−8.9
25	西　安	0.5	0.5	0.9	1.5	1.8	1.4	0.9	0.5	0.4
26	兰　州	−4.8	−4.4	−4.0	−3.8	−3.9	−4.0	−4.0	−4.4	−4.0
27	西　宁	−9.6	−8.9	−8.4	−8.5	−8.9	−8.6	−8.4	−8.9	−7.9
28	银　川	−3.8	−3.5	−3.2	−3.3	−3.6	−3.4	−3.2	−3.5	−2.4
29	乌鲁木齐	0.7	0.5	0.2	−0.3	−0.4	−0.4	0.2	0.5	0.1
30	台　北	−1.2	−0.7	0.2	2.6	1.9	1.3	0.2	−0.7	−0.2
31	二　连	−1.8	−1.9	−2.2	−2.7	−3.0	−2.8	−2.2	−1.9	−2.3
32	汕　头	−1.9	−0.9	0.5	1.7	1.8	1.5	0.5	−0.9	0.4

编　号	城　　市	S	SW	W	NW	N	NE	E	SE	水　平
33	海　口	-1.5	-0.6	1.0	2.4	2.9	2.3	1.0	-0.6	1.0
34	桂　林	-1.9	-1.1	0.0	1.1	1.3	0.9	0.0	-1.1	-0.2
35	重　庆	0.4	1.1	2.0	2.7	2.8	2.6	2.0	1.1	1.7
36	敦　煌	-1.7	-1.3	-1.1	-1.5	-2.0	-1.6	-1.1	-1.3	-0.7
37	格尔木	-9.6	-8.8	-8.2	-8.3	-8.8	-8.3	-8.2	-8.8	-7.6
38	和　田	-1.6	-1.6	-1.4	-1.1	-0.8	-1.2	-1.4	-1.6	-1.5
39	喀　什	-1.2	-1.0	-0.9	-1.0	-1.2	-1.9	-0.9	-1.0	-0.7
40	库　车	0.2	0.3	0.2	-0.1	-0.3	-0.2	0.2	0.3	0.3

Ⅴ～Ⅵ型结构地点修正值 t_d（℃） 表 2-14 (*b*)

编　号	城　　市	S	SW	W	NW	N	NE	E	SE	水　平
1	北　京	0.0	0.0	0.0	0.0	0.0	0.0	0.0	0.0	0.0
2	天　津	-0.4	-0.3	-0.1	-0.1	-0.2	-0.3	-0.1	-0.3	-0.5
3	石家庄	0.5	0.6	0.8	1.0	1.0	0.9	0.8	0.6	0.4
4	太　原	-3.3	-3.0	-2.7	-2.7	-2.8	-2.8	-2.7	-3.0	-2.8
5	呼和浩特	-4.3	-4.3	-4.4	-4.5	-4.6	-4.7	-4.4	-4.3	-4.2
6	沈　阳	-1.4	-1.7	-1.9	-1.9	-1.6	-2.0	-1.9	-1.7	-2.7
7	长　春	-2.3	-2.7	-3.1	-3.3	-3.1	-3.4	-3.1	-2.7	-3.6
8	哈尔滨	-2.2	-2.8	-3.4	-3.7	-3.4	-3.8	-3.4	-2.8	-4.1
9	上　海	-1.0	-0.2	0.5	1.2	1.2	1.0	0.5	-0.2	0.1
10	南　京	1.0	1.5	2.1	2.7	2.7	2.5	2.1	1.5	2.0
11	杭　州	0.6	1.4	2.1	2.9	3.1	2.7	2.1	1.4	1.5
12	合　肥	1.0	1.7	2.5	3.0	2.8	2.8	2.4	1.7	2.7
13	福　州	-1.9	0.0	1.1	2.1	2.2	1.9	1.1	0.0	0.7
14	南　昌	-0.4	1.3	2.4	3.2	3.0	3.1	2.4	1.3	2.4
15	济　南	1.6	1.9	2.2	2.4	2.3	2.3	2.2	1.9	2.2
16	郑　州	0.8	0.9	1.3	1.8	2.1	1.6	1.3	0.9	0.7
17	武　汉	-0.1	1.0	1.7	2.4	2.2	2.3	1.7	1.0	1.3
18	长　沙	-0.2	1.3	2.4	3.2	3.1	3.0	2.4	1.3	2.2
19	广　州	-3.9	-2.2	0.0	1.3	1.7	1.2	0.0	-1.8	-0.5
20	南　宁	-3.3	-1.4	0.2	1.5	1.9	1.3	0.2	-1.6	-0.3
21	成　都	-3.2	-2.6	-2.0	-1.1	-0.9	-1.3	-2.0	-2.6	-2.5
22	贵　阳	-5.3	-4.3	-3.4	-2.3	-2.0	-2.5	-3.5	-4.3	-3.5
23	昆　明	-10.0	-8.3	-6.7	-5.5	-5.2	-5.7	-6.7	-8.1	-7.2
24	拉　萨	-13.5	-11.8	-8.9	-8.3	-11.0	-9.3	-9.5	-11.8	-7.7
25	西　安	0.5	0.5	0.9	1.5	1.8	1.4	0.9	0.5	0.4
26	兰　州	-4.8	-4.4	-4.0	-3.8	-3.9	-4.0	-4.0	-4.4	-4.0
27	西　宁	-9.6	-8.9	-8.4	-8.5	-8.9	-8.6	-8.4	-8.9	-7.9
28	银　川	-3.8	-3.5	-3.2	-3.3	-3.6	-3.4	-3.2	-3.5	-1.9
29	乌鲁木齐	0.7	0.5	0.2	-0.3	-0.4	-0.4	0.2	0.5	0.1
30	台　北	-2.7	-1.8	-0.3	2.6	1.9	1.3	0.2	-1.0	-0.2
31	二　连	-1.8	-1.6	-1.9	-2.7	-3.0	-2.8	-2.2	-1.9	-2.3
32	汕　头	-4.0	-1.7	0.5	1.7	1.8	1.5	0.5	-1.1	0.4
33	海　口	-3.5	-0.9	1.0	3.0	2.9	2.6	1.0	-1.3	1.0
34	桂　林	-3.1	-1.1	0.0	1.1	1.3	0.9	0.0	-1.1	-0.2
35	重　庆	0.1	1.1	2.0	2.7	2.8	2.6	2.0	1.1	1.7
36	敦　煌	-1.7	-0.2	0.6	-0.4	-2.0	-1.6	-1.1	-1.3	-0.2
37	格尔木	-9.6	-8.8	-7.6	-7.8	-8.8	-8.3	-8.2	-8.8	-7.2
38	和　田	-1.6	-1.6	-1.4	-1.1	-0.8	-1.2	-1.4	-1.6	-1.5
39	喀　什	-1.2	-1.0	-0.9	-1.0	-1.2	-1.9	-0.9	-1.0	-0.7
40	库　车	0.2	0.3	0.2	-0.1	-0.3	-0.2	0.2	0.3	0.3

根据已收集到的 302 种外墙体及 324 种屋面构造形式，通过计算机的分析及描述冷负荷曲线后，共分成了六种计算类型，它们的 t_2 和 t_d 值是各不相同的。由于实际工程中，建筑材料和构造形式千差万别，不可能完全与上述已收集到的形式相同，因此设计时只能采用与之近似的构造类型来合理地选用 t_2 和 t_d 值，这对于民用建筑空调来说是完全可行的。如果一定要精确地进行实际构造形式的分类，则必须由计算机来完成。由于篇幅原因，上述已收集到的各种构造形式的描述及分类情况本书不在此列举，详细情况请读者翻阅参考文献 4。

（二）内围护结构冷负荷

内围护结构是指内隔墙及内楼板，它们的冷负荷也是通过温差传热（即与邻室的温差）而产生的，这部分可视作稳定传热，不随时间而变化，其计算式为：

$$CL_4 = K_n \cdot F_n \cdot (t_{wp} + \Delta t_f - t_{ns}) \quad (W) \tag{2-8}$$

式中　K_n——内墙或内楼板传热系数 $[W/(m^2 \cdot ℃)]$；

　　　F_n——内墙或内楼板面积（m^2）；

　　　t_{wp}——夏季空调室外计算日平均温度（℃）；

　　　Δt_f——附加温升，取邻室平均温度与室外平均温度的差值（℃），也可按表 2-15 选取。

邻室计算温差 Δt_f 表 2-15

邻 室 散 热 量	Δt_f　（℃）
很少（如办公室、走廊）	0～2
$<23W/m^2$	3
23～116W/m^2	5
$>116W/m^2$	7

二、室内冷负荷

在高层民用建筑空调设计中，围护结构冷负荷的值是相对确定的，即一旦建筑构造形式确定，从理论上说，上述计算的 $CL_1 \sim CL_4$ 都分别只有一种合理的答案。但是，内部热源的影响是一个很难精确计算的问题，主要原因是：在高层民用建筑中，房间内的人员数量、灯光照明及设备容量以及房间的使用时间等都随房间的使用性质及其它一些人为因素发生变化，设计时很难明确，这些原始的冷负荷计算资料基本上都是根据经验估计。因此可以说：室内冷负荷的计算，对于高层民用建筑而言，其计算基础——原始数据本身的精确性就是不完整的。

尽管参考文献 4 也按冷负荷系数法给出了各种性质的室内冷负荷系数，但从上述分析中我们可以认为，对于高层民用建筑而言，由于其原始资料数据的不精确，即使按参考文献 4 进行较为精确的计算，其计算结果本身也必然存在一定的误差，而这样做却带来了计算的复杂性，增加了较多的工作量却没有多大实际意义。因此，作者认为，在这种情况下简化计算，同时考虑一定的修正因素是更合理的。

灯光照明引起的冷负荷按下式计算：

（1）荧光灯：

$$CL_5 = (0.9 \sim 0.95) \times 1000 \times n_1 \cdot n_2 \cdot N \quad (W) \tag{2-9}$$

（2）白炽灯

$$CL_5 = (0.9 \sim 0.95) \times 1000 \times N \quad （\text{W}） \tag{2-10}$$

式中　n_1——镇流器消耗功率系数，镇流器设于房间内时：$n_1 = 1.2$，镇流器设于顶棚内时：$n_1 = 1.0$；

　　　n_2——灯罩隔热系数，一般取 $n_2 = 0.6$；

　　　N——照明灯具安装功率（kW）。

人体散热引起的冷负荷为：

$$CL_6 = (0.9 \sim 0.95) \cdot n \cdot Q \quad （\text{W}） \tag{2-11}$$

式中　n——群集系数，见表 2-16。

　　　Q——室内人员的全热散热量（W），见表 2-17。

某些空调建筑物内的群集系数 n_1　　　　　　　　　　　　　　　　表 2-16

工 作 场 所	群 集 系 数	工 作 场 所	群 集 系 数
影剧院	0.89	旅馆	0.93
百货商场（售货）	0.89	图书馆阅览室	0.96
纺织厂	0.90	铸造车间	1.00
体育馆	0.92	炼钢车间	1.00

不同温度条件下的成年男子散热、散湿量　　　　　　　　　　　　　　　　表 2-17

劳动	温度（℃）热、湿量	16	17	18	19	20	21	22	23	24	25	26	27	28	29	30
静	显 热	99	93	89	87	84	81	78	74	71	67	63	58	53	48	43
	潜 热	17	20	22	23	26	27	30	34	37	41	45	50	55	60	65
	全 热	116	113	111	110	110	108	108	108	108	108	108	108	108	108	108
坐	散 湿 量	26	30	33	35	38	40	45	50	56	61	68	75	82	90	97
极	显 热	108	105	100	96	89	85	79	74	70	65	60	57	51	45	41
轻	潜 热	34	36	39	43	47	51	56	60	64	69	74	77	83	89	93
劳	全 热	142	141	139	139	136	136	135	134	134	134	134	134	134	134	134
动	散 湿 量	50	54	59	64	69	76	83	89	96	102	109	115	123	132	139
轻	显 热	117	111	106	99	93	87	81	75	70	64	58	51	46	39	35
度	潜 热	71	74	79	83	89	94	100	106	111	117	123	130	135	142	146
劳	全 热	188	185	185	182	182	181	181	181	181	181	181	181	181	181	181
动	散 湿 量	105	110	118	126	134	140	150	158	167	175	184	194	203	212	220
中	显 热	150	142	134	125	117	111	103	96	88	82	74	67	60	52	45
等	潜 热	86	94	102	111	117	123	131	138	146	152	160	167	174	182	189
劳	全 热	236	236	236	236	234	234	234	234	234	234	234	234	234	234	234
动	散 湿 量	128	141	153	165	175	184	196	207	219	227	240	250	260	273	283
重	显 热	192	186	180	174	169	163	157	152	146	140	134	128	123	117	111
度	潜 热	215	221	227	233	238	244	250	255	261	267	273	279	284	290	296
劳	全 热	407	407	407	407	407	407	407	407	407	407	407	407	407	407	407
动	散 湿 量	321	330	339	347	356	365	373	382	391	400	408	417	425	434	443

注：表中显热、潜热和全热的单位为 W，散湿量的单位为 g/h。

高层民用建筑空调冷负荷基本上由上述各部分构成，但在一些特定房间内，有可能还设置一些专用用电设备或发热设备，也会对冷负荷产生一定的影响。关于这些设备的发热，通常都应由设备厂商提出；在计算时，可以认为其发热量（不是耗电量）即为冷负荷（或进行适当修正）。

随着计算机的普及和对外开放的深入，在一些高级办公楼中，个人电脑也逐步引入，它对室内空调冷负荷的影响也是较大的，有时甚至超过了室内人员和照明设备形成的冷负荷值。通常，每台计算机的冷负荷值可按 $300\sim350\text{W}$ 考虑。

另外，在诸如餐厅、多功能宴会厅等的设计中，还应考虑到食物的散热和散湿量，其数据为：食物全热：17.4W/人，食物显热和潜热：8.7W/人，食物散湿：11.5g/（h·人）。

尽管外遮阳可大幅度地减少窗的太阳辐射得热，但由于高层民用建筑外形设计的复杂性及周围建筑影响的多样性，使得考虑外遮阳后的空调冷负荷计算变得相当复杂甚至无法精确计算。因此，除非特别明显的理由外，一般情况下可以不考虑外遮阳因素带来的影响，而只把它当成设计的一种安全系数（在高层民用建筑尤其是一些星级酒店中，安全系数是必须考虑的）。当然，也可以在上述冷负荷计算完成之后，针对外遮阳的具体情况进行适当的修正。

第五节　热负荷计算

空调热负荷的计算在原理上与采暖热负荷的计算是相同的，即采用稳定传热的方法。但应注意的是：由于空调建筑通常是保持室内正压，因而在一般情况下，可以不计算冷风渗透和冷风侵入引起的热负荷。

基本热负荷计算公式为：

$$Q = \alpha \cdot K_\text{d} \cdot F \cdot (t_\text{nd} - t_\text{wd}) \quad (\text{W}) \tag{2-12}$$

式中　α——温差修正系数，见表 2-18；

K_d——围护结构冬季传热系数 $[\text{W}/(\text{m}^2\cdot\text{℃})]$；

F——围护结构传热面积（m^2）；

t_nd——冬季室内设计温度（℃）；

t_wd——冬季室外空调计算干球温度（℃）。

温差修正系数　　　　　　　　　　　　　　　　　　　　　表 2-18

围 护 结 构 特 征	α
外墙、屋顶、地面以及与室外相通的楼板等	1.00
闷顶和与室外空气相通的非采暖地下室上面的楼板等	0.90
非采暖地下室上面的楼板，外墙上有窗时	0.75
非采暖地下室上面的楼板，外墙上无窗且位于室外地坪以上时	0.60
非采暖地下室上面的楼板，外墙上无窗且位于室外地坪以下时	0.40
与有外门窗的非采暖房间相邻的隔墙	0.70
与无外门窗的非采暖房间相邻的隔墙	0.40
伸缩缝墙、沉降缝墙	0.30
防震缝墙	0.70

除基本热负荷外，一些附加值或修正值也是必须考虑的因素，这些因素如下：

一、热负荷减少部分的修正

（一）朝向修正（针对基本热负荷）

由于冬季太阳的辐射，对房间各朝向的热负荷产生影响，其修正率如下：

北、东北、西北朝向：0～10％；

东、西朝向：－5％；

东南、西南朝向：－10％～－15％；

南向：－30％。

（二）室内热源

室内人员、灯光及设备产生的热量会部分抵消围护结构的热负荷，尤其是一些内区房间，甚至有可能全年都处于供冷状态下运行。比如一些进深较大的办公室、餐厅及多功能厅等，其室内热源对热负荷的计算有较大的影响，在空调设计中是应该加以考虑并从热负荷中扣除的。应扣除的量可按上节冷负荷计算的方法进行，但应注意的是，由于计算夏季冷负荷时，必须考虑内部最大冷负荷（即人员灯光都按最大人数考虑），而基本资料数据的不精确，如果冬季热负荷中也按此冷负荷值作为扣除数据，那么当人员、灯光等不在最大条件时，明显扣除数量过多，易造成设计热负荷偏小而使房间过冷。因此，对于这些数据不太确定的房间，作者建议扣除数值按夏季冷负荷（指室内部分）的一半考虑或根据实际可能的最不利情况来考虑。

二、热负荷增加部分的修正

（一）风力附加（针对基本热负荷）

在《采暖通风与空气调节设计规范》（GBJ 19—87）中明确规定：建筑在不避风的高地、河边、海岸、旷野上的建筑物，以及城镇、厂区内特别高的建筑物，垂直的外围护结构热负荷附加5％～10％。尽管此条是针对采暖负荷而言的，但由于风力增加将使外围护结构的传热系数加大，因此作者认为此条也适合于空调热负荷的计算。

（二）高度附加

高度附加是以上述基本热负荷及其修正值的矢量和为基准的。

由于室内温度梯度的影响，使得房间上部的传热量加大。因此规定：当房间净高度超过4m时，每增加1m，附加率为2％，但最大附加率不超过15％。

随着技术的发展，近年来一些科研部门针对空调热负荷计算也进行了较为深入的研究，有的还提出了按不稳定传热进行计算的方法。对于高层民用建筑的空调设计来说，由于供热设计相对比供冷简单，经济性的影响也相对较小，因此作者认为如果使计算复杂化，将大大增加设计工作量，因此，建议目前仍按稳定传热的方法进行计算较好。

本章介绍了空调冷、热负荷计算的全部过程，从目前情况看，个人电脑已大量普及，关于冷、热负荷的计算程序也有众多的计算软件，设计人员完全可以利用计算机进行上述计算，这将大大加快工作速度，提高工作效率。

第三章 冷、热量及空气处理

第一节 耗冷量、耗热量

在空调设计中，冷、热量和冷、热负荷这样的名词是经常提到的。但在相当多的场合中，许多人都把冷负荷与冷量、热负荷与热量混为一谈，实际上，冷、热负荷和冷、热量有着本质的区别。

一、冷、热负荷

在第二章关于冷、热负荷的计算中，我们已经提到了关于冷、热负荷的概念。冷负荷的定义是：维持恒定室温时，应从室内除去的热量；热负荷的定义是：维持恒定室温时，应从外界提供给室内的热量。

从这一定义中可知：冷、热负荷只是针对某一具体房间而言的，其目的性也十分明显，即是保持室温恒定不变。

二、耗冷量、耗热量

耗冷量的定义是：保证房间正常使用时，空调制冷系统须除去的热量；耗热量的定义是：保证房间正常使用时，空调供热系统须提供的热量。

从以上定义中我们可以看出其区别。首先是目的不同，保证室温和保证房间正常使用是两个既有联系又不完全相同的概念；从第二章中关于室内设计参数的介绍中我们知道，室温仅仅是众多室内设计参数中的一个，因此，保证房间正常使用可以说也包括了维持恒定的设计室温。其次，它们针对的对象不完全相同，冷、热量重点是针对系统而言的。

结合目前的空调设计可以看出，除保证房间设计温度外，维持房间的其它一些参数也需要从空调系统中提供或除去热量，因此，冷负荷或热负荷实际上是耗冷量或耗热量的一部分。为了保证房间使用而提供必须的新风量，由于新风参数与室内参数存在一定差异，需要由空调系统来承担这部分冷、热量的差异（这部分有时也称为新风负荷），因此新风负荷 CL_x 也是空调系统冷、热耗量 Q 的一部分。

由此可知：冷、热负荷 CL，新风负荷 CL_x 与冷、热耗量 Q 三者的关系是：

$$Q = CL + CL_x \tag{3-1}$$

耗冷量、耗热量不但是确定建筑空调系统设备容量的最主要依据，而且还是空调系统设计的一个主要影响因素。

第二节 湿空气的焓湿图

在一定的大气压 B (Pa) 下，湿空气的各个参数：焓 h (kJ/kg 干空气)、含湿量 d (g/kg 干空气)、温度 t (℃)、相对湿度 φ (%)、水蒸气分压 Ps (Pa) 和其饱和水蒸气分压 P_b (Pa) 等是相互有关的，其关系式如下：

$$h = 0.24t + (597.3 + 0.441t) \times 0.001d \tag{3-2}$$

$$d = 622 \frac{P_s}{B - P_s} \tag{3-3}$$

$$\varphi = \frac{P_s}{P_b} \times 100\% \tag{3-4}$$

在标准大气压（$B=101325\mathrm{Pa}$）下，湿空气的主要物性参数见表 3-1。

湿空气主要物理参数   表 3-1

温度 (℃)	含湿量 (g/kg)	比 容 (m³/kg 干空气)			比 焓 (kJ/kg 干空气)			比 熵 [kJ/(kg 干空气·K)]			冷 凝 水		
											比 焓 (kJ/kg)	比熵 [kJ/ (kg·K)]	蒸发压力 (kPa)
t	d	v_a	Δv	v_s	h_a	Δh	h_s	s_a	Δs	s_s	h_w	s_w	P_s
−20	0.6373	0.7165	0.0007	0.7173	−20.115	1.570	−18.545	−0.0765	0.0066	−0.0699	−373.95	−1.3750	0.10326
−19	0.7013	0.7194	0.0008	0.7202	−19.109	1.729	−17.380	−0.0725	0.0072	−0.0653	−371.99	−1.3673	0.11362
−18	0.7711	0.7222	0.0009	0.7231	−18.103	1.902	−16.201	−0.0686	0.0079	−0.0607	−370.02	−1.3596	0.12492
−17	0.8473	0.7251	0.0010	0.7261	−17.098	2.092	−15.006	−0.0646	0.0086	−0.0560	−368.04	−1.3518	0.13725
−16	0.9303	0.7279	0.0011	0.7290	−16.092	2.299	−13.793	−0.0607	0.0094	−0.0513	−366.06	−1.3441	0.15068
−15	1.0207	0.7308	0.0012	0.7320	−15.086	2.524	−12.562	−0.0568	0.0103	−0.0465	−364.07	−1.3364	0.16530
−14	1.1191	0.7336	0.0013	0.7349	−14.080	2.769	−11.311	−0.0529	0.0113	−0.0416	−362.07	−1.3287	0.18122
−13	1.2262	0.7364	0.0014	0.7379	−13.075	3.036	−10.039	−0.0490	0.0123	−0.0367	−360.07	−1.3210	0.10852
−12	1.3425	0.7393	0.0016	0.7409	−12.069	3.327	−8.742	−0.0452	0.0134	−0.0318	−358.08	−1.3132	0.21732
−11	1.4690	0.7421	0.0017	0.7439	−11.063	3.642	−7.421	−0.0413	0.0146	−0.0267	−356.04	−1.3055	0.23775
−10	1.6062	0.7450	0.0019	0.7469	−10.057	3.986	−6.072	−0.0375	0.0160	−0.0215	−354.01	−1.2978	0.25991
−9	1.7551	0.7478	0.0021	0.7499	−9.052	4.358	−4.693	−0.0337	0.0174	−0.0163	−351.97	−1.2901	0.28395
−8	1.9166	0.7507	0.0023	0.7530	−8.046	4.764	−3.283	−0.0299	0.0189	−0.0110	−349.93	−1.2824	0.30999
−7	2.0916	0.7535	0.0025	0.7560	−7.040	5.202	−1.838	−0.0261	0.0206	−0.0055	−347.88	−1.2746	0.33821
−6	2.2811	0.7563	0.0028	0.7591	−6.035	5.677	−0.357	−0.0223	0.0224	−0.0000	−345.82	−1.2669	0.36874
−5	2.4862	0.7592	0.0030	0.7622	−5.029	6.192	1.164	−0.0186	0.0243	0.0057	−343.26	−1.2592	0.40178
−4	2.7081	0.7620	0.0033	0.7653	−4.023	6.751	2.728	−0.0148	0.0264	0.0115	−341.69	−1.2515	0.43748
−3	2.9480	0.7649	0.0036	0.7685	−3.017	7.353	4.336	−0.0111	0.0286	0.0175	−339.61	−1.2438	0.47606
−2	3.2074	0.7677	0.0039	0.7717	−2.011	8.007	5.995	−0.0074	0.0310	0.0236	−337.52	−1.2361	0.51773
−1	3.4874	0.7705	0.0043	0.7749	−1.006	8.712	7.706	−0.0037	0.0336	0.0299	−335.42	−1.2284	0.56268
											固态	固态	
0	3.7895	0.7734	0.0047	0.7781	0.000	9.473	9.473	0.0000	0.0364	0.0364	−333.32	−1.2206	0.61117
0	3.7895	0.7734	0.0047	0.7781	0.000	9.473	9.473	0.0000	0.0364	0.0364	0.06	−0.0001	0.61117
											液态	液态	
1	4.076	0.7762	0.0051	0.7813	1.006	10.197	11.203	0.0037	0.0391	0.0427	4.28	0.0153	0.6571
2	4.381	0.7791	0.0055	0.7845	2.012	10.970	12.982	0.0073	0.0419	0.0492	8.49	0.0306	0.7060
3	4.707	0.7819	0.0059	0.7878	3.018	11.793	14.811	0.0110	0.0449	0.0559	12.70	0.0456	0.7581
4	5.054	0.7848	0.0064	0.7911	4.024	12.672	16.696	0.0146	0.0480	0.0627	16.91	0.0611	0.8135
5	5.424	0.7876	0.0068	0.7944	5.029	13.610	18.639	0.0182	0.0514	0.0697	21.12	0.0762	0.8725
6	5.818	0.7904	0.0074	0.7978	6.036	14.608	20.644	0.0219	0.0550	0.0769	25.32	0.0913	0.9353
7	6.237	0.7933	0.0079	0.8012	7.041	15.671	22.713	0.0255	0.0588	0.0843	29.52	0.1064	1.0020

温度 (℃)	含湿量 (g/kg)	比 容 (m³/kg 干空气)			比 焓 (kJ/kg 干空气)			比 熵 [kJ/ (kg 干空气·K)]			冷 凝 水		
											比 焓 (kJ/kg)	比熵 [kJ/ (kg·K)]	蒸发压力 (kPa)
t	d	v_a	Δv	v_s	h_a	Δh	h_s	s_a	Δs	s_s	h_w	s_w	P_s
8	6.683	0.7961	0.0085	0.8046	8.047	16.805	24.852	0.0290	0.0628	0.0919	33.72	0.1213	1.0729
9	7.157	0.7990	0.0092	0.8081	9.053	18.010	27.064	0.0326	0.0671	0.0997	37.92	0.1362	1.1481
10	7.661	0.8018	0.0098	0.8116	10.959	19.293	29.352	0.0362	0.0717	0.1078	42.11	0.1511	1.2280
11	8.197	0.8046	0.0106	0.8152	11.065	20.658	31.724	0.0397	0.0765	0.1162	46.31	0.1659	1.3128
12	8.766	0.8075	0.0113	0.8188	12.071	22.108	34.179	0.0433	0.0816	0.1248	50.50	0.1806	1.4026
13	9.370	0.8103	0.0122	0.8225	13.077	23.649	36.726	0.0468	0.0870	0.1337	54.69	0.1953	1.4979
14	10.012	0.8132	0.0131	0.8262	14.084	25.286	39.370	0.0503	0.0927	0.1430	58.88	0.2099	1.5987
15	10.692	0.8160	0.0140	0.8300	15.090	27.023	42.113	0.0538	0.0987	0.1525	63.07	0.2244	1.7055
16	11.413	0.8188	0.0150	0.8338	16.096	28.867	44.963	0.0573	0.1051	0.1624	67.26	0.2389	1.8185
17	12.178	0.3217	0.0160	0.8377	17.102	30.824	47.926	0.0607	0.1119	0.1726	71.44	0.2534	1.9380
18	12.989	0.8245	0.0172	0.8417	18.108	32.900	51.008	0.0642	0.1190	0.1832	75.63	0.2678	2.1643
19	13.848	0.8274	0.0184	0.8457	19.114	35.101	54.216	0.0677	0.1266	0.1942	79.81	0.2821	2.1979
20	14.758	0.8303	0.0196	0.8498	20.121	37.434	57.555	0.0711	0.1346	0.2057	84.00	0.2965	2.3389
21	15.721	0.8330	0.0210	0.8540	21.127	39.908	61.035	0.0745	0.1430	0.2175	88.18	0.3107	2.4878
22	16.741	0.8359	0.0224	0.8583	22.133	42.527	64.660	0.0779	0.1519	0.2298	92.36	0.3249	2.6448
23	17.821	0.8387	0.0240	0.8627	23.140	45.301	68.440	0.0813	0.1613	0.2426	96.55	0.3390	2.8105
24	18.963	0.8416	0.0256	0.8671	24.146	48.239	72.385	0.0847	0.1712	0.2559	100.73	0.3531	2.9852
25	20.170	0.8444	0.0273	0.8717	25.153	51.347	76.500	0.0881	0.1817	0.2698	104.91	0.3672	3.1693
26	21.448	0.8472	0.0291	0.8764	26.159	54.638	80.798	0.0915	0.1927	0.2842	109.09	0.3812	3.3633
27	22.798	0.8501	0.0311	0.8811	27.165	58.120	85.285	0.0948	0.2044	0.2992	113.27	0.3951	3.5674
28	24.226	0.8529	0.0331	0.8860	28.172	61.804	89.976	0.0982	0.2166	0.3148	117.45	0.4090	3.7823
29	25.735	0.8558	0.0353	0.8910	29.179	65.699	94.878	0.1015	0.2296	0.3311	121.63	0.4229	4.0084
30	27.329	0.8586	0.0376	0.8962	30.185	69.820	100.006	0.1048	0.2432	0.3481	125.81	0.4367	4.2462
31	29.014	0.8614	0.0400	0.9015	31.192	74.177	105.369	0.1082	0.2576	0.3658	129.99	0.4505	4.4961
32	30.793	0.8643	0.0426	0.9069	32.198	78.780	110.979	0.1115	0.2728	0.3842	134.17	0.4642	4.7586
33	32.674	0.8671	0.0454	0.9125	33.205	83.652	116.857	0.1148	0.2887	0.4035	138.35	0.4779	5.0345
34	34.660	0.8700	0.0483	0.9183	34.212	88.799	123.011	0.1180	0.3056	0.4236	142.53	0.4915	5.3242
35	36.756	0.8728	0.0514	0.9242	35.219	94.236	129.455	0.1213	0.3233	0.4446	146.71	0.5051	5.6280
36	38.971	0.8756	0.0546	0.9303	36.226	99.983	136.209	0.1246	0.3420	0.4666	150.89	0.5186	5.9648
37	41.309	0.8785	0.0581	0.9366	37.233	106.058	143.290	0.1278	0.3617	0.4895	155.07	0.5321	6.2812
38	43.778	0.8813	0.0618	0.9431	38.239	112.474	150.713	0.1311	0.3824	0.5135	159.25	0.5456	6.6315
39	46.386	0.8842	0.0657	0.9498	39.246	119.258	158.504	0.1343	0.4043	0.5386	163.43	0.5590	6.9988
40	49.141	0.8870	0.0698	0.9568	40.253	126.430	166.683	0.1375	0.4273	0.5649	167.61	0.5724	7.3838
41	52.049	0.8898	0.0741	0.9640	41.261	134.005	175.265	0.1407	0.4516	0.5923	171.79	0.5857	7.7866
42	55.119	0.8927	0.0788	0.9714	42.268	142.007	184.275	0.1439	0.4771	0.6211	175.97	0.5990	8.2081
43	58.365	0.8955	0.0837	0.9792	43.275	150.475	193.749	0.1471	0.5041	0.6512	180.15	0.6122	8.6495
44	61.791	0.8983	0.0888	0.9872	44.282	159.417	203.699	0.1503	0.5325	0.6828	184.33	0.6254	9.1110

温度 (℃)	含湿量 (g/kg)	比 容 (m³/kg 干空气)			比 焓 (kJ/kg 干空气)			比 熵 [kJ/（kg 干空气·K）]			冷 凝 水		
											比 焓 (kJ/kg)	比熵 [kJ/ (kg·K)]	蒸发压力 (kPa)
t	d	v_a	Δv	v_s	h_a	Δh	h_s	s_a	Δs	s_s	h_w	s_w	P_s
45	65.411	0.9012	0.0943	0.9955	45.289	168.874	214.164	0.1535	0.5624	0.7159	188.51	0.6386	9.5935
46	69.239	0.9040	0.1002	1.0042	46.296	178.882	225.179	0.1566	0.5940	0.7507	192.69	0.6517	10.0982
47	73.282	0.9069	0.1063	1.0132	47.304	189.455	236.759	0.1598	0.6273	0.7871	196.88	0.6648	10.6250
48	77.556	0.9097	0.1129	1.0226	48.311	200.644	248.955	0.1629	0.6624	0.8253	201.06	0.6778	11.1754
49	82.077	0.9125	0.1198	1.0323	49.319	212.485	261.803	0.1661	0.6994	0.8655	205.24	0.6908	11.7502
50	86.856	0.9154	0.1272	1.0425	50.326	225.019	275.345	0.1692	0.7385	0.9077	209.42	0.7038	12.3503

注：1. 表中数值实际是湿空气在压力为 101325Pa 时之值。

　　2. 表中:

d——在给定的压力和温度条件下，达到饱和状态的每公斤干空气中所含的湿量（g/kg）；

v_a——干空气的比容（m³/kg）；

v_s——处于饱和状态时含有 1kg 干空气的湿空气的比容（m³/kg）；

$$\Delta v = v_s - v_a (\text{m}^3/\text{kg})；$$

h_a——干空气的比焓（kJ/kg）；

h_s——处于饱和状态时含有 1kg 干空气的湿空气的比焓（kJ/kg）；

$$\Delta h = h_s - h_a \text{ 汽化潜热(kJ/kg)；}$$

s_a——每公斤干空气的比熵 [kJ/（kg·K）]；

s_s——处于饱和状态时含有 1kg 干空气的湿空气的比熵，[kJ/（kg·K）]；

$$\Delta s = s_s - s_a [\text{kJ}/(\text{kg·K})]；$$

h_w——一定的温度和压力下空气处于饱和状态时单位重量冷凝水（液态或固态）的比焓（kJ/kg）；

s_w——空气处于饱和状态时单位重量冷凝水的比熵 [kJ/（kg·K）]；

P_s——饱和湿空气的水蒸气分压力（水的蒸发压力）（kPa）。

在实际工程设计中，按照式（3-2）～式（3-4）计算或按表 3-1 来查取空气参数是比较繁琐的。因此，为了使设计人员的使用方便，编制了一定大气下的湿空气的焓湿图（h-d 图），把上述公式及表格均用图形来表示。工程设计时，只要已知空气的任意两个参数，即可通过查图或作图得到其它的相关参数。h-d 图如图 3-1 所示。

在 h-d 图中，有一个对于工程设计来说极为有用的参数，即热湿比 ε，其定义式为：

$$\varepsilon = \frac{h_2 - h_1}{0.001 \times (d_2 - d_1)} = \frac{3.6Q}{W} \tag{3-5}$$

式中　h_1、d_1——空气初状态的焓及焓湿量；

　　　h_2、d_2——空气终状态的焓及焓湿量；

　　　Q——室内全热冷负荷或热负荷（W）；

　　　W——室内余湿（kg/h）。

h-d 图在工程设计中是一个极为有用的工具。通过它不但可以很方便地得到空气的各个参数，而且可以很方便地求出空调设备所必需的参数（如风量等）。更重要的是，通过对 h-d 图的分析，对于设计人员分析和设计空气处理过程、合理选择空调设备的功能、分析空调工况的全年运行和转换条件以及空调系统的节能设计，都有着极大的指导意义，每一个空调设计人员都应熟练的掌握这一工具。

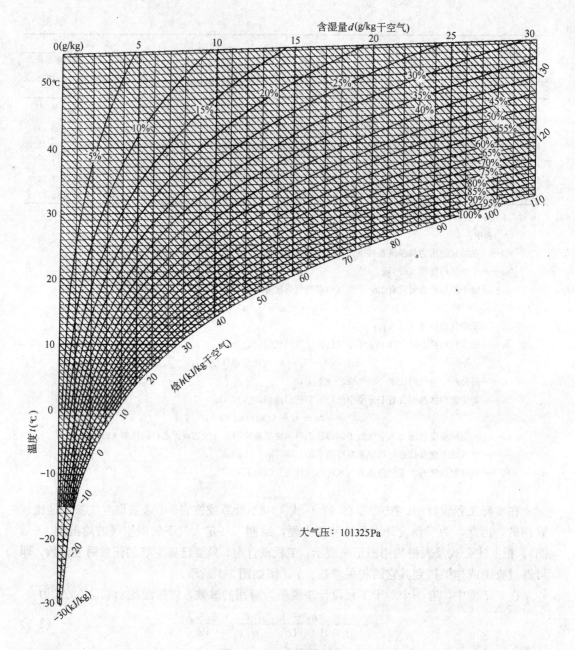

图 3-1　湿空气的焓湿图

第三节　常见的空气处理方式

所谓"空气处理",在空调系统设计中,除过滤以外,就是通过使用某些设备及技术手段,使空气各个参数(如温度、湿度、焓值等)发生变化的过程。在这些过程中,必然存在一定的能源消耗,这些消耗构成了空调系统的总能耗。因此空气的处理过程方式对空调设计来说是相当重要的,合理地采用处理方式并应用合适的设备,能达到既满足使用要求又尽可能节省能耗的目的。

一、冷却减湿处理

冷却减湿处理的过程如图 3-2 所示，1 点为空气初状态，2 点为空气终状态。

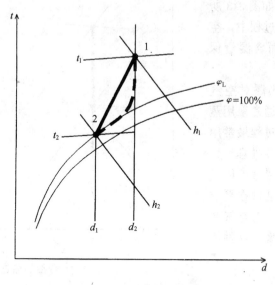

图 3-2　冷却减湿过程

从图 3-2 中可以看出，这一处理过程的特点是：经过处理后，空气终状态的温度、含湿量和焓值都比初状态有明显的降低。这一过程通常有两种实现方式。

（一）采用喷水室进行冷水喷淋

当空气通过喷冷水的喷水室时，空气与冷水发生湿、热交换，由于冷水温度比空气温度低，从而使空气得以冷却并带走一部分空气中的水分，使空气温度和含湿量都有所下降。

（二）采用表面式冷却器

表面式冷却器简称冷却盘管，在这一过程中，通常采用两种盘管形式：

1. 采用水冷式盘管（即人们常说的表冷器）

盘管内流通的是冷水，通过盘管与空气进行热交换后，使空气冷却及减湿。这种方式最适合于高层民用建筑的中央空调系统。

2. 采用直接蒸发式冷却器（如分体空调机）

此冷却器与表冷器构造差不多，但管内流动的不是冷水，而是某种制冷剂。由于制冷剂的温度通常低于冷水，因此在相同条件下，这种方式比表冷器的冷却减湿能力更强一些。

在冷却减湿处理过程中，应注意的是冷工质（冷水或制冷剂）的温度必须低于空气终状态的温度 t_2。由于在此过程中空气是先进行一定量的等含湿量冷却后再进行减湿冷却的（如图 3-2 中的虚线所示），因此空气的终状态是受到一定的限制而不能随意决定的（冷却器中并不能保证每一处都与空气进行理想的热交换，必然有少量的空气未经完全的减湿处理就离开了冷却器），2 点的相对湿度通常应在 $\varphi=90\%\sim95\%$ 的范围内。一般来说，同样情况下，直接蒸发式冷却器取较高的 φ 值，喷水室次之，水冷式表冷器的 φ 值最低，这一 φ 值也就是人们常说的所谓"机器露点" φ_L。

在高层建筑中央空调系统中，通常冷水温度取供水7℃、回水12℃来设计，根据目前的实际情况和大多数设备的能力来看，t_2一般不宜低于14～15℃。

二、等湿加热处理

等湿加热处理过程如图3-3所示。可以看出，在这一过程中，空气温度和焓值将提高而含湿量保持不变。

这一过程即是用热源对空气进行简单的加热，热媒通常采用蒸汽、热水及电热等。此过程最常用的就是冬季对空气的加热处理。另外，在空调设计中，如果考虑风机发热及送风管热损失（通常在夏季冷却处理过程中考虑）而对空气产生的温升，其过程线也属于这种情况。

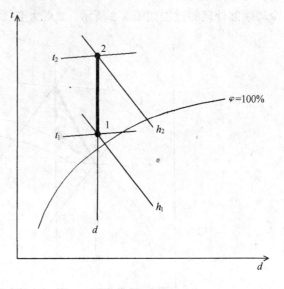

图 3-3　等湿加热过程

三、等温加湿处理

等温加湿处理过程如图3-4所示。这一过程中空气温度始终保持不变，而含湿量和焓值将增加。

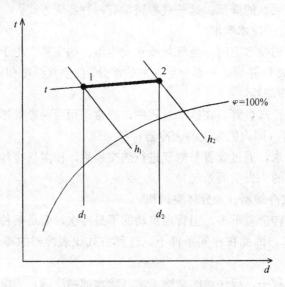

图 3-4　等温加湿过程

这一过程通常采用干蒸汽加湿来实现。应该注意的是：干蒸汽必须是低压饱和蒸汽，最理想的是与空气温度相同的蒸汽。当然，实际上要做到这一点比较困难，因为大多数蒸汽都是超过100℃的，因此一般要求加湿用蒸汽压力不超过70kPa，否则其过程将明显成为升温加湿过程（见本章第四节）。

实现这一过程的典型方法是电加湿、干蒸汽加湿器喷低压蒸汽等等。

四、等焓加湿处理

处理过程如图 3-5 所示。在这一过程中，空气焓值保持不变，温度降低而含湿量增加。

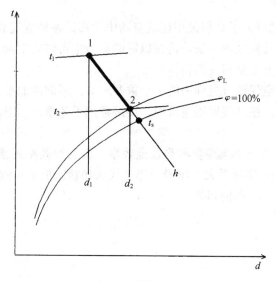

图 3-5 等焓加湿过程

这一过程通常采用循环水喷淋的方式来实现。从理论上来说，循环水温应是所处理空气的湿球温度 t_s。而实际工程中，由于加湿多用于冬季情况，即使按最有利的情况（即初状态为室内状态）来考虑，其湿球温度也是在 12～14℃ 左右，要使循环水喷淋时的水温达到此值，通常应运行冷水机组，而这在冬季是不现实的。

另外，此加湿方式需较长的喷淋段和挡水板，除非夏季采用了喷水室的空调机组，利用它在冬季作为喷水加湿段，否则，专门为此加湿而设一段长尺寸的喷淋段会给机房的布置带来一定的困难。

因此，此种方式目前在高层民用建筑的设计中已较少采用。

五、降温升焓加湿过程

处理过程如图 3-6 所示。这一过程与图 3-5 最明显的区别是空气的焓值有所上升。

此过程也采用水喷雾的方法来实现，但由于水温高于空气初状态点的湿球温度 t_{s1}，因此在加湿的同时又向空气加入了热量，使空气焓值增加。

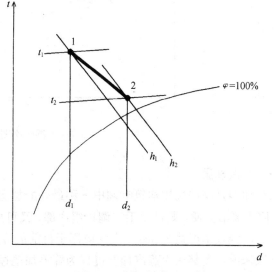

图 3-6 降温升焓加湿过程

空气处理的方式还有许多方法，如热泵升温除湿、吸湿剂除湿等等，由于这些在高层民用建筑空调中很少采用，这里就不一一进行详细叙述了。

第四节　空气的加湿处理

在上一节中,我们已讨论了高层民用建筑空调中常用的各种空气处理过程的理论分析,对于空气的冷却及减湿过程处理方法,将在以后的章节中再结合空调系统详细讨论,这里重点讨论的是空气加湿方法及相关设备。

空气的加湿处理是空气调节过程中的一个重要环节,不同的加湿方式及设备会对湿度的控制产生不同的影响。在高层民用建筑中,加湿常用于冬季,加湿方式通常有蒸汽加湿和水加湿两大类。

比较加湿方法特点的一个重要参数是加湿效率,而加湿效率通常以饱和效率 η_b 来衡量。所谓饱和效率,即是其实际最大加湿量与把空气从初状态加湿到饱和线($\varphi_L=100\%$)时的加湿量之比(如图 3-7),则饱和效率为:

$$\eta_b = \frac{\overline{12}}{\overline{1S}} \times 100\% \tag{3-6}$$

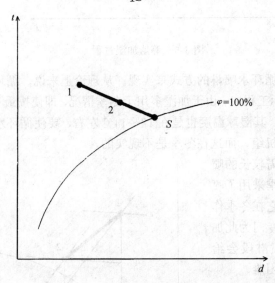

图 3-7　加湿效率图示

一、蒸汽加湿

蒸汽加湿是高层民用建筑空调中一种最好的加湿方式。其采用的设备简单,尺寸小,重量轻,使用灵活方便,既可设于空调机组内部,又可放置于风道之中,加湿量控制方便,稳定可靠,加湿效率可达 100%,广泛应用于目前的许多建筑之中。

一般来说,大都认为蒸汽加湿过程为等温加湿过程。但严格来说,目前所有采用锅炉房集中供应蒸汽方式的加湿过程均为增焓升温加湿过程,其原因是加湿所用的蒸汽温度都高于被加湿的空气温度,导致实际过程的斜率大于等温线的斜率,如图 3-8 所示。

假定蒸汽温度为 t_v,则加湿后空气的实际温升为:

$$\Delta t = t'_2 - t = \frac{1.84(t_v - t_1) \times (d_2 - d_1)}{1.01 + 1.84 d_2} \tag{3-7}$$

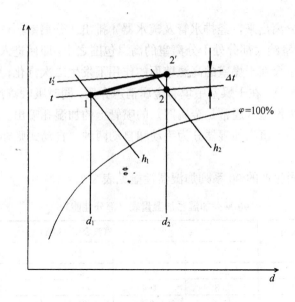

图 3-8　蒸汽加湿实际过程

　　以北京地区为例，假定用于新风处理时，新风含湿量 $d_1=0.0006$ kg/kg 干空气，新风温度 $t=20℃$，加湿后要求新风相对湿度为 40％（$d_2=0.0058$ kg/kg 干空气）。若采用表压为 0 的饱和蒸汽（$t_v=100℃$），则可算出 $\Delta t=0.76℃$；若采用表压为 0.2MPa 的饱和蒸汽（$t_v=133.5℃$），则 $\Delta t=1℃$。显然，随着蒸汽温度的升高，空气的温升越来越增大，如果是过热蒸汽，则情形更为明显。

　　因此，为保证过程的有效性，必须要求采用低压干饱和蒸汽。

　　（一）干蒸汽加湿器

　　干蒸汽加湿器是目前应用最广泛的一种加湿器。它依靠集中供应的蒸汽自身压力为动力，加湿量大，设备制造及维护简单，运行费用较低。只要被空调的建筑有蒸汽源，干蒸汽加湿器在目前来说就是一种最佳的选择。

　　干蒸汽加湿器的结构如图 3-9 所示。蒸汽从管道进入加湿器套管 1 后，其中极少量蒸汽由于热交换（因套管直接与空气接触）产生冷凝，凝结水随蒸汽进入分离室 2，在惯性、分离室扩压及分离板 3 的共

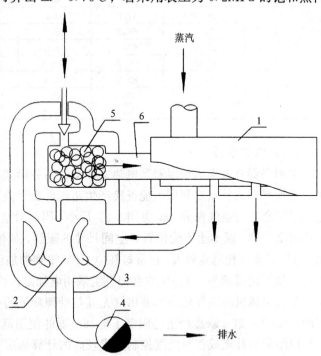

图 3-9　干蒸汽加湿器结构示意图

1—加湿器套管；2—分离室；3—分离板；4—疏水器；

5—干燥室；6—加湿喷管

同作用下，凝结水被分离出来，经排水管及疏水器 4 排出。分离室蒸汽通过顶部控制阀进入干燥室 5，由于干燥室绝大部分处于分离室的高温包围之中，即使进入干燥室的蒸汽中还残留少量的凝结水，也会在干燥室的高温壁面的作用下发生二次汽化，从而保证进入加湿喷管 6 中的蒸汽为干蒸汽。在干燥室中填有金属消声介质，同时吸收蒸汽的噪声。最后，干燥后的蒸汽经设有消声设施（通常是金属网）的喷管上的加湿孔喷出。

从控制手段上看，干蒸汽加湿器分为手动和自动两种，自动式则在阀体上配有电动执行机构。

北京阿姆斯壮公司生产的 90 系列加湿器性能见表 3-2。

90 系列加湿器加湿量表（部分性能）　　　　　　　　　表 3-2

型　号	孔口尺寸 （mm）	蒸汽表压（kPa）				
		30	40	50	60	70
90	2.4	2.2	2.6	2.9	3.2	3.5
	3.2	3.8	4.4	5.1	5.7	6.4
	6.4	15.8	18.7	21.2	—	—
91	6.4	—	—	—	23.5	29.4
	9.5	26.8	31.3	35.2	40.7	44.0
92	3.2	3.8	4.4	5.1	5.7	6.8
	6.4	15.8	18.7	21.2	23.5	29.4
	9.5	31.4	37.6	42.5	46.5	52.2
	12.7	46.2	50.2	56.2	63.2	68.0
93	10.3	47.0	53.9	60.7	65.9	69.4
	12.7	68.2	76.9	85.4	91.1	98.4
	15.9	83.7	95.6	108.2	121.3	131.1
	19.05	96.7	113.6	131.7	148.1	163.7
94	15.9	89.8	101.0	115.4	128.0	141.5
	19.05	122.1	142.1	156.6	173.3	192.8
	25.4	184.4	209.5	236.5	262.6	289.9

（二）电加湿器

电加湿器有电极式加湿器和电热式加湿器两种形式，用于民用建筑时，通常以前者为主。电加湿器的特点是利用电能直接产生蒸汽，由于该蒸汽是在零表压下产生的，因此用它加湿所产生的空气温升 Δt（见图 3-8）最小，因而对空气处理的影响是最小的。电加湿器应用灵活方便，基本上不受位置和空间尺寸的限制，如果需要，其饱和效率可达 100%。但是，电加湿器的耗电量较大，通常每耗电 1kW 得到的加湿量大约是 1.2kg/h。换句话说，如果一台加湿量需求为 20kg/h 的空调机组采用电加湿，仅加湿器的电耗就高达 16～17kW，比空调机组风机的电耗还高出数倍（尤其是处理新风的空调机组，其要求的加湿量是非常大的）。因此，这一缺点严重地限制了电加湿器的使用范围，使其通常只是在一些局部范围进行加湿量的补充或在对湿度控制要求较高的计算机房空调机组中才采用。另外，电加湿器对给水水质的要求比较严格，在一些水质较硬的地区，应采用软化水以防止电极结垢。

二、水加湿

当采用空气初状态的湿球温度的水进行加湿时，由于空气传给水的热量又通过水分的蒸发返回空气之中，因此，该过程与外界几乎没有热交换，故可称其为绝热加湿（即等焓加湿）过程。正如上节所指出：在冬季提供低温水既比较困难，又不经济。因而目前几乎所有的高层民用建筑都采用常温自来水（经软化等处理）进行喷淋加湿，导致实际过程是一个增焓降温加湿过程。

对这一过程的定量分析是存在一定困难的，因为水温低时，空气终状态可能会达到湿球温度，水温或水量对终状态的影响较大。从设计来看，作者认为原则上可按无露点控制来考虑是可行的。当加湿量 Δd（g/kg）一定时，空气终状态为：

$$h_2 = 0.001\Delta d(t_w - t_s) + h_1 \quad (\text{kJ/kg}) \qquad (3\text{-}8)$$

$$d_2 = d_1 + \Delta d \quad (\text{g/kg 干空气}) \qquad (3\text{-}9)$$

式中　t_w——加湿水温度（℃）；

t_s——空气初状态的湿球温度（℃）。

（一）喷淋室

采用循环水喷淋加湿（理论饱和效率可达 90% 左右），过程稳定，最接近等焓过程，水基本上不存在浪费，且对水质的要求不高，曾广泛用于空调系统之中。但由于其尺寸较大而占用过多的空调机房面积，因此目前除在一些大空间建筑（如剧场、展览馆、商场等）的空调系统中应用外，在占高层民用建筑比例较大的办公楼、酒店等建筑的中央空调系统中应用是极少的。

（二）高压喷雾加湿器

把自来水（或软化水）经泵加压后，通过极小的喷口喷出而使其雾化（水雾颗粒直径大约为 13～30μm）。与喷淋室相比，水与空气的接触面积增大，同样喷水量时的加湿量提高，因而水气比可降低，且其尺寸比喷淋室小得多，因此在目前的高层民用建筑中得以广泛应用。

此设备的缺点是水利用率较低，水浪费较多，因为它的加湿用水通常都不是循环使用的，即使水利用率达到 30%（这已经是性能相当不错的设备）时，仍有 70% 的喷水量未能加入空气而只能通过排水系统排走。这样一来，当采用的是软化水时，其经济性是非常值得研究的（从使用的实际情况看，采用此设备时，水最好还应做脱盐处理）；如果采用普通自来水，则又存在喷嘴的结垢等问题，甚至会影响热交换盘管的传热性能（部分水中的盐、钙等物质附着在盘管表面上）。

此设备的饱和效率大约只有 40% 左右，对于新风的加湿不容易达到设计要求。

（三）离心加湿器

它的特点是采用高速旋转部件的离心力和惯性力作用使水雾化，其加湿过程原理、加湿效率及使用优缺点与高压喷雾加湿器基本相同。

（四）超声波加湿器

超声波加湿器是近 10 年来发展较快的一种加湿用产品，其特点是利用超声波振子的振动，把水分子击碎后形成微小颗粒（平均粒径 3～5μm），因此具有较高的水利用率和加湿饱和效率（η_b 可达 80%），水的浪费较小（不到 20%），因此目前也有较广泛的应用。

超声波加湿器在目前的使用中，主要缺点是价格较为昂贵（大约是高压喷雾加湿器价格的 5～8 倍），对超声波振子的维护保养要求较高。在水质上，要求必须采用软化水，否则一旦在振子上结垢，极有可能因负荷过大而烧毁，因此必须配套软水设备。

（五）表面蒸发式加湿器

表面蒸发式加湿器填料的类型分为两种：一种是利用填料吸水后逐渐在气流中蒸发；另一种是不吸水填料，通过水流量控制，在其表面形成一层水膜而逐渐在气流中蒸发。前者加湿效率高，饱和效率可达100％，水利用率也达到30％～70％左右，但要求填料机械性能较好，否则吸水后容易变形而损坏；后者加湿效率及水利用率均较低，但对材质要求也不高，造价相对便宜。

这种加湿器由于是水分在常温下蒸发，因此加湿时几乎无焓增现象，其加湿效率、加湿稳定性、湿度控制及尺寸等方面都具有较好的特性。

就目前而言，此产品也存在价格较贵的缺点（有的甚至与超声波加湿器相当）。另外，由于吸水或水膜的原因，容易在填料上形成微生物，对空气的卫生情况产生一定的影响。目前国外已有一些定型产品，而国内对该产品的研究开发和应用尚处于初始阶段（主要是对填料的研究），还需进一步加强此方面的工作。

第四章 空调方式及冷热源

第一节 空调系统的分类

一幢建筑的空调系统通常包括以下设备及其附件：

冷、热源设备——提供空调用冷、热源；

冷、热介质输送设备及管道——把冷、热介质输送到使用场所；

空气处理设备及输送管路——对空气进行处理并送至需空气调节的房间；

温、湿度等参数的控制设备及元器件。

根据以上设备的情况，可对空调系统进行一系列的分类。

一、按照处理空气所采用的冷、热介质来分类

（一）中央空调系统

通过冷、热源设备提供满足要求的冷、热水并由水泵输送至各个空气处理设备中与空气进行热交换后，把处理后的空气送至空气调节房间。

中央空调系统是本书所讨论的重点。

（二）分散式系统

实际上这已经不是空调设计中的"系统"概念，它是把冷热源设备、空气处理设备及其输送设备组合一体，直接设于空气调节房间内。其典型的例子就是直接蒸发式空调机组，如窗式空调机、分体式空调机等。

（三）其它空调系统

近年来空调系统和技术的发展，逐渐产生了一些介于前述两种系统之间的空调系统，这些系统既具有中央空调系统的某些特点，又有分散空调的某些特点，如后面章节中将要讨论的变冷媒流量空调系统和水源热泵系统等等。

二、按冷、热介质的到达位置来分类

这里所提到的冷、热介质，是指为空气处理所提供的冷、热源的种类而不包括被处理的空气本身。

（一）全空气系统

冷、热介质不进入被空调房间而只进入空调机房，被空气调节房间的冷、热量全部由经过处理的冷、热空气负担，被空气调节房间内只有风道存在。

此系统的优点是通风换气次数大，人体的舒适性较好。同时，由于只有风道，其检修的工作量极小，也便于施工过程中的修改变动（如房间分隔发生变化）。其缺点是风道占用空间较大，输送空气的能耗相对较高。

典型的例子是目前所常见的一、二次回风空调系统。

（二）气-水系统

空气与作为冷、热介质的水同时送进被空气调节房间，空气解决房间的通风换气或提供满足房间最小卫生要求的新风量，水则通过房间内的小型空气处理设备而承担房间的冷、热量及湿负荷。

此系统的优缺点与全空气系统相反。由于水的比热较大，输送同样冷、热量至同一地点所需的水管尺寸比风道尺寸小得多，因此占用建筑空间相对较小，也有利于房间内各小型空调设备的独立控制。从能耗来看，输送同样冷、热量的距离相同时，采用水的能耗大约只有采用空气时的1/3。正是由于这些优点，自80年代以来，这是民用建筑中采用最广泛的一种空调系统。

此系统也有一些明显的缺点。①由于空气风量通常按最小新风量设计，因此人体对新鲜空气的要求随系统的安装完成后就无法再做大的调整，因而舒适性受到限制；②水管进入房间后，由于施工等方面的原因，容易造成漏水及夏天冷水管滴凝结水的问题，导致检修工作量加大；③由于水管、风管交叉进入房间，因此该系统实际所占用的建筑空间在某些场合并不一定显示出比全空气系统具有明显的优点。

此系统的典型例子是目前许多建筑采用的风机盘管加新风系统和较早期采用的诱导器空调系统，其中诱导器由于噪声、能耗等原因，近年已基本不再采用。

（三）直接蒸发式系统

在中央空调系统中，通常是用水为冷、热介质，即用冷水机组先把水制冷（或用热交换器等换热设备先把水加热）后，送至空气处理设备中与空气进行热交换。在此过程中，很显然存在二次交换所带来的热损失，系统运行效率相对会低一些。

而直接蒸发系统则利用冷媒直接与空气进行一次热交换，其热效率显然高于前者，这将使得在输送同样冷（热）量至同一地点时所用的能耗更少一些。当然，由于直接蒸发系统在技术上的原因，其作用范围比中央空调系统小得多，因而在局部小范围的使用相对更多一些。随着技术和设备的发展，相信其应用范围会越来越大。

整体式空调机组、窗式及分体式空调机组以及以后章节中将要讨论的VRV系统和水源热泵系统等均属于（或部分属于）这类系统。

第二节　冷　媒

一、常用冷媒

冷媒（又称制冷剂）是维持空调用制冷循环所必需的工质。为了保证制冷循环良好，提高制冷系数，保证人员安全及运行的经济性，对冷媒来说，通常有以下一些经济技术上的参数需要考虑：①制冷效率；②蒸发压力和冷凝压力；③单位容积制冷能力；④临界温度及凝结点温度；⑤与润滑油的兼容性；⑥导热系数；⑦密度及粘度；⑧腐蚀性；⑨毒性；⑩价格。

当然，除此之外，还有许多要考虑的问题，比如目前全世界正面临的关于冷媒对大气层的影响问题。

在民用建筑空调中，就其技术性来说，常用的冷媒有以下几种：

（一）氟利昂11（R11）

这是一种制冷效率较高的优良冷媒，广泛用于90年代以前建设的绝大多数高层民用建筑空调之中，甚至目前仍有一些建筑在使用它。此冷媒主要适用于离心式制冷机组。

（二）氟利里 12（R12）

它的冷凝压力较低，比较适合于风冷式制冷机组。

（三）R22

这是目前正广泛使用的一种性能较好的冷媒，单位容积制冷量较大，除活塞式制冷机外，一些离心式制冷机组也开始应用。

（四）溴化锂水溶液

前三种冷媒都是单一工质，由压缩式制冷机在压缩等热力过程中产生的相变进行制冷，而溴化锂溶液则是靠不同溶液的蒸发温度不同产生相变制冷，故它主要用于吸收式制冷机组之中。

（五）R123

由于 R11 受到大气层保护问题的限制后，R123 成为 R11 的替代品，其适用范围与 R11 相似。

（六）R134a

这是 R12 和 R22 的一种替代工质。

二、大气层保护

（一）臭氧层保护

70 年代以来，世界各地环保部门对大气层进行了深入的研究。从研究中发现，氯氟烃类物质（简称 CFC），由于其具有非常稳定的化学特性，在排放到大气层后，其生存期可达几十年甚至上百年，因此它会穿过大气对流层进入平流层，在受到太阳紫外线照射后，产生对臭氧层有严重破坏作用的氯离子和氧化氯离子，并由此产生连锁反应而不断地破坏臭氧分子。目前，人们已在地球南极上空发现了许多的"臭氧空洞"，并有继续扩大和增多的趋势。这使得太阳紫外线无阻挡地照射到地球上，严重地威胁着地球的生态环境和人类的身体健康。

正是由于上述原因，在联合国环境规划署的组织下，各国共同参加了一系列的国际会议，并对保护大气臭氧层问题做出了一系列重要的决议，从而对空调制冷冷媒的选择也产生了极大的影响。在这些决议中，最有影响力的就是 1987 年在加拿大蒙特利尔制定的《关于消耗臭氧层物质的蒙特利尔议定书》（本书以下简称《议定书》）、1990 年的《伦敦会议》和 1992 年的《哥本哈根会议》中对《议定书》的调整及修正等等。

至今为止，中国政府先后六次派代表或代表团参加了有关的国际会议，并于 1991 年正式加入了经修正后的《议定书》，1992 年又完成了《中国消耗臭氧层物质逐步淘汰国家方案》的编制工作。很显然，关于保护大气臭氧层的问题，并非权宜之计，而是已经作为一个基本国策，摆在了我们的面前。空调制冷业作为卤代烃类物质使用的一个较大行业，也面临一场严峻的挑战和深刻的变革。

用于高层民用建筑空调中的 CFC 物质主要有 R11 和 R12，对于这些物质，《议定书》及其修正条款归纳起来大致有以下一些内容：

从 1995 年起，各成员国每年 CFC-11、CFC-12 的生产量及消费量每年不得超过 1986 年的 50%；从 1997 年起，每年生产量及消费量不得超过 1986 年的 15%；至 2000 年起，完全终止 CFC-11 和 CFC-12 的生产及消费。

除 CFC 类物质外，氢氯氟烃（简称 HCFC）类物质也被发现对臭氧层有一定的破坏作用（如 HCFC-22、HCFC-123 等），但其程度远小于 CFC。只有不含氯原子的氢氟径（简称 HFC）类物质（如 R-134a）才是对臭氧层无破坏的安全物质。因此，HCFC 作为一种过渡工质，在《议定书》中也作了一定的限制和管理，即要求各缔约国每年必须向联合国环境规划署秘书处提供本国 HCFC 类物质的生产和进出口的统计数据。

总而言之，CFC-11 和 CFC-12 将在本世纪内被彻底淘汰，过渡性物质 HCFC-22 和 HCFC-123 等也正受到一定的控制，在一些发达国家，已开始着手制定 HCFC 类物质的具体限制措施。如在美国，已决定在 2010 年停止生产以 HCFC-22 为冷媒的制冷机，2020 年停止生产 HCFC-22 物质并停止生产以 HCFC-123 为冷媒的制冷机，2030 年 HCFC-123 停产。从目前冷媒研究的情况来看，中央空调系统中仅有 HCFC-134a 是真正具有较好适用价值并保护大气臭氧层长治久安的安全性物质。

当然，HCFC 类物质，作为过渡性冷媒，目前仍然具有较大的实用性，其中原因之一是至今为止其替代工质的研究还在进行中，还没有找到一种为大多数人所接受的替代性冷媒。另外，即使从美国目前的“时间表”来看，因为高层民用建筑的设备更换期一般为 15～20 年，因此，目前新建的建筑采用 HCFC 为冷媒也是完全可行的。在没有找到更好的替代物之前，R-22 和 R-123 在经济及技术性能上仍具有较大的优越性。

值得注意的是，通常人们所说的氟利昂，实际上应是对整个卤代烃类物质的总称，既包括了 HCFC 和 HFC，也包括了 CFC 及同类物质。因此，氟利昂将在 20 世纪被淘汰的提法是不科学的，一些称为“无氟”的产品其实并非真正的“无氟”，而只是不采用 CFC（或 HCFC）而已。

（二）温室效应

讨论到冷媒对环境保护的影响问题，仅考虑对大气臭氧层的破坏作用是不够的。关于环境保护方面，还有一个全世界所面临的共同问题就是所谓“温室效应”。人类由于生产及生活的需要不断向大气层排放 CO_2 和热量，引起全球气温逐年变暖，对生态环境带来较大的影响，其最明显的表现就是人们常提到的“厄尔尼诺”现象。气温变暖还使海洋冰山不断溶化缩小，海平面上升，人类的生存空间也日益缩小。

空调制冷行业中 CO_2 和热量的排放量实际上与冷媒制冷效率密切相关。冷媒效率越低，耗能越大，排放的 CO_2 和热量也就越多，对“温室效应”的影响也就越严重。比如前述的 HFC-134a，其制冷效率大约比传统冷媒（如 R-11、R-12）及 R-123 低大约 7％左右。因此，选择冷媒也需要综合考虑。

近年来，溴化锂吸收式制冷机的使用场所逐年增多，其中两个重要原因一是可解决电力紧张问题，二是和保护大气臭氧层有关。吸收式制冷机无 CFC 或 HCFC 类物质，对臭氧层无破坏作用，是其一个主要优点。但是，从以后各章节的讨论中我们可以看到：吸收式制冷机组的制冷效率远远低于各种采用电为能源的制冷机的效率，即使考虑到热电厂的热效率及输配电损失，各种电制冷机组单机制冷效率或称 COP 值（这里定义为消耗单位能源所得到的制冷量）为：离心式：1.6～1.8；螺杆式：1.5～1.6；活塞式：1.3～1.4，而吸收式通常只有 1～1.2 左右。由此可见，同样制冷量的吸收机对“温室效应”的影响比电制冷机严重得多。并且，采用吸收机对于大多数工程来说都要建锅炉房（即使使用直燃吸收式制冷机组也需要烟囱），由于高层民用建筑大都是建设在城市区域内，因而到处分散的烟囱对于城市大气污染的控制也是极为不利的。

44

综上所述，采用何种冷媒，是需综合各方面因素来决定的，这些因素除前述关于冷媒本身的技术要求外，还有环境保护（不仅仅只是大气臭氧层保护）、国家能源政策、建筑所在地的区域、经济技术合理性等等，必须统一协调考虑，单纯地讲某种冷媒的优劣是没有意义的。

第三节 直接蒸发式空调机组

直接蒸发式空调机组由于具有结构紧凑、尺寸较小、占用较小的机房空间，使用灵活方便、控制简单及安装容易等优点，加上其采用直接蒸发方式的效能比较高的特点，因而广泛应用于目前的建筑空调之中。

但是，直接蒸发式机组多以活塞式作为制冷机，其制冷效率比其它形式的电制冷机低，尤其采用风冷冷凝器时更为明显。如果建筑规模较大时，采用它的空调用电总装安装容量将超过中央空调系统，使得全楼的总制冷效率下降。因此，这类机组适用于规模较小的建筑或在建筑内局部区域使用。

一、窗式机组

窗式机组把制冷与空调送回风合为一体，采用风冷冷凝器，安装及使用方便，其 COP 值大约在 2～3 之间。

由于安装位置的限制（既要满足室内装修要求，又要照顾室外立面），采用它时尤其对外立面的影响较大，且该机组在噪声水平上与其它机组相比存在差距，因此，它更多的是用于住宅建筑和一些小房间等局部区域。

二、柜式机组

柜式机组是目前应用较广泛的一种空调设备，不单是小型建筑，一些大中型建筑中也常有部分区域采用。

（一）风冷柜式机组

这类机组采用风冷冷凝器。为了使其与建筑外立面协调，基本上全都采用了分体式设计，与窗式相比，它把风冷冷凝器单独做成一个设备（称为室外机），通过冷媒管与室内机（里面设有蒸发器和压缩机等部件）相连，因此应用更为灵活，在早期的建筑中有较广泛的应用。但是，这种早期的分体式设计的一个较大的缺陷是由于压缩机设于室内机中，因而与窗式一样，存在着噪声较大的问题，有时会影响室内的正常使用。

因此，随着技术的进步，人们又对此进行了重新设计，即把压缩机和冷凝器都设于室外机中（室内机只有蒸发器及空调送风机），从而形成了目前人们常说的分体式机组，进一步消除了噪声对室内的影响。

在风冷分体柜式机组的选用时，应特别注意的是室外机与室内机的距离要求。因为压缩机的能力是有限的，距离过长会导致压缩机回汽不畅或蒸发器供液不足，严重影响机组的制冷效率。一般来说，各设备生产厂商在其技术资料中都已给出标准性能参数下所对应的最大冷媒管长度（或允许室内、外机的最大距离），通常在 10m 左右。如果距离超过规定的限度，必须与生产厂商协商解决。

由于室内、外机组距离的限制及设置明装室内机组对室内装修易造成一定影响，部分厂商生产了直接设于室外的整体式机组。它设于屋顶或室外平台处，通过风道送风至空气调节房间，这对于一些空调面积较大的局部区域也有一定的适用性。但是，此类机组的制造和安装要求严格，造价较高，风道在室外设置时需要有防风雨措施，并应加强保温及对保温层的保护；同时，它的冷、热处理都只能在机组内解决，如果冬天无集中热水供热，在寒冷地区不容易解决防冻问题；另外，机组在室外的安装位置也受到外立面的限制。

应用较多且相对来说对于高层民用建筑空调设置较合理的是室内机配置了压头较高的离心式（或前向多翼型）风机的分体柜式机组，或在室内机送风口配增压风机来满足较长的送风管道所需的风压，使机组的作用范围得以扩大（如一些设备的机外余压可达500Pa以上）。这样，室内机可设于单独的机房，使得在空调设计中的机房位置、机房面积、风口设置等方面与建筑装修及其它专业的配合上显示出较大的优点。

（二）水冷柜式机组

水冷柜式机组采用水冷式冷凝器，它的发展及应用年代先于风冷柜式机组，实际上许多风冷机组是在水冷机组的基础上研究和发展起来的。

由于采用水冷冷凝器，就机组本身的制冷效率来说，水冷式高于风冷式。但此类机组通常所有设备组合在一体设于室内（或机房之中），很少做成分体式设计，并要求供给机组冷却水。

以目前的产品情况看，大多数机组对冷却水温的要求一般在27℃左右。在一些较早期的工程中，通常采用自来水冷却，这样虽然保证了机组的冷却效果，但冷却后的出水却无法回收，与目前正面临的节约用水的长远方针显然是不一致的。因此，一些新建工程或老工程改造时，对此单独配置了对应的冷却塔和冷却水循环泵，使机组采用循环水冷却的方式。采用循环水冷却，节水问题得以解决，但由于冷却塔出水温度受到冷却塔效率和空气湿球温度的影响，水温高于自来水，导致了机组冷凝温度的提高，制冷效率下降；加上设置循环冷却水泵及冷却塔的电耗，使其综合效率比风冷式机组高的优点被进一步削弱。而该机组的灵活性又相对较差，因此在高层民用建筑中，这类机组目前已极少采用。

三、冷热两用机组

为了使机组既能供冷又能供热，减少单冷式机组还需另设供热系统所带来的投资及其它问题（如设计及施工麻烦，北方寒冷地区冬季的防冻等），一些单冷机组又增设了供热的功能。目前，主要的供热方式有电热和热泵两种。

电热式机组结构简单，通过设置电热丝即可对空气进行加热，且使用可靠。但由于其耗电量较大，因此只适用于局部地点，大面积的使用将使其经济性受到影响，并且在大多数地区这也是电力主管部门所不能接受的。

热泵式机组并非近年才发展的新设备，人们研究它已有数十年的历史。从热力学理论中可知，通过制冷系统的逆循环过程即可进行供热，其供热的COP值可达到3～4，显然高于电热方式。热泵式机组在80年代中期之前采用仍是较少的，其中主要原因是受到四通换向阀制造技术的影响，其质量可靠性较低。随着技术工艺的不断发展和成熟，热泵机组从80年代后期开始，在我国已逐渐有所应用。

目前常用的热泵式机组多为风冷热泵式。无论从理论上还是从实际使用中均可以看到，随室外温度的下降，风冷热泵式机组的COP值将明显下降，当室外温度降至一定限度时（通常为-5～-10℃，少数设备可达-15℃），机组将无法正常使用。另外，同一风冷热泵式冷热机组在不同室外气温下的制冷量或供热量是不同的，设计选用时，既要满足夏季室内对冷量的要求，又要同时满足冬季室内对供热量的需求，因而并不是所有的建筑空调用它都是合适的。如在我国黄河以北的大部分地区，同一建筑夏季需冷量相对较小，而冬季由于室外气温较低使需热量较大，采用热泵时通常还需设辅助热源来满足冬季要求。正是由于上述原因，风冷热泵在我国南方地区应用较多而北方地区的使用相对较少。

综上所述，直接蒸发式机组对于室外气温较高地区的一些面积紧张的中、小型办公楼、商场等来说，其占地面积较小、应用灵活方便等优点可得到显著的发挥，从而可使建筑整体的经济效益较好。对于室外气温较低或冬季干燥的地区，因供热存在一定问题（通常只把它作为单冷机使用而另外设计冬季供热系统）及由于它通常采用电加湿方式使电耗较大，或者对于一些大型高层民用建筑，从综合效能比、使用的可靠性、功能的多样性以及投资等方面尚无法达到目前的中央空调系统的特点。因此，设计人员应在经济技术的详细分析及与建设单位进行充分协商后再选择确定。

值得一提的是，目前大多数厂家在此类机组的技术资料中给出的大都是标准工况下的机组性能，由于各机组的应用地区、场所、功能等的不同，使用工况必然存在较大的差异，决不能仅用标准工况的性能作为机组选择的依据而必须根据使用条件的变化重新核定选择或与生产厂商联系确认。

第四节 冷 源 装 置

在本章第二节中，我们已经讨论了有关冷媒的问题。各种不同特性的冷媒要发挥其功效，必须通过相应的机器设备来实现，不同的机器对冷媒的适用性是有一定选择的，制冷效果也随机器的不同而变化，这就是本节要讨论的一个重要内容——冷源装置。

正如前面的章节所述，空调通风系统在一幢建筑物中所占的能耗大约相当于建筑总能耗的 50%～70%。在这些空调能耗中，冷源装置占有相当大的比重，大约为空调通风系统总能耗的 50%～70% 左右（即相当于建筑总能耗的 25%～45%）。很显然，冷源装置的效能，最直接地影响着全楼空调通风系统的效益及全楼总能耗的值，合理地采用和运行冷源装置，对于整个建筑的节能及经济性具有十分重要的意义。从建筑方案开始，直到最后施工图设计完成的全部过程中，设计人员都必须对此点予以高度的重视。

对于空调系统，严格来说，冷源装置应包括有制冷装置、载冷剂输配送装置、配套设备和元器件等几大部分。本节重点讨论制冷装置，其余部分将在以后的章节中再详细讨论。另外，上节对直接蒸发式机组已有所提及，以后的章节中还会针对特定系统中的直接蒸发式机组进行研究及介绍。因此，本节主要针对目前大多数高层民用建筑中使用的中央空调系统中的制冷装置进行介绍。

在中央空调系统中，目前常用的制冷方式主要有两种形式：压缩式制冷和吸收式制冷。中央空调系统常用的载冷剂是水，在一些要求特殊的场所，也有采用水与其它物质组成的混合水溶液，如盐水、乙二醇水溶液等等。

一、压缩式制冷

压缩式制冷的基本原理如图 4-1 所示。

低压冷媒蒸气在压缩机内被压缩为高压蒸气后进入冷凝器，冷媒和冷却水在冷凝器中进行热交换，冷媒放热后变为高压液体，通过热力膨胀阀后，液态冷媒压力急剧下降，变

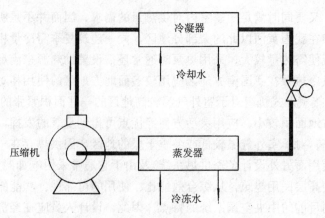

图 4-1 压缩式制冷循环基本原理示意图

为低压液态冷媒后进入蒸发器。在蒸发器中，低压液态冷媒通过与冷冻水的热交换而发生汽化，吸收冷冻水的热量而成为低压蒸气，再经过回气管重新吸入压缩机，开始新的一轮制冷循环。很显然，在此过程中，制冷量即是冷媒在蒸发器中进行相变时所吸收的汽化潜热。

压缩式制冷循环在理论上是一个逆卡诺循环。在理论循环中，其两个传热过程（在冷凝器与蒸发器中完成）均为等温过程，压缩和膨胀过程均为绝热过程，因此理论制冷循环的膨胀过程是采用膨胀机来完成的，换热器的传热面积为无穷大。然而，实际制冷循环不可能是理想的。首先，实际传热过程不可能是等温的，传热面积也总是有限的。其次，膨胀机的采用是为了充分利用冷媒由高压液态变为低压液态过程中所得到的膨胀功，然而液态冷媒在这一变化过程中，体积变化不大（例如从供液压力 $P_k = 1.0$MPa 变为出液压力 P_0 $= 0.3$MPa 的过程中，R12 的比容从 $v_k = 0.8$dm³/kg 变为 $v_0 = 0.71$dm³/kg，R22 的比容从 $v_k = 0.83$dm³/kg 变为 $v_0 = 0.75$dm³/kg，即冷媒的体积仅增加约 10% 左右），由于机加工等原因，此部分体积变化的作功甚至不能克服膨胀机摩擦力产生的损失。因此，实际膨胀过程均采用了节流膨胀阀来替代膨胀机，由此则带来了节流损失和不可逆过程的摩擦损失。第三，理论制冷过程均为湿压缩，要求压缩机吸入的是饱和蒸气，而实际过程中，如果吸入湿蒸气，会在压缩机气缸壁上产生液珠，形成液击，对压缩机产生破坏。所以，实际上通常设置气液分离器，使压缩机吸入及压缩终止时的冷媒为过热蒸气，从而形成压缩过热损失以及压缩机与外界空气的热交换损失。

除上述之外，在实际制冷循环中，压缩机进、排气阀的损失和冷媒管道热损失等等，都使实际循环与理想循环相比有较大的差异，不同冷媒特性也将对损失产生不同的影响，因此，实际制冷系数远小于理论循环的制冷系数。

在高层民用建筑空调中，压缩式制冷是目前应用最为广泛的一种制冷方式。从压缩机的结构来看，压缩式制冷大致可分为往复压缩式、螺杆压缩式和离心压缩式几大类，近年来新研究的涡旋压缩式制冷机，也已开始在一些小型机组上逐渐应用。

在早期的工程设计中，制冷循环的各个部件（如压缩机、冷凝器、蒸发器等）都是分离设置的，设计人员不但要设计建筑内的空调系统，而且还要设计相应的制冷循环系统（包括制冷循环中各种设备的设计及选用、冷媒管道设计及相关设备和附件的布置、与之相关的其它工种的配套设计等等），显然这是一件非常复杂的工作，如此多的设备也给运行管理及占地面积等带来不良影响，在我国一些早期建设的建筑或者目前建的一些土建式冷库中，这种方式也许还可以看到。但为了更好地满足高层民用建筑空调的需要，减小机房面积，方便设备的运行管理，目前用于空调制冷循环中的各种设备和管道都已由生产厂商改进为一体化了，从而形成了各类型的制冷循环机组（又称冷水机组），使设计人员的工作任务得以减轻，只需合理的选择机组及按其要求配置水管和相关设备，而不用把更多的精力放到机组本身的制冷循环过程中去。但尽管如此，了解和掌握制冷循环的基本原理，对于设计人员在冷水机组的选用和相关设备、管道的配套过程中，仍然具有十分重要的意义，这也是建筑暖通空调设计的基础。

（一）活塞式冷水机组

活塞式冷水机组属于容积式制冷压缩式机组，通过气缸容积往复运动过程中的变化来达到对冷媒进行压缩的目的。这是民用建筑空调制冷中采用时间最长、使用也最多的一种机组。它以其价格低廉、制造简单、运行可靠、使用灵活方便等优点，在民用建筑空调中占有重要的一席之地。

活塞式压缩机的工作原理如图 4-2 所示。

吸气过程中，随活塞的下移，吸气阀打开，低压冷媒蒸气进入汽缸。活塞到达下止点时，吸气阀关闭，随后活塞向上运动，对冷媒蒸气进行压缩。当压力达到排气压力时，排气阀打开，高压冷媒蒸气从气缸迅速排出而进入冷凝器，由此完成一个压缩过程。可见，活塞式压缩机是一个间断式的压缩过程。

活塞式冷水机组采用的冷媒通常为 R22，用于民用建筑中的单机制冷量范围大约为 30～300kW 左右。为了不断满足高层民用建筑规模日益扩大的要求，近年来活塞式机组容量有不断增加的趋势。最常见的增大冷水机组容量的方法就是采用多台压缩机联合运行的方式（又称为多机头机组）。如上海合众——开利空调设备有限公司生产的 30HK 系列多机头活塞式机组，单台压缩机制冷量为 116kW，目前最大可组合 8 台压缩

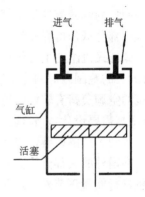

图 4-2　活塞式压缩机
工作原理示意图

机运行，使机组总制冷量达到 930kW。多机头机组的另一个优点是在运行过程中可对各台压缩机进行单台独立起停控制，以适应负荷变化的需要，如 30HK-280 型机组的调节范围为 12.5%～100%，这对于大多数高层民用建筑来说，其适应性是相当不错的。在一些国外产品中，压缩机的台数组合更多，总制冷量也更大，可达 1500kW 以上。

30HK 系列活塞式冷水机组的性能见表 4-1。

30HK 系列活塞式冷水机组性能简表　　　　　　　　　　　　　　　　表 4-1

性能 型　号	制冷量 （kW）	功　率 （kW）	重　量 （kg）	蒸发器阻力 （kPa）	冷凝器阻力 （kPa）	外 型 尺 寸 （mm）
036	116	30	1000	44	26	2580×910×1205
165	232	59.5	1530	44	26	2470×885×1470
115	348	88.6	2154	21	93	3200×1020×1630
161	464	118	3120	30	38	3125×940×1929

性能 型号	制冷量 (kW)	功率 (kW)	重量 (kg)	蒸发器阻力 (kPa)	冷凝器阻力 (kPa)	外型尺寸 (mm)
195	580	146.5	4175	36	93	4255×912×1956
225	698	178.4	4440	51	93	4255×912×1956
250	813	210	5260	63	100	4070×1275×2000
280	930	240	5620	80	100	4070×1275×2000

生产厂：上海合众-开利空调设备有限公司

（二）螺杆式冷水机组

螺杆式压缩机是一种回转容积式压缩机,其冷媒通常采用 R22。虽然螺杆式冷水机组已有多年的发展和应用历史,但作为高层民用建筑空调中的应用,在我国则是近十年才逐渐有所发展的。目前运行的螺杆式冷水机组中,大部分为双螺杆式,其使用已经有相当长的一段时间。80 年代末期开始,我国逐渐有单螺杆式冷水机组在工程中应用。

双螺杆式压缩机内有一对阴阳转子,在它们的不断旋转作用下,阳转子的凸齿与阴转子的凹槽之间的工作容积逐渐减小,气态冷媒不断受到压缩。当达到设计的压缩比时,凸齿与凹槽的继续旋转使排气口打开,高压气态冷媒被排出,同时,凸齿与凹槽的初始端又吸入一部分低压冷媒蒸气,保证了压缩过程的连续不断进行。

螺杆式机组的主要优点是结构简单、体积小、重量轻,通过对滑阀的控制,可以在 15%～100% 的范围内对制冷量进行无级调节,且它在低负荷时的效能比较高,这对于高层民用建筑的空调负荷有较好的适应性。另外,它在运行上比较平稳,易损件少,单级压缩比大(可根据需要设计),管理方便。早期产品所存在的噪声高、电耗大等缺点,由于技术的改进而得到了质的改善,也是近年来越来越受到人们的关注和应用的重要原因之一。

在国外的大部分厂商和我国一些技术力量较强的厂家生产的产品中,除采用滑阀对压缩机进行能量调节外,还采用了目前较为先进的内容积比调节机构(如我国最早生产螺杆式机组的专业厂——武汉冷冻机厂即采用了这一先进技术),使得在不同负荷条件下机组都尽可能地处于高效区工作。

螺杆式机组从螺杆设置的方式上来分,可分为垂直式和水平式两种。垂直式机组的外形尺寸比水平式稍小,且通常采用全封闭式压缩机,因此其机组噪声较小。在单机容量方面,螺杆式机组大部分与活塞式机组差不多。如烟台冷冻机厂生产的 WCFX 系列(与美国顿汉——布什公司合作)垂直式螺杆机组,单机容量为 300～500kW;重庆嘉陵制冷空调设备有限公司生产的 LSBLG 系列水平式螺杆机组,单机容量为 17.5～37kW。同活塞式冷水机组一样,一些螺杆式冷水机组也采用多机头方式,使机组总制冷量成倍的增加。国外采用多机头时,有的总制冷量可达 2500kW 以上。

双螺杆机组在制造和使用过程中存在着阴阳螺杆配合精度要求较高、修理困难、轴承承受推力太大及噪声偏大等缺点,因此近年来国外已有部分厂商发展了单螺杆机组。其典型代表产品就是法国 CIAT 公司生产的 LBI 系列冷水机组和日本 DAKIN 公司生产的 UWJ 系列冷水机组。

单螺杆机组压缩机的工作原理如图 4-3。

该压缩机的主要部件由一个单螺杆和两个行星齿轮转子组成。冷媒通过吸气管吸入螺杆沟槽中。随螺杆旋转，带动行星齿轮旋转而使进汽口关闭。继续旋转螺杆，槽内冷媒汽体在齿轮转子和螺杆沟槽的共同作用下被压缩，直至达到排气压力时，从螺杆另一侧排出，由此完成了一个压缩过程。

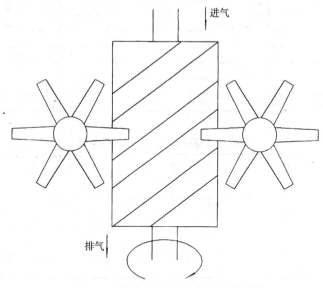

图 4-3　单螺杆压缩机工作原理示意图

从单螺杆压缩机的工作原理及构造中可以看出，与双螺杆压缩机相比，它具有以下一些优点：

1. 平衡了轴承推力，轴承寿命得以提高，从而使得机组的使用寿命延长，维修工作量可以减少。

2. 螺杆与齿轮转子相互无力的传递，也没有摩擦，因此可以使接触精度得以提高，密封性加强，减少了泄漏损失，使其制冷系数（尤其是低负荷工况下）提高，改进了机组的经济性。

3. 齿轮转子可采用高强度工程塑料制造，这样减少了内部机件相互冲击所带来的振动及运行噪声。

4. 整个机组结构的简化使其运动部件减少，可靠性提高，尺寸减小，重量降低。同时，由于大都采用了压差供油的新技术，去掉了油泵，因而降低了能耗，也方便了维修。

日本 DAKIN 公司生产的 UWJ 系列单螺杆机组的单机容量为 118～355kW，法国 CIAT 公司生产的 L.B.I. 系列单螺杆机组的单机容量为 274～2400kW。

部分螺杆式机组性能见表 4-2 (a)、表 4-2 (b) 及表 4-2 (c) 所示。

LSBLG 系列双螺杆式冷水机组性能简表　　　　表 4-2 (a)

性能 型号	制冷量 (kW)	功率 (kW)	重量 (kg)	蒸发器阻力 (kPa)	冷凝器阻力 (kPa)	外型尺寸 (mm)
215	215	51	1400	80	30	3390×690×1390
430	430	102	2600	44	30	3500×798×1570
645	645	153	3600	80	30	3680×1320×1120
860	860	204	5400	44	30	3780×1320×1620
生产厂：重庆通用工业（集团）有限责任公司						

性能 型号	制冷量 (kW)	功率 (kW)	重量 (kg)	外型尺寸 (mm)
1320	118	30	1010	2560×715×1550
1700	150	37	1145	2430×735×1610
2000	180	45	1250	2460×760×1615
2650	236	60	1805	2950×950×1480
3350	300	74	2190	3430×970×1545
4000	355	90	2360	3570×970×1545

生产厂：日本 DAIKIN 工业株式会社

PES 系列单螺杆式冷水机组性能简表　　　　　**表 4-2 (c)**

性能 型号	制冷量 (kW)	功率 (kW)	重量 (kg)	蒸发器阻力 (kPa)	冷凝器阻力 (kPa)	外型尺寸 (mm)
2024	957	182	8246	36	24.5	5544×1415×1945
2028	1418	269	10605	37.5	28	5544×1605×2175
2031	1940	370	14179	45	28	5623×1890×2400
2035	2813	523	20488	58	30	5696×2290×2720

生产厂：美国 Mc Quay 公司

（三）离心式冷水机组

离心式冷水机组是目前大、中型高层民用建筑空调系统中使用最广泛的一种机组，目前常见机组所采用的冷媒是 R22、R123 和 R134a 等等。

离心式压缩机的工作原理及其结构如图 4-4 所示，其结构与常用的离心式水泵相似。

低压冷媒蒸气由侧面轴向吸入压缩机以后，在高速旋转的叶轮作用下，流向叶轮外缘，在此过程中，气体受到压缩。在进入蜗壳之前，由扩容器对气体进行进一步扩容提高压力（由高速流动至低速流动使动压差转换为静压）后进入蜗壳，高压气体最后经排汽口排除。显然，这一压缩过程是一个连续过程，在不断的排除高压气体的同时，又不断的吸入新的低压气体。

离心式冷水机组具有以下特点：

1. 制冷量大（可达 4500kW），重量轻，单位重量的制冷量在 100～170kW/kg 之间（机组容量越大，此值越大），结构紧凑，尺寸小，因此较适合于需要大制冷量而机房面积又有限的场合，此点正好与高层民用建筑的特点相符合。

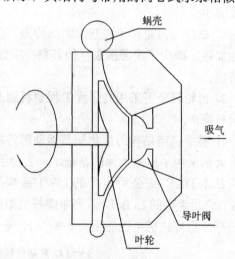

图 4-4　离心式压缩机工作
原理示意图

2. 部件之间无接触，无摩擦，运行平稳，噪声较低，维修及运行管理都较为方便。

3. 容量调节方便，目前大多数厂家都采用的是进口导叶调节方式，容量控制范围在 30%～100% 之间。美国 TRANE 公司生产的多级压缩冷水机组，以及美国 York 公司 80 年代推出的一种由变频控制压缩机电机转速的能量调节方式，使其容量调节范围更宽阔，同时在低负荷时更为节能。

4. 制冷系数较高，一些较好的大冷量机组的效能比可达到 6 以上（相当于每美国冷吨的耗电量为 0.6kW/U.S.RT）。

5. 由于机加工的原因，离心式冷水机组对制冷量需求的满足性能相对较差，小冷量时的效能比也明显下降。因此，目前采用的离心式冷水机组的制冷量通常都在大约 700kW 以上。

6. 离心式机组采用进口导叶调节时，如果负荷太低（小于 20% 左右时），有可能发生喘振现象，机组的运行工况将变得恶化。

部分离心式冷水机组性能见表 4-3 (a)、表 4-3 (b)。

LSBLX 系列离心式冷水机组性能简表　　　　　　　　　　表 4-3 (a)

性能 型号	制冷量 (kW)	功率 (kW)	重量 (kg)	蒸发器阻力 (kPa)	冷凝器阻力 (kPa)	外型尺寸 (mm)
700	704	150	8300	120	78	3860×1783×2381
900	878	180	8500	120	83	3860×1783×2381
1050	1055	200	8700	120	83	3860×1783×2381
1200	1268	235	9800	125	57	4952×1690×2381
1400	1407	260	10100	125	57	4952×1690×2381
1750	1756	320	11700	125	57	5020×1977×2717
2100	2111	385	13000	125	57	5020×1977×2717
2450	2460	455	15400	93	110	5020×1977×2717
2800	2814	515	16000	93	110	5020×1977×2717
3300	3338	600	22000	115	95	6160×1982×2900
3700	3727	670	23000	115	95	6160×1982×2900
4200	4222	760	25000	115	95	6700×2350×3200

生产厂：重庆通用工业（集团）有限责任公司

19XL 系列离心式冷水机组性能简表　　　　　　　　　　表 4-3 (b)

性能 型号	制冷量 (kW)	功率 (kW)	重量 (kg)	蒸发器阻力 (kPa)	冷凝器阻力 (kPa)	外型尺寸 (mm)
4040425CM	1058	267	8000	86	95	4159×1670×2048
4141425CM	1235	267	8000	92	102	4159×1670×2048
4242436CN	1411	295	8000	96	105	4159×1670×2048
4343445CQ	1588	360	8000	97	108	4159×1670×2048
5051456CR	1764	410	10000	104	97	4166×1835×2188
5152456CR	1940	410	10500	102	99	4166×1835×2188
5253466CR	2046	410	10500	94	93	4166×1835×2188
5758465CR	2117	390	12200	131	124	5601×1835×2188

生产厂：上海合众-开利空调设备有限公司

二、吸收式制冷

吸收式制冷与压缩式制冷一样，都是利用低压冷媒的蒸发产生的汽化潜热进行制冷。两者的区别是：压缩式制冷以电为能源，而吸收式制冷则是以热为能源。在高层民用建筑空调制冷中，吸收式制冷所采用的工质通常是溴化锂水溶液，其中水为制冷循环用冷媒，溴化锂为吸收剂。因此，通常溴化锂制冷机组的蒸发温度不可能低于0℃，在这一点上，可以看出溴化锂制冷的适用范围不如压缩式制冷，但对于高层民用建筑空调来说，由于要求空调冷水的温度通常为6～7℃，因此还是比较容易满足的。

溴化锂吸收式制冷循环的基本原理如图4-5所示。

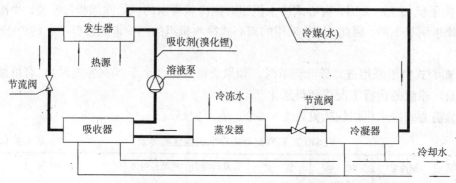

图4-5　溴化锂吸收式制冷循环基本原理示意图

来自发生器的高压水蒸气在冷凝器中被冷却为高压液态水，通过膨胀阀后成为低压水蒸气进入蒸发器。在蒸发器中，冷媒水与冷冻水进行热交换而发生汽化，带走冷冻水的热量后成为低压冷媒蒸汽进入吸收器，被吸收器中的溴化锂溶液（又称浓溶液）吸收，吸收过程中产生的热量由送入吸收器中的冷却水带走。吸收后的溴化锂——水溶液（又称稀溶液）由溶液泵送至发生器，通过与送入发生器中的热源（热水或蒸汽）进行热交换而使其中的水发生汽化，重新产生高压蒸汽。同时，由于溴化锂的蒸发温度较高，稀溶液汽化后，吸收剂则成为浓溶液重新回到吸收器中。在这一过程中，实际上包括了两个循环，即制冷剂（水）的循环和吸收剂（溴化锂溶液）的循环，只有这两个循环同时工作，才能保证整个制冷系统的正常运行。

溴化锂制冷机组的一个主要特点是节省电力。从其制冷循环中可以看出，它的用电设备主要是溶液泵，电量大约为5～10kW，这与压缩式冷水机组相比是微不足道的。在我国目前的情况下，许多城市都存在电力紧张的状况，为溴化锂冷水机组的广泛应用起到了一定的推进作用。

该类机组的另一个特点是由于传热面积大，传热温差小，因而机组对冷却水温的要求相对来说不如压缩式机组严格，冷却水温的变化对制冷量的影响较小。故其运行工况较为稳定，室外气候对其的影响不大，这一特点对于空调系统本身是较有利的。同时，溴化锂冷水机组的容量调节范围也比压缩式宽阔一些（大约10%～100%）。

溴化锂吸收式冷水机组目前的产品分为单效式和双效式两种。单效式利用的是低位热源（80℃以上的热水或低压蒸汽），因此特别适用于有废热的区域（如一些工厂等）。由于溴化锂溶液浓度太高时容易结晶，因此，单效式机组对热媒温度的限制是不能太高。单效机组的缺点是制冷效能比较差，通常其制冷系数在0.6～0.7之间。

为了更有效地利用热能，提高制冷效率，对于高位热源（如高压蒸汽），目前通常采用双效式机组，即把发生器分为高压发生器和低压发生器两部分，既可避免溴化锂溶液的结晶，又提高了能源的利用率，其制冷系数可达0.95～1.2左右。但双效式机组要求高位热源，反过来又在一定程度上限制了该机组的应用。

在高层民用建筑中，如果热媒为热水（如城市或区域热网、自建热水锅炉房等），则只能采用单效式机组。但应注意的是，如果采用城市热网，通常其在夏季的供水温度较低（只有大约70℃），并且一般在夏季会有一个月左右的停热检修期，而这期间可能正好是建筑物需要供冷的高峰季节，机组的正常工作将会因此受到较大的影响。因此，对于吸收式冷水机组来说，完全采用城市热网作为唯一的热源的方案在目前是不能接受的，必须有其它备用热源配合使用。在一些酒店类建筑中，由于厨房、洗衣房等有高压蒸汽的要求（如厨房通常要求0.2~0.3MPa的蒸汽、洗衣房则要求高达0.8MPa的蒸汽），因而很多此类建筑都有自建的锅炉房，这就为双效式机组的采用提供了有利的条件。尤其在我国北方地区，可以利用锅炉房在冬季进行供热，夏季供空调吸收式冷水机组的热源（如80年代建设的北京亚运村工程），使设备的利用率得以提高。

综上所述，无论是单效式还是双效式溴化锂吸收式冷水机组，目前在高层民用建筑中使用时，与其配套的锅炉房通常都是必不可少的（只有直燃式机组是个例外，关于此点将在本章第六节中讨论）。

溴化锂吸收式冷水机组由于传热温差小，要求较大的传热面积，因此，其金属耗量比蒸汽压缩式冷水机组大得多，且为了减少溴化锂溶液的腐蚀作用，其部件大量采用铜管和不锈钢材，故一次投资也会较大。除此之外，由于该机组的冷却水既要承担冷凝器的热量，又要承担吸收器的热量，因此很显然其冷却水热负荷远大于压缩式冷水机组（通常为后者的1~2倍），导致冷却水量增加，中央空调系统的冷却水泵、冷却塔及冷却水管道加大及其它所带来的一系列问题，都将进一步对一次投资及以后的运行经济性产生较大的影响。

因此，从理论和实际运行中都可以明确的一点是：溴化锂吸收式冷水机组对于中央空调系统来说并非是一个节能的选择，采用该机组的中央空调系统的综合能耗通常比采用压缩式冷水机组的系统高1.4~1.5倍（以标准热比较）。尤其对于无废热可利用的高层民用建筑而言，选择溴化锂吸收式机组实际上是一种能耗大的方案，与压缩式冷水机组相比，它只是在能源的种类上不一样（前者消耗矿物能，后者消耗电能）。因此，作者认为，在建筑所在地的电力紧张而无法满足空调要求的前提下，作为采用低位能源的溴化锂吸收式冷水机组可以说是一种值得考虑的选择；如果当地的电力系统可以允许的话（当然，作为建设单位，还要考虑各地一些不同的能源政策），还是应优先选择压缩式冷水机组的方案。

部分溴化锂吸收式冷水机组的性能见表4-4（a）及表4-4（b）。

16JS/RAW 系列吸收式冷水机组性能简表（蒸汽表压0.6MPa）　　**表4-4**（a）

性能 型号	制冷量 （kW）	蒸汽耗量 （kg/h）	重量 （kg）	蒸发器阻力 （kPa）	冷凝器阻力 （kPa）	外型尺寸 （mm）
E18T	499	640	9900	62	70	4130×1770×2320
E21T	573	730	10000	60	72	4130×1770×2320
E28T	752	960	10600	58	66	4165×1960×2500
E36T	942	1210	12700	40	51	5315×1940×2550
E47T	1171	1500	14900	38	59	5370×2050×2780
E65	1614	2070	20500	81	102	6910×2075×2775
E73	1857	2380	22000	85	108	6915×2175×2870
E80	2047	2620	23000	87	148	6915×2310×3020
080	2314	2960	28000	57	45	6930×2370×3000
080T	2472	3160	28000	65	77	6930×2370×3000
100	2894	3700	36000	57	47	6940×2600×3360

型 号 \ 性能	制冷量 (kW)	蒸汽耗量 (kg/h)	重 量 (kg)	蒸发器阻力 (kPa)	冷凝器阻力 (kPa)	外型尺寸 (mm)
100T	3091	3960	36000	65	80	6940×2600×3360
120	3471	4440	43000	64	49	7010×2890×3740
120T	3709	4750	43000	73	84	7010×2890×3740
150	4340	5550	52000	58	48	7130×3210×4155
150T	4638	5940	52000	67	83	7130×3210×4155

生产厂：烟台荏原空调设备公司

SXZ6 系列吸收式冷水机组性能简表（蒸汽表压 0.6MPa）　　　表 4-4（b）

型 号 \ 性能	制冷量 (kW)	蒸汽耗量 (kg/h)	重 量 (kg)	蒸发器阻力 (kPa)	冷凝器阻力 (kPa)	外型尺寸 (mm)
25D	233	310	7400	80	100	3505×1625×2620
35D	349	470	10100	80	100	3550×1800×2915
45D	465	625	11300	80	100	4610×1765×2900
60D	582	780	13500	80	120	5110×1765×2900
70D	698	935	16000	80	120	5185×1880×2920
80D	814	1090	18600	80	120	5160×1950×3050
95D	930	1250	20000	100	120	4950×2150×3130
115D	1163	1560	21900	100	120	5800×2100×3100
145D	1454	1950	25600	100	120	6000×2200×3360
175D	1745	2340	30100	100	140	7000×2260×3360
230D	2326	3100	38200	120	140	7660×2450×3415
290D	2908	3900	47000	120	140	9160×2400×3415
350D	3489	4680	52300	120	140	9050×2660×3415
465D	4652	6200	70500	120	140	9225×3000×4590
520D	5234	7020	77000	150	140	10210×3000×4590
580D	5815	7800	85000	150	140	10210×3030×4950

生产厂：江苏双良集团公司

第五节　热源及其装置

对于一个设有中央空调系统的高层民用建筑，如果采用离心式冷水机组，其夏季空调系统的综合 COP 系数（全楼空调耗冷量与全楼空调耗电量之比）通常在 2～3 左右；如果采用溴化锂吸收式冷水机组，此 COP 系数（全楼空调耗冷量与全楼空调供冷耗热量之比）通常在 0.6～0.7 之间。这也即是说，当一幢建筑冬季热负荷与夏季冷负荷的数量值差不多时（如我国华北地区的大部分建筑），实际上冬季能耗以标准热来衡量将明显高于以离心式冷水机组供冷的夏季能耗（高出一倍以上），同时也是以吸收式冷水机组供冷的夏季能耗的 60%～70%。由此可见，热源问题在空调设计及运行中，和冷源是同等重要的。

然而，就目前而言，无论是使用者还是设计人员，许多人都相当程度地存在着对冷源使用精打细算，对热源使用较为浪费的现象。究其原因来说，一是认为空调供冷属于较奢侈的生活方式，而供热则是生活所必需，因此用热是理所当然的；二是在目前我国的实际情况中，大多数空调用热取自于矿物能，但供冷则通常消耗较多的电能，矿物能的获取较为容易而电力较为紧张，进一步助长了人们的上述心理。因此，对于空调专业人员来说，重新分析能源性质及能耗特点，在观念上对此有一个新的认识是十分必要的。

一、空调热源的分类

（一）按热源性质分类

1. 蒸汽

蒸汽是常用的空调热源之一，其特点是热值较高，载热能力大，且不需要输送设备（只靠自身的压力即可送至用户的空调机组之中）。其汽化潜热在2200kJ/kg左右（随蒸汽压力的不同略有区别），汽化潜热占使用的蒸汽热量的95%以上。

在采用蒸汽作为空调热源的工程中，通常都采用表压为0.2MPa以下的蒸汽（尽管更高的蒸汽压力有助于凝结水回水，但发生凝结水汽化的现象也更为突出，不但浪费能量，而且还会带来一系列其它的问题——如怎样排除室内汽化的蒸汽等）。当凝结水回水较为畅通时，可以采用背压回水，反之，则应使用凝结水泵。另外，如果蒸汽压力过高，也限制了换热器的使用类型。

采用蒸汽为热源时，与之配套使用的一系列附件如减压阀、安全阀、疏水器等，其性能都直接关系到热源的合理利用，设计及管理人员应充分重视。

2. 热水

在高层民用建筑空调所用热源中，热水的使用是最为广泛的。首先，热水在使用的安全性方面比蒸汽优越。其次，热水与空调冷水的性质基本相同，传热比较稳定。在空调机组中，许多时候采用冷、热盘管合用的方式（亦即人们常说的两管制），以减少空调机组及系统的造价，热水能较好的满足此种方式而蒸汽盘管通常不能与冷水盘管合用。再一点就是，热水使用时，不像蒸汽系统那样需要许多的附件，也给运行管理及维护带来了一定的方便。

空调用热水水温的决定与空调设备使用的性质及工程地点有一定的关系。目前，空调设备大致有两大类：一类是用于全空气系统的空调机组（如新风空调机组或带回风的空气处理机组），另一类是就地使用的通常只承担局部区域冷、热负荷而不承担新风负荷的风机盘管式机组。从这两类机组的结构上看，前者通常能承受较高的热水温度；而后者因其结构紧凑，加上安装位置所限，其散热能力是有限的，水温过高时，其机组内部温度有可能过高，对内部元器件（如电机等）产生一定的影响。因此一般来说，空调机组可采用较高的热水供、回水温度（如95/70℃），而风机盘管则宜采用较低的热水供、回水温度（如60/50℃）。当然，认为风机盘管宜用低温热水也与其使用性质有关。如前所述，风机盘管通常不承担新风热负荷，因此对其加热量的需求相对较小，低温热水一般是可以满足要求的，现有国产风机盘管的供热能力也大都是以热水供水温度60℃为标准工况进行测试的。为了减少设计复杂性，使空调机组与风机盘管都可采用较高温的热水，目前也有一些厂商开发了可用高温水的风机盘管，但实际工程中应用较为少见。

工程所在地区的地理位置也与热水温度有关，尤其是对于处理新风的空调机组而言，过低的热水温度对于寒冷地区空调机组内的盘管有发生冻裂的危险，这是应该值得重视的。

采用不同温度的热水分别用于空调机组和风机盘管这种方式，在80年代前期的高层民用建筑中是较常见的。然而，这样做的结果是使设计变得复杂化，仅空调热水就需要两个各自独立的水系统，设备及管道大为增加，对施工及今后的运行管理都带来了一些困难。就目前使用的实际情况来看，华北及其以南的大部分地区，风机盘管与空调机组采用同一热水温度，即以风机盘管的适应性来决定水温（60/50℃或65/55℃）是完全可行的。如在北京地区，80年代后期及90年代建成的许多以此方式设计及运行的建筑，只要设计合理及运行管理（包括自动控制）正确，也极少发生空调机组盘管冻裂的情况。这样做不但可以省去了一套高温热水系统，同时也为热水和冷水的相互切换（在两管制系统中）和运行管理带来了方便，对于设备的综合利用也是有利的。当然，对于较寒冷的东北地区来说，情况可能有所不同，但如果能允许风机盘管的热水温度作适当的提高的话，上述方式也是可行的。

空调热水在使用过程中存在的一个问题就是系统内（管道及设备）结垢问题。水的结垢与其水质和水温有关，当水温超过70℃时，结垢现象变得较为明显，它对换热设备的效率将产生较大的影响。因此，空调热水应尽可能地采用软化水，至少也应考虑如加药、电子除垢器等防止或缓解水结垢的一些水处理措施。

3. 电热

电热是空调热源中使用最为方便的一种，其结构简单，组合多样，布置灵活，控制及管理方便，具有较强的适应能力。

但是，直接采用电热在我国现阶段的高层民用建筑空调中是为数极少的，其中一个主要原因是耗电量太大，而我国几乎所有的大、中城市均不同程度地存在着电力紧张的状况，甚至一些城市明文规定：电力不能作为民用建筑的供热热源来使用。从用户来看，即使能使用，其费用也是较高的。所有这些客观条件限制了电力作为空调热源在目前的应用，但随着经济的发展，我国一些大型电站的建立，对其周围城市供电紧张的状况将会有所缓解，因此相信空调用电热的情况也会逐步有所好转。从发达国家来看，也是向着这一方向发展。

（二）按热源装置分类

1. 锅炉供热

锅炉是最传统同时又是目前应用最广泛的一种热源装置，从实质上来说，几乎所有的供热热源最终都来自锅炉，只有极少数工业建筑利用其废热进行供热。

供热用锅炉分为热水锅炉和蒸汽锅炉。在空调热水系统中，由于空调机组及整个水系统要随建筑的使用要求进行调节与控制，因此热水锅炉直接供应空调系统热水的方式不是十分恰当的，通常设有中间换热器。而蒸汽锅炉则适用范围较大，既可直接使用，又可通过热交换而使用其热量，这显然更为方便。同时，设有蒸汽锅炉的建筑也为其冬季空调加湿提供了一个较好的条件。

2. 热交换器供热

高层民用建筑空调热交换器的一次热媒通常来自两个地点：自备锅炉房及城市热网。前者既可是热水也可是蒸汽，而后者几乎都是100~120℃左右的高温热水（通常是与热电厂进行综合利用的热水或城市区域锅炉房供应的热水）。

采用热交换器供热的一个主要优点是作为一次热媒的热源系统与大楼空调供热的水系统完全分开，空调热水系统的设计可在不受一次热媒影响的情况下进行。其主要的缺点是由于经过热交换，热损失是不可避免的。因此，热交换器的性能是设计中要考虑的一个主要因素。

3. 热泵供热

热泵供热的特点在本章第三节中已经提到,尽管其COP值明显高于电热,但由于其适用范围有限,且与热水或蒸汽供热相比电能消耗仍然较大,因此使许多建设单位对其经济性存在疑虑。作者认为,只要适用条件许可,许多建筑采用此方式的经济性应该是相当好的,因为只要其冬季供热用电量小于夏季供冷时的电量(这在我国华北地区以南是大多数情况),就不存在电力上的各种附加费用而仅仅只是用电的本身费用,但它可省去一整套供热装置,初投资可大量节省。随技术的完善,适用范围提高,相信这种方式会逐步扩大应用。

二、锅炉

在有城市热网的地点,从整个城市的总体规划角度上来看,高层民用建筑的空调供热应首先考虑采用城市热网或区域锅炉房集中供热。只有位于无城市热网的地区的建筑,或虽然有热网,但它对常年供热或供蒸汽的部分建筑不能满足要求时,才考虑建设附属的、辅助性的或临时性的锅炉房。同时,锅炉的燃料也应根据当地的条件来考虑。

(一)燃煤锅炉

燃煤锅炉是目前应用最多的一种锅炉,这主要是由于煤是一种资源较为丰富、价格也较低廉的燃料。90年代以前的许多高层民用建筑都以此为主要热源装置。

在民用建筑中,燃煤锅炉通常采用层燃炉。其燃料种类有石煤、煤矸石、无烟煤、贫煤及烟煤等。

燃煤锅炉尽管已使用了多年,但其在高层民用建筑空调供热的使用过程中,逐渐也暴露出其存在的一系列问题。第一,它需要占用较大的地面面积(包括配套的堆运煤系统及除渣系统等等),而高层民用建筑中,面积尤其是占地面积是极为受到建设单位重视的;第二,燃煤锅炉通过烟囱排出大量的灰尘及有害气体,对环境尤其是大气的污染相当严重,除下的废灰渣的处理也可能产生严重的二次污染;第三,运行管理不方便,工人的劳动强度较大;第四,自动化程度较低,无法做到全自动运行。由于上述原因,因此自90年代以来,在一些大城市中,燃煤锅炉的使用不断地受到限制,甚至有的城市不允许在市区内兴建燃煤锅炉房,取而代之的则是燃油锅炉或燃气锅炉。

(二)燃油和燃气锅炉

燃油或燃气锅炉以前在我国的应用是比较少的(尽管发达国家已使用了数十年),这主要是因为燃料油或燃气供应较为紧张,国家有关部门对此作了一些政策性规定。目前,这种紧张状况开始好转,为它们的使用提供了条件。

与燃煤锅炉相比,燃油或燃气锅炉尺寸小、占地面积少(一些较小型的锅炉房甚至可以直接放进主楼中去)、燃烧效率高、自动化程度高(可在无人值班的条件下全自动运行),给设计及运行管理都带来了较大的方便,对大气环境的影响也大大地减少。

当然,它们目前也存在燃料价格较贵的缺点,这和国家的整个经济建设是相关的。另外,燃油或燃气锅炉在建筑中的安全性也是一个正在讨论和研究的问题。但从发达国家目前的情况来看,城市中逐渐采用它以替代燃煤锅炉将也是我国的一个发展方向。

与工业建筑相比,民用建筑的热负荷是较小的,因此燃油锅炉一般采用轻柴油为燃料,这样对于油路系统的设计及运行管理是较为有利的。燃气锅炉的燃料有天然气、焦炉煤气等等,其对环境的影响更小一些。目前在许多工程中,针对一些暂不具备供气条件的地区的建筑,通常采用燃油燃气两用锅炉的方式,建设单位可先以油为燃料,条件具备后再改为燃气作燃料。

（三）电热锅炉

电热锅炉直接利用电能供热，关于电热的优缺点在前面已经叙述。由于其耗电大，目前只在我国南方一些地区冬季需热量极小而又无法设置其它类型锅炉的高层民用建筑（如深圳国际贸易中心等）中有所应用。

三、热交换器

热交换器是高层民用建筑空调供热系统的最主要设备之一，正确选用热交换器对于整个空调供热系统是十分重要的。常用热交换器从结构上来分有三种类型，即列管式、螺旋板式及板式换热器。

（一）列管式换热器

列管式换热器根据其使用的性质不同，分为汽-水换热器和水-水换热器两种基本形式。

汽-水换热器的基本结构如图4-6所示。作为一次热媒的蒸汽在外壳中流动，二次热媒（热水）在管束内流动。它的特点是构造简单、制造方便、价格低廉、清洗较为方便和容易。其缺点是单位体积下的传热面积有限，换热效率不高，因而要保证所需的换热量时其所用的金属耗量较大，重量及尺寸都较大。

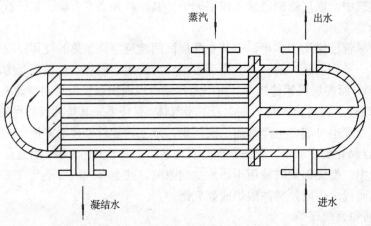

图4-6　汽-水换热器结构示意图

汽-水换热器的传热系数通常在 $2000\sim3000W/(m^2\cdot℃)$ 之间。

水-水换热器的基本结构如图4-7所示。其结构形式与汽-水换热器在实质上基本相同，当二次热媒要求的温差较大时，可通过多个回程的组合来满足。

水-水换热器的传热系数通常在 $1000\sim2000W/(m^2\cdot℃)$ 之间。

列管式换热器对水质的要求较低，其运行管理较为方便，因而至今仍得到较广泛的应用。但因其换热效率较低，故只适用于传热温差较大的场所，对于空调冷冻水之间的热交换则是极不适用的。

上述提到的列管式换热器中，传热管束均为光管，管内外流动的介质流速较均匀，扰动情况较少，因此即使处在紊流状态下，其传热系数也是有限的。为了增强传热，提高传热效率，近年来一些厂商在强化传热方面进行了许多的研究及试验，其中较有代表性的产品就是近几年推出的波纹管式换热器。

波纹管式换热器的结构与普通列管式换热器基本相同，只是把传热管束由普通的光管改成波纹管。这带来了一系列的优点：

1. 增加了管内、外流体的扰动，对于提高传热系数是极为有利的，可把传热系数提高至 2500～3800W/（m²·℃）。

2. 增加了传热面积，同尺寸下的传热量得以加大。

3. 通过一些加强措施及采用不锈钢材料制作传热管，其强度得到加强，因而可采用壁厚较薄的钢管制造，重量得以减轻。

4. 由于波纹管具有热补偿特性，因此即使长度较长时，也不用考虑特别的防止热胀冷缩的措施。

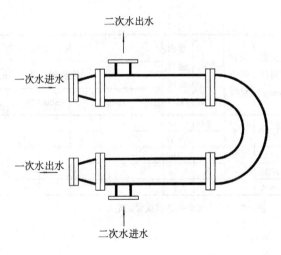

图 4-7　水-水换热器结构示意图

5. 波纹管在热胀冷缩过程中，其表面结垢会自动脱离，使得清洁方便，维护工作量降低。

当然，由光管改为波纹管之后，水流阻力会有所增加。因此，优化波纹管的结构尺寸及形式，提高其综合效能是这一产品需要进一步研究的主要任务。

波纹管式换热器技术参数见表 4-5，其传热系数如图 4-8 所示。

HQ 系列波纹管换热器技术参数　　　　　　　　表 4-5

公称直径 (mm)	公称压力 (MPa)	管程数	管程通流面积 (m²)	传热面积 (m²) 换热管长度 (mm)								接管公称直径 (mm) 管程	汽-水壳程		水-水壳程
				1000	1500	2000	2500	3000	3500	4000	4500	管程	汽进口	水出口	进出口
150	0.6	1	0.003	0.8	1.2	1.7						50	80	40	50
200		1	0.007	1.8	2.7	3.6						65	100	50	65
250	1.0	1	0.012	3.4	5.0	6.7						80	150	50	80
	1.6	2	0.005	2.9	4.3	5.7									
300		1	0.019	5.4	8.1	10.8						100	150	65	100
	2.5	2	0.009	4.8	7.2	9.6									
400	4.0	2	0.035	9.6	14.3	19.1						100	150	65	100
		4	0.016	9.0	13.5	18.0									
500		2	0.023			21.6	27.0	32.4				150	200	80	150
		4	0.01			18.9	23.6	28.3							
600	0.6	2	0.032			30.7	38.4	46.1				150	250	80	150
		4	0.017			29.7	37.1	44.5							
700	1.0	2	0.048			45.6	57.0	68.4				150	250	80	150
		4	0.023			42.9	53.6	64.4							
800	1.6	2	0.063				90.3	105	120			200	300	100	200
		4	0.031				88.7	103	118						
900	2.5	2	0.083				118	138	157			200	300	100	200
		4	0.039				111	130	148						
1000		2	0.09				135	158	180			250	350	125	250
		4	0.045				129	150	172						

公称直径（mm）	公称压力（MPa）	管程数	管程通流面积（m²）	传热面积（m²）								接管公称直径（mm）			
				换热管长度（mm）								管程	汽-水壳程		水-水壳程
				1000	1500	2000	2500	3000	3500	4000	4500		汽进口	水出口	进出口
1200	0.6	2	0.14					200	234	267		300	400	150	300
		4	0.067					192	224	256					
1400	1.0	2	0.199						323	380	427	350	400	200	350
1600	1.6	2	0.24						396	452	509	400	500	250	400
1800		2	0.3						504	560	630	450	500	250	450

注：生产厂为北京兴达波纹管制造厂。

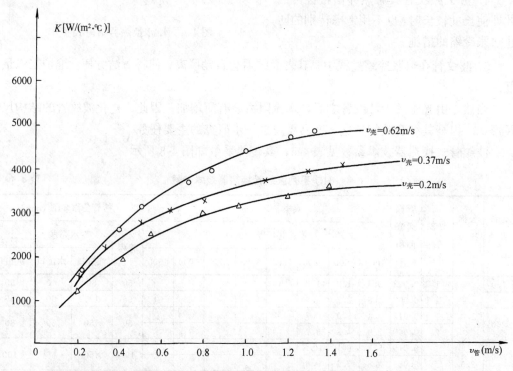

图 4-8　HQ 系列波纹管换热器传热系数与流速的关系曲线

（二）螺旋板式换热器

螺旋板式换热器属于一种较高效的换热设备，其构造如图 4-9 所示。

这种产品的特点是结构紧凑，所有部件及流道均采用钢板焊接而成，因此允许较高的工作压力。从其结构中可以看出，两种流体的传热是以全逆流方式进行的，因此传热效率较高，传热系数约为 2500W/（m²·℃）左右。与列管式相比，它的重量轻、尺寸小，对水-水换热和水-汽换热都较为适用，因此其用途较为广泛。

螺旋板式换热器的缺点是流道无法进行维护清洗（全焊接而成），因此相对来说对水质的要求较高，这样可使用的年限会更长一些。当使用效果不能满足要求时，只能更换新设备，通常它的使用寿命在 5～8 年左右（与水质有关）。

螺旋板式换热器的性能见表 4-6。

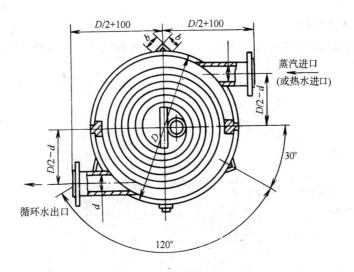

图 4-9 螺旋板式换热器结构示意图

SS 型螺旋板式换热器选用性能表 表 4-6

型 号	换热量 (kW)	换热量 ×10⁴ (kcal/h)	设计压力 (MPa)	换热面积 (m²)	115～80℃ 加热水130～80℃ 150～90℃ 流量 (m³/h)	流速 (m/s)	阻力降 (MPa)	被加热水(70～95℃) 流量 (m³/h)	流速 (m/s)	阻力降 (MPa)	供采暖面积 (m²)
SS—0.6—10	285	25	0.6	10	7	0.31	0.009	10	0.32	0.009	1900～2700
SS—0.6—15	406	35	0.6	15	10	0.40	0.015	14	0.39	0.013	2700～6700
SS—0.6—20	610	52	0.6	20	15	0.52	0.021	21	0.45	0.018	4000～10000
SS—0.6—30	1017	37	0.6	30	25	0.55	0.023	35	0.43	0.018	6800～16000
SS—0.6—40	1424	122	0.6	40	35	0.55	0.023	49	0.60	0.026	9400～23000
SS—0.6—50	1720	149	0.6	50	45	0.71	0.031	63	0.7	0.030	11000～28000
SS—0.6—60	2096	180	0.6	60	52	0.82	0.041	73	0.81	0.04	14000～34000
SS—0.6—80	2849	245	0.6	80	70	0.97	0.052	98	0.98	0.053	19000～47000
SS—0.6—100	3458	297	0.6	100	85	1.18	0.064	120	1.21	0.66	23000～57000
SS—1.0—15	580	50	1.0	15	10	0.40	0.015	20	0.56	0.02	3800～9600
SS—1.0—20	870	75	1.0	20	15	0.52	0.021	30	0.65	0.022	5800～14500
SS—1.0—30	1450	125	1.0	30	25	0.39	0.018	50	0.61	0.022	9600～24000
SS—1.0—40	2030	175	1.0	40	35	0.55	0.023	70	0.77	0.033	13000～33500
SS—1.0—50	2470	210	1.0	50	45	0.71	0.031	85	0.95	0.036	16000～40000
SS—1.0—60	3000	260	1.0	60	52	0.72	0.037	103	1.04	0.045	19000～49000
SS—1.0—80	4070	350	1.0	80	70	0.97	0.052	145	1.46	0.063	27000～67000
SS—1.0—100	4950	425	1.0	100	85	1.18	0.064	170	1.57	0.086	32000～82000
SS—1.5—15	700	60	1.5	15	10	0.40	0.015	24	0.68	0.024	4600～11000
SS—1.5—20	1050	90	1.5	20	15	0.52	0.021	36	0.88	0.029	6900～17000
SS—1.5—30	1740	100	1.5	30	25	0.59	0.0018	60	0.74	0.0030	11000～28000
SS—1.5—40	2440	210	1.5	40	35	0.55	0.023	84	0.93	0.033	16000～40000
SS—1.5—50	3140	270	1.5	50	45	0.62	0.029	108	1.09	0.040	20000～52000
SS—1.5—60	3630	310	1.5	60	52	0.72	0.037	125	1.25	0.050	24000～60000
SS—1.5—80	4800	410	1.5	80	70	0.97	0.0052	165	1.53	0.069	31000～79000
SS—1.5—100	5500	470	1.5	100	85	1.10	0.064	190	1.63	0.093	36820～92000

注:1. 加热水温三个数值,由上到下分别为 0.6MPa、1.0MPa、1.5MPa 设计压力工作时温度;

2. 生产厂:长沙申特空调设备有限公司。

（三）板式换热器

板式换热器是近十多年来大量使用的一种高效换热器，其结构如图 4-10 所示。

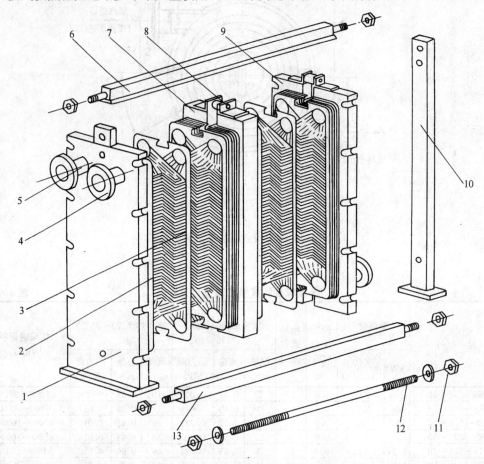

图 4-10　板式换热器结构

1—固定压紧板；2—板片；3—垫片；4—法兰；5—接管；6—上导杆；7—中间隔板；
8—滚动装置；9—活动压紧板；10—前支柱；11—螺母；12—夹紧螺栓；13—下导杆

与其它形式的换热器相比，它具有以下一些优点：

1. 由于内部合理的流道设计，加强了流体的扰动，因此传热效率大幅提高，其水-水换热时的传热系数可达到 3500～4500W/（m²·℃），汽-水换热时的传热系数可达到 2000～2500W/（m²·℃）。

2. 结构紧凑，传热面积大，由于采用薄钢板，使其重量轻、尺寸小，占地面积远小于同等换热能力的其它类型的换热器。同时，它在维修时也不需要像列管式那样的抽管空间，可使热交换站的面积进一步缩小。

3. 由于其传热效率高，因此很小的传热温差即可传递很大的热量，故特别适用于一、二次热媒温度相差不大的场所。不光是空调热水，即使是在空调冷冻水的热交换上采用，也是较有效的（其它形式的换热器目前尚无法做到此点），这一特点使其与大楼空调水系统的设计特点较为协调。

4. 扰流状态使结垢速度减慢，维护管理简单，检修时可拆下清洗。

64

5. 组合灵活，即使在原设计已完成甚至已投入使用后，如果负荷条件发生变化，也可以通过增加或减少传热板数来很方便地满足新要求的工况而占地面积不发生变化。

6. 由于其结构形式较好，各流道之间形成许多支点，因而其工作压力比较高，对于高层民用建筑来说是非常有利的。

板式换热器对安装的要求相对较高，尤其是各板片组合时，密封垫片与板的配合要准确，否则易发生漏水现象，在拆开检修后更要注意此点。另外，它对水质的要求应是软化水。

目前，大多数板式换热器都是按等截面（简称 BR 型）设计的，即一、二次热媒的流通截面积相等。在实际工程中，常遇到的情况是：一、二次热媒的进出水温差不同，且一次热媒的温差大于二次热媒。比如采用热网作为一次热媒时，其水温通常按 100/70℃ 考虑，而二次热媒温度如果采用 65/55℃，则一、二次热媒的温差相差一半以上。换句话说，这时一、二次热媒的流量也相差一倍以上（对于蒸汽换热来说，这种情况更为明显）。等截面板式换热器在这种情况下，一次热媒的流速将比二次热媒低一半甚至更多，如果按保证一次热媒的板间流速来选择换热器，则二次侧热媒流速过大会导致其水阻力过大；反之，如果按保证二次热媒的板间流速来选择，则一次热媒侧的放热系数将随其流速的降低而迅速下降，引起传热系数下降。因而上述两种选择都无法做到经济合理，甚至有时无法选择出合适的换热器。正是由于这一原因，有的厂家开发研制了不等截面型板式换热器（简称 BB 型），通过对流道的重新设计，使一次热媒侧流通面积小于二次热媒侧，尽可能使两侧的热媒流速相接近，以利于在不增大水流阻力的情况下提高传热系数。

部分板式换热器的技术参数见表 4-7（a）及表 4-7（b）。

BR0.5XB 系列参数表　　　　　　　　　　　　　　　表 4-7（a）

序号	换热面积 (m²)	板片数 (片)	外形尺寸 (mm)			质量 (kg)
			长	宽	高	
1	30～40	61～81	1040	570	1694	950～1024
2	41～50	83～101	1200	570	1694	1047～1113
3	51～60	103～121	1360	570	1694	1138～1204
4	61～70	123～141	1520	570	1694	1227～1293
5	71～80	143～161	1680	570	1694	1317～1383
6	81～90	163～181	1660	570	1694	1407～1473
7	91～100	183～201	2000	570	1694	1496～1562

注：生产厂为吉林省四平九圆热交换设备制造公司。

BB0.5XB 系列参数表　　　　　　　　　　　　　　　表 4-7（b）

序号	换热面积 (m²)	板片数 (片)	外形尺寸 (mm)			质量 (kg)
			长	宽	高	
1	30～40	61～81	1020	570	1695	950～1024
2	41～50	83～101	1180	570	1695	1047～1113
3	51～60	103～121	1340	570	1695	1138～1204
4	61～70	123～141	1500	570	1695	1227～1293
5	71～80	143～161	1660	570	1695	1317～1383
6	81～90	163～181	1820	570	1695	1407～1473
7	91～100	183～201	1980	570	1695	1496～1562

注：生产厂为吉林省四平九圆热交换设备制造公司。

在高层民用建筑空调系统设计中，常常会遇到热交换站的设计，从其热负荷来看，它属于中、小型换热站。通常的做法是：按热负荷的要求选择上述各种形式的热交换器，并根据热水流量选配相应的热水循环泵，然后在换热站中布置设备，连接管路及相应的附件并向电气工种提出供电参数及控制要求等。在这一工作中，由于管道较多，布置复杂，涉及的问题也较多，因此设计工作量较大。

热交换机组在一定程度上为解决上述问题提供了一些方便。它把整个换热站的功能集于一体，在生产厂内进行组装及连接管道和附件，使得其结构紧凑，布置灵活方便。用一个较为形象的比喻是：在五六十年代，我国的大部分空调机组都是土建式，分段设计、制作及安装，但如今的空调机组大都是整体装配式，热交换机组也具有类似的情况。

与传统换热站相比，热交换机组具有许多的优点：

1. 由于其结构紧凑，因此占地面积比以前小得多，可以把更多的面积用于经营之中，因而提高了整个大楼的经济性，这一点对于建设单位是极为有利的。

2. 减少了部分管道及相应的附件。

3. 设计工作量减少，设计更加灵活方便。

4. 施工安装工作量减少，工期加快，维护管理简单，操作容易。

由于板式换热器体积小、重量轻等优点，因而成为目前生产的热交换机组中最常见的换热设备。在配用水泵上，热交换机组多采用管道式离心泵或立式多级泵。另外，生产厂通常也可配套相应的控制设备（如启动柜、控制柜等）。

作为一种成套设备机组，目前的一些产品还有一些不完善之处。如换热器及水泵的参数有时很难完全满足空调的要求（比如流量、压头、水泵性能曲线等），而其中部分设备的更换对于并不完整了解整个大楼空调系统的生产厂商来说有时也存在一定的困难。但不管怎样，它在应用上的优点，使人相信在以后的发展中，一些不足之处将逐渐得到改进。

热交换机组的性能参数见表 4-8。

（水-水）130/80℃—95/70℃热交换机组选择表（用于空调）（生产 60/50℃热水） **表 4-8**

机组型号	处理水量 (m³/h)	循环泵			补水泵			外形尺寸≥(mm)			重量≥(kg)
		流量 (m³/h)	扬程 (m)	功率 (kW)	流量 (m³/h)	扬程 (m)	功率 (kW)	长	宽	高	
ZTR $\frac{S}{B}$-4（I、II、III）	25～30	25～30	20～50	7.5							
ZTR $\frac{S}{B}$-6（I、II、III）	40～45	30～60	20～50	5.5～15	6.5	23～130	1.5～5.5	3000	1000	1800	2000
ZTR $\frac{S}{B}$-8（I、II、III）	50～55										
ZTR $\frac{S}{B}$-10（I、II、III）	60～80	60～120	20～50	11～22							
ZTR $\frac{S}{B}$-15（I、II、III）	90～110				12	24～120	2.2～7.5	3500			
ZTR $\frac{S}{B}$-20（I、II、III）	120～140	120～140	20～50	15～30					1200	2000	2500
ZTR $\frac{S}{B}$-25（I、II、III）	160～180	160～180	20～50	22～37							
ZTR $\frac{S}{B}$-30（I、II、III）	190～210	190～230	20～50	30～55	24	33～130	5.5～15	4000			
ZTR $\frac{S}{B}$-35（I、II、III）	230～250	230～250	20～50								

注：生产厂为北京高能机械设备公司。

第六节 直燃式冷、热水机组

在前面的几节中，我们多次提到，在一些电力较紧张或缺乏的地区，高层民用建筑空调采用的能源受到了一定的限制，这导致了许多工程中，空调用冷水机组采用溴化锂吸收式机组。在 90 年代早期及以前的工程中，溴化锂吸收式冷水机组的热源通常由蒸汽锅炉房供给，对于一些除空调外还有别的部门夏季需要蒸汽的建筑（如酒店等），设置这样的锅炉房对于其综合利用有一定的益处。但目前许多以办公为主的建筑，夏季用热的要求通常只有吸收式冷水机组（无压缩式冷水机组时），如果再为此设置独立的锅炉房，将导致设计、施工和运行管理的诸多不便，对综合经济性及城市规划（或区域规划）的影响也较大。因此，一种新型的冷水机组——直接燃烧型吸收式冷水机组（简称直燃式机组）应运而生。

简要来说，该机组就是把锅炉的功能与溴化锂吸收式冷水机组的功能合二为一，在机组内设置有一个高压发生器，通过燃气或燃油的燃烧产生制冷所需的热量。直燃式机组按功能可分为三种形式：单冷型——只提供夏季空调用冷冻水；冷、暖型——在夏季提供空调用冷冻水而冬季供应空调用热水；多功能型——除能够提供空调用冷、热水外，还能提供生活用热水。很显然，其多功能的特点使得用途也越来越广泛。

直燃式机组由高、低压发生器，高、低压换热器，冷凝器，蒸发器，冷剂水泵，溶液泵，控制设备及辅机等主要设备组成。它的工作原理分为制冷循环、供热循环和卫生热水循环三个不同方式。

一、制冷循环（图 4-11）

吸收器中的稀溶液经溶液泵加压，通过低温及高温换热器提高温度后进入高压发生器

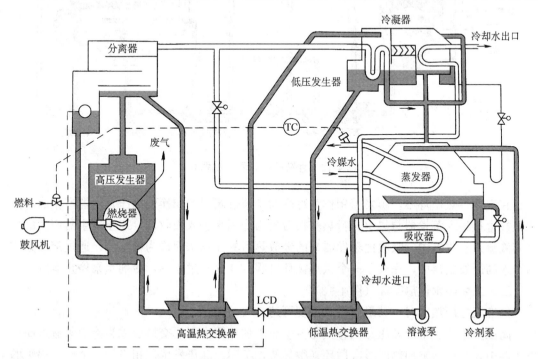

图 4-11 直燃机组制冷循环

中，被燃烧器产生的热源加热而浓缩为中间溶液，高压发生器同时产生高压冷剂蒸汽（水蒸气）。中间溶液在经过高温换热器后进入低压发生器（在高温换热器中与稀溶液进行热交换），通过低压发生器中的热盘管与来自高压发生器的高压冷剂蒸汽进行热交换使其变为浓溶液，这一过程中继续产生的高压冷剂蒸汽进入冷凝器。在冷凝器中，水蒸气与冷却水进行热交换放热而成的高压冷剂水，与低压发生器盘管中换热后形成的高压冷剂水混合而流入冷凝器底部的管道之中，经节流阀作用，成为低压冷剂水进入蒸发器。冷剂水泵把低压冷剂水加压喷淋到蒸发器内的冷冻水盘管表面，由于蒸发器为真空状态，因此在此过程中冷剂水吸收冷冻水热量而汽化，从而对冷冻水进行制冷。从低压发生器来的浓溶液经过低温换热器换热后也进入吸收器，吸收由蒸发器汽化后进入吸收器的冷剂水蒸气而成为稀溶液，重新由溶液泵打入高压发生器，从而完成了一个制冷循环。

二、空调供热循环（图 4-12）

空调供热循环产生的热水温度一般为 55～60℃。

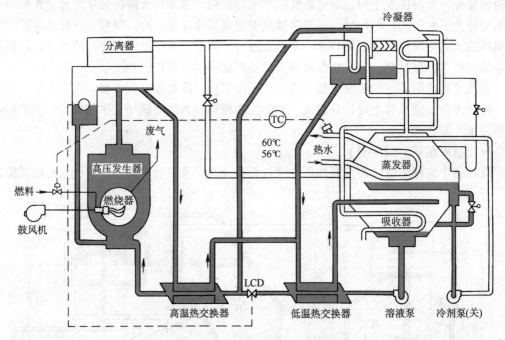

图 4-12　直燃机组空调供热循环

在空调供热循环中，蒸发器用作为冷凝器，通过阀门的切换使高压发生器产生的冷剂水蒸气直接进入蒸发器与热水进行热交换后变为冷剂水进入吸收器，高压发生器产生的中间溶液流入吸收器中，吸收由蒸发器来的经放热后的冷剂水而成为稀溶液，通过溶液泵重新送入高压发生器中，完成了一个供热循环过程。在这一过程中，冷剂水泵停止运行。

三、卫生热水供热循环（图 4-13）

供应卫生用热水时，其最高供水温度可达 80℃左右。

高压发生器产生的高压蒸汽直接与卫生热水加热器进行热交换后成为冷剂水流入高压发生器中，又重新被加热而再次循环。很显然，实际上高压发生器相当于一个蒸汽锅炉的作用，整个机组此时则成为蒸汽锅炉和汽-水换热器的一个简单组合体。

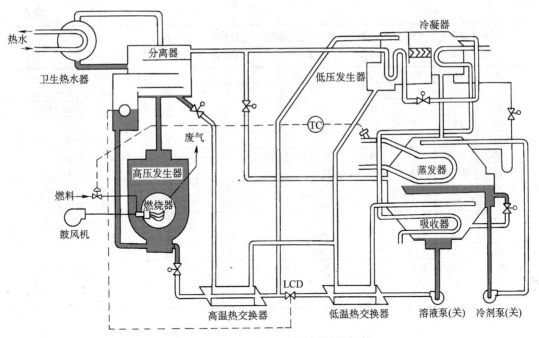

图 4-13　直燃机组卫生热水供热循环

从上述各个循环的原理及流程中可以看出：直燃式机组可以在空调供冷的同时供应生活热水，也可同时供应空调热水和生活热水，但不能同时供应空调用冷、热水。

部分直燃式机组性能见表 4-9（a）及表 4-9（b）。

ZXLR 系列吸收式冷水机组性能简表　　　　　　　　　　　　　表 4-9（a）

性能 型号	制冷量 （kW）	供热量 （kW）	轻油耗量 （kg/h）	重量 （kg）	蒸发器阻力 （kPa）	冷凝器阻力 （kPa）	热水阻力 （kPa）	外　形　尺　寸 （mm）
35	350	350	26.7	9000	80	100	80	3550×2310×2500
60	600	600	44.5	12000	80	100	80	5080×2460×2550
90	900	900	66.8	15000	80	100	80	5130×2550×2680
115	1150	1150	88.9	19000	100	120	100	5755×2870×3000
145	1450	1450	111.2	23000	100	120	100	6000×2900×3110
175	1750	1750	133.4	26000	120	130	120	7000×2950×3110
230	2300	2300	177.8	34000	120	130	120	5800×3130×3170
290	2900	2900	222.5	41000	130	140	120	5800×3300×3360
350	3500	3500	267	49000	130	140	120	6900×4000×3350

生产厂：江苏双良集团公司

注：油耗量为最大制冷工况时的值，最大供热工况时增加 20%。

16DF 系列吸收式冷水机组性能简表　　　　　　　　　　　　　表 4-9（b）

性能 型号	制冷量 （kW）	供热量 （kW）	轻油耗量 （kg/h）	重量 （kg）	蒸发器阻力 （kPa）	冷凝器阻力 （kPa）	热水阻力 （kPa）	外　形　尺　寸 （mm）
013	475	381	35.3	7800	82	69	82	3800×2040×2350
015	528	424	39.3	7900	82	83	82	3800×2040×2350
018	633	509	47.1	9200	78.4	88	78.4	3800×2340×2350

性能\型号	制冷量 (kW)	供热量 (kW)	轻油耗量 (kg/h)	重量 (kg)	蒸发器阻力 (kPa)	冷凝器阻力 (kPa)	热水阻力 (kPa)	外 形 尺 寸 (mm)
020	704	565	52.3	9300	79	88	79	3800×2340×2350
023	809	650	60.2	11300	82	83	82	3800×2580×2500
025	880	706	65.4	11400	79	83	79	3800×2580×2500
028	985	791	73.3	14800	55	88	55	4860×2700×2595
032	1125	903	83.7	15000	59	88	59	4860×2700×2595
036	1266	1016	94.2	16800	57	83	57	4860×2860×2695
040	1407	1129	104.7	17000	58	83	58	4860×2860×2695
045	1538	1270	117.8	19800	59	88	59	4860×3025×2950
050	1759	1411	130.9	20000	59	88	59	4860×3025×2950
060	2110	1693	157.1	30000	78	93	78	5970×3560×2850
070	2461	1976	183.4	34000	80	103	80	5970×3700×3090
080	2813	2258	209.5	38000	69	93	69	7125×4100×3100
090	3165	2540	235.9	42000	74	98	74	7200×4200×3200
100	3516	2823	261.7	48000	74	103	74	7200×4350×3400

生产厂：上海合众-开利空调设备有限公司

第七节 冷、热源装置的综合经济性

在高层民用建筑空调设计中，确定冷、热源装置及其形式是一个相当重要的工作，它直接涉及到整个空调系统的能耗、投资等经济性指标，因此必须根据具体工程的情况进行详细而周密的分析比较才能决定。以下以北京地区为基本条件进行简要的讨论。

一、冷水机组的经济比较

在夏季选择冷水机组时，这里共采用六种机型：①水冷活塞式；②风冷活塞式；③水冷螺杆式；④风冷螺杆式；⑤离心式；⑥溴化锂吸收式。在适用机组规格时，尽量考虑采用高制冷效率的产品，通常，前四种在中、小冷量而后二者在较大冷量时的制冷效率较好。

分析过程中，由于需要进行年耗冷量计算，而各地区以及不同类型建筑的年负荷率是不同的，这里采用的是北京地区部分旅馆建筑的年冷负荷时间频数表（表4-10），其全年空调总小时数为3000h。

北京地区部分旅馆全年冷负荷时间频数表　　　　　表 4-10

负荷百分数 (%)	5	10	15	20	25	30	35	40	45	50
时间频数 (%)	12.5	6.5	11.4	12.2	8.9	7.6	7.7	7.2	5.5	4.6
负荷百分数 (%)	55	60	65	70	75	80	85	90	95	100
时间频数 (%)	4.0	3.3	2.5	2.2	1.7	1.2	0.7	0.3	0.2	0.1

注：本表取自《1988 年全国暖通、空调、制冷学术年会论文集》中《对北京地区五栋旅馆建筑全年空调负荷分析结果的初步探讨》一文。作者为中国建筑科学研究院空调所：张雅锐、单寄平。

比较时，设备性能按厂家提供的样本及有关技术资料，设备价格为厂家提供的参考价格。同时，除冷水机组本身外，分析中还考虑配套的水泵、冷却塔及相应的附件、管道等，这些部分作为一个整体组成了整个冷源系统（不包括空调系统的末端及相应附件）。根据我国目前的实际情况，空调设备运行维护管理较好时，其使用及更换年限大约为20年，因此，比较20年内单位制冷量的总费用（不包括设备折旧费和运行维护管理所需的费用）较为有实际意义。

经济性比较见表4-11。从该表中可见，从经济性上来看，费用由高至低排列的各种冷水机组顺序依次是：①风冷螺杆式；②风冷活塞式；③燃油锅炉房供应蒸汽的溴化锂吸收式；④水冷活塞式；⑤水冷螺杆式；⑥离心式；⑦燃煤锅炉房供应蒸汽的溴化锂吸收式。

当然，决定冷源装置的类型，除表4-11中的经济性外，还受到多方面的制约，即使是表4-11本身的分析也受到许多因素的影响及一些政策性影响。归纳起来，这些影响包括：①不同厂商的价格；②电力价格；③电力增容及电贴费；④燃料价格；⑤建筑所在地点的能源情况；⑥城市环保等部门对锅炉房建设的有关规定及限制；⑦建筑本身的造价尤其是使用部分的价格（或租、售价）；⑧建筑规模（有时可能采用多种机型和多规格机组的组合更经济合理）；⑨各种设备及原材料价格；⑩建设单位的具体要求；⑪国家对大气层保护的有关政策等等。

二、热源的经济性

按照目前的收费标准，直接采用电热时，其费用为 0.36 元/（kW·h）。

采用集中热网时，北京地区通常是按其建筑面积收费，费用为 19.95 元/（m²·年）。根据对现有工程的调研，北京地区空调耗热量指标大约为 0.0814/kW/m²，度日数为 2470，则每年每平方米建筑面积的耗热量为 178.7kW·h，由此可算出，采用集中热网时的费用为 0.11 元/（kW·h）。

采用自备锅炉房时，其燃料分为燃煤或燃油（或燃气）两种。燃煤时，可计算出费用为 0.053 元/（kW·h），燃油时费用为 0.361 元/（kW·h）。

采用热泵是一种较好的节能运行方式，即使是空气源热泵，其全年的供热 COP 值也在 4.9～2.65 之间变化。因此，假定其全年平均供热的 COP 值按 2.8 计算，其费用也仅为 0.13 元/（kW·h）。

以上仅是能源价格上的比较，若加上产生能源的设备投资，则上述费用将会有不同比例的增加。例如，电热需要电热锅炉及考虑电力增容和电贴费，燃煤或燃油需要锅炉房及其它辅助设施（燃气则也存在增容费），城市热网的使用也有增容费问题。因此，作者认为，仅对高层民用建筑空调供热而言，较为经济且技术合理的方案依次是：①热网；②热泵；③燃煤锅炉房；④燃油及燃气锅炉房；⑤电热。

三、冷、热源的组合

由于高层民用建筑空调使用的一年四季中，冷、热源是交替使用的，因此，把冷、热源割裂开来分析是不完善的。不同的冷、热源及设备的组合对于其整个建筑的综合经济性是完全不一样的，充分提高设备运行效率和利用率，需要统一考虑冷、热源问题。

这一问题也正是目前本行业中正在研究、讨论的一个较大的、也是较有争议的课题，要完整、准确的评价或得出一个通用的结论目前是不可能的。根据作者对目前我国现有建筑情况的调研及对实际工程设计的总结研究，提出如下几点参考意见。

表 4-11

各类冷水机组经济性比较

序号	机型	水冷活塞式	风冷活塞式	水冷螺杆式	风冷螺杆式	水冷离心式	蒸汽吸收式	备注
1	型号	30HK—195	LSF—600Z	LSBLG—617	ALS—195A	19XL—500	115D	1. 辅机(水泵、冷却塔等)能耗只计算其满足主机要求的部分
2	额定冷量(kW)	580	585	617	587	1758	1163	2. 电费按 0.36 元/(kW·h)计
3	单机额定能耗(kW)	146.5	201	127	193.4	350	蒸汽:1560kg/h 电:5	3. 电力增容费为 4000 元/kW
4	单机额定COP	3.96	2.91	4.86	3.04	5.02	1.29	4. 电贴费为 600 元/kW
5	辅机电耗(kW)	10.6	1.72	12.74	1.65	39.36	47.84	5. 燃油费为 3 元/kg
6	系统额定能耗(kW)	157.1	202.7	139.74	195	389.4	蒸汽:1560kg/h 电:52.8	6. 燃煤费为 0.25 元/kg
7	系统额定COP值	3.69	2.89	4.42	3.01	4.52	1.23	7. 煤热值 7kW·h/kg
8	单机年耗能(kW·h/年)	194275	235632	98577	167224	419916	蒸汽:1970t/年 电:15000	8. 燃煤锅炉效率 70%
9	单位冷量单机年耗能 kW·h/(年·kW)	335	402.8	160	284.9	238.9	蒸汽:1.7t/年 电:12.9	9. 贷款利息按复利计算
10	系统年耗能 kW·h/年	226075	240802	132826	172176	537996	蒸汽:1970t/年 电:158522	10. 风冷机按设计室外温度 34℃
11	单位冷量系统年耗能 kW·h/(年·kW)	389.8	411.6	215.3	293.3	306.1	蒸汽:1.7t/年(836.5) 电:135.9	
12	单机价格(元)	341640	620000	408562	817700	1197963	950000	
13	辅机价格(元)	34340	1118	41906	1073	107134	112646	
14	设备总价(元)	375980	621118	450468	818773	1305097	1062646	

序号	机 型	水冷活塞式	风冷活塞式	水冷螺杆式	风冷螺杆式	水冷离心式	蒸汽吸收式	备 注
15	设备安装费（元）（按设备价的15%)	56397	93168	67570	122816	195765	159397	1. 辅机（水泵、冷却塔等）能耗只计算其满足主机要求的部分 2. 电费按0.36元/(kW·h)计 3. 电力增容费为4000元/kW 4. 电贴费为600元/kW 5. 燃油费为3元/kg 6. 燃煤费为0.25元/kg 7. 煤热值7kW/kg 8. 燃煤锅炉效率70% 9. 贷款利息按复利计算 10. 风冷机设计室外温度34℃
16	附件材料及其施工费（元）（按设备价的30%)	112794	186336	135140	245632	391530	318794	
17	占地面积折算费用（元）（按2000元/m²）	200000	0	220000	0	400000	500000	
18	电贴、电力报装费（元）	722660	932420	642804	897000	1791240	242880	
19	系统总价（元）	1467831	1833041	1515983	2084221	4083630	2283717	
20	单位冷量系统造价（元/kW）	2531	3133	2457	3551	2323	1964	
21	20年内单位冷量系统投资（元/kW）（本金+利息）	17027	21077	16529	23889	15628	13213	
22	20年内单位冷量运行能耗费（元/kW）	2412	2900	1152	2060	1720	燃油：7140 燃煤：1094	
23	20年内单位冷量总费用（元/kW）	19439	23977	17681	25949	17348	燃油：20447 燃煤：14307	

1. 夏季采用电制冷的水冷式冷水机组时，冬季应优先选择城市热网。如果当地无城市热网，则在环保部门允许的情况下，采用燃煤锅炉房供热。上述条件都不具备时，采用燃油（或燃气）锅炉房直至电热。

对于水冷式制冷和供热两用型热泵机组的选择应当谨慎。因为此型机组冬季以供热工况运行时，通常需要对冷却水本身进行加热（主要是由于寒冷地区因结冰无法使用冷却塔造成的，并且冷却塔本身无法提供冷却水热源），而此热源是不好解决的。

2. 夏季采用风冷式冷水机组时，如果室外气温条件允许且建筑热负荷能与设备供热能力相匹配，则冬季应优先采用热泵方式，即这时应采用风冷热泵式冷、热两用机组。由于夏季供冷要求而所付的电力增容费及电贴费等这时已不再计入，因此其一次投资仅是机组功能不同引起的增加部分，相对来说这是较少的。在我国寒冷的北方地区，由于热泵的使用温度和供热能力有限，只能采用风冷单冷机组并优先采用城市热网，其次是燃煤锅炉房、燃油锅炉房和直接电热。

3. 夏季采用溴化锂吸收式冷水机组时，由于已有锅炉热源，因此冬季供热直接采用该锅炉是最经济的。有条件时，燃料优先采用煤，其次才是燃油或燃气。

4. 夏季采用直燃式机组时，显然冬季也用其作为供热热源是最经济的。但要注意的一点是：从产品性能上来看，目前产品的供热能力并不太强，一般在数值上比供冷量略小。因此，这类机组只适用于空调耗冷量与耗热量在数值上相差不多（最好是耗热量小于耗冷量）的建筑。从我国当前的情况来说，大约是华北地区部分建筑及华北以南地区的建筑是较为适用的。

第五章　空调风系统

第一节　空调风系统的分类

一、按所处理空气的性质分类

（一）直流式系统

在直流式系统中，经过处理设备的空气全部为室外新鲜空气（因而有时也称其为全新风空调系统）。在高层民用建筑中，它通常有两种方式：一种是处理后的空气承担全部室内冷、热负荷，其空气处理机的风量及冷、热处理能力都比较大；另一种是新风仅为保证室内最低卫生标准，风量较小且空气处理机组只承担新风与室内参数之间差值部分的冷、热负荷（或极少量的室内负荷），室内负荷主要由其它室内空调设备来承担，如目前常见的风机盘管加新风空调系统。

（二）循环式系统

在此系统中，不补充任何室外新风，所有空气均在室内、风管及空气处理设备中进行循环。因此，空气处理设备只承担室内负荷，如风机盘管本身的使用就是一个典型例子。很显然，单独的这种系统由于没有新风，其卫生标准是极差的，因此，这一系统的独立应用只限于一些经常无人停留但需要消除室内冷、热负荷的场所，在高层民用建筑中，这些场所包括各种设备机房、无换气要求的库房等。

（三）混合式系统

混合式系统即人们常说的一次回风或二次回风系统。它是前两者的综合形式，也是目前高层民用建筑中应用最广泛的空调风系统之一。它既可较多地节省能源，又能满足必需的卫生标准。

在混合式系统中，又分为定新风比系统和变新风比系统两种形式。前者即是在空调系统运行过程中，全年始终维持恒定的新、回风混合比（此混合比通常是以满足最低卫生要求而定的）；后者则是随某些参数（室内、外温、湿度等）的变化而使新、回风混合比在运行过程中从满足最低卫生要求（此时的新风比通常称为最小新风比）至100%新风的范围内不断地变化。当新风比达到100%时，实际上它已经变为直流式系统了。

二、按空气流量状态分类

（一）定风量系统

此系统在运行过程中，风量始终保持恒定，不随其它参数的变化而改变。因此，空气处理机组内的风机能耗在运行过程中也始终处于恒定状态，每个风口的风量在运行过程中也始终保持不变。

（二）变风量系统

系统及系统内各个风口的风量均按一定的控制要求在运行过程中不断调整，以满足不同的使用要求。因此，空调机组内的风机总是处于变参数运行状态，从风机理论中可知，在低风量时可节省部分风机的运行能耗。

三、按风道内的风速分类

(一) 低速系统

低速系统的由来是与消声器密切相关的。理论和实验研究均表明：目前空调通风系统中常用的几种消声器的最大适用风速一般在 8～10m/s 左右，当风速超过此值过多时，消声器的附加噪声有显著提高的趋势，导致其消声量的明显下降。而在高层民用建筑中，噪声也是一个极为重要的控制参数，因此目前大部分建筑空调主送风管的风速都在 10m/s 以下，也即是低速送风系统。

(二) 高速系统

近年来，高层民用建筑的造价越来越高，使用标准也进一步提高，要求为室内人员提供更为宽敞的活动空间，从而使得在有限的层高内尽量减少空调通风管道所占用的空间就成为了空调设计的一个令人"头痛"的问题。在保证一定的风量下，风道尺寸的减小意味着管内风速的提高，这就产生了高速空调系统（相对于低速而言），通常其主管内风速在 12～15m/s 以上。

风速的提高意味着噪声处理的困难加大，因此高速系统目前采用场所较多的是一些对噪声要求较低的房间。如果要在正常标准或高标准的房间中使用，消声设计必须引起设计人员的重视。

第二节　直流式系统

一、工作流程

直流式系统的流程原理如图 5-1 所示。

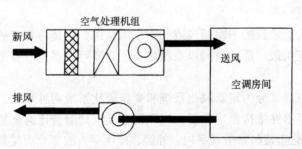

图 5-1　直流式系统工作流程

本节所讨论的直流式系统，特指通过空气处理设备后的空气负担全部室内冷、热负荷的系统，对于风机盘管加新风系统，将在本章第九节讨论。

二、夏季运行工况

直流式系统空调机组夏季处理空气的过程在 h-d 图上的表示如图 5-2 所示。

图 5-2 中，ε_s 为夏季室内热湿比：

$$\varepsilon_s = \frac{CL_s}{W_s} \tag{5-1}$$

式中　CL_s——室内夏季冷负荷　（kJ/h）；

　　　W_s——室内夏季余湿　（kg/h）。

76

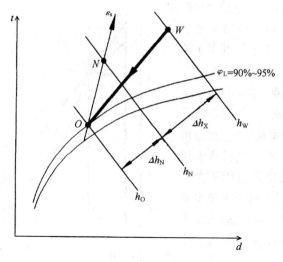

图 5-2　直流式系统夏季运行工况

从图 5-2 中可以看出,夏季空调机组冷盘管的耗冷量非常明显的分为两部分:即新风冷负荷 Δh_X (室外空气与室内空气的焓差) 和室内冷负荷 Δh_N (上述 Δh_X 和 Δh_N 均指单位风量时的情况)。

空调机组的风量为:

$$G = \frac{CL_s}{\Delta h_N} \quad (\text{kg/h}) \tag{5-2}$$

空调机组 (或系统) 耗冷量为:

$$Q_s = G(h_W - h_N) \quad (\text{kJ/h}) \tag{5-3}$$

三、冬季运行工况

直流系统冬季处理过程与其空调机组的使用方式和室内冬季热湿比 ε_d 密切相关。通常的设计中,冬、夏采用同一空调机组,同一送风量送风,因此其冬季的送风温差 Δt_0 (或送风焓差 Δh_0) 实际上是必须通过计算确定的。假定冬季热负荷为 CL_d,则送风焓差为:

$$\Delta h_O = \frac{CL_d}{G} \quad (\text{kJ/kg}) \tag{5-4}$$

冬季处理过程如图 5-3 所示。根据上式计算的 Δh_O 及 ε_d,在 h-d 图上可通过作图求出送风点 O,当 O 点正好位于 d_{w1} 与 ε_d 线的交点 W_s 时,不需要对空气进行加湿(这种情况通常有两种可能:一是室内余湿在冬季时较大,二是冬季室外空气的含湿量 d_{w1} 较大)。如果 $d_0 > d_{w1}$,则加湿是必需的;反之,如果 $d_0 < d_{w1}$,则说明冬季也要除湿,当然,这种情况在高层民用建筑空调中是不多见的。

图 5-3 反映了 $d_0 > d_{w1}$ 时的工况,对于我国大部分地区来说,这种情况是普遍的,因此冬季大都要考虑空调加湿。当采用蒸汽加湿时,理想的加湿过程为 $W_2 \rightarrow O$ $(t_{w2} = t_0)$;当采用高压喷雾或超声波加湿时,理想过程为 $W_3 \rightarrow O$ $(t_{w3} > t_0)$。

采用蒸汽加湿时,空调机组加热盘管的出风参数为 W_2 点,加热量为:

$$Q = G(h_{w2} - h_{w1}) \quad (\text{kJ/h}) \tag{5-5}$$

采用水喷雾或超声波加湿时,空调机组的出风参数为 W_3 点,其加热量为:

$$Q = G(h_{w3} - h_{w1}) \quad (kJ/h) \quad (5-6)$$

W_3 点的确定在第三章第三节中已有
所讨论。实际工程中，由于水加湿引起的
焓增较小，因此，设计人员在计算时可以
用 W_4 点（或略低于 W_4 点）取而代之，这
样计算的结果可能偏于保守（加热盘管略
大），但通过适当的自控手段，W_3 点是可
以控制的（此点将在本书第十三章中讨
论）。这样做实际上只是空调机组最大加
热量要求略大于实际需求，对该系统本身
几乎不会造成影响，对整个系统的能耗来
说也不会产生明显的影响，是完全可以用
于实际工程的。

很显然，无论是冬季或夏季，直流式
系统由于提供了100%的新风，因此其卫
生条件是最好的。但同时，由于新风量较
大，系统所消耗的冷、热量也将是最大的。

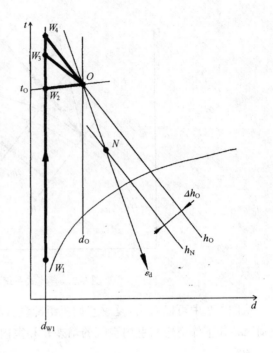

图 5-3　直流式系统冬季运行工况

四、应用

直流式系统各参数的确定与其所服
务的房间性质是密切相关的。根据上述特点，我们不难看出，直流式系统适用于以下两类
房间：

（一）卫生要求较高的房间

在这些房间的空调设计中，要求较大的新风量或不允许其相邻房间的污浊空气进入，因
而它对正压的要求相对较大。

首先计算出房间的夏季冷负荷 CL_s、冬季热负荷 CL_d 以及夏季和冬季的余湿 W_s 及 W_d，
求出夏季热湿比 ε_s（$=CL_s/W_s$），在 h-d 图上作图，ε_s 与 $\varphi_L=90\%\sim95\%$ 的交点（φ_L 值应视
机组盘管的工艺及出风温度等参数而定）即为送风点 0_s，则房间送风量为：$G=CL_s/(h_{w_s}-
h_{0_s})$。其余冬、夏各个参数即可按上述公式求出。

为了防止房间正压过大造成的一系列问题（如影响实际送风量、关门不能严密或门缝
风速过大产生噪声等），直流系统都应设置有组织的机械排风。根据房间本身的要求及邻室
的情况，机械排风量 G_p 可按房间送风量的70%～80%来计算。

应当注意的是：对于餐厅、商场等人员流动性较大的房间，由于计算室内余湿时通常
是按人员满员来计算的，这对于夏季来说基本不存在问题。而对于冬季而言，因为实际上
由于人员的流动性使房间内经常保持的人员数量在很多情况下并不是达到满员，这时按图
5-3计算将使得空调机组的最大加湿量要求较小，不满员时室内的相对湿度有可能无法满
足要求（人员少于设计值时，实际余湿减少）。因此，冬季对室内余湿的计算应该和夏季在
计算原则上存在一定的区别，即应满足大多数时间正常的人数情况。此人数最好根据实际
房间的使用情况而定，如果实在无法由使用者提出，作者建议可按夏季设计人数的一半来
考虑（如果要求100%的满足则应不考虑人员散湿）。

（二）平时需要排风换气的房间

典型的如厨房、机电用房等，这些房间通常应维持一定的负压状态，使其污浊的空气不能漏至邻近的使用房间。然而，其负压值是有一定限度的，通常会提供一定的机械补风量。因此，此时空调机组实际上是一个能维持房间温度的补风机（通常这些房间的相对湿度可不考虑）。设计中，首先要考虑的是房间排风量 G_p 的大小，这与房间的使用性质有关。其空调机组的送风量 G 应按排风量的 70％～80％计算，之后根据房间的冷、热负荷要求在 $h\text{-}d$ 图上即可求出空调机组的其它参数。

第三节 循环式系统

一、工作流程

循环式系统的工作流程原理如图 5-4，其特点是送入房间的空气全部通过回风管道进行再循环。在这一过程中，因其卫生条件最差，因此系统的设置主要是从满足室内冷、热负荷的要求来考虑的。

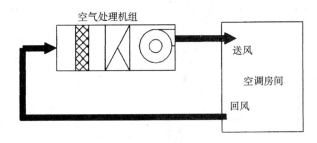

图 5-4 循环式系统工作流程

二、夏季运行工况

循环式系统的夏季 $h\text{-}d$ 图处理如图 5-5。

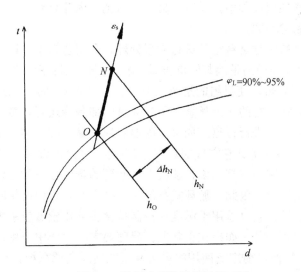

图 5-5 循环式系统夏季运行工况

很显然，由于没有新风引入，系统的耗冷量是最小的，即等于房间的冷负荷。

$$Q = G(h_N - h_O)$$
$$= CL_s \tag{5-7}$$

三、冬季运行工况

在冬季，循环系统的设计对于湿度控制精度较严格的房间会存在一定的问题，其冬季过程如图 5-6 所示。

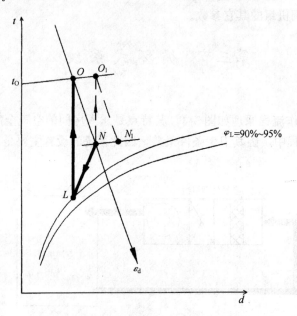

图 5-6   循环式系统冬季运行工况

如果直接把空气加热后送回房间，其送风点为 O_1 点，这样房间的实际状态会偏移至 N_1 点，湿度有所增加，如此周而复始的循环将会使湿度不断加大。导致这种结果的原因不难解释：因为在整个空气处理过程中，没有考虑除湿措施，因此只要室内有散湿源存在，室内湿度很显然是会不断增加的。

因而解决这一问题的关键是对空气进行除湿处理。民用建筑中，以固体吸湿剂除湿的方法是极少采用的，而多采用的是冷却除湿方式。如图 5-6，先将室内空气由 N 点冷却减湿至 L 点，再对空气进行再热，使机组的送风点为 O 点，才能达到要求的温、湿度。

电除湿机是此种方式运行的一个显著例子。通过内部制冷运行，蒸发器对空气进行冷却除湿后，由冷凝器对空气进行再热。如果冷凝器的加热量不够（实际上只是耗电量部分作为了房间热源），则再辅助于其它空气加热器（如热水、蒸汽盘管或电热器等）进行加热。

对于采用中央空调系统的建筑来说，解决上述问题的难度相对就会较大一些，因为冬季通常冷水机组会停止运行。因此，循环式系统在中央空调系统中使用时通常是不考虑冬季除湿运行的。换句话说，它只适用于湿度的控制精度要求比较低或室内余湿较小的房间（如一些需要局部加热的场所）。如果在正常温、湿度要求的房间中应用，则一般是与其它空调风系统联合运行。如像目前广泛使用的风机盘管加新风空调系统，由于新风比较干燥，通过对送入室内的新风的湿度进行控制，使整个房间的湿度控制得以保证。

从卫生标准来看，此系统也不宜在正常的人员使用房间中单独采用。

第四节 一次回风系统

一、工作流程

一次回风系统的流程原理见图 5-7 所示。

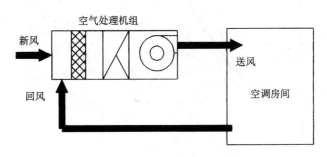

图 5-7 一次回风系统工作流程

一次回风系统综合了直流式系统和循环系统的特点，其基本出发点有两点：

（1）为满足室内人员所必需的卫生标准，系统向室内提供一定量的新鲜空气。

（2）为了减少采用全新风带来的能量损失，采用了部分回风来节省能源。

很显然，这一系统是对前述两种系统的一个中庸方式，是一种平衡使用标准与经济效益相结合的综合考虑。因此，在高层民用建筑中，这是应用最为广泛的全空气系统之一。

二、新风量

在一次回风系统中，首先要明确的就是关于新风量确定的原则，要考虑以下因素：

（一）排风量

部分房间根据使用要求设有机械排风，因此，新风量应能补充这部分排风量。

（二）正压风量

空调房间相对于室外保持正压是风平衡设计的基本要求，这样可保持室内温、湿度按设计要求进行控制而不易受外部渗入空气的干扰，通常保持正压值 5～10Pa 即可。特别是在冬季或室外风速较大的地区，由于烟囱效应，对于整幢高层民用建筑而言，其外门处的风压和热压都相当大，因而保持外门正压的设计是应特别值得重视的。

显然，保持正压的新风量包括了室内机械排风量。

（三）卫生标准

关于卫生标准，根据《采暖通风与空气调节设计规范》（GBJ 19—87）的规定，通常有两个指标：

1. 人均新风量标准，见本书第二章。

2. 新风比要求，即系统的总新风量不应小于其总送风量的 10％。

通过上述两者的比较，取较大者作为按卫生标准确定的最小设计新风量。

上述（一）、（二）、（三）项计算完成后，如果按（一）计算的结果大于（三），则应取（二）为系统最小新风量设计值；反之，则应取按（二）、（三）中计算结果中的较大者作为系统最小设计新风量。

三、夏季运行工况

夏季空气处理过程的 $h\text{-}d$ 图表示如图 5-8 所示。

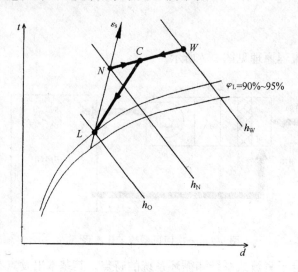

图 5-8 一次回风系统夏季运行工况

夏季处理过程的计算步骤如下：

1. 根据室内冷负荷 CL_s 及余湿 W_s，求热湿比 $\varepsilon_s = CL_s/W_s$，在 $h\text{-}d$ 图上作 ε_s 线与 $\varphi_L = 90\% \sim 95\%$ 线相交于 L 点。

2. 求系统总送风量：

$$G = \frac{CL_s}{h_N - h_L} \quad (\text{kg/h}) \tag{5-8}$$

3. 根据新风量确定原则，求出最小新风量 G_x（kg/h）。

4. 求回风量

$$G_h = G_s - G_x \quad (\text{kg/h}) \tag{5-9}$$

5. 计算或作图求出混合点 C 点，它应在室外状态 W 点与室内状态 N 点的连线上，若以计算求出则采用下述公式：

$$h_C = \frac{G_x \cdot h_x + G_N \cdot h_N}{G_s} \quad (\text{kJ/kg}) \tag{5-10}$$

6. 求系统或空调机组的总耗冷量：

$$Q_s = G_s(h_C - h_L) \quad (\text{kJ/h}) \tag{5-11}$$

其实，总耗冷量实际上是由两部分组成的：即室内冷负荷和新风冷负荷。因此，总耗冷量也可以如下求出：

$$Q_s = CL_s + G_x(h_W - h_N) \quad (\text{kJ/h}) \tag{5-12}$$

式（5-11）和式（5-12）两式求出的结果应该是相同的，但本书作者认为：在一般情况下，建议用式（5-11）来计算对设计较为有利，这可以为以后的冷盘管的选择打下一个良好的基础。之所以提出式（5-12），主要是使读者明确系统耗冷量的构成，并可以用它来校核用式（5-11）得到的计算结果是否正确合理。

在这一系统中，对于某些房间而言，有可能出现新风比过大的情况（如会议室等人员密集且人均新风量要求较大的场所），为了防止室内正压过大，这时必须还要考虑有组织的机械排风。根据被空气调节房间开门情况以及其邻室（或周围）的具体情况，正压风量宜控制在总送量的15％～30％之间较为合理。如果新风比大于此值，多余部分新风量应由机械排风来承担。

四、夏季再热

夏季再热方式的处理过程如图5-9所示。

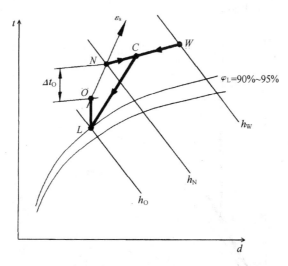

图5-9 一次回风系统夏季再热运行工况

夏季再热的含义是：在空气经过冷却处理后，对其进行再热以提高送风点至如图5-9中的O点。

显然，与图5-8相比，这一过程缩小了送风温差（或焓差），增大了送风量。从能耗来看有较大的增加，主要体现在三点：一是系统除提供房间及新风处理所需冷量外，还需提供消除再热量所需的冷量，因而冷、热量在此时是相互抵消而耗费了；二是送风量的加大要求风机的电量加大耗电能；三是由于送风量加大将有可能引起最小设计新风量的增加而使新风负荷加大。因此，夏季再热过程是一个耗能过程，应尽量避免采用。然而，对于一些特定的空气调节房间来说，这又是一个不得不采用的处理过程方式。

（一）精度要求高、对送风温差有要求的一些房间

此类房间当采用机器露点（L点）送风时，其送风温差较大，因而需要再热。这时应根据送风温差 Δt_O 的要求，在 ε_s 线上确定送风点O点，通过O点作垂直线与 φ_L 的交点即为空气经过冷却后的处理点。送风量为

$$G_s = \frac{CL_s}{h_N - h_O} \quad (\text{kg/h}) \tag{5-13}$$

其余计算方法与无再热过程相同。

由于高层民用建筑以舒适性空调为主，故这类房间在高层民用建筑中是比较少的。

（二）夏季热湿比 ε_s 较小的房间

这类房间如像游泳池（特别是位于地下或外围护结构较少时），其冷负荷较小而湿负荷较大，导致 ε_s 较小，送风过程线平坦，无法与 φ_L 线相交或交点处的温度较低（由于目前尚

无法做到无露点控制且冷水或冷媒温度有限而无法把空气冷却至如此低温的交点），因此不得不采用再热的方式。

这时的具体做法是：先根据实际情况确定冷却空气可能处理到的状态点 L（一般来说其温度大约比进入盘管的冷冻水温度高8℃左右），由 L 点作垂线 ε_s 线相交于送风点 O 点，之后即可按式（5-13）求出送风量 G_s 并求得其它参数。

五、冬季运行工况

冬季处理过程如图5-10所示。

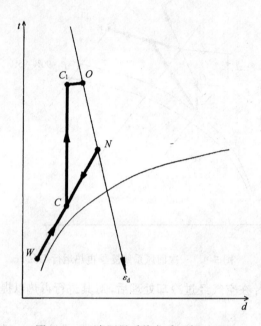

图 5-10　一次回风系统冬季运行工况

在设计中，通常空调机组冬、夏采用同一设计送风量，则冬季的计算步骤如下：

1. 求出冬季热负荷 CL_d 及湿负荷 W_d，求热湿比 $\varepsilon_d = CL_d/W_d$，在 h-d 图上通过室内点 N 作出 ε_d 线。

2. 求冬季送风焓差：$\Delta h = CL_d/G_s$，由此在 ε_d 线上找出送风点 O 点。

3. 根据与夏季处理过程相同的最小设计新风比求出混合点 C 点，方法及公式均与夏季相同。

4. 求加热量

$$Q_d = G_s(h_{c1} - h_c) \quad (kJ/h) \tag{5-14}$$

与直流系统冬季处理的情况相类似，不同的加湿方式对 C_1 点的影响是不一样的，这里不再重复了。

在一次回风系统的冬季处理过程中，个别湿度较大的房间按图5-10的处理过程有可能存在一些问题，因为 W 点与 N 点的连线已与100%的相对湿度线相交，混合点会由于结露而落在饱和线以下的某点处，如图5-11中 C_0 点所示（实际上此点将在饱和线上）。因此，在这种情况下，应首先对新风进行预热至 W_1 点，才能保证其后的混合点位于饱和线上方，空调机组此时应有两级加热盘管。

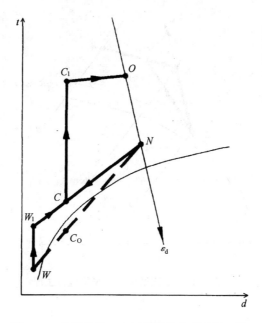

图 5-11 带预热的一次回风系统冬季运行工况

带预热盘管的冬季处理过程如图 5-11。

第五节 二次回风系统

一、工作流程

二次回风系统的流程原理如图 5-12 所示。

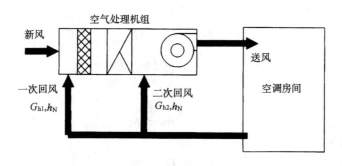

图 5-12 二次回风系统工作流程

从图 5-12 中可以看出，所谓二次回风即是把回风分为了两部分，前一部分（也称一次回风）与新风直接混合后经盘管进行冷、热处理，后一部分（也称为二次回风）则与经处理后的空气进行二次混合。

在本章上一节中，我们提到了夏季再热问题，即为了保证必需的送风温差，一次回风系统有时需要夏季再热来解决，从而存在着能量的浪费。二次回风系统正是为解决这一问题而产生的。

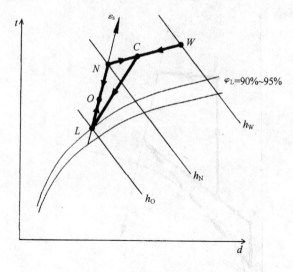

图 5-13　二次回风系统夏季运行工况

二、处理过程

二次回风系统的夏季处理过程如图 5-13。

新风与一次回风混合后的空气状态为 C 点，经冷却处理到达 L 点之后，再与二次回风混合使送风点为 O 点送入被空调房间。显然，二次回风的使用相当于再热，提高了送风温度（由普通的机器露点 L 提高至混合点 O），因而通过设计确定一、二次回风量的比例，即可改变 O 点的位置，来满足所要求的送风温差。

设一次回风量为 G_{h1}，二次回风量为 G_{h2}，则

$$G_{h2} = G_s \frac{h_O - h_L}{h_N - h_L} \tag{5-15}$$

通过表冷器的风量为：

$$G_L = G_s - G_{h2}$$

$$= G_s \frac{h_N - h_O}{h_N - h_L}$$

$$= \frac{CL_s}{h_N - h_L} \tag{5-16}$$

一次回风量为：

$$G_{h1} = G_L - G_x \tag{5-17}$$

混合点 C 点焓值为：

$$h_c = \frac{G_{h1} \cdot h_N + G_x \cdot h_W}{G_L} \tag{5-18}$$

系统耗冷量为：

$$Q_s = G_L \cdot (h_C - h_L) \tag{5-19}$$

很显然，二次回风系统的需冷量即是在 G_L 风量条件下用机器露点送风时的冷量，在同一情况下，它与无再热的一次回风系统的耗冷量是完全相同的。也即是说，采用二次回风系统节约的是再热量（与有再热的一次回风系统相比较）。

然而，二次回风系统的使用是有条件的。首先，ε_s 线必须与 φ_L 线有交点即存在 L 点；其次，由于冷媒温度的限制，L 点的温度不能过低［显然二次回风系统的 L 点比带再热的一次回风系统的 L 点低，这一点从式（5-19）与带再热一次回风系统的比较中也可以看出］，尤其对于以冷冻水为冷媒的中央空调系统来说，必须是要求冷水盘管在常用冷冻水供/回水温度下（通常为 7/12℃）可以达到的。如果为此而要求降低冷冻水水温，势必严重影响冷水机组的运行效率而使整个中央空调系统更多耗能，反而达不到节能的目的。

如前所述，由于高层民用建筑空调多以舒适性为主，对送风温度的要求一般并不严格，加上二次回风系统在控制上的复杂性，因此只要一次回风系统能够满足要求和解决问题，就应尽可能不采用二次回风系统。

二次回风系统冬季能耗与一次回风系统相同，这里不再详述。

第六节　变新风比系统

在前面第四、五节中，讨论了在冬、夏设计状态下，混合式系统的工作特点、处理过程计算及其应用情况。由于室外气象参数总是处在不断变化的过程中，在一年的大多数空气调节时间中，室外空气并不总是处于设计状态，因此仅仅讨论设计状态下的工况并不能完全反映系统的全部特点，必须同时对其全年运行工况进行一定的分析才具有更大的实际意义，这也就是本节的重点。为了简化起见，在本节的分析中，以一次回风系统（露点送风）为主要形式，这也较符合目前绝大多数高层民用建筑空调系统实际应用情况。

一、全年工况的分区

关于全年工况的分区，目前的研究中存在许多不同的分区方法和分区数量。如有按温度为参考值分区的，也有按焓或湿度为参量的；在分区数量上，有分四区、八区、十六区和二十四区等等。当然，各种分区方式都在其各种不同的应用领域内具有一定的价值，但从高层民用建筑的空调设计而言，过多的分区必然导致工况的控制相当复杂，难以推广。因此，作者认为通常可按四个分区来考虑。这四个分区是：夏季工况区、夏季过渡季工况区、冬季过渡季工况区和冬季工况区。

（一）夏季工况

夏季工况系指室外空气焓值位于室内空气设计焓值以上的区域时系统的运行工况，当然其中显然包括了夏季设计工况。

如图 5-14 所示，当室外空气状态点 W 由高变低至 W_1 时，h_{w_1} 仍然高于 h_N，无论新风比有多大，其混合点 C_1 的焓值 h_{C_1} 仍将大于 h_N，这即是说，空调机组的处理焓差 $\Delta h = h_{C_1} - h_L$ 大于 $h_N - h_L$。因此，在这一区域内，为了节省能源，这时应尽可能多的采用回风以降低混合点 C_1 的焓值，减少空调机组的处理焓差。通常这时采用保证卫生要求的最小新风比是合理的。

（二）夏季过渡季工况

夏季过渡季工况的定义是：系统仍然处于供冷状态时（即空调机组仍然是冷盘管工作），室外空气焓值低于室内空气焓值的区域，如图 5-15 中的 W 点所示。

此时如果仍然采用新风与回风混合，其混合点 C 点的焓值 h_C 无论如何都将高于新风焓

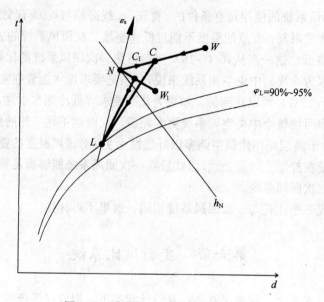

图 5-14　变新风比系统夏季运行工况

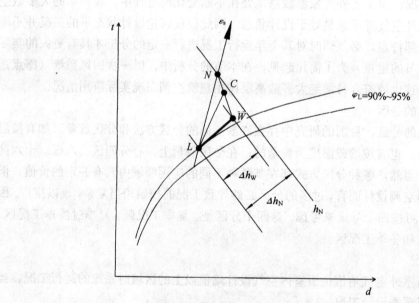

图 5-15　变新风比系统夏季过渡季运行工况

值 h_W，空调机组按混合点 C 为进风时的处理焓差 $\Delta h = h_C - h_C$ 显然大于 $h_W - h_L$。由此可知：采用混合风的耗冷量此时将大于直接采用全新风时的耗冷量。因此，从系统节能的角度来看，采用全新风是一种更为节能的处理方式。也就是说，在这种情况下，新风比应由原设计状态的最小新风比改为 100% 新风。

这里一定要注意的是前提条件即供冷状态。之所以强调此点，是表明这里研究的情况是：尽管 $h_W < h_N$，但其差值尚不足以全部承担室内热量，因此要求供冷。

（三）冬季工况

冬季工况意指：在室外温度低于室内设计温度，系统新风比为最小新风比时，系统需要进行加热（空调机组加热盘管运行），室温由盘管的加热量来保证时的系统运行工况。关于它的分析和计算见本章第四节。

在冬季向夏季的转变过程中，室外气温（或室外空气状态）由低向高变化，使得室内热湿比线也处在一个不断变化的过程中，如图 5-16 所示。随着室外状态点 W 向上移动至 W_1 点，ε_d 线也变得越来越平坦（$\varepsilon_d \rightarrow \varepsilon'_d$），需要的加热量不断减少直至加热盘管完全停止工作。

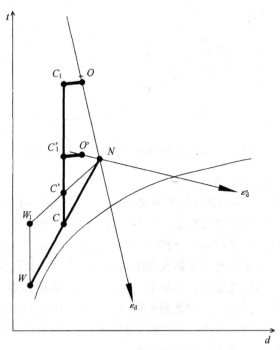

图 5-16　变新风比系统冬季运行工况

（四）冬季过渡季工况

如前所述，当加热盘管停止工作时，室外状态点 W 正好落在室内热湿比线 ε_d 上（图 5-17），这时系统即开始进入了冬季过渡季工况。

从这时开始，空调机组正好是冷、热盘管均停止工作，不需要专门冷、热源来维持室温。因此，从此时（新风量仍为最小值）起，应通过调整新、回风混合比从最小新风量直至全新风，以控制室温。从图 5-17 中可以看出，在这种情况下，实际上房间也是需要供冷的，只是冷源为室外新风而已。

这时也可能出现的一种情况是，W 点并不正好落在 ε_d 线上，而是高于 ε_d 线，如果直接用室外新风有可能造成室内湿度发生偏移。因此，这时系统有可能需要少量的加湿。

当新风由最小值逐渐调节至全新风后，如果室温继续上升，则说明采用新风直接冷却已无法满足室内冷负荷的要求，必须运行冷却盘管。由此开始系统进入夏季过渡季工况。

综上所述，系统全年运行的状态如下：

夏季：冷盘管工作，最小新风比；

夏季过渡季：冷盘管工作，全新风；

冬季过渡季：冷、热盘管停止工作，调节新风比；

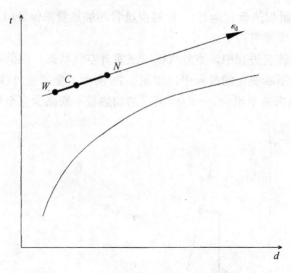

图 5-17　变新风比系统冬季过渡季运行工况

冬季：热盘管工作，最小新风比。

在上述运行过程中，夏季和夏季过渡季都要求专门的冷源，维持冷盘管的正常工作；冬季则需要专门热源，只有冬季过渡季是一个不需要专门冷、热源的季节。对于整体式空调机组而言，上述过程的实现较为容易；而对于采用水为冷、热介质的中央空调系统来说，由于中央空调设备（冷水机组或热交换器及其附属设备）的运行管理是分季节的，且目前绝大多数已建成工程的运行管理是按自然季节（即一年中的春夏秋冬季）来划分的，而不是以空调季节工况为依据。因此，在两管制中央空调水系统中，上述过程的转换必须同时与中央设备的季节转换相结合来考虑。而在四管制系统中，由于机组供冷与供热的切换可随时进行，因此上述过程的实现也是较为容易的。

二、系统设计

根据前面的分析，在夏季过渡季和冬季过渡季区域时，变新风比系统都将要比设计状态的新风量加大甚至全新风，当其为全新风时，实际上已经成为直流式系统。正如本章第二、四、五节中所分析的那样，不管是直流式系统，还是新风比较大的混合式系统，都需要有组织的机械排风，因此，变新风比系统设计的主要要求之一就是必须考虑排风问题。从分析中可知，此系统应设置双风机，除空调机组原有送风机外，还应设置回风机（回风管路的风阻力由回风机承担可使送风机风压减少），其流程原理如图 5-18 所示。一般来说，当最小新风比较小时，回风机在最小新风比季节（即夏季和冬季）时通常只做回风用，此时关闭排风阀，新风阀与回风阀全开；在冬季过渡季时，回风机的风量中将有一部分是排风量，此时应调整排风阀、新风阀和回风阀各自的开度以控制新风比；在夏季过渡季，此回风机则完全用作为排风机，此时关闭回风阀，全开新风阀和排风阀。

为了保持房间一定的正压，回风机的风量通常应小于送风机风量，一般应是保证系统最小新风比时所要求的回风量。但是，当系统的最小新风比较大时（例如大于 30%），则回风机的风量不应小于总送风量的 70%。这一要求表明：在这种情况下，即使系统处于夏季（或冬季）工况时，仍然将有部分机械排风排出（排风阀应部分开启）。

在风道设计中，各种不同用途的风道也有不同的风量要求。送风道风量应按总送风量

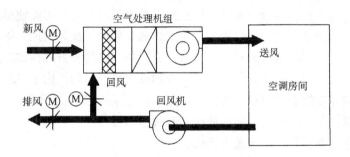

图 5-18　变新风比系统的工作流程

设计，新风道由于有可能要求全新风因而其风量也应按总送风量设计，回风道及排风道风量均应按最大回风量设计（或者按送风量的 70% 来设计，两者取其较大者）。

图 5-19 是一些工程采用的另一种形式的"变新风比系统"。与图 5-18 相比较可以看出，其回风机不是设于回风管道而是设计在排风管道上，在一些空调机房面积较为紧张的情况下有时可以见到此种形式。但是，值得注意的是：由于回风机的位置变化，这种系统严格来说不能认为是变新风比系统而只能是双新风比系统。这时的"回风机"只能称之为排风机。

在冬季、夏季和夏季过渡季工况中，图 5-19 和图 5-18 的特点是基本相同的。冬、夏季按最小新风比运行，新风阀在最小开度，回风阀在最大开度，排风机停止运行，排风阀关闭，这时是一个标准的单风机一次回风混合式系统。在夏季过渡季则新风阀和排风阀全开，回风阀全关，排风机运行，成为一个标准的直流式系统。

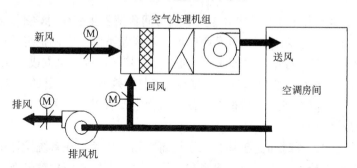

图 5-19　双新风比系统的工作流程

而在冬季过渡季工况时，图 5-19 所示的系统要进行新风比的调整（连续调节）是有一定困难的，因为排风量的变化要求其排风机在变工况条件下工作。在目前绝大多数高层民用建筑的空调设计中，全空气系统大多以定风量为主（目前一些工程开始采用变风量系统，这将在本章第七节讨论），即送、回（或排）风机都是在某一固定转速下运行的，定速运行的排风机要不断地调整运行工况参数，只有通过管道上的阀门的开度及风机本身的曲线在一定范围内来做到，但这并不是一种好的方式。这样做导致的问题是：当排风机风量低于其高效区的风量时，效率显著下降、能耗上升、噪声明显提高。在极端不利工况（风量远小于额定值）时，将会出现风机温升过大或发生喘振等现象，对风机的运行寿命会产生较为严重的影响。

因此，图 5-19 所示的系统对于冬季过渡季的运行工况是无法满足前述要求的。从 h-d

91

图上来看，这也即是说，在这一区域，如果采用最小新风比，有可能使房间温度过高，要维持房间温度必须提供一定的专门冷源；反之，如果采用全新风送风，则有可能会使室温过低，要维持室温，必须运行热盘管进行适当的加热。这两种方式相比，前者要求延长全年运行冷水机组的时间，电耗较大，后者要求加长供热的时间；由于供热比供冷相对来说容易得多，因而在室温必须保证的条件下，图 5-19 的运行方式应该是：

冬季及夏季：最小新风比，加热或冷却盘管投入运行；

夏季过渡季：全新风，冷却盘管运行；

冬季过渡季：全新风，加热盘管运行。

从上面的运行方式中可以看出，与图 5-18 所示的系统相比较，图 5-19 所示系统将多耗一部加热量。因此，在有条件时，设计应尽可能按图 5-18 所示的标准双风机系统进行。

第七节　变风量系统

一、简介及现状

变风量系统完整的称呼应是：可变送风量空调系统（简称 VAV 系统——即英文 Variable Air Volume 的缩写）。在发达国家，从 70 年代起对该系统就开始有所研究和应用。在我国，80 年代也曾有过一些研究，并有过研究性产品问世，然而，由于种种原因，此系统及产品的研究和应用后来又中断和放弃了。在目前的高层民用建筑中，绝大多数建筑在采用中央空调系统时，其风系统几乎都只有两种方式：定风量全空气空调系统和新风加风机盘管空调系统。

VAV 系统就其工作原理而言并不复杂。当房间负荷发生变化时，它可自动控制送入房间的送风量，从而使其空调机组在低负荷时的总送风量下降，空调机组的送风机转速也随之而降低。根据风机能耗特点我们知道：风机能耗与其转速的三次方成正比，即 $N \propto n^3$。因此，变风量系统不但能有效的控制房间的温度，其节能效益也是显著的。在近十几年来，这一系统之所以一直未能在我国广泛推广，作者认为主要有以下原因：

（一）系统设计方面

由于这一系统的发展时间比起其它风系统而言相对较短，在系统设计中，有许多理论及应用问题，需要设计人员不断的去研究和学习。这方面的知识相对较新，掌握和应用需要一定的过程和时间。另外，系统的运行管理上也缺乏一定的经验。这些原因使得设计人员在工程设计中很少采用此系统。

（二）产品技术原因

80 年代初，我国对变风量系统及其末端装置（简称 VAV BOX）进行的一些研究，由于受到当时的技术水平的限制，因此未能真正使研究成果成为定型产品或商品，尤其是 VAV BOX 的控制部分不能很好地实现设计要求，因此至今未有一个真正的国产 VAV BOX 的工程应用。同时，空调机组的变频调速控制问题也受到当时的技术和经济性的影响没能完全解决，无法大规模推广。上述原因带来的结果是：VAV 系统用于工程时，必须采用进口产品。

然而，即使采用进口产品，其产品的性能也是在不断改进之中，早期产品在技术和使用可靠性上存在一定的问题。国内也有个别工程在 80 年代全部采用过进口 VAV BOX，但使用不久其调节装置开始失灵,无法按要求运行。这些也使得许多人对VAV系统的可靠性产生较大的疑虑。

（三）经济原因

进口设备价格昂贵,尤其是VAV系统,在国内尚无可靠产品的情况下,采用进口产品可能使得VAV系统比其它可采用国产产品的系统(如风机盘管加新风系统等)的投资高一些（尽管这不是在同一基础之上的比较）。而国内的能源收费一直较低,即使是VAV系统节能,也使其投资的回收年限太长,经济性存在一定的限制而使一些投资人（尤其是房地产开发商）望而止步。

（四）建筑标准

我国的高层民用建筑空调系统大约是在80年代才开始大规模采用的。因此,至今为止,大多数建筑空调的使用标准与国外相比存在一定的差距,不但是使用者而且包括许多设计人员都满足于目前许多建筑的常用空调方式（实际上只是满足于温、湿度的要求）,无形中推迟和延缓了VAV系统在国内的应用和发展。

在近年来,VAV系统正得到我国的一些设计人员和使用者的逐步认可,因此在一些要求较高的工程中,已开始得到一些应用。

二、VAV系统的特点

从使用上来看,VAV系统实际上是综合了目前常用的全空气定风量系统和新风加风机盘管系统的使用特点,使其成为目前较为先进的空调方式。比较VAV系统的特点可以从两方面着手:一是与全空气定风量系统相比,二是与新风加风机盘管系统相比较,与之相比的两种空调系统目前是最常见的。

（一）VAV系统与全空气定风量系统相比

1. 区域温度控制

通常,全空气定风量系统只能控制某一特定区域（或地点）的温度。对于大空间来说,一般可采用控制房间温度或回风温度。对于一个风系统带有多个房间时,定风量系统不可能使每个房间温度都能进行控制(因为其送风温度相同且送入每个房间的风量是恒定的,但各房间负荷的变化趋势是不可能相同的),因而只能控制某个主要房间的温度,或者在大多数情况下,控制一个综合的回风温度。由此带来的缺点是:此时绝大多数房间的温度不能正常控制,必然造成部分房间过冷或过热。这种情况尤其是对于朝向不同或使用时间不一致的房间更为突出,不但对使用产生影响,而且也存在部分房间浪费能量的现象。

采用VAV系统时,由于各个房间内的VAV BOX可随该区域温度的变化自动控制送风量,因此能保证各区域或房间温度按使用要求进行温度控制,将使用标准得以提高,房间过冷或过热现象的消除也使能量得到合理的应用。

2. 综合能效较高

（1）设备安装容量减少

同一风系统负担多个房间时,由于各房间在朝向、位置、使用方式及使用时间上的不一致,因此每个房间的冷、热负荷不可能同时达到最大值,由此使得设计中,VAV系统与定风量系统在系统设计状态下的耗冷、热量的计算是不相同的。

采用定风量系统时,由于要满足各房间最大负荷的需要,因此系统的总冷（热）量应是各房间最大冷（热）量之和,总送风量也应是各房间最大送风量之和。这样不但机组的额定设计风量较大，而且实际运行中，几乎没有任何时刻会使机组在设计冷（热）量的状态下运行。

采用 VAV 系统时，各房间的最大送风量与定风量系统是完全相同的。但是，由于各房间内设置的 VAV BOX 可独立控制风量，在整个风系统达到设计冷（热）量时，并非是每个房间都在其设计状态下运行的。因此，VAV 系统的冷（热）量或风量应为各房间逐时冷（热）量或风量之和的最大值。从负荷计算中我们可以知道：各房间逐时负荷之和的最大值必然不大于各房间最大负荷之和，这一特点尤其是在该风系统负担有东、西朝向的房间时更是如此。

由此可知，尽管设计时各 VAV BOX 是按其负担的房间的最大负荷来选择的，但由于 VAV BOX 的独立控制特点，使该系统具有自动把不同的能量（风量）移至不同需求的场所的功能。因此，在设计状态下，VAV 系统的总送风量及冷（热）量通常低于定风量系统的总送风量和冷（热）量，这使得系统的空调机组可以减小从而使整幢楼的冷水机组（或热交换器）的安装容量下降，机组尺寸减少，占用机房面积也因此而降低。整幢建筑的冷、热量下降也意味着其能源耗量的降低，对用电制冷的冷水机组而言，电气报装的各种费用也因此而减少。从此点来看，该系统在这部分的投资可降低。

（2）运行能耗节省

当各房间的负荷减少时，各 VAV BOX 的风量将自动减少，系统对总风量的需求也就必然会下降，通过设置适当的控制手段（详见本书第十一章）降低送风机的转速，使其能耗得以降低。一幢建筑的空调负荷（尤其是冷负荷）在全年运行中，只有极少数时间是处于设计状态的，其余时间均是在低负荷下运行（见表 4-10），对于各空调风系统而言，这一特点也是符合的。因此，VAV 系统将使空调送风机的全年运行能耗（kW·h）大大地下降。

以北京地区为例，假定风机的调速范围可从 0～100%，送风机的电气安装功率为 N（kW），机组全年运行。北京地区冬季采暖度日数为 2470℃·d，夏季冷负荷按表 4～10 分布，在不考虑由于变转速引起的风机效率下降的前提下：

定风量系统送风机的全年电耗为：

$$P_1 = 365 \times 24 \times N = 8760N \quad (kW·h)$$

VAV 系统送风机的全年电耗为：

$$P_2 = 2470 \times \frac{24}{30} \times N + 3000 \times N \times (5 \times 12.5 + 10 \times 6.5 + 15 \times 11.4 + 20 \times 12.2 + 25 \times 8.9$$
$$+ 30 \times 7.6 + 35 \times 7.7 + 40 \times 7.2 + 45 \times 5.5 + 50 \times 4.5 + 55 \times 4 + 60 \times 3.3 + 65 \times$$
$$2.5 + 70 \times 2.2 + 75 \times 1.7 + 80 \times 1.2 + 85 \times 0.7 + 90 \times 0.3 + 95 \times 0.2 + 100 \times 0.1) /$$
$$(100 \times 100)$$

$$= 2952N \quad (kW·h)$$

$$\approx 0.337 P_1$$

由此可以看出，在上述条件下，送风机全年的能耗比较，VAV 系统只是定风量系统的 33.7% 左右。当然，由于风机转速降低后，其效率也将下降，变频调速装置本身也会存在一定的能耗，实际风机能耗是不会遵循与转速的三次方成正比的规律的，加上 VAV 系统的最小风量存在一定的限制（不可能从 0～100%，此点将在以后详细讨论），因此，实际运行的全年能耗当然会高于上述计算值。

3. 有利于房间的灵活分隔

这一特点对于目前正在较大规模建造的高档次写字楼来说是极为有益的。目前的办公楼根据现代办公的要求，一般采用大开间设计，待其出租或出售后，用户通常会根据各自的使用要求对房间进行二次分隔及装修；如果用户变更，新用户又会按自己的要求进行重新的分隔及改造。在控制整个开间的总冷（热）量不变的前提条件下，VAV 系统由于其末端装置的布置灵活，只有软风道与主风管相连，且能进行区域温度控制，因此只要重新分隔后各房间的冷（热）量与该房间重新调整的 VAV BOX 的风量相匹配，即可以较方便的满足新用户的需求。这一特点是定风量系统无法比拟的。

（二）VAV 系统与新风加风机盘管系统相比

1. 空调品质高

（1）首先，VAV 系统属于全空气系统，对房间的换气次数有较大的提高。其次，正如前面所述，全空气系统在过渡季可以充分利用全新风送风（或调新风比），节省能耗。而风机盘管加新风系统中，全年新风量基本上是固定不变的，即是以满足最低的卫生标准所要求的最小新风量来设计的。因此，尤其在过渡季节，VAV 系统的空气品质比新风加风机盘管系统好得多。

（2）可有效地控制空调系统在室内的噪声。采用新风加风机盘管系统时，空调系统在室内的噪声基本上取决于风机盘管本身的噪声［普通低静压风机盘管的噪声大约在 40dB（A）左右］。若风机盘管本身的噪声过大，消除它是有一定困难的，因为消噪所采取的措施（多为风机盘管送、回风管上加消声处理)有可能会严重影响风机盘管本身的热工运行工况，使其风量不足而导致冷、热量的下降。当采用 VAV 系统时，无论其空调机组的噪声如何（当然，设计时希望尽可能采用低噪声设备），总是可以通过在风道上以及在 VAV BOX 和风口上设置适当的消声设备来克服的。

2. 维修工作量下降

VAV BOX 结构简单（详见后面介绍，通常只有一个电动风阀，部分采用再热盘管的装置只是在特定场合使用)，可靠性高，故障率小，因此其常年的维护检修工作相对更少一些，在平时正常情况下几乎没有什么需要维修的部件。

3. 有利于施工及房间的使用

普通的 VAV BOX 只有软风管（或者热水管）而没有冷冻水管进入房间，但新风加风机盘管系统中，通常风机盘管设于房间内，必然随之有冷冻水管进入房间。由于施工水平及制造工艺的限制，在我国目前存在的一大问题就是一幢大楼即使完工交付使用后，水管阀门的漏水尤其是冷冻水管因保温未做好造成凝结水滴下的现象随处可见，这当然极大地影响了房间的正常使用。提高施工水平只能部分解决此问题，若设计时就防止其出现，则是更有效的解决方式。

风机盘管的凝结水管更是令设计和施工人员头痛的一个问题。一是坡度要求容易造成对吊顶净高的影响，二是由于堵塞或安装坡度不够造成排水不畅。

4. 节省能源

如前所述，新风加风机盘管系统中，通常全年按最小新风量设计新风空调机，且为了控制的方便和可靠，其新风的送风温度是只按冬季和夏季两种状态进行设定的。在过渡季节时，既无法加大新风量，通常也不会去修改新风的送风温度，因此，这一季节基本上无法利用全新风供冷来节能，要维持室温必须靠风机盘管作供冷运行，这显然延长了冷水机组的全年运行时间。而在 VAV 系统中，由于可利用全新风供冷，使冷水机组在全年内的运行时间得以减少，整个建筑的空调年能耗得以下降。

5. 有利于房间分隔

关于此点，和与定风量系统相比较时有相似之处，但也有一些区别。普通 VAV BOX 用软管与主风管相连，因而其位置的布置和变更都极为容易，一般只需装修施工单位即可完成。而采用风机盘管时，其位置的改变必将导致所连接水管的变动，这要求：

(1) 停止供应空调冷、热水（部分层停用甚至全楼停用）并放空；

(2) 必须由水暖管道工来施工并在施工完成后重新进行水压试验。同时，由于风机盘管数量有限（通常一个开间内的风机盘管数为两台左右，一般少于按照 VAV 系统设计时的 VAV BOX 的数量），因此，当分隔的房间数量较多时，部分房间的温度控制会受到一定的影响。

(三) VAV 系统的不足

作为一种空调系统的形式，与其它系统一样，VAV 系统也存在一些自身的不足之处，目前来看主要有以下两点：

1. 湿度控制能力较差

由于 VAV BOX 是根据所控制的室内温度来自动控制风量的，在室外状态处于气温不高而湿度较大时，送风量的减少将导致系统的除湿能力下降，从而引起室内相对湿度偏高（在夏季）。好在普通高层民用建筑中，对相对湿度的要求并不严格，这一缺点也就不那么特别明显了。如果对一些湿度要求较高的建筑（如博物馆、艺术陈列及展览馆等），采用这一系统就要特别谨慎并注意到此问题。

2. 系统投资大

VAV 系统初投资较大是目前我国未能大量推广使用的一个主要原因。有关的国产设备极少或生产时间不长，可靠性上有些令人不放心，因此绝大多数工程采用进口设备，当然会使造价上升。通常认为，就初投资而言，VAV 系统大约比常规系统多 10%～20% 左右。但是，作为设计人员，应该辩证地来看这一问题。从经济性上来看，一个工程的空调系统除了初投资的费用外，还有一大部分是投入运行后的常年费用（如能耗等）。大多数关于此方面的经济分析一般都认为：在考虑到系统及设备投资、占用机房面积、电力增容费、运行能耗（包括对中央冷、热源设备所需的运行能耗）以及年运行管理费用等因素之后，VAV 系统大约在 5～10 年左右即可与定风量系统或风机盘管系统的总费用相等。由于一幢建筑的空调系统在管理较好时，一般的寿命也能在 15～20 年，因此也说明，在其使用的全部年限内，总的投入依然是相当经济的，尤其是中央制冷设备的效率较低时更是如此。而且 VAV 系统本身所具有的一些其它系统不可比拟的优点，使得人们可以认为它是高层民用建筑（尤其是办公楼）空调系统中，一个值得推广的先进空调风系统的方式。

三、VAV BOX

VAV BOX 又称为 VAV 末端装置，它是 VAV 系统中的关键设备之一，它的好坏将直接影响整个 VAV 系统的工作性能。

(一) 原理及结构

VAV BOX 目前有多种类型，不同类型在其控制原理和构造上存在明显的区别，其应用范围也是不一样的。

1. 单风道型

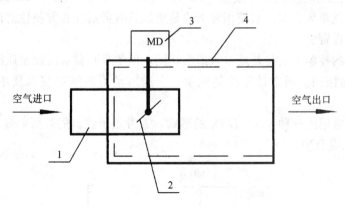

图 5-20 单风道 VAV BOX 的构造

1—圆形进气管；2—蝶形风阀；3—风阀执行器及其联动装置；4—箱体

单风道型 VAV BOX 的结构如图 5-20 所示。它由圆形进气管 1、蝶形风阀 2、风阀执行器及其联动装置 3、箱体 4 以及与控制配套的电气元件和测量元件（如风量、温度传感器及控制器等）组成。其结构非常简单，工作可靠，控制也较为容易，因此是目前应用较多的一种 VAV BOX。

在夏季，当室温升高时，说明其需冷量增大，通过温度控制器的作用使风阀执行机构将风阀由小开大，增加送入室内的冷风量，达到控制室温的目的。当室温降低时，则温控器又使风阀关小，减少冷风的送风量。

由于温控器具有冬夏反向作用的功能，因此冬季 VAV BOX 的工作情况与夏季正好相反。即在冬季，室温过高时关小风阀，室温过低时开大风阀。

2. 单风道再热型

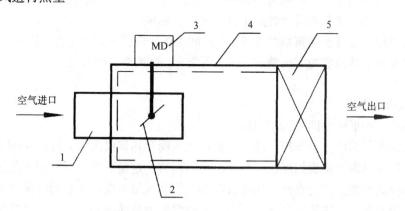

图 5-21 单风道再热型 VAV BOX 的构造

1—圆形进气管；2—蝶形风阀；3—风阀执行器及其联动装置；4—箱体；5—空气加热器

单风道再热型 VAV BOX 的结构如图 5-21 所示。

与普通单风道型相比，它增加了一个空气加热器 5，此加热器即可是热水盘管，也可是电加热器。因此,对所服务的房间而言,它提供了一个独立的加热功能,可以使每个 VAV BOX 在就地独立的加热空气而不受整个风系统的影响。显然,这种形式的适用范围和控制精度均超过了普通单风道型,对使用者来说是更加具有灵活性和方便性的产品,但由此也增加了再热器的投资。

它在夏季时的控制方式与普通单风道型相同,但冬季则要求既控制风阀又控制再热器来实现对温度的控制。通常是先控制风量,在送风量不能满足室温要求时再调节再热量。

这也是目前常用的一种 VAV BOX 的形式,通常用于建筑的外区部分。

3. 双风道无混合型

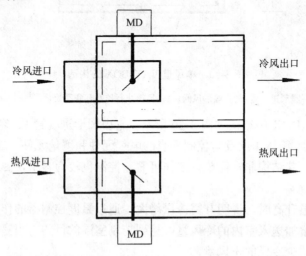

图 5-22 双风道无混合型 VAV BOX 的构造

其结构形式如图 5-22 所示。

实际上,它相当于两个单风道型并列组装为一体,一个送冷风而另一个送热风且各自有独立的控制装置。此装置设计时并不同时送冷、热风。

这一装置比较适合于建筑物的外区。在房间由供冷向供热转换(或反过来转换)时,它会产生一个风量由低值变为零的情况(即有可能冷、热风全关闭),这一点是应用中值得注意的。

4. 双风道混合型

此产品的结构形式如图 5-23 所示。

通过温度控制器的综合作用,同时控制冷风风阀和热风风阀的开度,从而根据室温的要求对混合风送风温度实现控制。显然,对房间而言,这是一个接近质调节的过程,它除具有上述几种装置的主要优点外,还能较精确地控制区域温度,并且始终保持室内有较高的送风量,因而在冷、热风的变化过程中,其除湿能力是最强的。因此,此装置适用于对风量及换气次数以及室内温度要求较高的场所。

5. 风机加压型

风机加压型如图 5-24 所示。

根据室内负荷由温控器控制风阀以调节一次送风量,同时与室内回风混合后由风机加

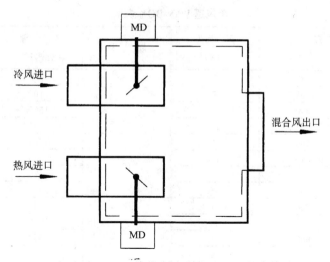

图 5-23　双风道混合型 VAV BOX 的构造

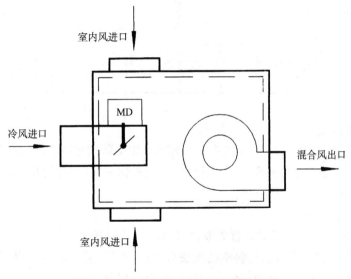

图 5-24　风机加压型 VAV BOX 的构造

压送进室内。其特点是换气次数可基本保持不变。同时，由于增加风机，可使系统的送风机压头有所降低，可靠性得以提高。该产品的缺点是造价较高。

除上述几种 VAV BOX 外，还有多种类型（如诱导型等）以及上述基本类型的多种组合，具体的可在设计时参考生产厂商的样本或说明书。就目前我国的情况来看，使用最多的是普通单风道型、单风道再热型及风机加压型。

（二）性能规格

VAB BOX 的种类较多，每种类型也有多种规格及型号，无法一一列举，这里只列出普通单风道型的一些简明性能参数（见表 5-1）。在选择 VAV BOX 时，风量及口径是最重要的参数，在了解表 5-1 后，其它一些类型的基本参数大都是以此为基础的。

规　格	风　量 (m³/h)	阻力损失 (Pa)	规　格	风　量 (m³/h)	阻力损失 (Pa)
4	170	3	9	850	14
4	255	7	9	1105	23
4	340	12	9	1360	35
4	383	16	9	1785	61
5	255	7	10	1020	11
5	340	12	10	1360	20
5	510	28	10	1870	38
5	595	38	10	2380	61
6	340	11	12	1530	13
6	510	25	12	2040	23
6	680	44	12	2550	36
6	850	69	12	3400	65
7	510	12	14	2040	13
7	680	22	14	2720	23
7	1020	50	14	3400	36
7	1105	59	14	5100	80
8	595	10	16	2550	11
8	850	20	16	3400	20
8	1190	39	16	5100	44
8	1530	64	16	6800	78

四、VAV 系统设计

为了适应不同的要求，VAV 系统有多种形式，如单风道变风量系统，双风道变风量系统，变风量及定风量组合系统等等。在设计中，应根据不同的实际情况采用不同的系统形式，才能做到技术先进，经济合理。

（一）内、外区分区

在进行 VAV 系统的设计时，首先要涉及到的一个问题就是对建筑的"分区"。

所谓"建筑分区"，实际上更科学的说法应该称为"负荷分区"，这即是说：根据不同区域的负荷特点，对建筑的室内部分进行区域的合理划分。

在空调负荷的计算中，我们知道，无论是夏季还是冬季，房间的空调负荷 CL 总的来说可分为两大部分：即围护结构负荷 CL_z 和室内人员、灯光、设备等构成的负荷（这里简称内部负荷）CL_n。对于一个房间而言，CL_z 随室外气候条件的变化，不仅是量变而且发生性质上的变化（即有可能是房间的得热也有可能是房间的失热）；而 CL_n 对于房间来说却总是得热且其数值稳定得多。

在夏季，空调冷负荷应如下计算：

$$CL_s = CL_{zs} + CL_n \qquad (5-20)$$

在冬季，空调热负荷应如下计算。

$$CL_w = CL_{zw} - CL_n \qquad (5-21)$$

上两式中，CL_{zs} 和 CL_{zw} 分别为围护结构夏季冷负荷及冬季热负荷。从上述分析及以上两式中均可看出：夏季室内总是需要供冷的，而冬季情况则不尽相同。如果 $CL_{zw} > CL_n$，则冬季室内需要供热；反之，如果 $CL_{zw}<CL_n$，则冬季室内仍需要供冷。这一结论并非仅是针对 VAV 系统而言，实际上所有的建筑内的空调负荷都具有这一特点。

在冬季，CL_{zw} 的具体数值与房间的朝向、围护结构（屋顶、地板、外墙及外窗）的面积和热工性能有关，CL_n 则主要与室内人员、灯光、设备等因素有关。如前所述，VAV 系统最适用的是办公楼式建筑，因此以下主要结合办公楼式建筑的特点来分析。

在高档办公楼中，一般来说，具有较大的外窗面积，这使得其冬季热负荷值 CL_{zw} 通常是较大的。但是，由于空气的热传导和空气对流渗透是有限的，因此，CL_{zw} 只对在靠外围护结构一定的范围内的区域产生影响。当然，这一区域也有部分室内得热 CL_{n1}。CL_{zw} 和 CL_{n1} 的综合影响将涉及到这一区域的大小。换句话说，室内通常存在一个 $CL_{zw}>CL_{n1}$ 的冬季有热负荷的区域，并且此区域位于靠近外围护结构的一定范围内，这一区域也就是我们通常称为的外区。除外区以外的室内其它区域则称为内区。

在内区，由于人员、灯光，尤其是大量配备的个人计算机设备，使得该区域的得热（或冷负荷）CL_{n2} 是很可观的。例如，高级办公楼按人均面积 $10m^2$、照明容量 $40W/m^2$、人手一台个人计算机（发热量约 350W）来计算，其冷负荷指标约为 $72\sim85W/m^2$。由于内区很少受外围护结构的负荷影响，内围护结构冬季的热负荷计算值也是很有限的，因此可以看出：内区常年都是处于有冷负荷的状态。如果要保持合理的内区温度，则要求对其进行常年的供冷。

从上面的分析中还可以看到：是否存在内区与建筑物本身的布置及外围护结构的热工性能有关，而且问题的关键是在于如何合理及科学的划分内、外区，这一点也正是目前空调设计中的一个较有争议的问题，至今尚无一个权威的理论或研究成果来表述，因为影响它的因素实在是太多了。室内热源和外围护结构热负荷的大小、室内空气的扰动情况、太阳光的透射及室内物体的蓄热情况以及室内空间的分隔等等都会不同程度地影响室内的分区。单就办公室而言，国外在这方面做的研究工作相对较多，一般较为认可的分区是：靠外围护结构 $3\sim4.5m$ 以内的室内区域为外区，其余部分室内区域为内区。

（二）系统形式

1. 单风道系统

单风道系统是 VAV 系统的最简单的形式，其特点是系统内只有一条送风道及一个集中空气处理机组。系统中，所有 VAV BOX 均采用单风道型，通过支管（或软风管）与送风主管道相连。空气通过 VAV BOX 后，由管道接至室内送风口。

（1）普通型系统（内、外区合用）该系统的连接如图 5-25 所示。

在这一系统中，所有 VAV BOX 均采用普通单风道型（例如北京南银大厦即为此方式）。很显然，对于同一风系统中的各个 VAV BOX 来说，只能或是同时送冷风或是同时送热风，因此，无论是内区还是外区，或者是该风系统内的各种不同房间，都只能同时供冷或供热。

从房间的布置及使用情况来看，当房间的朝向不一致时，有可能某些房间需要供冷而另一些房间需要供热，这一点在过渡季状态时尤为明显，如朝东的房间在早晨要求供冷，而此时西向房间有可能要求供热，但在下午或傍晚时，情况正好相反。在同一房间中，正如前述关于内、外区分区的讨论那样，当房间的进深过大时，必然存在内区，且在外区需要供热时内区仍要求供冷。

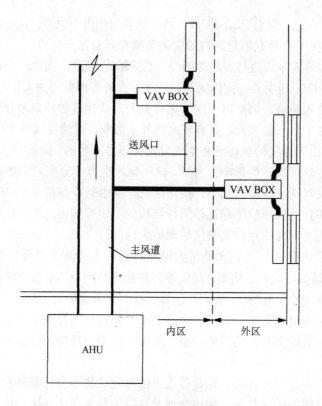

图 5-25　单风道普通型变风量系统

由此可以看出，这一系统对于满足某些建筑的使用要求是存在一定问题的。实际上，从使用上来看，它只是对定风量全空气系统不能控制各区域（或房间）温度的缺点进行了解决，在各房间或区域同时进行冷、热切换的前提下，该系统可通过 VAV BOX 调整风量来较好地控制区域温度。

因此，该系统适合于房间进深不大，各房间温度虽要求独立控制但负荷变化的趋势都较为接近的场所。当然，按这一原则设计，系统中空调机组的装机容量与定风量系统相比差距将较小，设计状态下的节能情况不甚理想。但随着负荷的变化，其运行节能的效果仍然是较为明显的。由于 VAV BOX 设有最小开度限制，因此，此系统更适用于负荷变化相对平稳的内区（内区总有冷负荷，其送风量要求总是不会为零的）。

在 VAV 系统中，该系统是投资最少的一种系统，这是它的独特优势。结合我国的实际情况，相信在今后的若干年中它仍是一种较为常见的 VAV 系统形式。

（2）外区再热方式系统平面布置如图 5-26 所示，其热源为空调用热水（北京华润大厦即采用此方式）。

从风路上来看，它与前一种系统并无多大的区别，但其外区的 VAV BOX 带有热水再热盘管，因此需要接入热水管，显然，这是一种相当于四管制的水系统（关于四管制问题，详见第七章）。这一系统的特点是：空调机组为了满足内区的要求，常年都是送冷风（即送风温度低于被空气调节房间的设计温度）；而在外区的 VAV BOX 采用带再热盘管的单风道型末端设备。在冬季当外区需要供热时，再热器进行加热以保证外区的温度要求；同时，即使系统内有不同朝向的房间，其各自的外区温度也能得到较为精确的控制。因此，这一

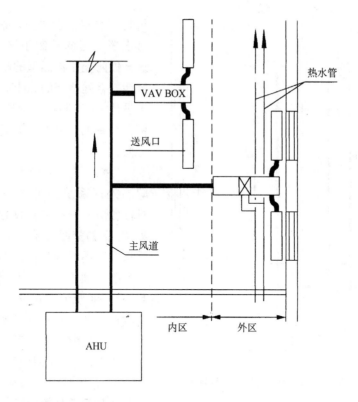

图 5-26　单风道外区再热型变风量系统

系统的使用标准是相当高的。就目前我国的实际情况来看,再热设备通常是采用热水盘管。

　　但是,在这一系统中,当外区要加热时,其加热的空气实际上是空调机组经过集中冷却处理后的冷空气。换句话说,这时进入外区的空气是先冷却后加热的处理过程,很显然在这一过程中存在冷、热相互抵消而浪费能量的情况(实际上是浪费了中央冷水机组的制冷量),这是其缺点之一。第二个缺点是采用热水盘管不但使水管进入了房间,而且对吊顶内的管道布置也增加了难度;若采用电加热器,其耗电量大约为 4W/[m³/h (空气)],这也是相当可观的。再一点就是带再热器的 VAV BOX 价格相对较高,初投资会明显增加。因此,该方式适用于使用要求高的建筑。

　　(3) 内、外区独立方式平面布置如图 5-27 所示(北京世界金融中心采用此方式)。

　　这种方式中,各 VAV BOX 均采用普通单风道无再热型,设置两台空调机组分别服务于内区及外区,实际上相当于把图 5-26 中的各个 VAV BOX 内的再热盘管集中在了为外区服务的空调机组之中,因而室内不用设置热水管道。空调机组的水系统可以采用两管制系统,也可采用四管制系统。采用四管制系统时,内外区的空调机组同时有冷、热水供给,运行互不影响,对使用有利,但投资较大;如果空调机组采用两管制系统,则内、外区空调机组在主水管干管上应分开,即保证外区机组供热水时,内区机组仍可供冷水(一般从中央主机房内的分、集水缸上分开,相当于冷、热源部分为四管制设置),这样做可使得在冬季过渡季与夏季过渡季交叉的时间里,对各部分都有较好的调节作用。在室外气候更冷的冬季过渡季和冬季时,外区空调机组供热水,而内区可最大限度的利用室外新风这一天然冷源供冷直至需要一定的热水加热(当新风量过大或新风温度过低造成房间温度下降时)时

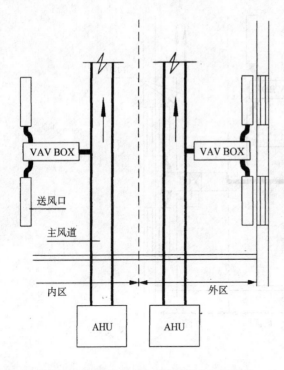

图 5-27　单风道内、外区独立型变风量系统

再打开热水盘管供热，这些都是可以通过设置适当的控制手段来得以实现的。这样做防止了再热型的冷、热抵消问题，节能效益是显著的。同时，室内无水管对于设计、施工和运行管理，特别是对于出租办公室的二次装修，都带来了较大的方便。

当然，这一系统也存在一定的不足，即当外区系统内各房间的朝向不一致时，各房间外区的温度控制有可能受到影响。正如前面所述那样，如果东向房间要求供冷而西向房间此时要求供热（均指外压），则同一风系统内无法实现。因此，这一系统形式在设计时，从理论上来说应把负荷变化趋势基本一致的房间划入同一系统中较为合理。然而，在大多数办公楼中，其上班时间通常为早上 8：00～9：00，下班时间通常为下午 5：00～6：00，从负荷计算中可以看出，在 8：00～18：00 的范围内，不论是东向房间还是西向房间，夏季都有冷负荷存在，即使是在过渡季，由于外区内的室内负荷 CL_{n1} 的作用，使东西向在这一上班时间内负荷的性质基本上不存在大的变化，只有西向房间在其 CL_{n1} 不能满足室内向外的传热而东向此时又要求供冷的时间段才会出现上述无法控制的情况。因此，这一系统的采用也要结合建筑所在地的室外气象条件而定。例如，在北京地区，产生上述不可控制的过渡性时间段的室外气候的时间相对来说较短，因而这一系统形式对于北京地区有较好的适用性，即以牺牲极为短暂的温度不可控制的时间来换取投资和能耗的节省。

单风道系统其它一些形式：如内区变风量、外区定风量系统，外区热水采暖加上普通单风道变风量系统等等，其特点都与上述几种形式差不多，优缺点也介于上述形式之间，这里就不一一详述了。

2. 双风道系统

双风道系统通常在外区采用双风道型 VAV BOX，如图 5-28 所示。其内区与前述单风道系统的设计完全相同。

当外区采用无混合型的 VAV BOX 时，实际上系统相当于设置了两个普通单风道型 VAV BOX，或者送冷风或者送热风（不能同时）。显然，这一系统的投资是较高的，而且有可能会出现既不要求供冷又不要求供热从而使送风量为零的情况（因为这一装置无论冷、热风侧都是不能设置最小开度控制的）。因此，这一方式在一般情况下作者认为是不可取的。

当外区采用混合型 VAV BOX 时，通过调整冷、热风混合比，即可控制送风温度（相当于部分再热）。这对于房间来说，送风量的变化极小，因此它是一个质调节过程，始终保持了较大的送风量，因而能获得最佳的室内空调品质，对温、湿度的控制能力以及换气次数都优于其它的 VAV 系统，可以说这是上述讨论的几种系统中的最高使用标准，但同时其投资也是各种系统中最高的。

综上所述，采用何种 VAV 系统形式，实际上是由一个综合比较及平衡的结果来确定的，高标准就意味着高能耗和高投资。因此，在特定具体情况下，寻求满足使用要求（通常这是由建设单位决定，但建设单位并非是空调方面的"专家"，因而设计人员有义务向建设单位介绍各种系统的优缺点，使得与建设单位取得一致意见，从而防止以后的修改返工）的系统形式，才是最重要的。

（三）送风机

从空调机组来说，VAV 系统与定风量系统有着明显的区别，即在运行过程中，其送风量始终处于变化状态。因此，控制送风量的大小使其与需求保持一致

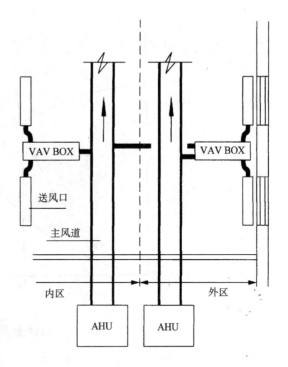

图 5-28 双风道变风量系统

对 VAV 系统来说是至关重要的，因而这涉及到空调机组内送风机控制。

从风机性能曲线（有关风机特性见第十节）我们可以知道，风机风量的改变可通过以下几种方法来实现。

1. 风机性能曲线的自适应

如图 5-29 所示，曲线 OA 为管道系统设计性能曲线。当 VAV BOX 中的风阀关小时，整个管道性能曲线将变陡为 OB 曲线，风机工作点随之由 A 移至 B 点，风压上升，风量得以减少。

这种方法对于 VAV 系统来说是极为不利的。第一，随着主风道风压的上升，VAV BOX 进口风压也提高，增加的部分风压完全降落在 VAV BOX 的风阀上，其工作特性将受到一定影响，严重时还将会产生较大的噪声和振动，甚至无法正常工作；第二，风机能量几乎没有节省，因为实际工作点的效率可能远小于最高效率点（通常选择风机时应保证其设计工作点在高效区）；第三，风机运行不稳定，产生过大的噪声及振动，严重时甚至发生喘振，过低的风量情况下还有可能使风机温度较大的提高，既对其输送的冷空气产生过大的温升而多耗制冷量，又使风机的工作条件恶化。因此，这种方法是不可取的。

2. 控制风机出口阀

其工作原理与图 5-29 相似，只是把提高的风压全部降落在出口风阀上，仅解决了 VAV BOX 进口风压的稳定问题，其余问题仍没有得到解决。因此，这也不是一种可取的方法。

3. 风机入口导叶控制

如图 5-30 所示。调节风机入口导叶角度时，进入风机入口的空气会预先产生一个旋转作用，因而其进风气流角度发生变化，由于预旋作用使进风气流与叶轮的旋转方向一致，相

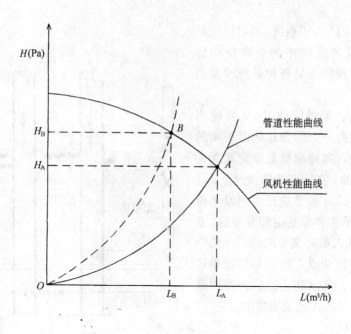

图 5-29　风机性能曲线无变化

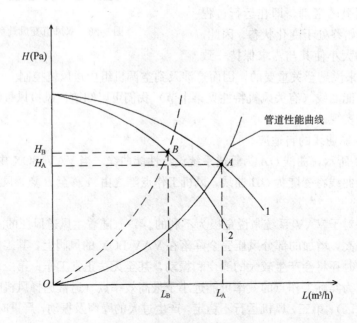

图 5-30　风机入口导叶调节

当于加强了其离心作用，因此通常对风机低流量时的性能有所提高。图 5-30 中，曲线 1 为风机在导叶全开时的性能曲线，曲线 2 为导叶部分开启时的性能曲线。很显然，调节导叶角度时，总有部分风压损失降落在导叶阀上，因此系统管道性能曲线总是有所上升的（图中 A 为导叶全开时的工作点，B 为导叶部分开启时的工作点）。

　　因此，采用导叶阀调节时，仍然存在一定的能量浪费。同时，对实际产品的研究结果表明，在导叶调节的过程中，风机实际上性能曲线的变化是很小的，这主要是由于实际导叶阀与风机吸入口相连接时，其阀中心与叶轮吸入口存在一定的距离（如图 5-31 中的尺寸 S 所示）。S 的大小直接影响其预旋气流进入叶轮时的入口角度。当 S 过大时，经预旋的气流由于被均流而使预旋程度下降或很少起作用，尤其是吸入口直径较小时更是如此。由于这一原因，在小型或小容量风机中，实际上很少采用这种方式，因为其节能效果是极不明显的。只有在一些大型的工业风机上，它才有较好的适用性。

因此，作者认为这种方式尽管比较简单，但仍然不是一种 VAV 系统应用中对风量调节的好方式。如果不能体现出节能的优点，VAV 系统的初投资所应带来的经济性意义就不大了。

4. 改变风机转速

根据风机原理，我们知道，风机在不同转速下的理论耗功率与其转速的三次方成正比。如图 5-32 所示，当转速由 n_1 调至 n_2 时，其耗功率由 N_1 变为 N_2，且：

$$\frac{N_2}{N_1} = \left(\frac{n_2}{n_1}\right)^3 \tag{5-22}$$

当然，应该看到的是，风机在某一工作点时才具有最高效率，通常设计中选择风机时，都是按其额定转速 n_1 时选用其最高效率点 A_1，当转速下降后，其效率也随之而下降。因此，其调速的实际耗功率比为：

$$\frac{N_{2s}}{N_{1s}} = \frac{\eta_B}{\eta_A} \times \left(\frac{n_2}{n_1}\right)^3 \tag{5-23}$$

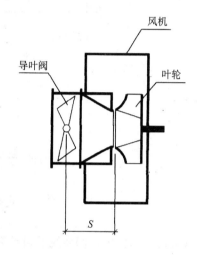

图 5-31　风机与导叶的连接

由于 $\eta_A > \eta_B$，因此比较式（5-23）和式（5-22）可知：$(N_{2s}/N_{1s}) > (N_2/N_1)$。

当然，风机本身存在一个固有的特性，即风机的最高效率区总是向着与转速下降成比例的流量减少的方向移动。因此，当流量降低至某一值时，变转速满足此值时的风机效率通常高于定转速满足此值时的风机效率。如图 5-32 中，$\eta_B > \eta_C$。

以国产 4-68-No. 8 风机为例：当风机转速为 $n_1 = 1450\text{r/min}$ 时，其高效率点的耗功率为 $N_1 = 16.9\text{kW}$。

（1）若采用阀门调风量，转速不变，当风量降至 17585m³/h 时，耗功率为 $N_3 = 14.4\text{kW}$；

（2）调转速至 $n_2 = 960\text{r/min}$，在风量为 17585m³/h 时，耗功率仅为 5.32kW，考虑到变速装置的效率为 95%，则系统实际耗功率为：$N_2 = 5.32 \times 1.05 = 5.586\text{kW}$。即降至同一风量时，调转速的功耗仅为不调转速时的功耗的 39% 左右，其节能是十分明显的。

由此可知，在 VAV 系统中，必须认真研究各风机在不同转速下的效率（通常这应由风机的生产厂商给出），这样才可能得到最终的节能效果的定量分析。同时，要调节风机的转速，必须有相应的调速设备（如变频调速中的变频器），这也会消耗一定的电力（通常这约占总电量的 2%～4% 左右），这些都会对系统的总能耗产生影响。

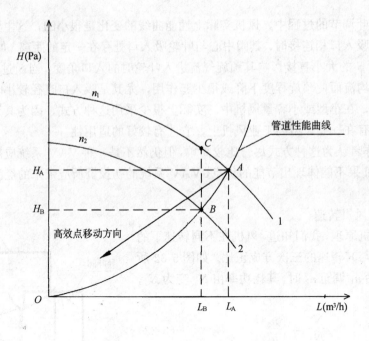

图 5-32　改变风机转速

第八节　风机盘管加新风空调系统

风机盘管加新风空调系统是目前我国的高层民用建筑空调中，采用最为普遍的一种空调系统形式，它以其投资少，使用灵活性高等优点，广泛应用于各种建筑之中，尤其是酒店客房、办公楼等建筑，目前大量采用了这一系统。

一、系统特点及应用

风机盘管加新风空调系统，从其名称上即可以看出它由两个部分组成。首先，在系统内，按房间分别设置有许多风机盘管机组。一个风机盘管机组实际上是一个把风机、冷（热）盘管以及有时还包括过滤器等主要设备、部件组装在一体的小型空调机组，它的主要功能是负担房间随时变化的冷、热负荷，其使用性质相当于一个循环式空气处理系统的机组。第二，它设有一个新风系统，通常这一新风经过了空气的冷、热处理，这实际上是直流式空调系统的一种类型，只是在使用目的上与前述的直流式系统不一样，它是以保证室内卫生要求为基本出发点的〔前述直流式系统则要负担系统及房间的冷（热）负荷〕，因此，在参数及负荷的计算和配置上，它与普通的直流式系统存在一定的区别。

综上所述，风机盘管加新风空调系统实际上是由一个直流式空调系统加上若干个循环式小空调系统组成。它具有以下一些特点：

（1）与直流系统相比，节省能源。此系统的新风量只以保证卫生标准为基础，不承担房间负荷，因此新风量相对较小，处理新风所需的冷、热量也较小。实际上，这一系统对冷热源的消耗在设计上与新风量相同的一次回风系统是完全相同的。

（2）与一次回风系统相比，可进行局部区域的温度控制。各房间可通过风机盘管控制其供冷量和供热量，以满足其正常使用的需求，这产生两个优点：第一，各房间都能在各自不同的温度要求下使用，因而使用更为灵活；第二，当部分房间负荷变小时，其供冷（热）量可随自动控制而减少，如果房间不使用，房间温度标准可降低甚至可以停止风机盘管的运行，因此，有利于全年运行的节能。

（3）可部分节省整个大楼空调系统的电气安装容量。我们知道，风机盘管系统属于全水系统范畴，冷、热水送至使用房间。由于水的比热远大于空气，因此，输送同样的冷、热量至同一地点时，通常用水管输送时的能耗小于用风管输送时的能耗，根据日本对此的一些研究资料表明：前者大约为后者的 $\frac{1}{2} \sim \frac{1}{3}$。即使考虑新风机及风机盘管本身的电耗，系统在设计状态下的输送能耗采用风机盘管加新风空调系统也将小于全空气空调系统。

（4）由于风机盘管体积较小，结构紧凑，因此布置较为灵活，对一些空间有限或较常见的框架（色括框-剪）结构类型的建筑，有较好的适用性。另外，只要水管干管的管径足够，对于建筑的扩建或改建来说，都是较容易实现的。

（5）由于各被空调房间都设有风机盘管，因此其台数较多，导致检修和日常维护工作量增加。这些工作量包括：风机维护、过滤器清洁、控制阀门的维护检修等等。

（6）水管进入室内，要求施工严格，特别是冷冻水管的保温施工要求较好，否则将导致水管漏水或产生凝结水滴至吊顶，严重影响房间的正常使用。

（7）通常这一系统需要每个房间内至少有一个送风口和一个回风口，这与室内装修有时可能会存在一定的矛盾，需要与装修设计一起协调解决。

（8）室内空调噪声主要取决于风机盘管本身的质量。如果风机盘管本身噪声较大，则很难消除它对室内的影响。

（9）每个风机盘管必须接凝结水管，其排水坡度的要求有时也会影响到吊顶的布置及高度，或导致排水坡度不畅。

（10）与全空气系统相比，除非新风系统采用双风量（或变风量）方式，否则在过渡季节很少能利用室外冷风直接降温，因而有可能延长冷水机组的运行时间而耗能。另外，全年若都按最小新风量运行，室内空气质量较差。

二、风机盘管的形式

（一）空气流程形式

1. 吸入式

吸入式风机盘管结构如图 5-33 所示。

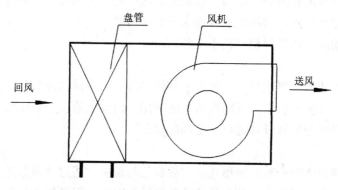

图 5-33　吸入式风机盘管构造

吸入式的特点是风机位于盘管的下风侧，空气先经盘管处理后，由风机送入房间。

这种形式的优点是盘管进风均匀，冷、热效率相对较高。缺点是由于风机在下风侧，因而要求盘管供热水时水温不能太高；另外，由于出风口通常与风机的出口尺寸相同，当有多个风机时，出风管道的连接存在一定的困难。因此，这种形式通常用于较大型号的设备。

2. 压出式

如图 5-34，风机位于盘管的上风侧，风机抽入室内回风后，压送至盘管进行热交换，最后通过出风口送出。这种形式的优、缺点正好与吸入式相反，是目前采用比较多的一种结构形式。

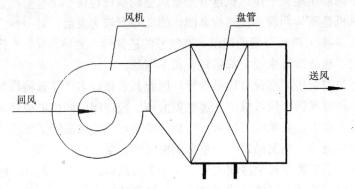

图 5-34　压出式风机盘管构造

（二）安装形式

1. 立式明装

立式明装机组通常设于室内地面上靠外窗台下，其室内温度的均匀性较好，表面经过处理，美观大方，安装方便，检修时可直接拆下面板进行。它的水管通常从该层楼板下穿上来，在机组内留有专门的接管空间。

该形式缺点是占用部分面积，且与外窗帘的设计有一定矛盾，适合于层高较低而净高要求较高的房间。

2. 卧式明装

卧式明装机组不占用地板面积和吊顶空间是其最大的优点。但是它的水管连接较为困难，因此通常它应靠近管道竖井隔墙。如果供回水管在吊顶内设置，则与机组相连接时会存在泄水（或放空气）问题和凝结水管排水及走向问题。

这类机组目前的使用范围相对较小一些。

3. 立式暗装

总的特点与立式明装机组相似。但由于装修要求，机组被装修材料所遮掩，因此对机组外表面的美观处理要求较低，可降低机组的费用，但其检修工作量相对于前两种形式来说略微大一些，需要与装修设计进行一定的配合。

4. 卧式暗装

这是目前应用最多的一种机组形式。它放置在吊顶内，通过送风管道及风口把处理后的空气送入室内，因此对室内尤其是吊顶的装修较为有利。但其缺点是检修困难，尤其是吊顶不可拆卸时，必须预留专门的检修人孔。同时如果所接风道过长，对其风量也会产生影响而导致冷、热量不足等问题。

5. 吸顶式（又称嵌入式）

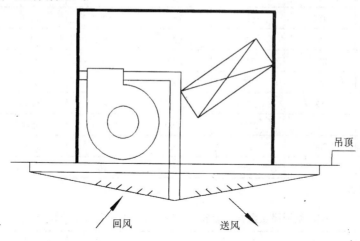

图 5-35 吸顶式风机盘管构造

吸顶式的结构如图 5-35 所示。其主要特点是机组面板上既有送风口又有回风口，且面板可在吊顶施工完成后安装，因此对装修施工的配合较好，施工工作量也可以得到一定程度的减少。其缺点是目前这种形式的外型尺寸都较大，高度约在 450mm 左右，有时会存在吊顶空间紧张的情况。其次，大多数产品的凝结水管接口距吊顶的高度在 200～250mm 左右，其凝结水的排除受到机组安装位置的限制，只有少数生产厂商为解决此问题而在机组内增设凝结水提升泵，其扬程大约为 100～200mm。

吸顶式机组从面板送、回风口的布置上来看，有单边送风单侧回风型、两侧送风中间回风型以及四边送风中间回风型，为不同的情况提供了较为灵活的选择。

（三）技术性能

C/CF 系列风机盘管性能表（北京长城松下精工空调设备有限公司）　**表 5-2**（*a*）

型　　号		200	300	400	600	800	1000	1200
风量 （m³/h）	高速	380	530	710	1000	1400	1650	1900
	中速	260	355	510	635	1000	1100	1200
	低速	175	255	340	415	665	725	790
电　量　（W）		35	55	65	87	130	150	168
显热冷量　（W）		1200	2000	2600	3550	4885	5650	6500
全热冷量　（W）		1650	2720	3550	4700	6600	7750	8900
水阻力　（kPa）		6.0	5.2	9.8	16.5	19.0	27.5	36.5
高速噪声［dB(A)］		36	35	39	42	43	44.5	46

注：制表条件：1. 冷冻水进水温度 7℃，进出水温差为 5℃；

2. 风机盘管进风干球温度 25℃，相对湿度 55％。

型　号		002	003	004	006	008	012
风量 (m^3/h)	高速	410	550	750	1060	1500	2100
	中速	320	450	600	900	1200	1800
	低速	250	310	390	550	800	1210
电量　（W）		27	28	50	87	100	174
显热冷量　（W）		1180	1730	2360	3270	4740	6460
全热冷量　（W）		1780	2600	3580	4910	7220	9910
水阻力　（kPa）		7.0	15	16	24	32	20
高速噪声 [dB(A)]		37	35	38	46	42	48

注：制表条件同表 5-2 (a)。

SCR 系列风机盘管性能表（上海新晃空调设备有限公司）　　表 5-2 (c)

型　号		200	300	400	600	800	1200
风量 (m^3/h)	高速	350	530	700	1000	1300	1600
	中速	260	330	480	630	970	1060
	低速	150	200	280	410	600	670
电量　（W）		35	48	61	82	135	175
显热冷量　（W）		1280	1930	2560	3550	4640	5690
全热冷量　（W）		1760	2630	3480	4600	6120	7510
水阻力　（kPa）		3.0	6.0	11	23	7.3	12.3
高速噪声 [dB(A)]		36	37	42	45	47	47

注：制表条件同表 5-2 (a)。

部分卧式风机盘管的性能参数分别见表 5-2 (a)、表 5-2 (b) 和表 5-2 (c)。

三、空气处理及 $h-d$ 图

在风机盘管加新风空调系统中，绝大多数情况下都是新风经过冷、热处理后再送入房间，只有在极少情况下（如没有机房而无法设置新风处理机组），才用室外风直接作为新风送风。直接用室外风送风存在一系列缺点：

第一，加大了风机盘管的负荷。由于此时要求风机盘管负担全部冷、热量（室内负荷及新风负荷），因此要求其规格尺寸加大，由此可能产生如空间紧张、噪声提高等问题。

第二，夏季（尤其是夏季过渡季）除湿能力不够。新风的除湿在此系统中占有相当大的比例，而风机盘管的除湿能力是有限的，不满足时会造成室内相内湿度过大。

第三，冬季室内的加湿问题无法解决。风机盘管机组内通常是无法设置加湿装置的，因而这时会造成冬季室内湿度过小或无法控制。

因此，除了特殊情况以及使用空调标准很低的情况外，应尽量不采用此方式。

采用新风经处理后送风的方式时，夏季新风送风点（或处理点）的确定也是影响着风机盘管的选择及 $h-d$ 图的参数。根据风机盘管加新风空调系统的特点，为分析的方便，可让风机盘管承担变化负荷（如围护结构及室内冷负荷），而新风处理机组只负担新风本身的负荷。因此，夏季新风的送风点按室内等焓线 h_n 来考虑。同时，冬季新风的加湿按蒸汽加湿的情况来考虑。

（一）新风与风机盘管送风各自独立送入房间

其布置方式如图5-36（a）所示，h-d 图上的处理过程如图5-36（b）所示。

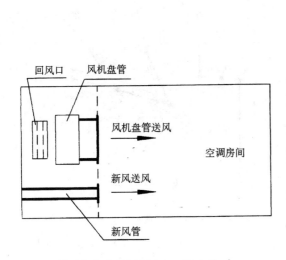

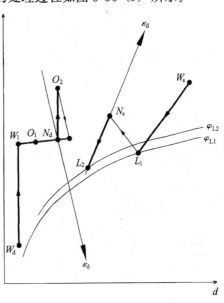

图5-36（a）新风与风机盘管
送风各自独立送入

图5-36（b）新风与风机盘管送风
各自独立时的处理过程

1. 夏季

新风送风点 L_1 为 h_n 线与新风空调机的机器露点 φ_{L1} 的交点，风机盘管送风点为室内夏季热湿比线 ε_s 与风机盘管机器露点 φ_{L2} 的交点。

2. 冬季

新风先预热至 W_1 点（t_n 线上）后，喷蒸汽加湿至送风点 O_1。风机盘管加热回风至 O_2 点，沿着几乎与室内冬季热湿比线 ε_d 的平行线送入室内。显然，如果仅有风机盘管送风，室内相对湿度将不断加大，但因有送风点含湿量（d_{O_1}）小于室内含湿量（d_{N_d}）的新风的不断送入，两者的综合作用使得室内湿度得以保证。

假定室内余湿为 W_d（kg/kg 干空气），新风量为 G_x（kg/h），则：

$$d_{O_1} = d_{N_d} - \frac{W_d}{G_x} \quad （\text{kg/kg 干空气}） \tag{5-24}$$

由此可确定 O_1 点。

这种方式的好处是新风与风机盘管的运行互不干扰，即使风机盘管停止运行，新风量仍然保持不变。在实际工程设计中，这种方式对施工也较为简单，风管的连接方便；不利之处是室内至少有两个送风口，对室内的吊顶装修产生一些影响。

（二）新风与风机盘管送风相混合

其布置方式如图5-37（a）所示，h-d 图上的处理过程如图5-37（b）所示。

1. 夏季

新风处理至 L_1 点，风机盘管送风点为 L_2 点，混合点为 O_s 后送入房间。

2. 冬季

新风先加热至W_1点，再加湿至O_1点，风机盘管送风加热至O_2点，其混合点为O_d后送入室内。

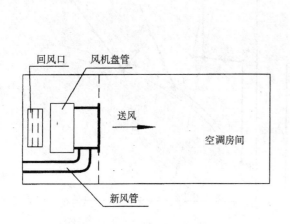

图 5-37（a） 新风与风机盘管　　　　　图 5-37（b） 新风与风机盘管送风
送风相混合送入　　　　　　　　混合送入时的处理过程

这种方式相对来说对室内的装修设计较为有利（只有统一的送风口）。但其缺点是：①如果新风道的风压控制不好，与风机盘管会相互影响，因此要求计算更为精确一些；或在新风道上采取风量的调节措施，因为新风的风压通常会高于风机盘管，这种调节措施将是有效的。②与图 5-36 相比，要求风机盘管的处理点L_2更低一些（夏季）。③当风机盘管不使用时，新风量会大于设计值（尤其是当混合送风道较长时），这与节能的原则相违背（因为通常这时室内无人，新风标准可以降低）。

（三）新风送风与风机盘管回风相混合

其布置方式如图 5-38（a），$h\text{-}d$ 图上的处理过程如图 5-38（b）所示。

1. 夏季

新风预处理至L_1点后与回风混合至C_s点，经风机盘管处理至L_2点送入室内。

2. 冬季

新风加热及加湿处理后到达O_1点与回风混合至C_d点，再经风机盘管加热至送风点O_d。

与图 5-36 相比，夏季风机盘管的处理点不变，因此该方式的优点与图 5-36 相似。此方式的缺点是：①由于总送风量即为风机盘管的送风量，因此此时房间的换气次数略有减小（减少部分即为新风量）。②同样需要对新风的风压进行调控或计算精确。③当风机盘管停用时，新风量会减少，且有可能把回风口过滤网上已过滤下的灰尘重新吹入室内。④由于夏季混合点C_s的温度较低，风机盘管的制冷量将会有所减少。⑤风机盘管需配回风混合箱，对风机盘管的检修不利；也有一些工程不采用回风混合箱，而把新风直接送入吊顶（实际上认为整个吊顶空间为一个大的回风箱），这样做由于各房间之间的吊顶很难完全封闭，有时甚至不封闭，因此很难保证每个房间的新风量是符合设计要求的。

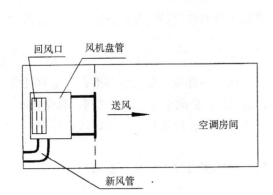

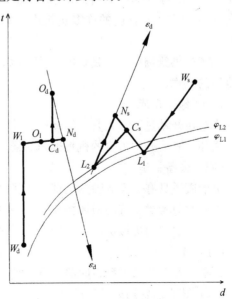

图 5-38 (a)　新风与风机盘
管回风相混合

图 5-38 (b)　新风与风机盘管回风
混合时的处理过程

　　综上所述，尽管上述几种新风与风机盘管的布置形式对于空调专业本身来说都各有其优、缺点，但这些对使用的影响并不严重，而实际设计中，在满足使用要求情况下如何与室内装修协调是考虑上述布置形式的一个主要因素。如果装修允许，第一种形式可以认为是较为理想的；反之，则可根据实际情况灵活采用其它形式，但作者建议尽量不采用新风直接送入吊顶空间的方式。

第九节　机　械　通　风

　　本节所指的通风系统只包括全年采用自然空气进行通风换气的风路系统，不包括对空气进行冷（热）或加（减）湿处理的空调系统。

一、机械通风系统的适用范围

　　机械通风意味着采用强制方式对房间进行通风换气。因此，凡采用自然通风不能满足使用要求的地点，都应当设置相应的机械通风系统或通风装置。

　　在高层民用建筑中，机械通风主要适用于对温、湿度无严格要求的房间（在某些场合，机械通风系统可能会与空调系统同时联合工作），这些房间大致如下：

　　（一）卫生间、更衣间、淋浴间

　　这部分房间的通风主要以排除室内的污浊空气为目的，以防止这些房间的空气通过门缝等进入其它的邻近使用房间。当然，这些房间对温度也有一定的要求，有时也需要送冷风或送热风。

　　（二）厨房

　　厨房的通风有两个部分：一部分是厨房灶具的排风，包括排除有害的油烟、蒸汽以及燃烧后的 CO 等气体；另一部分是厨房灶具停止使用时，排除厨房内的污浊空气，防止厨房空气进入邻室（在目前的许多建筑中，厨房的气味串入餐厅或者其它房间的现象相当普遍）。

为了提供给厨房一个良好的工作条件，在一些厨房中也设有空气冷却系统，采用岗位送冷风的方式。

（三）地下车库

汽车在开动过程（尤其是启动时）中，会排除大量有害气体。及时把这些废气排出建筑物之外，需要必不可少的机械通风系统。

（四）设备机房

由于通风具有一定的除湿功能，为了改善设备的工作环境，延长设备寿命，主要设备机房内通常应考虑良好的通风措施。这些设备机房包括：变配电室、冷冻机房、热交换间、锅炉房、大型空调机械房、水泵间、水处理间、电梯机房、洗衣机房及发电机房等等。

（五）库房

在温、湿度要求不高的库房内设置通风系统，对库房内物品是较有益的。

（六）其它需要通风换气的房间及场所

二、通风换气标准

根据不同的使用性质，各房间在通风换气量上是不一样的，通常按房间的换气次数来决定，如表 5-3 所示。

三、通风机

通风机是机械通风和空调机组送风的主要设备。在目前，通风机的类型是多种多样的，正确的选择风机是保证机械通风系统正常运行的首要因素。

房间换气次数（或换气量）表

表 5-3

房间名称及功能	换气次数（次/h）	换气量（m³/h）
客房卫生间		70～80
公共卫生间	10～15	
更衣间	5～8	
淋浴间	8～10	
厨房全面换气	5～8	
厨房灶具排气	40～55	有工艺要求时应按工艺确定
地下车库	6	
变电及高压配电室	5～8	
低压配电室	8～10	
冷冻机房	5～6	
热交换间	10	
水泵房	5	
锅炉房全面通风	3～5	
水处理间	10～15	
洗衣机房	15	
发电机房全面换气	5～8	
电梯机房	5	
库房	3～5	

（一）通风机的类型及特点

1. 轴流式风机

轴流式风机的特点是：空气在通过风机时，其气流运动方向与风机中心轴始终成平行状态（空气沿轴向流动），如图5-39所示。这种风机由于安装简单，直接与风管相连，占用空间较小，因此其用途极为广泛。

在侧墙上安装的排风扇也属于轴流式风机的一种类型。

轴流式风机的性能曲线大都属于陡降型，如图5-40中的曲线a所示。产生这一曲线的原因是当气流流量减少时，部分气流将发生二次回流而被叶轮二次加压，因而随流量的减少，压头上升较快。因此，轴流式风机的风量相对比较稳定，在系统风压产生较大的变化时，风量的变化比较小。

但是，随着风压的增大，轴流式风机的耗电量将迅速加大，在零流量时其耗电量达到最

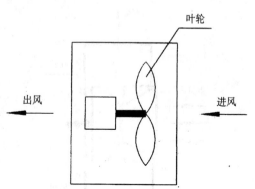

图5-39 轴流式风机构造形式

大值。同时，轴流式风机的高效区较窄，当工作点不在设计工况时，其运行效率下降较快。

除上述外，轴流式风机在安装时，要求进风口风速尽可能均匀，以保证叶轮各点都能做功。如果流场不均匀（如进口前的风道有急变流段），将会严重影响风机的整个性能参数。

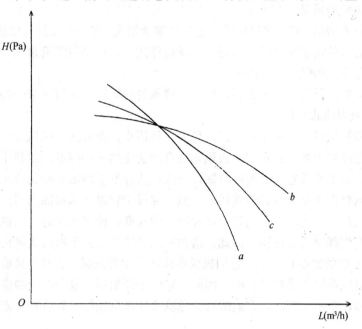

图5-40 风机性能曲线比较

轴流式风机的风压相对较低，适用于对风压要求不高的通风系统。

2. 离心式风机

离心式风机的工作原理如图5-41（a），其叶轮示意图如图5-41（b）所示。

当空气进入风机后，在叶轮旋转产生的离心力作用下，从叶轮径向离开而进入机壳，最

后由机壳出口送出。

离心式风机的一个显著特点是风量、风压的范围都较广，因此对各类通风系统所要求的参数都有较大的适用性。与轴流式风机相比，它对进口空气的流场均匀度要求可以相对放宽一些。

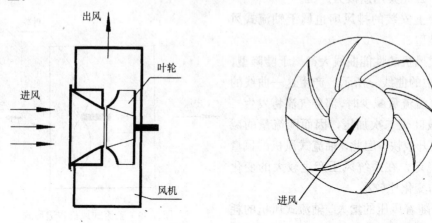

图 5-41 (a) 离心式风机工作原理　　　图 5-41 (b) 离心式风机叶轮示意图

离心式风机的性能曲线如图 5-40 中的曲线 b 所示。它比较平坦，因而在流量变化过程中，对风压的稳定性较好。但反过来说，如果风系统实际阻力与设计点相差较大的话，会较严重影响风机的风量。

随着风量的增加，离心式风机的耗电量通常会增大，这一点正好与轴流式风机相反。因此，大型离心式风机在起动时，为避免起动电流过大，应采用零流量起动方式（即闭阀起动——通常是关闭风机出口处的风阀）。

离心式风机由于其构造的原因，使用时接风管比轴流式风机复杂一些。

3. 斜流及混流式风机

在前述两种风机中，轴流式风机风量大、风压小，离心式风机风压大但风量偏小，这两种风机的特点对于高层民用建筑通风来说有时会受到一些限制，或找不到满足要求参数的风机规格。为了弥补它们之间的空缺，一些厂商开发了斜流式和混流式风机。

这两种风机在外型上与轴流式风机类似，都属于管道式风机的范围，但它们工作原理却与轴流式风机不相同。它们通过对叶片形状的改变，使气流在进入风机后，既有部分轴流作用，又产生部分离心作用。因此，这两种风机的性能介于轴流式风机和离心式风机之间，如图 5-40 中的曲线 C 所示。它们提供中风压和中等风量，这对于目前的大多数高层民用建筑中的通风系统都是较适合的，因此，它们也开始得到较为广泛的应用。

除此之外，在安装方面，它们的特点与轴流式风机相似，具有接管方便，占用空间较小等优点。

由于风机生产厂众多，型号也多种多样，参数变化也较大，设计时只能是设计人员参照有关厂家的样本进行选择。这时要注意的是：同种标准型号的风机，由于不同的生产厂生产，其性能参数可能并不完全相同，甚至在外型和安装尺寸上都存在差异，因此，一定要选择技术可靠，产品质量优良的厂家的产品。

由于篇幅所限，风机的性能参数就不在此详细列出了。

（二）通风机的选择

1. 类型选择

风机类型的选择与其使用性质、使用场合和风机本身的特点有着直接关系，通常在使用上要考虑如下一些因素。

（1）空气的性质

高层民用建筑中的普通清洁空气的通风，可采用上述任一种类型的风机。

用于厨房灶具排风时，由于空气中带有较多的油污，采用电机内置的轴流、斜流或混流式风机时，电机容易受到油烟的损坏（如温度较高、腐蚀及堵塞等情况）。因此，这时一般应采用电机外置的普通离心式风机。

用于消防排烟时，空气温度较高（可达 280℃），普通电机不能直接置于气流之中，因而离心式风机仍然是较好的选择。当然，也可采用电机内置但完全与气流隔绝的专用消防排烟轴流风机。

用于有腐蚀性气体（如酸性蓄电池间排风）的风机，上述几种类型均可，但其材料必须具有防腐蚀性能。在以前的工程中，这时多采用塑料制风机，但由于塑料风机防火性能不能满足《高规》的要求，因此目前可采用以无机玻璃钢为材质制造的风机。

用于有爆炸危险的场所（如煤气表间等）时，风机及其电机均应采用防爆型。

（2）安装场所

由于离心风机效率较高，因此，有足够的机房面积时，应尽量采用离心式风机。当空间较为紧张或无机房时，采用管道式风机。

屋顶式风机也是一种较好的选择。从原理上来看，它有轴流式和离心式两类。由于其设于屋顶，不占用任何室内空间是其最主要的优点。

（3）风机性能

应根据前述各种风机的特点及性能并结合实际情况，合理地选择风机。

（4）能耗及价格

有时有可能多种风机都能满足使用要求，这时就要考虑其能耗和高效区范围以及风机的造价。通常离心式风机是首要的选择。

（5）噪声

应尽可能地采用低噪声风机，尤其是风机不能直接设于机房时，噪声更是一个值得十分重视的问题。一般来说，在高层民用建筑的普通通风系统中，在风压需求较为正常的情况下（300～500Pa 左右），离心式风机的噪声最低。

2. 参数选择

风机选择时，其风量应满足使用要求，这是不言而喻的。在一些场所，还要考虑一定的安全系数（1.05～1.1）。

风机的风压选择至关重要，风机实际使用时能否达到要求的风量，与其风压选择是密切相关的。根据流体力学原理我们知道，计算出的管道系统阻力都是对风机的静压的要求（阻力损失即是静压损失），而目前在几乎所有的风机参数资料中，所列出的风压均是指其在该工作点时的出口全压（如果假定进口端压力为零的话）。因此，设计人员必须把此出口全压换算成风机的出口静压。由于风机的构造、出风风速及出口尺寸的不同，满足同一全压的不同类型的风机的出口静压是并不相同的，以下的例子可以说明此点。

【例 5-1】 某一通风系统的风机风量为 $L = 10000\text{m}^3/\text{h}$，全压为 $P_t = 600\text{Pa}$。

a. 采用 4-79No.7C 离心式风机

该风机转速为 $n = 960\text{r/min}$，出风口尺寸为 $546\text{mm} \times 758\text{mm}$，出口风速为 $v = 6.72$ m/s，经计算，出口动压为 $P_d = 27\text{Pa}$。则该风机的出口静压为：

$$P_j = 600 - 27$$
$$= 573\text{Pa}$$

b. 采用 SJG-7.0S 型斜流风机

转速 $n = 960\text{r/min}$，出风口尺寸为 $\phi700$，出风口风速为 $v = 7.2\text{m/s}$，经计算出口动压为 $P_d = 32\text{Pa}$。则该风机的出口静压为：

$$P_j = 600 - 32$$
$$= 568\text{Pa}$$

例 5-1 中，两种风机的出口静压相差并不太大，这主要是由于风机的转速较低而使出口风速较低（或风量较小）造成的。如果风机出口的风速较高（有的可达到 14m/s），静压的差值会明显增大。

出口静压满足系统的阻力损失是选择风机的基本准则。

风机的功率直接涉及到能耗。设空气密度为 ρ（kN/m^3），空气流量为 L（m^3/s），风机全压为 H（Pa），工作点效率为 η，则风机在此工作点的实际能耗为：

$$N_s = \frac{\rho \times L \times H}{9800\eta} \quad (\text{kW}) \tag{5-25}$$

风机所配电机的功率应大于其实耗功率 N_s，通常在风机样本中都会提供配电机的型号及功率值，设计时可直接选取。

在空调冷风系统中，风机的无用功部分会对空气加热而使送风温度有所上升（简称风机温升），也是一个值得考虑的问题。影响风机温升 Δt_s 的最直接因素就是风机的效率，效率越高，则 Δt_s 越小，反之则越大。

$$\Delta t_s = \frac{0.0008 \times H \times a}{\eta \times \eta_0} \quad (\text{℃}) \tag{5-26}$$

式中 a——风机电机安装位置的修正系数。当电机安装在气流内时，$a = 1$；当电机安装在气流外时，$a = \eta_0$；

η_0——电机效率。

式（5-26）中其余符号同式（5-25）。

风机的温升会使冷却后的空气加热，导致送入室内的空气温度提高，冷却能力下降，要消除或抵消这一影响，必须适当加大空调机组的冷却盘管以提高制冷量。因此，风机温升对空调冷风系统来说产生了既增加投资又浪费能源的不利影响，必须尽量减小其值。由此可知，空调机组内的风机更应尽可能采用高效风机且风系统阻力不宜过大。

第十节 风 道 设 计

在空调、通风系统设计中，一个主要的内容就是各种送风、回风、新风及排风道和风口的布置,这些内容与前几节所讲到的各种设备组合起来,才能成为一个完整的风系统。只要建筑形式不同,建筑平面不同,就没有相同的风道布置,因此风道布置是一个极具实际特点的工作。但尽管如此,风道设计仍然是有其一定的规律和相同特点的。

一、风道材质

(一) 土建式风道

土建式风道通常有两种:一种是混凝土现浇制成,另一种则是采用砖砌体制成。前者因为施工时要求制模,因而一般适用于风道截面较大的场所。土建式风道结构简单,随土建施工同时进行,与风管的连接方式也比较灵活,因此在许多建筑中都有使用的例子,尤其是在我国早期的一些空调建筑中,采用较为广泛。

但土建式风道有明显的缺点。首先,混凝土制风道对于较小截面时无法制作;砖砌风道要求施工非常仔细,当施工质量不好时,漏风情况极为严重。对现有一些建筑的测试表明:有的土建风道的漏风量高达 40% 以上,这将严重影响风系统的正常使用。事实上,目前绝大多数采用砖风道的建筑都不同程度地存在明显的漏风情况。第二,土建式风道内表面粗糙,尤其是砖风道,尽管从土建施工图中都要求内表面抹平(随砌随抹),但当尺寸较小时事实上绝大多数这类风道在施工时都未能严格执行这一要求,带来的直接后果就是空气摩擦阻力迅速增大,对风机的风压要求加大,能耗上升。第三,当施工管理不善时,施工杂质(如木头、纸屑甚至水泥块等)在风道内大量积存,严重时造成风道的堵塞。第四,土建式风道如果用于空调系统,其保温存在一定的问题或施工困难。

土建式风道使用较多的是通风竖井。根据它的上述特点,作者认为它只适合于:①不太重要的场合(如一些次要房间)的通风;②空调新风的进风道;③消防排烟及加压送风竖风道;④风道截面很大或截面形状由于受到土建布置限制较为特殊、采用其它风道加工有困难的场所。

随着高层民用建筑空调通风系统要求的提高,土建式风道的使用范围将越来越小。从作者的观点来看,即使是它在上述几种有一定适用性的场所中,如果有可能也应尽量采用金属制风道。

(二) 钢板制风道

钢板制风道是目前空调通风系统中采用的主要风道形式,它克服了土建式风道的缺点,广泛应用于各类建筑之中。

用于风道制作的钢板通常有两种材料,即镀锌钢板和普通钢板。镀锌钢板使用寿命较长,摩擦阻力小,风道制作快速方便,通常可在工厂预制后送至工地,也可在施工现场临时制作。但由于受到加工设备(如铰口机等)的限制,镀锌钢板的厚度不能太厚,一般不宜超过 1.2mm。

镀锌钢板厚度上的限制使其使用范围受到影响,如厨房灶具排油烟风道以及消防排烟风道等,一般要求 2mm 以上,这时就只能采用普通钢板焊接而成。相比之下,焊接钢板制作风道较为复杂一些,对焊接技术有一定要求,当空间有限时也使焊接存在一定的困难。为了保证使用寿命,风道制作完后还必须经过防锈及防腐处理。

(三) 非金属风道

目前,在高层民用建筑空调中,制造非金属风道主要有三种材料(土建风道除外),根据《高规》的规定,它们都必须是非燃材料。

1. 无机玻璃钢风道

与钢板制风道相比，无机玻璃钢风道具有耐腐蚀、使用寿命长、强度较高的优点，目前在一些建筑中已开始有所应用。其综合造价与钢板制风道基本相同，目前已有较多的厂商生产。

在已经采用的一些建筑中，目前发现的缺点主要是：①质量不稳定，一些厂商生产的材料质量较差，强度和耐火性能都达不到要求；②风道的制作与安装不是同一单位时，现场的修改较为困难。

2. 硅酸盐板风道

这种风道特点除与前者相似外，还有一个明显的特点就是防火性能较好（超过一般的钢板制风道），在一些排烟管道中采用是较适当的。但是其综合造价较高，大范围的使用受到一定的限制。

3. 复合玻纤管风道

对于有保温要求的风管来说，采用普通风道时，通常外表面还需一定厚度的保温材料。复合玻纤管风道的开发基准点就是把原风道和保温材料合二为一，成为一种新型风道。

这种风道通常用 $64kg/cm^3$ 的超细玻璃棉板为基本材料，内覆玻璃丝布，外覆保护及隔汽层，通过专门的连接件（或粘结剂）制成。其优点是重量较轻，使用寿命较长；由于玻璃棉本身具有良好的消声性能，因此风系统中一般不需另设消声设备。缺点是当风道截面较大时，其强度不够，风道阻力也较大；另外，如果施工不好，该风道的漏风量较大。

从目前施工的实际情况来看，上述几种非金属风道还存在的一个共同性问题就是：这些风道和管件（如弯头、三通等）通常都要在工厂制作，这对于现场施工来说是不方便的，特别是施工过程中要对原设计的风道进行修改（这种情况几乎每个工程都会发生）或要求非标准尺寸的管件时，因无法及时在现场制作而容易影响施工工期。因此，采用非金属风道时，通常也同时以钢板制风道作为其补充来使用。

4. 软风管

软风管具有施工简单、灵活方便的特点，但其风阻力较大，且对施工管理的要求较高，以防止施工的随意性，保证按图施工。软风管目前主要有铝箔型软管、铝制波纹形半软管及玻纤管三种类型。

铝箔软管在柔软性和伸缩性方面都较好，其截面形状通常为圆型，重量轻，连接较为方便。缺点是强度较低，工地现场的尖锐物（如钢筋、螺钉等）容易将其划破。因此采用它时要求较好的施工组织和管理。

铝制波纹形半软管通常也为圆形（或椭圆形），具有强度较高的优点，安装完后其形状基本可保持不变（铝箔软管在风压作用下或支承不良时会变形）。其缺点是柔性和伸缩性相对较差；由于较脆，不能多次来回弯曲，否则易造成波纹处裂口。

玻纤软管强度和柔韧性都较高，不易划破，耐腐蚀和伸缩性能也较好。同时，由于它可以做成不同的截面形状（如圆形、椭圆形或矩形），因此对室内装修设计和与主风道或设备的连接上都较为有利。其缺点是空气的摩擦阻力比前两种软管稍大。为了改进这一性能，部分厂商开发生产了内覆铝箔的玻纤软管。

二、风管与风机的连接

根据我国的行业标准，风机工况性能的检测是以风机前后连接一定长度的直管段为基础的，具体来说，要求风机进口直管段的长度为其进口直径的 5 倍以上，出口直管段的长度为其出口直径（或当量直径）的 3 倍以上，且这些直管段上不能有任何其它管件、阀门等，如图 5-42 所示。

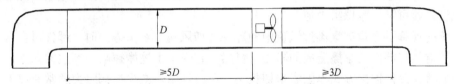

图 5-42　风机在风道中的理想安装

之所以这样要求，是为了使风机进口流场均匀，使叶轮各部分都能对空气做功，同时出口空气不对风机本身产生影响（如涡流等）。但在实际的工程中，要做到检测标准条件下的安装往往是困难的。例如：为了防止风机振动通过管道传递，通常其进、出口设有软连接；空间有限时，也不可能设置如此长的直管道（尤其是圆管）。因此，实际工程的大多数情况如图 5-43 所示。

由此可知，这样的连接方式反过来要求设计人员在选择风机时必须考虑对风机性能的影响而需要一定的修正。由于具体情况较为复杂，其影响的大小这里也无法定量分析，只能是设计人员根据不同的实际情况考虑不同的修正值。

当然，如果空间允许，按图 5-42 来设计是最有利的。当风机的振动不大时，也可将其进、出口软连接移至离风机较远的管道上。

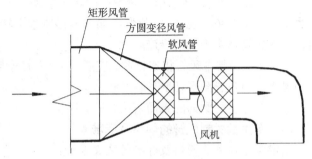

图 5-43　风机实际安装情况

对于离心式风机，还要注意的一点是出口风管的连接及弯头方向应与叶轮旋转的方向相一致。图 5-44 中，(a)、(b) 两种连接方式是不好的，而 (c) 是较好的。

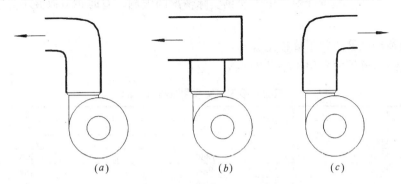

图 5-44　风机出风管连接

三、管道系统阻力及其降低措施
一个风管系统的阻力通常包括两部分：摩擦阻力和局部阻力。

在前面的叙述中，我们已经多次提到了摩擦阻力（又称为沿程阻力），它是由于空气在风管中流动时与风管的四壁摩擦产生的，它与风速、管壁的粗糙度以及管道尺寸等因素有关。当风速和管道尺寸一定时（通常这里由设计人员确定的），尽可能采用表面光滑的材料制造风管，就可降低摩擦阻力值。

系统的局部阻力指空气流过风道中的部件（如风阀、弯头等）时，部件对空气的阻碍作用以及空气与部件的摩擦造成的阻力。显然，它除了上述摩擦阻力产生的因素外，还与部件的形状、部件连接方式等因素密切相关。在设计中，减少局部阻力通常有以下一些措施：

（1）有条件时，风道上的各个管件在布置时尽量相隔一定的距离，以避免部件之间的相互影响，两个连接在一起的部件的总阻力往往比同样两个部件单独放置时的阻力之和更大一些。

（2）渐扩（或渐缩）管的局部阻力比突扩（或突缩）管小得多，设计中应尽可能采用前者。

（3）弯头的转弯半径（指风量中心的转弯半径）$R = 1\sim4$ 倍风管当量直径范围内的局部阻力最小，应避免出现 90° 的死弯。如果矩形风管沿转弯方向的边长过大而其 R 值又较小时，应在风管弯头中设置导流叶片。

（4）支风管与主风管相连接时，应避免 90° 垂直连接，通常支管应在顺气流方向上做一定的导流曲线或三角形切割角。

（5）应避免短距离的来回弯头。

四、常用钢板制风管的规格及标准

制定常用风管的规格及标准的意义在于：

（1）根据目前我国生产的镀锌钢板的尺寸及规格，最大限度地利用原材料。

（2）有利于风管制作的标准化、机械化和工厂化，提高风管的制作效率。

（3）有利于风管的施工和安装。

由于目前我国的大多数高层民用建筑中，仍以钢板制风管为主，因此，这里列出国家标准规定的钢板制风道的常用规格尺寸。这些规格通常也适用于除土建式风道外的其它非金属制风道。另外，在设计中，由于现场实际情况的限制，有时也可以并不完全按这些规格来采用。

钢板制圆形风管的常用规格见表 5-4。

钢板制矩形风管的常用规格见表 5-5。

钢板制圆形风管常用规格（mm）　　　　　　　　　　　　　　　　表 5-4

φ100	φ120	φ140
φ160	φ180	φ200
φ220	φ250	φ280
φ320	φ360	φ400
φ450	φ500	φ560
φ630	φ700	φ800
φ900	φ1000	φ1120
φ1250	φ1400	φ1600
φ1800	φ2000	

注：本表取自《全国通用通风管道计算表》（中国建筑工业出版社，1977）。

120×120	160×120	200×120
160×160	250×120	200×160
250×160	200×200	250×200
320×160	250×250	320×200
400×200	320×250	500×200
400×250	320×320	500×250
400×320	630×250	500×320
400×400	500×400	630×320
500×500	630×400	800×320
630×500	1000×320	800×400
630×630	1000×400	800×500
1250×400	1000×500	800×630
1250×500	1000×630	800×800
1250×630	1600×500	1000×800
1250×800	1000×1000	1600×630
1250×1000	1600×800	2000×800
1600×1000	2000×1000	1600×1250
2000×1250		

注：同表 5-4。

五、风道计算

风道计算实际上是风道设计过程的一部分，它包括的内容有：合理采用管内的空气流速以确定风管截面尺寸，计算风系统的阻力及选择风机，平衡各支风路的阻力以保证各支风路的风量达到设计值。

（一）管内风速

管内风速的选取决定了风管截面的尺寸，其取值受到以下几个方面的影响。

1. 建筑空间

在高层民用建筑中，建筑空间是相当紧张的，因此要求我们尽可能提高风速以减小风管的截面。

2. 风机压力及能耗

风速越高，则风阻力越大，风机的能耗也就越大，从此点来说又要求降低风速。

3. 噪声要求

风速对噪声的影响表现在三个方面。首先，随风速的提高，风机风压的要求较高而引起风机的运行噪声加大；第二，风速加大至一定程度时，在通过风管部件时将产生气流噪声；第三，随风速的提高，风管消声器的消声能力下降。

因此，管内风速的选取是综合平衡各种因素的一个结果。作者根据实际工程设计的体会，建议高层民用建筑空调通风系统中的各种风道内的推荐风速见表 5-6。

系　　　统	风管用途	风管截面积 （m²）	风速 （m/s）	备　　注
定风量空调系统	送、回风 总管	＜0.2	4～6	
		0.2～0.5	5～8	
		≥0.5	7～10	
	新风管	＜0.3	4～6	
		≥0.3	5～8	
	送、回风 主分支管	＜0.2	3～5	
		0.2～0.5	4～7	
		≥0.5	6～8	
	带送、回 风口的支管		3～5	
变风量系统	送、回风总管	＜0.2	5～8	
		0.2～0.5	7～11	
		＞0.5	9～13	
	新风管	与定风量系统相同		
	送、回风 主分支管	＜0.2	4～6	
		0.2～0.5	5～7	
		＞0.5	6～8	
	接VAV末端 的支管		4～6	
	风口的软管		3～4	
普通机械送、排风系统	总管		6～9	
	支管		4～6	
厨房排风系统	总管		7～10	
消防排烟系统 加压送风系统	总管		15～20	
	支管		8～12	

注：1. 在全空气系统中，如果系统需要进行焓值控制，则有可能采用全新风，新风管道的尺寸通常应与回风管道相同；

　　2. VAV BOX 的接管也可根据设备本身的接管尺寸采用。

（二）风道系统的阻力平衡

风道系统的阻力计算的首要问题是先根据系统情况选定最不利管路，根据这一管路上各管段的风量、风速，分别计算其沿程阻力和局部阻力，最后累加求出系统总阻力并据此选择风机的风压。

然后，根据各支路阻力平衡的原理，确定支路管道的尺寸。总的要求是各支路与最不利管路的阻力相差不应超过15％。由于风道是按一定的规格制造的，有时这一要求不能被完全满足，因此，在一些较有利的支路上必须设置必要的风阀，以供初调试时进行风量及风压的平衡，保证各支路满足设计风量。

风道摩擦阻力在《全国通用通风管道计算表》中已列出，风管系统内各管件的局部阻力在许多资料及书籍中（如《供暖通风设计手册》等）都有较为详细的介绍。因为这部分内容所占的篇幅较多，本书在这里就不重复了，读者可在具体设计中参考有关的书籍资料。

（三）静压复得法

如图 5-45 所示，假定三通直流支路阻力为 ΔP，由于阻力损失就是静压损失，按照传统的计算方法可得：

$$\Delta P = P_{j1} - P_{j2} \qquad (5\text{-}27)$$

然而，根据流体力学原理，我们知道：

$$P_{j1} + P_{d1} = \Delta P + P_{j2} + P_{d2} \qquad (5\text{-}28)$$

由式(5-28)知：实际上三通出口静压为：

$$P_{j2} = P_{j1} - (P_{d1} - P_{d2}) - \Delta P$$
$$(5\text{-}29)$$

故这一三通对风系统的实际直通阻力为：

$$\Delta P' = P_{j1} - P_{j2}$$
$$= \Delta P - (P_{d1} - P_{d2})$$
$$(5\text{-}30)$$

当 $v_1 > v_2$ 时，$P_{d1} - P_{d2} > 0$，说明三通对系统的实际阻力 $\Delta P' < \Delta P$（ΔP 的值通常是由实验得到的或在一些资料中查到的）。

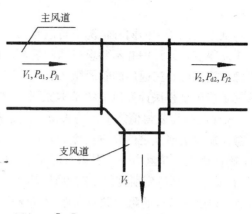

图中： P_{d1}, P_{j1} —— 三通进口动压及静压

P_{d2}, P_{j2} —— 三通出口动压及静压

图 5-45 三通示意图

上述讨论可以看出：按传统的计算方法进行水力计算时，如果 $v_1 > v_2$，则三通的计算阻力将大于其实际阻力，因此这种计算方法偏于保守（反之，若 $v_1 < v_2$，则情况相反），计算出的系统阻力偏大。也即是说，在实际情况中，由于管内风速的下降，部分动压值将转变为三通出口的静压，此转变部分的综合值称为静压复得值。即空气通过一个三通时，静压复得值为：

$$\Delta P_j = \Delta P_d - \Delta P(\Delta P_d = P_{d1} - P_{d2}) \qquad (5\text{-}31)$$

显然，当 $\Delta P_d > \Delta P$ 时，说明三通出口静压高于其入口，对整个主风道（最不利环路）来说，这一三通不但没有引起风压降，反而是压力上升，设计中利用此点可使系统总阻力得以降低。因此，主风道设计时，各风管段的风速应随气流方向逐渐减小。当 $\Delta P_d < \Delta P$ 时，说明静压的增量小于三通的阻力，其差值部分应由风机来承担。

静压复得法计算风道的一个主要优点是各支路的风阻力平衡更加精确，特别是每一支路的送风量相同时，它更能体现出其优越性（例如在均匀送风时）。由于 VAV 系统中，各 VAV BOX 要求进口处的静压值尽可能相同，因此，VAV 系统在风道计算中，更应该采用这一方法。低速风系统的静压复得值较小，因此采用 VAV 系统时，通常主风道风速可以较高一些（如表 5-6 所示）。

【例 5-2】三通入口风量 $L_1 = 10000\text{m}^3/\text{h}$，三通直通管出口风量 $L_2 = 7000\text{m}^3/\text{h}$，三通旁流支路风量 $L_3 = 3000\text{m}^3/\text{h}$，试计算不同系统时的静压复得值。

（1）采用定风量系统

三通入口截面尺寸为 $1000\text{mm} \times 400\text{mm}$，$v_1 = 7.02\text{m/s}$，其动压值为 $P_{d1} = 29.5\text{Pa}$。三通直通管截面尺寸为 $800\text{mm} \times 400\text{mm}$，$v_2 = 6.1\text{m/s}$，$P_{d2} = 22.7\text{Pa}$。三通旁流支路截面尺寸为 $500\text{mm} \times 400\text{mm}$，$v_3 = 4.21\text{m/s}$。通过计算知：三通直流支路阻力为 $0.06 \times 29.5 = 1.8\text{Pa}$，则静压复得值为 $\Delta P_j = 29.5 - 22.7 - 1.8 = 5\text{Pa}$。

（2）采用变风量系统

三通入口截面为 $1000\text{mm} \times 320\text{mm}$，$v_1 = 8.8\text{m/s}$，$P_{d1} = 46.4\text{Pa}$。三通直通管尺寸为 $800\text{mm} \times 320\text{mm}$，$v_2 = 7.7\text{m/s}$，$P_{d2} = 36.3\text{Pa}$。三通旁流支路截面为 $500\text{mm} \times 320\text{mm}$。经计算三通此时直流支路阻力为 $0.06 \times 46.4 = 2.8\text{Pa}$，则静压复得值为 $\Delta P_j = 46.4 - 36.3 -$

2.8＝7.3Pa。

从上述例子中的两种情况下可以看出，主风道的风速越大，静压复得值就越大。当然，静压复得值在设计中并不要求一味的提高，而是和三通后的管段阻力有关，通常的设计是考虑此值来满足三通后的管段阻力 ΔP_2（即从此三通出口至下一个三通入口的管段阻力），这就是静压复得法计算风道的基本原则。如果后一段管道为直管段，在例5-2中第一种情况下，5Pa 的静压复得值能满足的管道长度为 $l＝5\div0.744＝6.7$m；在第二种情况下，7.3Pa 的静压复得值能满足的管道长度为 $l＝7.3\div1.38＝5.3$m。因此，必须根据后一管段的长度（更确切地说是其阻力——因为有可能后一管段除沿程阻力外，还存在诸如弯头之类的局部阻力）来合理地决定所需的 ΔP_j 的值。由于这一过程必须先预选出口管道截面尺寸，才能计算 ΔP_j 和后一管段的阻力并对二者进行校核，计算阻力的许多参数又都是实验值，无法列方程求解，因此，这一过程可能要经过多次反复计算及调整才能完成。

如前所述，风道是有一定规格的，实际情况也比较复杂，有时按一定规格设计的风道无法完全满足静压复得法的要求，这时作为设计人员来说，应对整个风道平面进行适当的调整，并控制一个基本误差。笔者认为当 $(\Delta P_j-\Delta P_2)/\Delta P_j\leqslant15\%$ 时（ΔP_2 为下一管段阻力），也可以认为基本上符合要求。

第十一节　风口及气流组织

一、风口

空调设计中，无论是供冷风还是供热风，最终都要用风口把冷（热）风送至被空气调节房间，因此，正确选用风口是十分重要的。高层民用建筑空调设计中，风口的选型受到较多因素的制约，其中最主要的因素是室内装修，其次是房间气流组织问题，最后是风口的安装及连接形式等等。在符合室内装修设计的大原则下，尽可能保证良好的气流组织和方便安装及维护，是空调设计人员的一个重要任务。

风口有多种不同的形式。在高层民用建筑中，最常用的大致可分为三类：百叶式风口、散流器和线形风口。

（一）百叶式风口

百叶式风口分为固定式百叶和活动式百叶两种。在活动式百叶风口中，又分为单层百叶、双层百叶和自重式百叶几种。

1. 固定式百叶风口

固定式百叶风口的构造如图5-46所示。此种风口叶片通常固定为某一角度。其用途主要有两个：一是用于空调回风口，既可侧墙安装也可在吊顶上安装；二是用于新风进风口，设于外墙上。为防止雨水进入，外墙设置它时，对叶片的倾角有一定的限制，通常要求不小于45°（叶片与水平线夹角）。

2. 单层百叶风口

单层百叶风口如图5-47所示。它是一种叶片角度可调的风口，既可用作送风口，又可用作回风口。用作送风口时，根据房间气流组织的要求可进行两个方向上的出风角度调整。另外，对称调整相邻两叶片的角度，也可对风量进行一定的调整。

与固定式百叶风口一样，它既可垂直安装，也可在吊顶上安装。

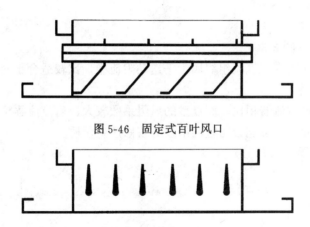

图 5-46　固定式百叶风口

图 5-47　单层百叶风口

3. 双层百叶风口

其结构如图 5-48 所示。它是在单层百叶风口的基础上，后面再增加一组与前面叶片垂直的可调叶片而制成。同样，它既可用于送风，也可用于回风。当作为送风口时，由于前后叶片的可调性，故可在四个方向上调整出风气流的角度，同时，其风量的调整范围也远大于单层百叶风口。

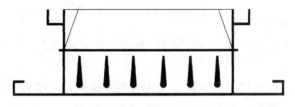

图 5-48　双层百叶风口

这是高层民用建筑中极常用的一种风口形式，其安装方式与单层百叶风口相同。

4. 自垂式百叶风口

其构造如图 5-49 所示。它靠风口两端的空气压差而打开（面风向压力大于背风向），无压差时，则由于其叶片自身的重力作用而自动关闭，因此，它具有单向止回的作用。从构造上也可以看出：它只能用于垂直安装的场所。

自垂式百叶风口的用途有：①房间正压排气以控制室内压力值；②在垂直风道的侧壁上设置该风口可防止高层建筑的烟囱效应（如消防楼梯加压送风口等）；③普通排风系统的室外出口处设置，防止风机停止运行时室外风倒灌。

自垂式风口在设计选用时，必须注意要求保持一定的风速（或两端压差），风速过小时，其打开的角度太小，阻力系数过大。同时，在安装时，必须注意气流方向。

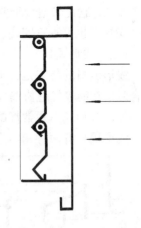

图 5-49　自垂式百叶风口

（二）散流器

散流器是另一类广泛用于民用建筑中的风口形式，外型有矩形和圆形（方形和圆形应用较多），结构形式上可分为盘式、斜片式和圆环式。散流器一般用作为吊顶送风口。

1. 圆盘散流器（图 5-50）

圆盘散流器正面美观，气流组织属于平送贴附流型，比较适合于一些要求较高的房间的空调送风。

与同口径斜片式散流器相比，圆盘型的风阻系数较大，射流流程略小。如果要减少风阻力，需要加大尺寸，这可能会与室内吊顶的装修产生矛盾。

2. 斜片式散流器（图 5-51）

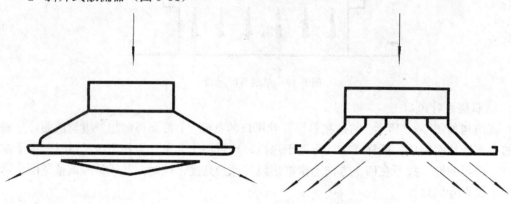

图 5-50　圆盘散流器　　　　　　　　　图 5-51　斜片式散流器

斜片式散流器属于平送流型，贴附射流。因此，其射流轴心连度衰减较慢，流程较长，可控制的范围较大。

斜片式散流器叶片与外框的连接通常采用分离式结构，安装时可先装好外框，待吊顶施工完后再安装叶片，因此这对于施工安装是较为有利的。

斜片式散流器外形上有圆形和矩形两种。

3. 圆环式散流器（图 5-52）

圆环式散流器的流型实际上与喷口相类似（直送型），较小尺寸即可提供较大风量且风阻力较低。它比较适合于要求射流长度较长的大空间（如高度较高或水平矩离较大），既可水平安装，也可垂直安装。

（三）线形风口

线形风口的特点是长宽比值较大，既可用作送风口，又可用作回风口。在与室内装修配合时，常能较好地协调，因此，其用途目前越来越广泛。在用作为送风口时，为保证送风均匀，线形风口通常都配有送风静压箱。

线形风口有两种基本形式。一种是直片式（如图 5-53），其工作特点与长、宽比值较大

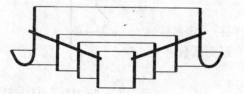

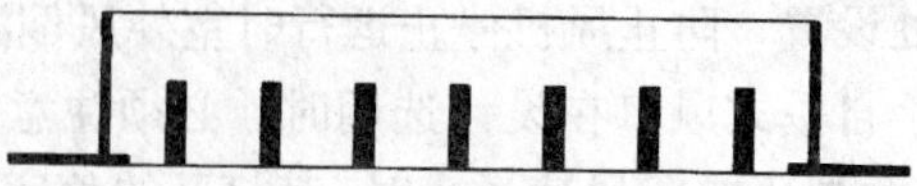

图 5-53　直片式线性风口

图 5-52　圆环式散流器

的单层百叶风口相似。另一种是活条式（图 5-54），每个活条风口的叶片可以通过调整角度而改变送风方向（平送或下送），同时，也可以通过多个活条的组合，提供更加灵活的送风

方式。很显然，后一种线形风口的适用性比前一种更广泛，但其造价相对也较高，因此通常后者只是作为送风口使用。

二、气流组织

与一些精度要求较高的工业建筑相比，高层民用建筑属于舒适性空调要求，其气流组织设计时一般并不特别强调精度问题，因此相对来说，它在气流组织上的要求也不是十分严格的（这也是目前许多工程都由装修来决定送、回风口位置的一个主要原因）。但是，有三点应

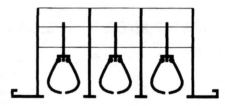

图 5-54　活条式风口

该值得设计人员重视的：一是尽可能保证室内参数（特别是温度）的均匀性，二是防止送、回风空气短流导致空调效果不良，三是防止夏季时直接对人体吹冷风。由于这几点，气流组织设计也应是高层民用建筑空调设计中应注意的问题。

气流组织与风口形式及设置位置等因素有关。根据流体力学原理，对于送风口，射流在某点的轴心速度 v_{xs} 可用下式表示：

$$v_{xs} = \frac{0.48v_0}{\alpha \cdot \dfrac{x}{d_0} + 0.145} \tag{5-32}$$

式中　v_0——风口出风速度（m/s）；

x——射流某点距风口的距离（m）；

d_0——风口直径或当量直径（m）；

α——风口紊流系数，对于喷口：$\alpha=0.2$，对于单层百叶：$\alpha=0.16$，对于双层百叶：$\alpha=0.14$。

无论是设于侧墙还是吊顶上的回风口，通常可视为半球面回风，风口流场内某点的风速 v_{xh} 按下式计算：

$$v_{xh} = \frac{d_0^2}{8x^2} \times v_0 \tag{5-33}$$

式（5-33）中各符号意义同式（5-32）。

送风口射流分为两个阶段，即射流起始段和射流主体段。在射流起始段，轴心速度与出口速度相同，这时式（5-32）是不适用的。由此可知，射流起始段长度是 $v_{xs}=v_0$ 时的 x 值。由式（5-32）代入 $v_{xs}=v_0$ 得起始段长度为：

$$x = \frac{0.335}{\alpha} \times d_0 \tag{5-34}$$

下面对送、回风流场进行比较。以双层百叶风口为例，$\alpha=0.14$，则射流起始段长度根据式（5-34）可以求出：$x=2.4d_0$。由于 d_0 不大（通常在 0.2～0.4 之间），由此可知，空调区域基本上都是处于送风主体段（即距风口大于 $2.4d_0$），因此，这里以送风主体段流场与回风流场相比较。

在送风主体段起始点 x 处，$v_{xs}=v_0$，对比式（5-33）得：

$$\frac{v_{xs}}{v_{xh}} = 8 \times \left(\frac{x}{d_0}\right)^2$$

$$= 8 \times \left(\frac{2.4d_0}{d_0} \right)^2$$

$$\approx 46$$

在距送风口主体段起始点两倍（即 $2x$）的距离点时，$x = 4.8d_0$，代入式（5-32）和式（5-33）得：

$$v_{xs} = 0.59v_0$$

$$v_{xh} = 0.0054v_0$$

比较上两式可得：

$$\frac{v_{xs}}{v_{xh}} = 108.7$$

从上述比较可知：在与风口距离相同的位置处，送风口轴心流速 v_{xs} 远大于回风口流场中的流速 v_{xh}，并且随距离的加大，v_{xs}/v_{xh} 的值也越大。由于空调气流组织主要是满足人员活动区的风速要求，因此，上述比较可说明：房间气流组织设计中，送风气流是一个最关键的影响因素，回风气流则几乎不对其产生影响。鉴于此点，为了接管的方便，高层民用建筑中空调回风口的布置可以较为灵活，通常可采用集中回风的方式。

以上讨论的是双层百叶风口在无限空间（或半无限空间）时的应用情况，而实际上被空气调节房间都是有限空间，其射流也属于有限射流和温差射流；同时，送风口也有其它形式。如果详细研究，我们可以发现，对于这些实际情况，只是 v_{xs}/v_{xh} 的数量值略有不同而已，上述分析的结论也基本上是成立的。

（一）上送上回方式

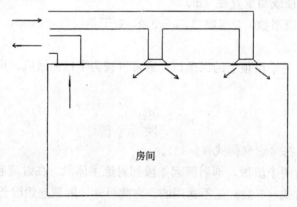

图 5-55　上送上回方式

上送上回是高层民用建筑空调中广泛采用的一种空调气流组织方式（如图 5-55）。通常其送风口采用散流器或条形风口，回风口则多采用百叶式风口或条形风口。

该方式的一个主要优点是送、回风量道均在吊顶上布置，基本上不占用建筑面积，与装修协调容易。在许多工程中，回风总管不与回风口相连而只是进入吊顶即可，这时相当于把吊顶上部空间视为一个大的回风通道，这种方式使管道布置更为简单，且由于采用吊顶回风，吊顶内的部分电气设备的发热可由回风气流带走（一些工程中甚至把灯具与回风口结合起来，这样既有利于灯具散热，又可把部分灯具散热通过回风带走），相当于加大了空调机的送风温差，可适当减少机组的送风量，因而是一种节能的设计手段。

这种方式在采用散流器送风时，应注意两个问题：①房间净空不能太高，否则送热风时存在一定问题；②送、回风口应保持一定距离（此距离和送风口的射流长度有关），防止部分送风空气未进入工作区就直接进入了回风口从而形成短流现象，影响对房间的供冷或供热。

（二）上送下回方式（图5-56）

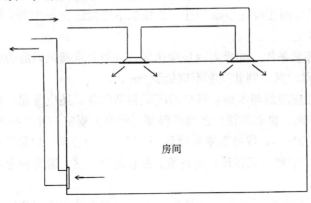

图5-56　上送下回方式

上送下回方式在气流组织上比上送上回方式更为合理，室内空气参数均匀，不存在送、回风气流短流问题，也适用于房间净高转高的场所。但是，它要求回风管接至空调房间的下部，这将占用一定的建筑面积，有时这是较为困难的。因此，只有在布置合理及条件允许时，才采用此方式。

（三）侧送

侧送是另一种较多应用于高层民用建筑空调的送风方式（如图5-57），通常都属于贴附

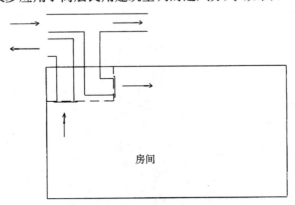

图5-57　侧送方式

射流（送风口采用条形或百叶式风口）。侧送风气流组织较好，人员基本上处于回流区，因此舒适感好。但它要求一个房间内有两个不同高度的吊顶（或者通过走道与房间隔墙上的风口送入）。

侧送时，回风口也有上回和下回两种布置方式，其优缺点也与前述两种气流组织方式差不多。

（四）新风口、排风口

这里所指的新风口和排风口，均指与室外相连系的风口，即新风口系指空调通风系统从室外取新风的入口，排风口系指室内空气排至室外时的风口。

新风口的设置通常要考虑以下情况：

(1) 与周围建筑的关系，应避开周围建筑的排风口（或有较远的距离）。

(2) 与本楼排风口保持一定的距离，并应在排风口上侧风向。当与排风口在同一方向时：①进风口与排风口间距应在 20m 以上；②如果不能保证 20m 间距，则新风口高度应低于排风口通常 6m 以上。

(3) 考虑周围环境条件，如果周围是绿化区，一般要求新风口底边距室外地面不小于 1m，如果周围是非绿化区，则此高度不应低于 2m。

排风口的布置除应考虑与本楼新风口的间距和朝向外，还应考虑对周围环境的影响及排除空气的性质，同时，也必须符合当地环保部门的有关规定。对于普通排气（如卫生间、设备间及普通库房的换气），保持距室外地面 2m 以上较为合理；如果是有害气体（如车库排气、厨房排气等），应提高此排风口的高度，如在北京地区，通常规定其排风口高度在距室外地面 10m 以上。

有条件时，排风口最好是设置于建筑屋面等不影响人员活动的场所。

第六章 换热器及其静特性

空调总是与冷、热交换有关的，因此，换热设备是空调系统中最重要的部件。在本书第四章中，我们已经讨论了用于空调热水系统中的热交换器的结构形式及简单的性能参数（如水-水式换热器，汽-水式换热器等）。在第五章中，也多次提到了空调机组或风机盘管内的冷、热盘管，实际上也是一种换热设备，只是二次侧不再是水而是空气（一次侧可能是水、也可能是蒸汽等热媒）。在这里，我们把上述换热器分为两部分：二次侧为水的称为水换热器，二次侧为空气的称为空气换热器。

前面讨论换热器的换热量时，都是讨论其在设计条件下的参数，而实际使用过程中，换热器的工作条件并非总是处于设计条件，而且绝大多数时间都是在非设计条件下工作，因此讨论这些非设计条件下的换热器特点是十分必要的。通常这些非设计条件随着一次侧冷（热）媒的变化而变化，讨论这时换热器换热量随之的变化关系式，也就是换热器静特性研究的主要内容。这种关系式由于表明了换热器的动态调节规律，因此它是空调水系统及自动控制设计的一个重要基础。

第一节　空气换热器

无论是空调机还是风机盘管，对空气的冷、热处理都是由空气冷却器或空气加热器来完成的。在空调机组中，一些早期的工程采用了喷水室冷却空气，其整个水系统为开式系统（冷介质直接与大气接触），这种方式不适合于高层民用建筑（见第七章）。因此，目前的高层民用建筑中央空调系统中，都是采用表面式空气换热器（简称表面式冷、热盘管），其一次热媒有冷冻水、热水或蒸汽。

一、盘管的构造

各种常用的冷、热盘管基本上都由以下几个主要部分组成（如图6-1）。

（一）肋管

肋管为冷、热介质通用部件，它通常由铜管或铝管制造而成。用于空调机组时，其管径一般在$\phi16\sim\phi25$之间，用于风机盘管时，管径通常在$\phi10$左右。

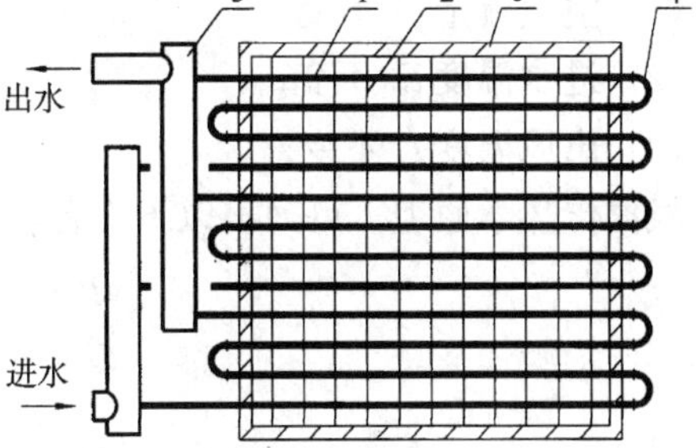

（二）肋片

肋片是空气与冷、热介质进行换热的基本部件，形状上通常有绕片式、串片式和轧片式，其中绕片式的材料以钢和铜为主，串片和轧片则通常以铝为制造材料。为了保证在使用过程中，肋片与肋管的接触始终紧密，绕片和串片式在与肋管组装一体后，都要进行机械或液压胀管，以防止由于热胀冷缩后对其传热性能的影响。

图6-1　盘管构造
1—肋管；2—肋片；3—联箱；4—弯头；5—外框

（三）联箱

联箱有时又称为汇管，是两根管径较大的管道（供、回水各一根），在其侧壁上开有若干小的接口，每一接口与一根肋管相连。通常在联箱端头处设有一个较大口径的管接头，通过它使得盘管与中央空调水系统的主供、回水管相连接。在盘管中，联箱的功能主要是对管内的冷、热介质起到均匀分配的作用。

（四）弯头

由于目前的盘管都采用多回程方式（一般为四～八个回程），因而两个回程之间的肋管就要用弯头来连接，连接时通常采用焊接。盘管制造的好坏在一定程度上受到弯头与肋管焊接质量的影响，如果焊接不好，在高压力下长期工作时极容易成为系统的漏水点之一。

（五）外框

外框有两个作用：一是对内部各部件进行定位和支承，二是与风系统（或机组内）其它部件相连接。外框通常是用镀锌钢板制造，其翻边部分可开设螺栓孔，与其它法兰相连。

二、表面式冷、热盘管的静特性

利用表冷器或空气加热器处理空气的流程如图 6-2 所示。

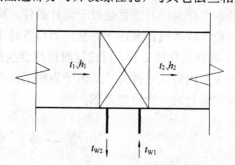

图 6-2 中，水的初、终水温分别为 t_{w1}, t_{w2}（℃），水流量为 W（kg/h），空气初、终状态分别为 t_1（℃）、h_1（kJ/kg）及 t_2、h_2，空气流量为 G（kg/h）。为了分析方便，所有的传热均以逆流传热(这也符合目前的大多数实际情况)，并以算术平均温差来代替对数平均温差

图 6-2 盘管处理空气流程示意图

(实际工程中，这样的简化所带来的误差是很小的)。

（一）热水-空气预热器

根据实际使用情况来看，空气预热器通常是保持出风温度恒定，因此，分析中的假定条件如下：

（1）空气流量 G 不变；

（2）进水温度 t_{w1} 不变；

（3）出风温度 t_2 不变。

根据传热学原理，可列出以下方程：

$$Q = G \times c_p \times (t_2 - t_1) \qquad (6-1)$$

$$Q = W \times (t_{w1} - t_{w2}) \qquad (6-2)$$

$$Q = K \times F \times \frac{1}{2} \times [(t_{w1} + t_{w2}) - (t_1 + t_2)] \qquad (6-3)$$

$$K = p \times v_y^m \times W^r \qquad (6-4)$$

$$q = \frac{Q}{Q_m} \qquad (6-5)$$

$$g = \frac{W}{W_m} \qquad (6-6)$$

式中　Q、Q_m——盘管瞬时传热量及设计状态时的传热量；

W、W_{m}——盘管瞬时传热量及设计状态时的传热量下分别对应的水量；

c_{p}——空气比热 $[\mathrm{kJ}/\ (\mathrm{kg} \cdot ℃)]$；

K——盘管传热系数 $[\mathrm{W}/\ (\mathrm{m}^2 \cdot ℃)]$；

F——盘管传热面积 (m^2)；

v_{y}——盘管迎面风速 $(\mathrm{m/s})$；

p、m、r——实验系数及指数；

q——盘管相对热量；

g——盘管相对水量。

解上述方程组可得：

$$q=\cfrac{1}{1+\cfrac{a}{2}\left(\cfrac{1}{g}-1\right)+\cfrac{1+b}{2}\left(\cfrac{1}{g^{\mathrm{r}}}-1\right)} \tag{6-7}$$

$$a=\frac{t_{\mathrm{w1}}-t_{\mathrm{wm}}}{t_{\mathrm{w1}}-t_2} \tag{6-8}$$

$$b=\frac{t_{\mathrm{wm}}-t_{\mathrm{1m}}}{t_{\mathrm{w1}}-t_2} \tag{6-9}$$

上三式中 t_{wm}——设计状态时的回水温度；

t_{1m}——设计状态时的进风温度。

通常,国产加热器的 r 值为 $0.115 \sim 0.5$ 之间,为了分析的简化,令 $\frac{1}{g^{\mathrm{r}}}-1=k\left(\frac{1}{g}-1\right)$,则式（6-7）变为（$k$ 为修正系数）：

$$q=\cfrac{1}{1+e\left(\cfrac{1}{g}-1\right)} \tag{6-10}$$

式（6-10）中：

$$e=\frac{1}{2}\left[a+k\ (1+b)\right] \tag{6-11}$$

e 称为空气加热器的特征系数。

式（6-10）即是空气预热器静特性的数学表达式。分析式（6-8）、式（6-9）和式（6-11）可知：在使用的绝大多数范围内：$o<e\leqslant 1$, 故式（6-10）以图形表示如图 6-3 所示。

在空调工程中,空气预热器的典型例子是空调机组的新风预热器和新风空气处理机组的空气加热器,它们通常是维持盘管出风温度不变(通过对热水流量的控制来实现),而进风温度随室外温度而变化。

（二）热水-空气再热器

空气再热器的典型应用是空调机组的新风再热器和循环式空气加热器（如暖风机、风

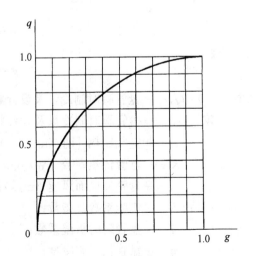

图 6-3 空气预热器静特性

机盘管等），其特点是进风空气温度 t_1 保持不变而出风温度 t_2 发生变化。在推导时，除上述外，其余假设条件与空气预热器相同。

采用与推导热水-空气预热器静特性相同的方法推导可知：其静特性的表达式和式（6-10）具有相同的形式，只是各参数 (a, b) 稍有不同。即此时：

$$a=\frac{t_{w1}-t_{wm}}{t_{w1}-t_1} \tag{6-12}$$

$$b=\frac{t_{wm}-t_{2m}}{t_{w1}-t_1} \tag{6-13}$$

式中　t_{2m}——设计状态时的出风温度；其余参数符号的意义与前述相同。

(三）新风空气表冷器

表冷器与加热器在使用原理上是完全相同的，因此，分析新风表冷器时的假设条件与分析空气预热器的假设条件也基本相同。但是，由于空气在冷却过程中，有可能存在着湿交换（尤其是新风冷却），因此，分析时除考虑温度的变化外，还应考虑到空气焓值的变化。分析的假定条件如下：

(1) 空气流量 G 不变；

(2) 进水温度 t_{w1} 不变；

(3) 出风参数 t_2，h_2 不变（对于给定的表冷器而言，其机器露点 φ_L 变化较小，因此只要保持 t_2 不变，则可视为 h_2 也不变）。

同样，根据传热原理及空气特性可列出如下方程：

$$Q=G\times c_p\times \xi\times(t_1-t_2) \tag{6-14}$$

$$Q=W\times(t_{w2}-t_{w1}) \tag{6-15}$$

$$Q=K\times F\times \frac{1}{2}[t_1+t_2)-(t_{w1}+t_{w2})] \tag{6-16}$$

$$K=\left(\frac{1}{p\times v_y^{\,m}\times \xi^n}+\frac{1}{s\times W^r}\right)^{-1} \tag{6-17}$$

$$\xi=\frac{h_1-h_2}{c_p\times(t_1-t_2)} \tag{6-18}$$

$$q=\frac{Q}{Q_m} \tag{6-19}$$

$$g=\frac{W}{W_m} \tag{6-20}$$

式中　　Q、Q_m——盘管瞬时制冷量及设计状态下的制冷量；

　　　　W、W_m——盘管瞬时制冷量及设计状态下制冷量时分别对应的水流量；

　　　　　　c_p——空气比热 $[kJ/(kg\cdot ℃)]$；

　　　　　　K——盘管传热系数 $[W/(m^2\cdot ℃)]$；

　　　　　　v_y——盘管迎风面风速 (m/s)；

p、m、n、r、s——实验系数及指数；

　　　　　　ξ——盘管瞬时析湿系数；

　　　　　　q——盘管相对制冷量；

　　　　　　g——盘管相对水流量。

解上述七式所组成的方程组得：

$$q=\cfrac{1}{Q_m\times\left(a+\cfrac{b}{W_m^{\ r}}+\cfrac{c}{W_m}\right)+\cfrac{Q_m\times b}{W_m^{\ r}}\left(\cfrac{1}{g^r}-1\right)+\cfrac{Q_m\times c}{W_m}\left(\cfrac{1}{g}-1\right)} \qquad (6\text{-}21)$$

式 (6-21) 中：

$$a=\cfrac{\cfrac{2}{P\times v_y^{\ m}\times\xi^n}-\cfrac{F}{G\times c_p\times\xi}}{2\ (t_2-t_{w1})\ \times F} \qquad (6\text{-}22)$$

$$b=\cfrac{1}{F\times s\ (t_2-t_{w1})} \qquad (6\text{-}23)$$

$$c=\cfrac{1}{2\ (t_2-t_{w1})} \qquad (6\text{-}24)$$

式 (6-21) 表明：新风表冷器的制冷量与其冷冻水供水量的关系也不是呈线性的。应用上述公式应该注意的是：Q_m 为设计状态下的传热量，而 W_m 的值则取决于表冷器的选择情况。例如，空调设计中，通常冷冻水设计温差为 5℃，若所选择的表冷器传热面积刚好满足设计冷量 Q_m 的要求，则：$W_m=Q_m/5$。

若所选择的表冷器的传热面积大于设计所需（这是大多数实际情况），则 W_m 应按式 (6-25) 及式 (6-26) 求得：

$$Q_m=\cfrac{W_m}{a_m+b\times W_m^{(1-r)}+c} \qquad (6\text{-}25)$$

$$a_m=\cfrac{\cfrac{2}{p\times v_y^{\ m}\times\xi_m^n}+\cfrac{F}{G\times c_p\times\xi_m}}{2\ (t_2-t_{w1})\ F} \qquad (6\text{-}26)$$

式中　ξ_m——设计状态时的析湿系数。

对于国产表冷器来说，通常 $r=0.8$，为了分析表冷器静特性时的方便，可以近似认为：

$$0.8\times\left(\cfrac{1}{g}-1\right)=\cfrac{1}{g^{0.8}}-1 \qquad (6\text{-}27)$$

式 (6-27) 在 g 值较小时，误差偏大；在 g 值较大时，误差偏小，但与整个 g 值的比较来看，总的误差是不大的。从分析中可知，按式 (6-27) 的近似使计算结果编小，但因为在前面本书已提出的另一个近似计算——即以算术平均温差代替对数平均温差将使计算结果偏大。这两个近拟的结果相互补偿，不会对总的结果产生大的影响，故式 (6-21) 可写为：

$$q=\cfrac{1}{Q_m\left(a+\cfrac{b}{W_m^{0.8}}+\cfrac{c}{W_m}\right)+\left(\cfrac{Q_m\times c}{W_m}+\cfrac{0.8\times Q_m\times b}{W_m^{0.8}}\right)\times\left(\cfrac{1}{g}-1\right)}$$

$$=\cfrac{1}{S+e\left(\cfrac{1}{g}-1\right)} \qquad (6\text{-}28)$$

如果 $\xi=\xi_m$，则 $S=1$，式 (6-28) 可写为：

$$q=\cfrac{1}{1+e\left(\cfrac{1}{g}-1\right)} \qquad (6\text{-}29)$$

e 称为表冷器的特征系数。

由此可见：式（6-29）与式（6-10）有相同的形式，说明表冷器与空气加热器静特性的定性上来看是相似的。由于通常情况下 $o<e\leqslant1$，故其以图形表示也如图6-3所示。

在实际工程中，ξ 随室外进风参数的变化而不是定值，因此，式（6-29）表示了随不同的处理过程的变化，表冷器有无数条静特性曲线，并且在条件一定的情形下，此曲线只与 ξ 的值有关。在冷却减湿的处理过程中，ξ 的最小值为1。通过对目前我国大多数城市的气象参数分析可知，在处理新风时，其最大的 ξ 值大约在2.3左右。因此，在实际上表冷器的调节曲线是在 $\xi=1$ 和 $\xi=2.3$ 所决定的两条静特性曲线之间变化（如图6-4）。在具体应用式（6-29）时，对于分析静特性来说，可用其中的某一条曲线来近似代表所有的曲线组，这就需要取一个适当的 ξ 值。通过对式（6-29）的分析可知：当 ξ 在 $1\sim2.3$ 之间变化时，对静特性表达式的变化并不太大。因此，本书建议 ξ 的取值为：

$$\xi=（1+2.3）/2=1.65。$$

（四）处理循环风用表冷器

把处理新风表冷器的分析假定条件中的第3条由出风参数 t_2、h_2 不变改为进风参数 t_1、h_1 不变，其余假定条件相同。从与上述同样的推导方法可得到处理循环风用表冷器的静特性，它与式（6-29）具有完全相同的形式，只是系数 a、b、c 的表达式值不同而已，即把式（6-22）～式（6-24）中的出风温度 t_2 用进风温度 t_1 来代替即可。

综上所述，用水为介质（热水或冷水）的表面式加热器（或冷却器）在处理空气时，无论是处理新风还是循环风，其静特性的表达式都是相同的。由于一次回风（或二次回风）空调系统的特点介于新风空调系统和循环风空调系统之间，因此可以认为：在空调中常用的一、二次回风系统的加热器（或表冷器）的静特性也具有完全相同的形式，只是其具体数值有所不同。

（五）蒸汽-空气加热器

在选择蒸汽-空气加热器合理的前提条件下（即加热器面积正好能满足要求），通常蒸汽-空气加热器是充分利用其汽化潜热 r 放热（不考虑凝结水放热）。在空气流量不变时，可得出以下关系式：

$$Q=G\times r \tag{6-30}$$
$$Q_m=G_m\times r \tag{6-31}$$
$$q=Q/Q_m \tag{6-32}$$
$$g=G/G_m \tag{6-33}$$

式中　G——蒸汽流量（kg/h）；

　　　Q——加热量（kJ/h）。

由上四式可得：

$$q=g \tag{6-34}$$

式（6-34）表明：蒸汽-空气加热器在蒸汽作自由凝结放热时，其静特性为线性，以图形表示如图6-5所示。

一般来说，实际工程中，由于蒸汽加热器的凝结水出口处均没有疏水器，因此，实际上理想的自由放热是不存在的（即有一部分凝结水也参与了放热），从而对其特性产生一定的影响。但由于凝结水放热与蒸汽的凝结放热相比小得多，因此实际应用时是可以忽略不计的。

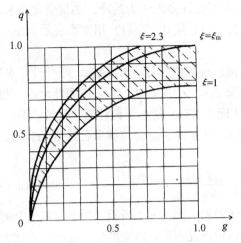
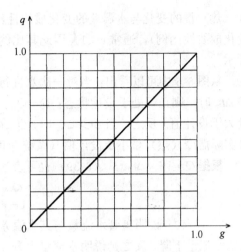

图 6-4 表冷器实际静特性 　　　　　　　　　　图 6-5 蒸汽-空气加热器静特性

三、盘管冷（热量）及水温差

式（6-10）、式（6-29）或图 6-3 所表示的盘管静特性表明了其相对冷（热）量与一次侧相对水流量的关系。在实际工程设计中，相对水流量或相对冷（热）量的概念应用比较少，而较多的是采用所谓冷（热）量、水量或水温差，因此，为了更直观地说明问题，这里将以式（6-10）或式（6-29）为基础，讨论实际冷（热）量、水量及水温差三者的关系。

设水温差为 Δt（热水时为 $t_{w1}-t_{w2}$，冷水时为 $t_{w2}-t_{w1}$），则：

$$Q=W\times\Delta t \tag{6-35}$$

$$Q_m=W_m\times\Delta t_m \tag{6-36}$$

上两式中　Δt_m—— 设计水温差（℃）。

由上两式得：

$$g=\frac{W}{W_m}=\frac{Q}{Q_m}\times\frac{\Delta t_m}{\Delta t}=q\times\frac{\Delta t_m}{\Delta t} \tag{6-37}$$

把式（6-37）代入式（6-10），化简得：

$$q=\frac{1}{1-e}-\frac{e}{1-e}\times\frac{\Delta t}{\Delta t_m} \tag{6-38}$$

由此可得：

$$Q=q\times Q_m=Q_m\left(\frac{1}{1-e}-\frac{e}{1-e}\times\frac{\Delta t}{\Delta t_m}\right) \tag{6-39}$$

对式（6-39）求导数得：

$$\frac{\mathrm{d}(Q)}{\mathrm{d}(\Delta t)}=-\frac{Q_m\times e}{(1-e)\times\Delta t_m}=-W_m\times\frac{e}{1-e} \tag{6-40}$$

对于一个设计选择合理的表冷器（或加热器）来说，W_m 为一定值，e 值在不考虑 ξ 的变化（对冷工况）时也是定值，因此，式（6-40）可写为：

$$\frac{\mathrm{d}Q}{\mathrm{d}(\Delta t)}=c\ （定值） \tag{6-41}$$

从式（6-39）或式（6-41）中可以看出：在表冷器（或加热器）的水量调节过程中，其冷（热）量的变化与水温差的变化成线性比例（而不是许多人认为的冷、热量变化与水量变化成线性比例），通常 $e<1$，因此其比例系数为负值，则式（6-41）用图形表示如图 6-6 所示。

从图 6-6 中可以看出：当对一次水进行水量调节过程中，实际水温差 Δt 等于设计水温差 Δt_m 时，则正好处于设计状态：$Q=Q_m$。而如果 $\Delta t<\Delta t_m$ 时，$Q>Q_m$，说明此时冷（热）量大于设计值。反之，当 $\Delta t>\Delta t_m$ 时，$Q<Q_m$，实际冷（热）量小于设计值。换句话说：如果实际需冷（热）量小于设计值（系统低负荷时），只要调节正确，结果必然是 $\Delta t>\Delta t_m$。

根据 $Q=W\times\Delta t$，式（6-39）也可表达为：

$$W=\frac{Q_m}{1-e}\times\left(\frac{1}{\Delta t}-\frac{e}{\Delta t_m}\right) \tag{6-42}$$

式（6-42）说明盘管水流量与其水温差成反比关系，如图 6-7 所示。当水温差上升时，说明水流量下降，反之则说明水流量上升。同样换句话说即是：如果供给盘管的水量加大，其供回水温差将变小；如果供水量减小，其供回水温差将加大。这也再次说明：盘管冷（热）量在调节水量的过程中，不存在 $Q=W\times\Delta t_m$ 这一关系式。

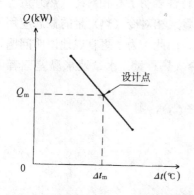

图 6-6　盘管冷（热）量与水温差的关系

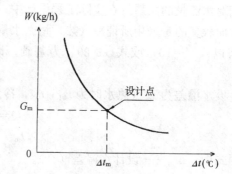

图 6-7　盘管水量与水温差的关系

其实，从盘管的使用上我们也可以理解这一点，那就是：在各种使用过程中，我们要控制的只是二次侧的出风温度（对于新风处理盘管）、进风温度（对于循环风处理盘管）或室内温度（对于一、二次回风系统中的盘管），而不是控制供、回水温差不变，水量减少时，由于流速降低，水温差必然上升，反之亦然。

综上所述，我们可以看到，在水量调节过程中，水-空气式盘管并非是一个定水温差的设备，其定性的结论可以概括如下：

（1）设计状态时，$Q=Q_m$，$W=W_m$，$\Delta t=\Delta t_m$。

（2）当供水量大于设计值（$W>W_m$）时，其结果是 $Q>Q_m$，但 $\Delta t<\Delta t_m$。

（3）当冷（热）量需求小于设计值（$Q<Q_m$）时，要求减小水量 $W<W_m$，导致的结果是：$\Delta t>\Delta t_m$。

四、风机盘管的选择

风机盘管的选择，要考虑众多的因素，如风机盘管形式，安装及使用方式等等，但最重要的是要满足设计要求的冷（热）量。在这里将重点讨论的是关于冷量的选择（对于供热量来说，其方法也基本相同），之所以特别讨论此点，是因为两个原因：一是风机盘管是空调系统中的一个关键的末端设备；二是在目前的设计工作中，对于其冷量的选择，相当多的设计人员都存在一定的问题：第一是直接按厂家样本中列出的简单性能表选取，没有考虑其性能中所列的条件（如进风及进水参数）；第二是即使考虑了使用条件，也没有根据实际使用要求（即考虑设计水温差）来校核。前一个问题较容易理解，这里主要就后一问题进行讨论。

（一）冷量的确定

在本书第五章第八节中，我们讨论了风机盘管加新风空调系统在不同组合方式下的 h-d 图，从图中分析我们知道，风机盘管加新风空调系统的冷量实际上是由风机盘管冷量和新风空调机冷量所构成的。因此，风机盘管要求的冷量与新风的处理送风点有关，通常有三种情况：

（1）新风送风点 L_1 的焓值 h_{L1} 高于室内空气焓值 h_{NS} 时，要求风机盘管承担部分新风冷负荷及全部室内冷负荷。

（2）新风送风点 $h_{L1}=h_{NS}$ 时，风机盘管的冷量只要求满足室内冷负荷。

（3）当 $h_{L1}<h_{NS}$ 时，表明新风本身已承担了部分室内冷负荷，这时风机盘管的要求冷量可小于室内计算冷负荷。

根据上述原则，即可确定所需的风机盘管的冷量。

（二）风机盘管冷量的校核

在所需要的冷量计算确定后，通常我们就可以选择风机盘管了。由于风机盘管是一个整体装配式机组，具有一定的规格化和系列化，因此，我们不能像选择空调机组那样根据实际冷量需求去配盘管，而是根据现有设备的技术资料来选定整个机组。

我们知道，风机盘管制造及检测冷量时通常是按以下标准工况进行的：进风干球温度27℃，进风湿球温度19.5℃，进水温度7℃。而在实际工程中，上述标准工况往往并不是实际设计工况。一般来说，进水温度基本上以7℃考虑，但进风干、湿球温度则不一致（与每个房间要求的温、湿度有关），同时，这也和新风与风机盘管的连接方式有一定关系。

在选择时，风量对其冷量的影响也是重要的。通常的产品资料中给出了高、中、低三速时的冷量（或给出高速时的冷量，而对中、低速进行修正）。这样设计人员遇到的一个问题是：在设计中，按高速冷量还是按中速冷量来选择？如果按高速下的冷量选择，可使风机盘管型号较小，投资较低，但安全系数较低，感觉不够保险；如果按中速的冷量选择，对使用需求的满足较为有利，但设备型号将加大，投资及安装问题可能会增加。根据对目前的实际工程使用情况的调研及为了整个空调系统的正常使用，作者认为适当加大末端设备的安全性是有一定好处的（一些建筑内存在的部分房间冷量不够但冷水机组并未100%的投入运行的问题，大多就是由于末端装置过小造成的）。因此，建议按中速时的冷量来选择，只有当一些工程强调节省投资等因素时，才按高速时的冷量进行选择。

当风机盘管出风口接有较长的送风管时，其风阻的增加，实际结果也将造成冷量的下降，在设计中必须考虑到。

综上所述，只给出标准工况参数的设备样本对设计人员来说是不完善的，直接按其选择必然存在较大的误差（有时此误差高达20%以上）。因此，一些厂家给出了不同工况下的风机盘管性能表（见表6-1），这给设计人员提供了一个基本的资料。

风机盘管性能表　　　　　　　　　　　　　　　　　表 6-1

型　　号	进水温度（℃）	水　量（L/min）	进风: 25（℃）DB 18.7（℃）WB		水　温　差（℃）
			全热冷量（W）	显热冷量（W）	
400	7	6	2820	2320	6.71
		9	3340	2515	5.30
		12	3720	2665	4.43
		15	3980	2770	3.79

对表 6-1 的应用要注意的是：从表中可以看出，在同一进水及进风干、湿球温度下，同一风机盘管的冷量随着其供水量的不同而发生变化。因此，如何选定冷量的问题，在这时就转变为怎样合理确定其供水量的问题，这就是以下要重点研究的。

从空调水系统的设计中（关于水系统设计详见后面的章节）我们知道，中央冷水机组的制冷量 Q_0 及其供、回水温差 Δt_0 一旦确定，冷冻水泵的流量就已经确定下来了，即冷冻水泵流量 $W_0 = Q_0/\Delta t_0$，各末端设备（如风机盘管及空调机组等）都必须按 Δt_0 的供回水温差来考虑（这里先忽略水泵及管道引起的水温升）。因此，各风机盘管水量的确定原则是：

$$W_f = Q_f/\Delta t_0 \tag{6-43}$$

式中　Q_f——风机盘管设计冷量（kJ/h）；

　　　W_f——风机盘管设计水量（kg/h）。

这一原则是容易理解的。因为水泵一旦确定，在设计状态下是不能增加或减小水量的。换句话说，我们既不能按表 6-1 中所要求的最小水量也不能按其最大水量来决定水泵流量，因为从表 6-1 中各水量下所对应的冷量与水量的比值（即供、回水温差）都不是恒定的（这也是对前面关于盘管静特性讨论结果的一个实际数据的证明）。如果这样做，末端设备要求的水量将与冷水机组要求的冷冻水量不匹配（几乎不可能因此修改冷水机组的设计来满足这一要求）。因此，我们必须计算各型号风机盘管在系统设计水温差为 Δt_0 时的冷量来作为其设计冷量，这也即是该风机盘管在特定空调水系统中运行时所能达到的最大冷量！

根据式（6-41），我们知道：冷量的变化与水温差的变化是成线性比例的，因此，通过线性插值法即可求出此最大冷量值。

以表 6-1 为例。在大多数空调工程设计中，通常取 $\Delta t_0 = 5$℃，则表 6-1 列出的 400 型风机盘管在这一供、回水温差时所能得到的全热冷量通过计算（插值法或作图）为 $Q_f = 3480$W，显热冷量为 2560W，其要求的供水量为 $W_f = 596$kg/h（9.94L/min）。可以看出：这一结果与表中所列的任何一栏的值都是不相同的。由此可见，此时按表中直接选取是错误的。

五、盘管的防冻

对于寒冷地区，空调机组热水盘管在冬季运行时，存在着由于管内水温过低而结冰冻裂的危险，这是设计中必须考虑到的。

盘管出现冻裂的几种主要原因是：

（1）空调机组新风管上的控制措施不恰当，当机组不使用（如夜间）时，新风管未切断。新风在风压及渗透作用下进入机组，当盘管热水阀关闭、盘管内热水不流动时，由于新风温度极低，非常容易造成盘管冻裂；

（2）由空调机送风温度或回风温度自动控制热水阀开度的系统中，当热水阀开度很小时，由于热水流量小，盘管出口处易冻裂；

（3）在采用双管制的许多空调水系统中，盘管为冷、热两用（夏季供冷水、冬季供热水），设计中通常按冷盘管选择（因为冷工况时传热温差小，要求面积大，保证冷量满足要求后，一般对热量是能够满足的），这种做法对寒冷地区的某些冷量要求较大而热量需求相对来说并不大的建筑（如商场、办公室等内部冷负荷较大的房间），其盘管的选择面积对于热量来说将是过大，满足室内要求的热量只需极少的热水流量即可，这时也就有可能出现冻裂的情况，尤其是新风空调机组更为明显。

对于第一种情况，是比较好解决的。一般的做法是在新风吸入管上加风阀，机组停用时关闭风阀即可。为了保证这一措施得以实现，通常新风阀采用电动式，与机组联锁。在一些高寒地区，为了防止风阀关闭不严的冷风漏风，甚至需要采用保温风阀。

第二种情况出现得并不多，因为自动控制要求关小热水阀时，意味着室内热负荷较小，一般来说在高层民用建筑空调中，这大都是由于室外气温升高所导致（除非室内突然增加某种大的热源）。当然，室外气温的升降与室内热负荷或盘管需热水量并不是成正比的，由于前述的盘管非线性原因，可以看出其需水量降低的速率远大于热负荷降低的速率。因此，这种情况也是有可能出现的，我们可以通过适当的自动控制保护措施来解决（详见第十三章）。

第三种冻裂情况是目前出现较多的，实际上这与设计或选择盘管的合理性有较大的关系。在双管制系统中，如果盘管夏季设计状态下的冷量值较大而要求它在冬季设计状态时的热量值却较小，就极有可能出现此问题（甚至在处于冬季设计状态时出现）。因此，按冷工况选择盘管时，必须对其在冬季运行时为防止冻裂所需的最小热水流量进行校核，校核时应采用最不利情况——冬季设计状态时的热量 Q_r 来进行。

假定热水供水温度为 t_{w1}，为防止盘管出口冻结，其出水时的防冻温度可定为 $t_{w2}=5\sim10℃$，则保证盘管内水不结冰的最小热水流量为：

$$W_{min}=\frac{Q_r}{t_{w1}-t_{w2}} \tag{6-44}$$

在计算出 W_{min} 后，根据所选的盘管类型，校核其在热水供水温度为 t_{w1}、热水流量为 W_{min} 时盘管的实际中热量 Q_{rs}。如果 $Q_{rs}>Q_r$，则说明盘管的选择过大，有可能结冰，这时只能对盘管水系统进行修改，即把冷、热盘管分开设置，按 Q_r 重新选择热水盘管，减小热水盘管加热面积。如果 $Q_{rs}<Q_r$，则这时情况转变为前述第二种情形，即冷、热盘管可以共用，通过自控防冻措施解决防冻问题。

第二节　水　换　热　器

水换热器即指二次侧介质是水的换热器，它既可以是汽-水换热（一次侧为蒸汽的热水加热器），又可以是水-水换热（一次侧为热水或冷冻水）。从水换热器的使用及控制的角度来看，其通常的使用方式是：维持二次水的水量及其出水温度不变。不断调节一次侧的介质流量。因此，讨论水换热器的静特性，实际上就是研究其换热量与一次侧介质流量的相互关系特性。

一、汽-水换热器

汽-水换热器的使用方式与蒸汽-空气加热器的使用方式在原理上是完全相同的，即它们都是利用蒸汽的汽化潜热 r。因此，汽-水换热器的静特性式也与前述的式（6-34）完全相同，即：$q=g$。

这也就是说，汽-水换热器在蒸汽作自由凝结放热时，其静特性为线性。

二、水-水换热器

水-水换热原理如图 6-8 所示。

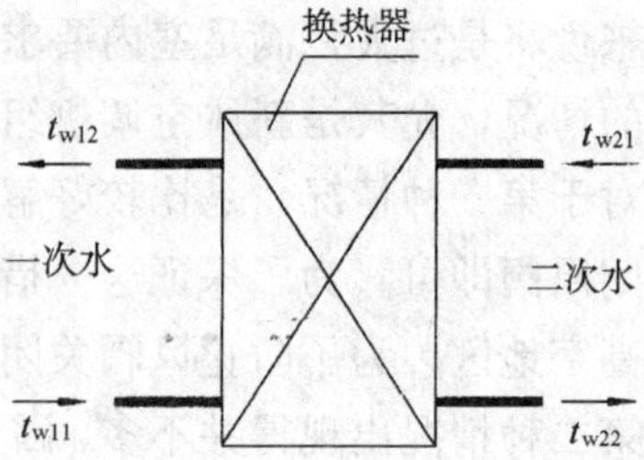

在推导水-水换热器的静特性时，有以下一些较符合实际情况的假定条件：

(1) 二次水流量 W_2 保持不变；

(2) 二次水出水温度 t_{w22} 保持不变；

(3) 一次水进水温度 t_{w11} 保持不变；

(4) 以逆流传热为基准，以算术平均温差代替对数平均温差；

图 6-8　水-水换热器工作原理示意图

(5) 推导过程中，各符号及其意义如下：

Q、Q_m——瞬时传热量及最大传热量（kJ/h）；

W_1、W_2、W_1m——一次水瞬时流量、二次水流量、一次水设计流量（kg/h）；

t_{w11}、t_{w12}——一次水供、回水温度（℃）；

t_{w21}、t_{w22}——二次水供、回水温度（℃）；

K、F——换热器传热系数 [W/（m²·℃）] 及传热面积（m²）；

A、B、r——与换热器类型及结构有关的实验系数及指数；

q——相对换热量 $q=Q/Q_m$；

g——一次水相对水流量 $g=W_1/W_1m$。

（一）作为加热用途（水-水加热器）

根据传热学原理，可列出以下方程：

$$Q=W_1\times(t_{w11}-t_{w12}) \tag{6-45}$$

$$Q=W_2\times(t_{w22}-t_{w21}) \tag{6-46}$$

$$Q=\frac{1}{2}\times K\times F\times[(t_{w11}+t_{w22})-(t_{w21}+t_{w22})] \tag{6-47}$$

根据目前换热器的热工特性分析，其传热系数可写成以下形式：

$$K=\left(A+\frac{1}{B\times W_1^r}\right)^{-1} \tag{6-48}$$

解式（6-45）~式（6-48）所组成的方程组：

$$q=\cfrac{1}{Q_m\left(a+\dfrac{b}{W_{1m}^r}+\dfrac{c}{W_{1m}}\right)+\dfrac{Q_m\times b}{W_{1m}^r}\left(\dfrac{1}{g^r}-1\right)+\dfrac{Q_m\times c}{W_{1m}}\left(\dfrac{1}{g}-1\right)} \tag{6-49}$$

式中

$$a=\frac{2A-\dfrac{F}{W_2}}{2\,(t_{w11}-t_{w22})\times F} \tag{6-50}$$

$$b=\frac{1}{2\,(t_{w11}-t_{w22})\times F\times B} \tag{6-51}$$

146

$$c = \frac{1}{2 \ (t_{w11} - t_{w22})} \tag{6-52}$$

式（6-49）即为水-水加热器的静特性式，由于通常 $r = 0.6 \sim 0.8$，同空气换热器静特性的推导一样，近似认为：

$$\frac{1}{g^r} - 1 \approx r \left(\frac{1}{g} - 1 \right)$$

则把上式代入式（6-49）中后，化简可得：

$$q = \frac{1}{S + e \left(\dfrac{1}{g} - 1 \right)} \tag{6-53}$$

由此可见，式（6-53）与空气换热器的静特性表达式在形式上完全相同，只是 S 和 e 值存在一定的区别。

（二）用作冷却用途（冷水交换）

因冷水与热水传热相反，因此把公式中的温差颠倒后，按照上述同样的步骤进行推导，即可得出冷水换热时的静特性表达式，它与加热时的形式完全一样，仅是 a、b、c 的数值不同，即把式（6-50）～式（6-52）分母中的 $t_{w11} - t_{w22}$ 用 $t_{w22} - t_{w11}$ 代替即可。

从上面的分析中可见，水-水换热器的静特性也不是线性表达式，而是具有和空气换热器相同的形式。因此，本章第一节中关于冷（热）量和水温差关系的讨论也同样适合于水-水换热器。

综述本章的讨论，可以看出，凡是以蒸汽为一次热媒的换热器，其静特性均为线性特性；而凡是以水为一次侧介质的换热器，无论其二次侧介质是水还是空气，其静特性都是非线性的，都可用式（6-10）的形式［或式（6-28）的形式］来表示。

第七章　空调水系统

本章所讨论的空调水系统指由中央设备供应的冷（热）水为介质并送至末端空气处理设备的水路系统。

空调水系统的形式是多种多样的，通常有以下几种划分方式：

(1) 按水压特性划分，可分为开式系统和闭式系统。

(2) 按冷、热水管道的设置方式划分，可分为双管制系统、三管制系统和四管制系统。

(3) 按各末端设备的水流程划分，可分为同程式系统和异程式系统。

(4) 按水量特性划分，可分为定水量系统和变水量系统。

(5) 按水的性质划分，可分为冷冻水系统、冷却水系统和热水系统。

第一节　开式和闭式

一、开式系统（图 7-1）

此系统的一个显著特点是设有一个蓄水池，空调冷（热）水流经末端空气处理设备后，回水靠重力作用流入回水池中。一旦供水泵停止运行，管网系统内的水面只能与水池水面保持同一高度，此高度以上的管道内均为空气。因此，开式系统即是管道与大气相通的一种水系统。

（一）系统优点

1. 夏季可采用喷水室冷却空气

供水泵运行后，可把冷水送入喷水室喷淋。一般来说，喷水室对空气的冷却处理效率比表冷器更好一些。

2. 蓄冷

当水池容量较大时，夏季它具有一定的蓄冷能力，可以部分地降低用电峰值及中央设备的电气安装容量。关于此点，将在本章第九节中详细讨论。

（二）系统缺点

1. 水泵扬程较大

如果末端设备与水池的高差较大时，由于水泵不但要克服输水过程中供水管的阻力，而且要把水提升至末端设备的高度，因此要求水泵具有较大的扬程。由于空调冷冻水的流量本身是较大的，如果还要求较大的水泵扬程，对水泵的选择会存在一定困难甚至无法选择（高扬程高流量），或者即使能够选到满足参数的水泵，其耗电量也将是极大的，对整个系统的综合能耗极为不利。

2. 管道腐蚀

在冷冻水泵停用后，管内直接与大气相通，必然加剧管道内表面腐蚀，使管道的使用寿命缩短。

3. 水力平衡困难

由于不同高度的末端设备此时处在不同的供、回水压差状态（差值较大），因此，设计及施工调试时，各末端设备的水力平衡较为困难，甚至有可能使较低层的末端设备接管的水流速过大而产生一系列问题。

由于上述缺点，开式系统不适用于高层民用建筑，即使是在一些多层建筑中它也是不适用的。如果最高的末端与水池的高差较小，重力自流回水也将受到一定的限制。

二、闭式系统（图 7-2）

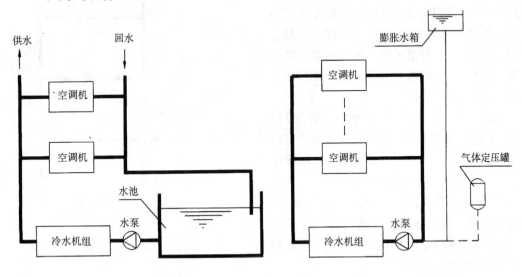

图 7-1　开式水系统　　　　　　　　图 7-2　闭式水系统

闭式系统管道内没有任何部分与大气相通，无论是水泵运行或停止期间，管内都应始终充满水，以防止管道的腐蚀。因此，要求在闭式系统中，必须设置一定的定压设备以保持高层建筑顶部水管完全充满水（即管内处于正压状态），此定压设备常用开式膨胀水箱，水箱水位通常应高出最高的系统水管 1.5m 以上。在一些工程中，为了防止开式水箱引起的腐蚀，或在屋顶设置开式水箱有困难时，也有的采用了气体定压罐，定压罐压力应高出系统内最低的静水压力点 15kPa 以上。

根据流体力学原理我们可以计算出，在闭式系统中，水泵的扬程只用来克服管网的循环阻力而不需要克服提升水的静水压力。这样一来，在高层民用建筑中，闭式系统的水泵扬程与建筑高度几乎没有关系，因此它可比开式系统的水泵扬程小得多（例如，假定水系统总高度约 100m，则开式系统中水泵扬程将需要 120m 以上，而闭式系统中，通常此扬程仅在 30～40m 左右），从而使水泵电耗大大降低。同时，因为不设水池，中央机房占地面积可以减小。

闭式系统中的空调机组在处理空气时，只能采用封闭式冷、热盘管而不能采用喷水室。由于系统本身几乎不具备蓄冷能力，因此要求冷水机组的制冷量必须满足建筑的最大需求，且要求可调范围较大。当系统总冷量低于单台冷水机组最小可调范围时，闭式系统则不能较好地满足使用要求。

因此，尽管闭式系统是目前唯一适用于高层民用建筑中的中央空调水系统形式，但仔细分析其负荷特点，对于保证其正常使用和经济性是十分必要的。本章以下各章节基本上都是以闭式系统为基础来讨论的。

第二节 两管制、三管制及四管制

一、两管制系统（图 7-3）

两管制水系统是目前我国绝大多数高层民用建筑中采用的空调水系统方式。其特点是：由冷冻站来的冷冻水和由热交换站来的热水在空调供水总管上合并后，通过阀门切换，把冷、热水用同一管道不同时的送至空气处理设备，同样，其回水通过总回水管后分别回至冷冻机房和热交换站。

系统中冷、热源设备是各自独立的，但对于冷、热源以外的水路，则是冷、热水共用同一管道。在夏季，关闭热水总管阀门，打开冷冻水总管阀门，系统内充满冷冻水，作供冷运行；在冬季则操作方式相反，系统作供热运行。由此可看出，这一系统不能同时既供冷又供热，只能按不同时间分别运行，因此，它适用的范围及使用特点如下：

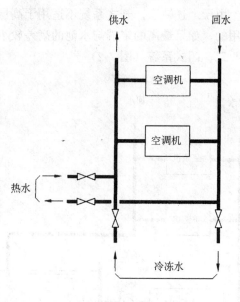

图 7-3 两管制水系统

（1）冬、夏季冷、热负荷分明，过渡季很短或过渡季可不空气调节的建筑较为适用。

（2）夏季供冷、冬季供热、过渡季可采用天然冷源（如新风）冷却的建筑。

（3）建筑朝向对负荷的影响较大时，宜对两管制水系统进行朝向分区，各朝向内的水系统虽然仍可为两管制，但每个朝向的主环路均应独立提供冷、热水供、回水总管，这样可保证不同朝向的房间各自分别进行供冷或供热（即建筑物内某些朝向供冷的同时，另一些朝向可供热）。这种情况最明显的例子是南北朝向的建筑。

（4）建筑物内区较大时，宜对内、外区水系统进行分区，各区有独立的冷、热水总管。在过渡季节外区供热时，内区仍可采用供冷方式运行。这种方式应和风系统的分区相结合来设计。

（5）空调标准相对较低的建筑可采用此种系统。从上面的四种情况中已经可以看到，这一系统不可能做到每个末端设备在任何时候都能自由地选择供冷或供热，最多可做到不同环路之间的冷、热独立，但同一环路中的末端是无法自由选择的。换句话说，在同一水环路内，某些时候部分末端所服务场所的区域温度的控制值将受到一定的影响。

（6）该系统简单明了，冬、夏季节转换分明，转换阀既可手动又可电动（目前手动情况较多），管理也较为方便。

（7）该系统投资较节省（这一特点主要是与以下介绍的三管制或四管制系统相比），管道、附件及其保温材料的投资较少，占用建筑面积及空间也较少，这也是它能广泛采用的一个主要理由。

（8）由于末端设备中，盘管为冷、热两用，其控制也较为方便，末端设备的投资及占用机房面积均可减少。

二、三管制（图7-4）

三管制系统的特点是冷、热水供水管同时接至了末端设备（盘管仍为冷、热合用），在末端设备接管处进行冬、夏自动转换，这样可使每个末端设备独立供冷或供热。但所有末端设备的回水仍是通过一条回水总管混合后，分别再回到冷冻机房或热交换站中。这种方式对于过渡季节的适用性较好。

这一系统解决了两管制系统中各末端无法自由选择冷、热的问题，因此建筑的使用标准得以提高。但是，这一系统本身存在几个较大的缺陷：

（1）末端控制较为复杂，两个电动阀切换可能较为频繁。

（2）在既有供冷又有供热的末端设备同时运行时，回水总管的水温是热水回水与冷冻水回水的混合温度，这一水温将高于冷水机组正常要求的回水温度而低于热交换器正常运行的回水温度。对于冷水机组和热交换器而言，这种情况将使得这两种设备的供回水温差加大，其设备能耗将比两者各自独立运行时大得多（特别是冷水机组，电耗会大大增加且运行工况变得恶劣）。这一情况说明，该系统冷、热相互抵消的情况极为严重。

（3）当供冷冻水的末端设备运行数量较少时，混合回水温度较高，如此高的回水温度直接进入冷水机组，对冷水机组的运行是不安全的，甚至根本无法正常运行。

（4）回水分流至冷水机组和热交换器时，其水量的控制必须和末端的使用及控制情况统一考虑，这使得控制变得相当复杂。

由于上述缺点，三管制系统目前很少在高层民用建筑空调系统中采用。

三、四管制（图7-5）

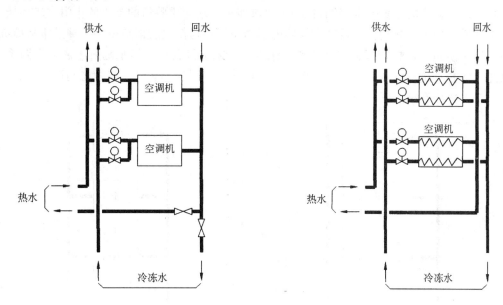

图 7-4　三管制水系统　　　　　　　图 7-5　四管制水系统

四管制系统的基本特点是：所有末端设备中的冷、热盘管均独立工作，冷冻水和热水可同时独立送至各个末端设备。

这一系统最大的优点是各末端设备可随时自由选择供热或供冷的运行模式，相互没有干扰，因此各末端所服务的空调区域均能独立控制温度等参数。

它的另一个应用是一次回风系统中的夏季再热处理。

与三管制相比，四管制系统的另一个优点是节能，因为系统中所有能耗均可按末端的要求提供，不存在冷、热抵消的问题。

四管制系统的主要缺点是投资较大，运行管理相对复杂。投资的增加主要是由于各一套水管环路而带来的管道及附件、保温材料、末端设备、占用面积及空间等所增加的投资。另外，系统由于管路较多，设计变得较为复杂。由于这些缺点，使该系统的使用受到一些限制。综合四管制系统的优缺点，它较适合于内区较大，或建筑空调使用标准较高且投资允许的建筑之中。

上面我们分别讨论了各种管道系统的优缺点及适用范围。在目前，国内应用较多的是两管制系统。从国外的情况看，四管制系统的应用则越来越广泛。因此，针对实际情况合理地设计是最重要的，一些建筑甚至可以是几种系统的组合运行（如空调机组采用四管制，风机盘管采用两管制等）。同时，在考虑水系统时，也要与风系统的使用特点相结合。

第三节 同程与异程

一、同程系统（图 7-6）

在同程系统中，水流通过各末端设备时的路程都是相同（或基本相等）的，这带来的好处是各末端环路的水流阻力较为接近，有利于水力平衡，可以减少系统初调试的工作量。

当然，这种平衡是有条件的。首先，各末端的水流阻力应相等或接近；其次，各末端相对于系统管路的位置基本相同，也即是要求连接末端与主管道的支管的水阻力较为接近。通常来说，如果各末端设备及其支管路的阻力小于负荷侧（所谓负荷侧，即是指从冷冻机房或热交换站出口总管算起的环路或分水缸——末端设备——集水缸所组成的管路系统，除此之外的系统管路本书称为机房侧环路）环路总阻力的 1/2 时，应考虑同程系统。

二、异程系统（图 7-7）

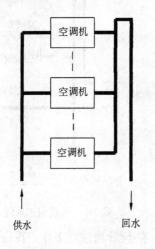

图 7-6 同程系统

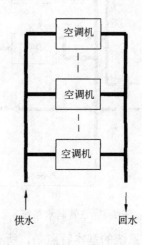

图 7-7 异程系统

异程系统中，水流经每个末端的流程是不相同的，通常越远离冷、热源机房的末端，环路阻力越大。采用异程系统的主要优点是节省管道及其占用空间（一般来说它与同程系统

152

相比可节省一条回水总管），对投资较为有利。

为了解决各末端设备之间水力平衡条件相对较差的问题，一般要求采用异程系统时，末端及其支管路的水流阻力应不小于负荷侧环路水流阻力的50%，比值越大则对水力平衡越有利。异程系统的适用范围是各末端阻力相差较大或者空间或投资有限的建筑。在高层民用建筑中，它较适合的是空调机组组成的环路，因为空调机组的数量通常比风机盘管少，在建筑物内的分布较广泛且分布规律性不强（同程设计管道走向困难），各机组阻力相差较大（如果这时即使采用同程系统，也需要较大的初调试工作量）。

另外，如果末端设备都设有自动控制水量的阀门，也可采用异程系统。

第四节 定 水 量 系 统

定水量系统形式如图7-8所示。

在定水量系统中，没有任何自动控制水量的措施，系统水量的变化基本上由水泵的运行台数所决定。因此，通常通过各末端的水量也是一个定值，或随水泵运行台数呈阶梯性变化，而不能无级的对水量进行控制。这带来的一个缺点是，当末端负荷减少时，无法控制温、湿度等参数，造成区域过冷或过热。

为了解决末端控制问题，也有的工程在末端设三通自动调节阀（如图7-9）。当负荷变化时，通过自动控制三通阀开度，调整旁流支路与直流支路的水流量，从而控制通过末端设备的水量。

在风机盘管的水系统中，也有一些工程采用风机盘管的三速开关通过调节风机风量来控制室内温度。

定水量系统管道简单，控制方便或者不需控制，因此在我国目前仍有一些使用标准较低的民用建筑中采用。但无论其末端是否设三通自控阀，系统本身存在下列缺点：

（1）冷水机组总容量及水泵总流量必须按各末端冷量的最大值之和来计算而不能按各末端冷量逐时之和的最大值来决定，否则会因水流量不够而造成部分末端冷量不足。

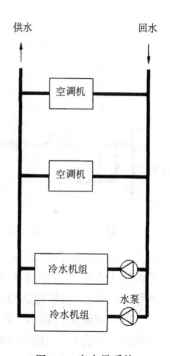

图7-8 定水量系统

从负荷及冷量计算中我们已知道：各末端冷量最大值之和必然小于整个系统的逐时最大值，尤其是当各末端设备所服务的区域处于不同朝向或使用时间不一致时，这种情况更为明显。因此，这使得冷水机组和水泵的安装容量过大、能耗过高，其它有关费用随之增加。

（2）采用多台冷水机组及相应的水泵联合运行时，其系统工作情况取决于水泵的运行方式，以图7-8所示的两台冷水机组为例来说明此点如下：

1）需冷量小于50%设计冷量时，停止一台冷水机组，但两台水泵仍然同时运行。

这样做能保证各个末端的水流量符合原设计值，系统水力工作点无变化。但由于有一台冷水机组未运行，因此，负荷侧的总供水温度实际上是已制冷水与空调回水混合后的温度。假定系统设计冷冻水供、回水温为7/12℃，则此时（即50%冷量时）如果按上述运行方式，系统供水温度则为 9.5℃，末端设备的除湿能力将降低。

这时末端设备的供冷量也有可能会出现不满足要求的情况。例如，整幢建筑建成后，在室外处于设计状态下，如果只有一半的用户使用末端（如办公室出租率不满等），总冷量也只有系统设计值的 50%，而运行的末端要求 100%的供冷能力，这时如果按 9.5℃供冷冻水，将使运行的末端不能满足冷量需求。

2）冷水机组与冷冻水泵连锁，冷量在 50%时，运行一台冷水机组及相应的冷冻水泵。

这样做解决了供水温度升高的温度，可保证供水温度仍为 7℃。但是，由于负荷侧阻力系数未改变，根据水泵特性及管路水力特性曲线可知，这时水系统的工作点将下移（如图 7-10，设计工作点为 0 点）至 1 点，此时的系统水流量 W_1 将大于单台泵设计流量 W_0 而小于两台泵同时运行的流量 $2W_0$，这将导致两个问题：

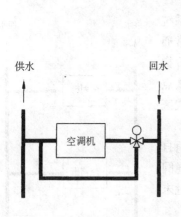

图 7-9　三通阀的采用

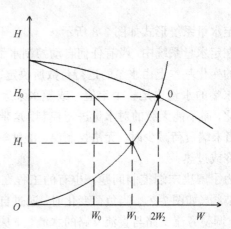

图 7-10　定水量系统水泵切换时的工况分析

①水泵处在超流量状态。由于水泵随流量的增加其电耗加大，因此此时水泵耗电量 N_1 大于设计点电耗 N_0，如果所配水泵电机容量的富裕量不够，长时间运行将造成烧毁电机的严重后果；反之，如果按 N_1 配电机，则额定冷量时电机配电功率过大，效能不能充分发挥。

②即使水泵电机按 N_1 配置，如果负荷减少的原因是由于室外空气处于设计状态下只有一半的末端运行的情况所致，则将导致运行的末端设备的水量不能达到设计要求（即部分空调供水从不运行的末端旁通流过），因而其冷量也不能满足设计要求。

因此，定水量系统只适合于间歇使用的建筑（如体育馆、展览馆、影剧院等），并且在设计时应尽量减少冷水机组和水泵的台数，最理想的是系统内只有单台冷水机组和单台冷冻水泵。从目前和今后的情况看，在高层民用建筑空调系统中，应尽可能少采用此种系统。

第五节　一次泵变水量系统

所谓变水量系统，实质上是指负荷侧（有时也称用户侧）在运行过程中，水量不断改变的水系统。一次泵变水量系统是目前我国的高层民用建筑中采用最广泛的空调水系统。

一、空调要求及冷水机组

在上一节中，我们已提到，为了保证每个末端设备能控制其服务范围的温度等参数，需要采用电动三通阀来控制通过盘管的水流量。由于上一节中已谈到此种方式的若干缺点，不宜采用，因此我们也可以不用三通阀而直接用两通电动阀与盘管串联（其造价低于三通阀），通过控制两通阀的开度即可控制通过盘管水量，这样控制阀更为简单可靠。

在两通阀的调节过程中，管路性能曲线将发生变化，因而系统负荷侧水量将发生变化，如果没有其它相关措施的话，这些变化将引起水泵和冷水机组的水流量改变（沿水泵特性曲线上下移动工作点）。

而对于冷水机组来说，冷冻水流量的减小是相当危险的。在蒸发器设计中，通常一个恒定的水流量（或较小范围的波动）对于保证蒸发器管内水流速的均匀是重要的。如果流量减少，必然造成水流速不均匀，尤其是在一些转弯（如封头）处更容易使流速减慢甚至形成不流动的"死水"。由于蒸发温度极低，在蒸发器不断制冷的过程中，低流速水或"死水"极容易产生结冻的情况，从而对冷水机组造成破坏。因此，冷水机组是不宜作变水量运行的。大多数冷水机组内部都设有自动保护元件，当水量过小（通过测量机组进、出水压差）时，自动停止运行的保护冷水机组。

二、一次泵系统设计

如前面所述，一方面，从末端设备使用要求来看，用户侧要求水系统作变化量运行；另一方面，冷水机组的特性要求定水量运行，这两者构成一对矛盾。解决此矛盾的最常用方法是在供、回水总管上设置压差旁通阀，则一次泵变水量系统如图 7-11 所示。

该系统工作的基本原理是：在系统处于设计状态下，所有设备都满负荷运行，压差旁通阀开度为零（无旁通水流量），这时压差控制器两端接口处的压力差（又称用户侧供、回水压差）ΔP_0 即是控制器的设定压差值。当末端负荷变小后，末端的两通阀关小，供、回水压差 ΔP 将会提高而超过设定值，在压差控制器的作用下，旁通阀将自动打开，由于旁通阀与用户侧水系统并联，它的开度加大将使总供、回水压差 ΔP 减小直至达到 ΔP_0 时才停止继续开大，部分水从旁通阀流过而直接进入回水管，与用户侧回水混合后进入水泵及冷水机组。在此过程中，基本保持了冷冻水泵及冷水机组的水量不变。

（一）水泵与冷水机组的连接方式

在目前的一次泵水系统中，水泵与冷水机组的连接方式通常有三种。

1. 水泵与冷水机组一一对应连接

如图 7-11，这种方式的优点是控制及运行管理简单，各冷水机组相互干扰较少，水量保证性较高，并且它取消了水泵与冷水机组之间的部分管件。其缺点是在实际工程中，由于水泵与冷水机组布置位置的影响，造成管道相对较多，并且尤其要注意水泵与冷水机组之间的管道放空气问题。

当只有一台冷水机组和对应的水泵运行时，由于水泵出口止回阀的作用，水不能通过停止运行的冷水机组及水泵而回流到正常运行的水泵之中，这也是其较有利的一点。

2. 水泵与冷水机组独立并联的方式

如图 7-12，这种方式在实际工程设计中，接管相对较为方便（尤其是冷水机组与冷冻水泵位置相距较远时更为明显地体现出此点），机房布置整洁、有序，因而有相当多的工程目前采用此种方式。

但此方式有几个缺点：

（1）水泵及冷水机组进出口都要求各自的阀门，因此附件增加。

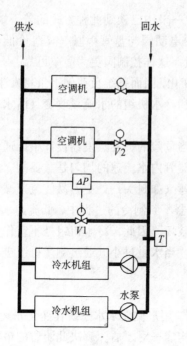 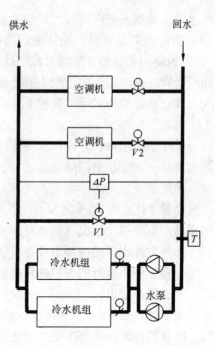

图 7-11　一次泵变水量系统（先串后并方式）　　图 7-12　一次泵变水量系统（先并后串方式）

（2）各冷水机组水流量在初调试中应进行调整，保证每台机组水量符合设计要求。

（3）在要求自动联锁起停的工程中，各冷水机组必须配置电动蝶阀。由于水泵与冷水机组在运行上通常是一一对应的（即使接管不满足一一对应的连接方式），不运行的机组应把电动蝶阀关闭，否则它会分流而导致单台水泵运行时正常运行的冷水机组水量不足而出现问题，以图 7-10 和图 7-12 来说明：这时单台冷水机组的水量只有 $\frac{1}{2}W_1$（$<W_0$）。

（4）上述电动蝶阀与对应水泵的起停顺序将受到限制。在一台机组运行向两台机组运行的转换过程中，如果先打开将要启动的机组接管上的电动蝶阀，上述分流情况仍将发生。这是因为电动蝶阀的开启本身需要一定的时间（通常从开度为零至全开的时间大于 15s），第二台水泵在蝶阀全开后才启动，而这时由于水的分流，有可能造成原来正常运行的机组因水量不足而停机，反而与需求背道而驰了。

这时只有先开水泵，再开启电动蝶阀才能克服上述问题。但是，先启动水泵后，电动蝶阀实际上是处在两端有压差的状态且其压差值相当于水泵在零流量下的扬程（最大扬程）下动作的，尽管这对于离心式水泵本身的启动有利，但要求电动蝶阀具有较大的开阀压差（或关阀压差——因为停机过程中要求先关电动蝶阀后停对应的水泵）允许值。关于此点，详见本章第十一节。

3. 水泵与冷水机组的前后连接方式

在前面所述的几种系统（如图 7-8、图 7-11、图 7-12 等）中，均是把冷水机组设于水泵的出口，这是目前较多的一种方式，此方式的优点是冷水机组和水泵的工作较为稳定，当建筑高度不大时，这一系统是较好的。同时，由于水泵运行过程中，水通过水泵时温度会有所提高，因此回水先进入水泵后再进冷水机组对于保证空调水系统的供水温度的恒定（冷水机组通常以出水温度恒定进行控制及运行）是十分有利的。

但如果建筑高度较高，水系统本身静压较大，按前述接管方式将使冷水机组的承压要求提高（因为通常水系统的定压点在水泵吸入口），其设备费用也随压力等级的提高而增加（一般以 1.6MPa 为限，超过此值时，设备费用急剧上升）。因此，如果按前述接管方式时，冷水机组的压力超过 1.6MPa，则宜把冷水机组设于水泵吸入口是更好的方式。

（二）旁通阀

旁通阀的作用有两个：

（1）在负荷侧流量变化时，自动根据压差控制器的指令开大或关小，调节旁通量以保证末端要求及冷水机组要求的水量。

（2）当旁通阀流量达到一台冷冻水泵的流量时，说明有一台泵完全没有发挥效益，应停止一台冷冻水泵的运行以节能。因此，旁通阀还是水泵台数启停控制的一个关键性因素。由此也可知道，旁通阀的最大设计水流量即是一台冷冻水泵的流量。

在计算出旁通阀水流量之后，我们即可根据有关的压差控制要求，选择旁通阀的类型、口径等参数，详见第十三章有关部分。

第六节　二次泵变水量系统

二次泵变水量系统是目前在一些大型高层民用建筑或多功能建筑群中正逐步采用的一种水系统形式。

一、系统特性

（一）用户侧水系统特点

根据第六章对以水为一次侧介质的各种换热器的静特性分析，我们知道，换热器在运行调节过程中具有以下静特性：

$$q=\frac{1}{1+e\left(\frac{1}{g}-1\right)} \tag{7-1}$$

$$dQ=C\times d(\Delta t)=W_{\mathrm{m}}\times\frac{e}{e-1}\times d(\Delta t) \tag{7-2}$$

$$W=\frac{Q_{\mathrm{m}}}{1-e}\left(\frac{1}{\Delta t}-\frac{e}{\Delta t_{\mathrm{m}}}\right) \tag{7-3}$$

如果水系统中有多个这种换热器，当其使用时间、负荷变化率基本相同时，显然可以认为，这些换热器所组成的水系统也具有上述相同的特征，即：

$$q_{\mathrm{w}}=\frac{1}{1+e_{\mathrm{w}}\left(\frac{1}{g_{\mathrm{w}}}-1\right)} \tag{7-4}$$

$$dQ_{\mathrm{w}}=W_{\mathrm{m}}\frac{e_{\mathrm{w}}}{e_{\mathrm{w}}-1}d(\Delta t) \tag{7-5}$$

$$W_{\mathrm{w}}=\frac{Q_{\mathrm{m}}}{1-e_{\mathrm{w}}}\left(\frac{1}{\Delta t}-\frac{e_{\mathrm{w}}}{\Delta t_{\mathrm{m}}}\right) \tag{7-6}$$

上三式中　q_{w}、g_{w}——水系统相对冷、热量及相对供水量；

$\qquad Q_{\mathrm{m}}$、W_{m}——水系统设计冷、热量及设计水流量；

$\qquad e_{\mathrm{w}}$——水系统特征系数；

Δt_{m}——水系统设计供、回水温差；

Q_{w}、W_{w}——水系统瞬时冷、热量及水量；

Δt——水系统瞬时供、回水温差。

当多个换热器在使用时间及负荷变化率不一致时，情况是比较复杂的，定量地列出一个统一公式来表示较为困难。但是，从定性分析中可以认为：它们所组成的水系统一般来说也基本具有与上述式相同的特性。因此，在绝大多数高层民用建筑空调系统中，式（7-4）～式（7-6）从定性来说都是适用的。这一结论是分析二次泵系统的基础。

（二）一次泵水系统存在的问题

上一节介绍了一次泵变水量系统的特点、形式、冷水机组及水泵的启停和台数转换等情况，所有这些都是基于一点：即整个水系统是一个线性系统。只有在这种基本假设的条件下，冷水机组与对应的冷冻水泵才能做到同时启停或一一对应运行而不会导致对用户侧的使用产生影响。然而，如前所述，由于水系统并非线性系统，因而实际情况将是不同的。

假定一个水系统中共有两个用户（两个表冷器），各自最大的设计冷量为 Q_{10} 和 Q_{20}，系统设计总冷量为 Q_{t0}，则：

$$Q_{\mathrm{t0}}=Q_{1\mathrm{s}}+Q_{2\mathrm{s}}=A(Q_{10}+Q_{20}) \tag{7-7}$$

式中 $Q_{1\mathrm{s}}$、$Q_{2\mathrm{s}}$——系统出现设计冷量时各用户的瞬时冷量；

A——用户同时性系数，$A<1$。

从上式中可以看出，显然 $Q_{\mathrm{t0}}<Q_{10}+Q_{20}$。假定用户及冷水机组设计水温差均为 5℃（不考虑水泵和管道引起的水温升），冷水机组按 Q_{t0} 选择冷量，表冷器分别按 Q_{10} 和 Q_{20} 选择，则与冷水机组相配的冷冻水泵流量为：

$$W_{\mathrm{t0}}=\frac{1}{5}Q_{\mathrm{t0}} \tag{7-8}$$

然而，一旦作上述如此选择，运行及设计中就会出现一系列问题。

1. 整个水系统处于设计状态时

在此时，各用户冷量分别为 $Q_{1\mathrm{s}}$ 及 $Q_{2\mathrm{s}}$，且通常是 $Q_{1\mathrm{s}}<Q_{10}$、$Q_{2\mathrm{s}}<Q_{20}$。由此可知，此时两用户的水流量需求分别为 $W_{1\mathrm{s}}$ 和 $W_{2\mathrm{s}}$，根据表冷器静特性可知：$W_{1\mathrm{s}}<\frac{1}{5}Q_{1\mathrm{s}}$、$W_{2\mathrm{s}}<\frac{1}{5}Q_{2\mathrm{s}}$，因此，水系统要求的总水流量为：

$$W_{\mathrm{ts}}=W_{1\mathrm{s}}+W_{2\mathrm{s}}<\frac{1}{5}\times(Q_{1\mathrm{s}}+Q_{2\mathrm{s}}) \tag{7-9}$$

即：

$$W_{\mathrm{ts}}<\frac{1}{5}Q_{\mathrm{t0}}$$

比较式（7-8）和式（7-9）可以得出如下结论：在整个系统处于设计状态（即 100% 冷量时），水泵的水流量就超过了实际系统所需的水流量，必然使得一部分水从压差旁通阀流过，显然说明水泵流量选择过大。由于式（7-8）中的 W_{t0} 值是冷水机组所要求的水量，因此，如果按式（7-9）的 W_{ts} 来决定水泵流量，则必须要求加大冷水机组进、出水温差，这对冷水机组的性能将产生一定的影响。

2. $Q_1<Q_{10}$、$Q_2<Q_{20}$ 且 $Q_1+Q_2<Q_{\mathrm{t0}}$ 时

根据式（7-1）、式（7-4）及式（7-8）可知：此时水系统要求的总供水量为：

$$W_1+W_2<\frac{1}{5}(Q_1+Q_2)<\frac{1}{5}(Q_{10}+Q_{20}) \tag{7-10}$$

以表6-1为例。其400型风机盘管设计冷量为3480W，设计需水量为596kg/h。经计算，当供冷量为3157W（相当于设计冷量的91％左右）时，其供水量为477kg/h（相当于设计水量的80％左右）。假定水系统末端全部由该风机盘管组成且系统中共有五台冷水机组及五台对应的一次冷冻水泵，则从用户侧的要求来看，总供冷量需求为91％时，只需80％的设计水量即可满足要求。这也就是说，需要五台冷水机组运行而只需要四台冷冻水泵的水流量即可满足用户侧的要求。由于前述的在一次泵系统中，冷水机组与冷冻水泵通常是联锁——对应运行的，这就与用户侧的要求产生了一个矛盾，即究竟应该怎样运行冷水机组和冷冻水泵？这时是否应该停止一台冷冻水泵的运行？

如果从流量需求来看，这种状态说明：五台运行的冷冻水泵中，有一台的水量完全没有起作用，只能通过压差旁通阀流回回水总管，因此，停止一台水泵也可满足系统的用水量（否则这台水泵只能是无用地耗能）。但是，停一台泵必然导致一台对应的冷水机组也停止运行，一旦如此，则系统的制冷量只能达到四台冷水机组的冷量（即80％），这显然不能满足用户侧所需的91％的冷量要求。

因此，如果从满足用户侧冷量需求的观点来看，这种情况下就不能停冷水机组，因而对应的水泵也不能停止运转。这样做尽管满足了冷量要求，但将导致以下结果：第一，有一台水泵的水量完全没有发挥作用而只是在循环，耗费大量能量；第二，由于压差旁通阀流量是按单台冷冻水泵的设计流量来选择的，因此若用户侧需冷量继续下降但仍高于总设计冷量的80％以上（即在80％～91％之间）时，将要求系统供水量更少（比如从表6-1中可算出，80％Q_{t0}时要求水量大约为60％W_0），而旁通阀已无法继续开大，因此此阶段中，必然导致供、回水压差无法控制且随用户侧需冷量的不断下降而持续上升，实际上这也导致水泵的工作点发生变化（扬程上升流量下降），各台冷水机组的水流量也随之下降。如果这种程度严重时，甚至会使冷水机组因水流过小而自动保护停机。

从上面的分析中可以看出：当系统非线性程度较大时，一次泵系统存在较多的问题，既浪费能量又影响系统及设备的正常使用，因而在这种情况下，一次泵系统是不适用的。

（三）二次泵系统的特点

1. 二次泵系统的形式

图7-13是一种常见的二次泵变水量系统。

在这一系统的机房侧管路中，由旁通平衡管AB把水泵分为两级，即初级泵和次级泵。初级泵克服平衡管AB以下的水路水流阻力（即冷水机组、初级水泵及其支路附件的阻力），次级泵克服AB平衡管以上的环路阻力（包括用户侧水阻力）。显然，在这一系统中，次级泵与初级泵是串联运行的。

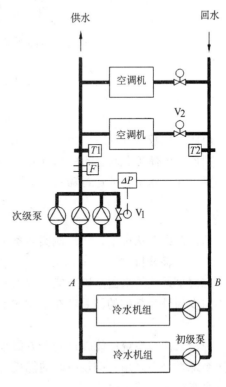

图7-13 二次泵变水量系统

系统的运行方式是：初级泵随冷水机组联锁启停，次级泵则根据用户侧需水量进行台数启停控制。当次级泵组总供水量与初级泵组总供水量有差异时，相差的部分从平衡管 AB 中流过（可以从 A 流回 B，也可以 B 流向 A），这样就可以解决冷水机组与用户侧水量控制不同步的问题。用户侧供水量的调节通过二次泵的运行台数及压差旁通阀 V1 来控制（压差旁通阀控制方式与一次泵系统相同），因此，V1 阀的最大旁通量为一台次级泵的流量。

2. 水泵总水量的选择

选择水泵总水流量时，应以保证水系统冷量为 100% 为依据。

假定两个表冷器，特征系数分别为 e_1 及 e_2，其同时使用系数为 A，设计水温差为 $5℃$，则水系统处于设计状态时，各表冷器要求的水量为：

$$W_{1s}=\frac{A\times e_1}{1+A\times e_1-A}\times W_{10} \tag{7-11}$$

$$W_{2s}=\frac{Ae_2}{1+Ae_2-A}\times W_{20} \tag{7-12}$$

此时水系统用户侧总需水量为：

$$W_{ts}=W_{1s}+W_{2s}$$

$$=A\left(\frac{e_1}{1+Ae_1-A}\times W_{10}+\frac{e_2}{1+Ae_2-A}\times W_{20}\right)$$

$$=\frac{1}{5}A\left(\frac{e_1}{1+Ae_1-A}\times Q_{10}+\frac{e_2}{1+Ae_2-A}\times Q_{20}\right) \tag{7-13}$$

冷水机组要求水流量为：

$$W_{t0}=\frac{1}{5}A\ (Q_{10}+Q_{20}) \tag{7-14}$$

由于 $e_1<1$，$e_2<1$，$A<1$，显然可知：

$$\frac{e_1}{1+Ae_1-A}<1$$

$$\frac{e_2}{1+Ae_2-A}<1$$

由此并比较式（7-13）和式（7-14）可知：$W_{t0}>W_{ts}$。

因此，选择初级泵组的总水量为 W_{t0}，选择次级泵组的总水量为 W_{ts}，即可满足用户侧使用要求和冷水机组的运行需要。这时实际用户侧的水温差为：

$$\Delta t_s=\frac{Q_{t0}}{W_{ts}}>\frac{Q_{t0}}{W_{t0}}=5℃$$

即：在设计状态下，用户侧实际系统水温差将大于 $5℃$。

二、能耗分析

二次泵系统的来由是以节能和解决系统因非线性特性造成的用户侧与冷水机组水量控制不同步问题为基础的，后者在上述中已经讨论过了，因此，能耗分析成为主要面临的问题。

分析二次泵系统的能耗从两个方面来考虑：第一是与一次泵系统相比，第二是分析二次泵系统本身在采用不同设备时的能耗。以下的分析以第一点为重点。对于第二点，主要将在本章第十一节中讨论。

由于一次泵系统中水泵为定速泵，因此，与一次泵系统相比较时，二次泵系统中各水泵也采用定速泵形式。同时，分析中假定各水泵的效率相同。

（一）系统冷量为设计冷量 Q_{t0} 时

从前面的分析中可知：$W_{ts} < W_{t0}$，且二次级泵按 W_t 选择总流量。假定系统总阻力为 H（m），在二次泵系统中，初级泵扬程为 H_1，次级泵扬程为 H_2，则 $H_1 + H_2 = H$。

如果采用一次泵系统，则水泵耗电量为：

$$N_1 = \frac{(H_1 + H_2) \ W_{t0}}{367\eta} \ (\text{kW}) \tag{7-15}$$

如果采用二次泵系统，则初级泵耗电量为：

$$N_{21} = \frac{H_1 \times W_{t0}}{367\eta} \ (\text{kW})$$

二次泵系统次级泵耗电量为：

$$N_{22} = \frac{H_2 \times W_{ts}}{367\eta} \ (\text{kW})$$

则二次泵系统中冷冻水泵总耗电量为：

$$N_2 = \frac{H_1 \times W_{t0} + H_2 \times W_{ts}}{367\eta} \ (\text{kW}) \tag{7-16}$$

上述式中，η 为水泵效率。

比较式（7-15）和式（7-16）可知：在系统处于设计状态下，二次泵系统中冷冻水泵的总耗电量比一次泵系统中冷冻水泵的耗电量节省为：

$$\Delta N = N_1 - N_2 = \frac{H_2 \ (W_{t0} - W_{ts})}{367\eta} \ (\text{kW}) \tag{7-17}$$

（二）$Q_t < Q_{t0}$、$Q_1 < Q_{10}$、$Q_2 < Q_{20}$ 时

此时即是部分负荷的工况，根据推导可得出系统的特征系数为：

$$e_w = \frac{e_1 \ (1 + Ae_2 - A) \ Q_{10} + e_2 \ (1 + Ae_1 - A) \ Q_{20}}{(1 + Ae_2 - A) \ Q_{10} + \ (1 + Ae_1 - A) \ Q_{20}} \tag{7-18}$$

很显然：$e_w < 1$，说明在低负荷情况下，水系统实际水温差 Δt 大于设计状态时的水温差 Δt_s，即 $\Delta t > \Delta t_s > 5\,℃ \left(\Delta t_s = \frac{Q_{t0}}{W_{ts}} > \frac{Q_{t0}}{W_{t0}} \right)$。则实际需水量为：

$$W_t < \frac{1}{5} Q_t$$

由此可知：在此情况下，有可能减少次级泵的运行台数。比如在前述以表6-1为例的例子中，当冷量需求 $Q_t = 0.91 Q_{t0}$ 时，水量需求为 $W_t = 0.8 W_{t0}$，因而此时可停止一台次级泵而只让四台次级泵运行，同时运行五台冷水机组及五台相应的初级泵，这样即可节省一台次级泵的运行能耗。

为了更清楚地说明问题，下面仍以表6-1所列的400型风机盘管为例，对整个设备的启停过程进行能耗分析。为了分析调节过程的方便，假定所有风机盘管型号相同，其特征系数也相同，使用时间也相同（$A = 1$）。则此时一次泵系统与二次泵系统在设计状态下总流量是相同的，即 $W_{ts} = W_{t0}$［此点可根据式（7-7）、式（7-8）及式（7-9）得出］。因此，这时设备安装容量没有节省，但低负荷运行时的能耗两个系统却不相同。

在上述假定条件下，根据表6-1，我们可以求得系统特征系数 e_w 及各风机盘管的特征系数 e：$e_w = e = 0.4$，则该系统特性为：

$$q = \frac{1}{1 + 0.4\left(\frac{1}{g} - 1\right)} \qquad (7\text{-}19)$$

上式也可写成：

$$g = \frac{1}{1 + 2.5\left(\frac{1}{q} - 1\right)} \qquad (7\text{-}20)$$

式（7-19）或式（7-20）以图形表示如图 7-14。

在水泵效率相同时，水泵电耗与水流量成正比，假定其比值为 m，则：

$$m = \frac{N_t}{N_{t0}} = \frac{W_t}{W_{t0}} \qquad (7\text{-}21)$$

m 也称为水泵相对电耗，由于：

$$g = \frac{W_t}{W_{t0}} \qquad\qquad \text{故}$$

$$m = \frac{1}{1 + 2.5\left(\frac{1}{q} - 1\right)} \qquad (7\text{-}22)$$

式（7-22）以图形表示如图 7-15 所示。

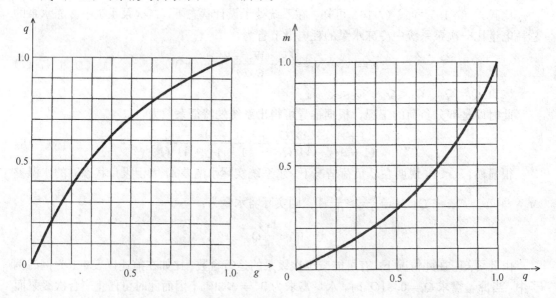

图 7-14 水系统静特性　　　　　图 7-15 水泵电耗与冷量的关系

下面以实际数据来说明。设该系统水阻力为 35m，冷水机组水量为 200m³/h，水泵效率为 $\eta = 79\%$。

1. 采用一次泵系统

此时冷冻水泵设计参数为：$W_{t0} = 200\text{m}^3/\text{h}$，$H_0 = 35\text{m}$，则水泵耗电量为：

$$N_{t0} = \frac{200 \times 35}{367 \times 0.79} \approx 24 \ (\text{kW})$$

由于一次泵系统是按水系统为线性特性来考虑的，则水泵耗电如图 7-16 中阴影部分所示（五台水泵）。

根据全年空调负荷分布表 4-10，可求出此系统水泵全年运行的电耗为：

$$M_1 = 3000 \times 24 \times \left(\sum_{i=1}^{4} T_i + 2 \times \sum_{i=5}^{8} T_i + 3 \sum_{i=9}^{12} T_i + 4 \times \sum_{i=13}^{16} T_i + 5 \times \sum_{i=17}^{20} T_i \right)$$
$$= 140040 \ (\text{kW} \cdot \text{h})$$

2. 采用二次泵系统

初级泵设计参数：$W_{t0} = 200 \text{m}^3/\text{h}$，$H_{10} = 15\text{m}$；次级泵设计参数：$W_{t0} = 200 \text{m}^3/\text{h}$，$H_{20} = 20\text{m}$。则：

初级泵耗电量为：

$$N_{10} = \frac{200 \times 15}{367 \times 0.79} = 10.35 \ (\text{kW})$$

初级泵全年运行电耗的计算方式与一次泵系统的冷冻水泵完全相同，经计算为：

$$M_{10} = 60392 \ (\text{kW} \cdot \text{h})$$

次级泵耗电量为：

$$N_{20} = \frac{200 \times 20}{367 \times 0.79} = 13.8 \ (\text{kW})$$

根据图 7-15 可知：次级泵全年电耗如图 7-17 中的阴影部分所示，从图 7-17 和图 7-14 中还可以看出，次级泵的运行台数为：

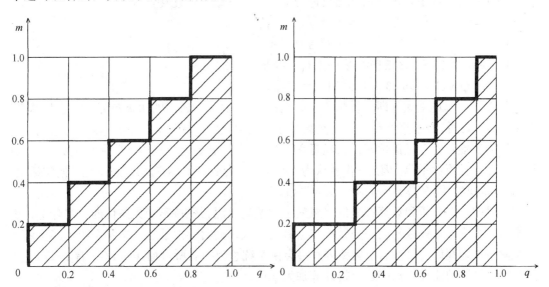

图 7-16　一次泵系统中水泵相对电耗　　　图 7-17　二次泵系统中次级泵相对电耗

（1）$1.0 \geqslant q \geqslant 0.91$ 时，五台次级泵运行，此时 $1.0 \geqslant g \geqslant 0.8$；

（2）$0.91 > q \geqslant 0.79$ 时，四台次级泵运行，此时 $0.8 > g \geqslant 0.6$；

（3）$0.79 > q \geqslant 0.625$ 时，三台次级泵运行，此时 $0.6 > g \geqslant 0.4$；

（4）$0.625 > q \geqslant 0.385$ 时，两台次级泵运行，此时 $0.4 > g \geqslant 0.2$；

（5）$q < 0.385$ 时，一台次级泵运行（$g < 0.2$）。

则次级泵全年电耗为：

$$M_{20} = 3000 \times 13.8 \times \left(\sum_{i=1}^{8} T_i + 2 \times \sum_{i=9}^{13} T_i + 3 \sum_{i=14}^{16} T_i + 4 \times \sum_{i=17}^{18} T_i + 5 \times \sum_{i=19}^{20} T_i \right)$$
$$= 55724 \ (\text{kW} \cdot \text{h})$$

二次泵系统中，冷冻水泵全年电耗合计：

$$M_2 = M_{10} + M_{20} = 116116 \ (\text{kW} \cdot \text{h})$$

从上面的计算中可以看出，在本例子中，在满足使用的相同情况下，二次泵系统水泵全年电耗比一次泵系统中水泵（均指冷冻水泵）全年电耗的节省值为：

$$\Delta M = M_1 - M_2 = 23924 \ (\text{kW} \cdot \text{h})$$

这里特别要强调的是：从上面的计算例子和分析中可以看到，二次泵系统的节能并不完全取决于次级泵的台数。当然，次级泵台数越多，相当于分级越细，节能也肯定增多。但过多的次级泵台数将导致一系列问题及困难（如占用面积，投资及自动控制方面等），因此，要求次级泵台数必须多于初级泵是不完全合理的。必须明确的是：二次泵系统的节能机理是建立在系统非线性基础上的（上例中次级泵台数与初级泵台数相同仍然可以使全年运行节能就是一个证明）。如果系统是一个线性系统，则二次泵系统将与有次级泵台数相同的冷冻泵台数的一次泵系统的能耗理论上是完全相同的（在不考虑水泵效率变化的情况下）。

因此，二次泵系统中的水泵能耗主要与系统特征系数 e_w 有关，这是选择次级泵台数时应认真考虑的。根据式（7-4），可以求出：如果按下列方式决定次级泵台数，则至少比相同台数冷冻泵的一次泵系统在系统低负荷时节省一台次级泵的能耗：

（1）$e_w \leqslant 0.25$ 时，采用三台次级泵；

（2）$e_w = 0.25 \sim 0.33$ 时，采用四台次级泵；

（3）$e_w = 0.33 \sim 0.375$ 时，采用五台次级泵；

（4）$e_w = 0.375 \sim 0.40$ 时，采用六台次级泵；

显然，随 e_w 的变大（即系统越趋于线性特征），要节能所需的次级泵的台数也将越多。当 $e_w > 0.4$ 之后，要采用七台以上的次级泵才有较明显的节能效益，这时可以认为采用二次泵系统的节能对整个经济性来说已经意义不大了，其节省的电耗很难回收所增加的投资，有可能使经济性反而下降。因此，作者认为：次级泵的台数最多不宜超过 5～6 台。换句话说，当 $e_w > 0.4$ 时，没有必要再采用二次泵系统。

上述的所有分析和计算都是以水泵效率及系统总阻力保持不变为条件的。实际上，由于水泵由大变小，一般来说，其效率将会有所降低。同时，由于设二次泵系统，其次级泵所配附件（如阀门、过滤器及管路等）将会使系统总阻力有所增加（即 $H_1 + H_2 > H$），这样会使次级泵的能耗也比前述分析计算加大一些。

另外一个问题是：水泵的参数并不是完全无级排列的，而是一个离散型排列。由于水泵规格所限，很难使其完全符合设计参数时产生最高效益，这对上述分析结果也将产生影响，比如有可能是多台数的低效率次级泵运行比少台数的高效率次级泵运行的节能所带来的投资回收年限更长甚至前者本身的节能不如后者。因此，一个好的方案应该通过经济比较并计算投资的回收年限。在回收年限差不多的情况下，台数较少的次级泵选择方案更为合理。

三、二次泵系统设计

（一）设备容量选择

在二次泵系统中，平衡管 AB 对运行过程中所起作用是平衡次级泵侧与初级泵侧的水量差值。当初级泵侧的供水量大于次级泵侧时（这是绝大多数情况，即低负荷状态），AB 管内水流方向为从 A 点流向 B 点，反之则从 B 点流向 A 点。

从 A 点流向 B 点的低负荷状态的情形在前面已经分析，即通过减少次级泵的运行台数来满足使用要求。但当水流由 B 点流向 A 点时，将要发生什么样的情况呢？

从对系统本身的理解上看，产生这一现象的前提条件是用户侧要求的供水量大于初级泵侧的总供水量。然而，在前面分析中我们知道，用户侧的最大设计水量 W_{ts} 应按式 (7-9) 来确定，它是不应大于按式 (7-8) 所计算的初级泵总供水量 W_{t0} 的，并且各表冷器及所配电动调节阀都是按各自设计冷量 Q_{10} 和 Q_{20} 来选择，那么，为什么会出现用户侧要求水量 W_t 在某一时刻大于 W_{t0} 的情况呢？仔细分析有以下两个因素：一是外部条件即各末端的冷量需求在某一时刻大于设计值；二是末端电动阀的选择较大，有可能满足超过其设计值的冷量。

第一个因素的产生原因有很多，但归纳起来有两类：①计算的设计冷量小于实际需求。比如计算有误，或者在使用过程中，实际使用条件与计算条件不符（这点在一些实际工程中经常发生，如像灯光容量增大、人员数量增多或突然增加一些不在原设计条件中的较大的热源等）。②空调设计中，按规范规定其室外计算温度的选取是以历年平均每年不超过 50h 的室外温度，简言之，平均来说，每年将有一定时间内的冷负荷不在空调设计温度的保证期内，即使考虑建筑蓄热情况，也总会有一定时间是不能保证的。如果要完全保证，必须采用最高室外温度来计算冷负荷，这将导致表冷器最大冷量需求超过原设计值 Q_{10} 或 Q_{20}，以下把此最大冷量称为峰值冷量 Q_{1c} 和 Q_{2c}。

在第一个因素存在之后，如果电动阀选择过大，可允许超过设计值的水流量，则第二个因素也就出现了。实际上这两个因素的相互作用才使得出现用户侧水量有可能大于 W_{t0} 的情况。

当然，就总水量而言，上述情形的出现是极少见的，因为很少出现所有用户都处于峰值的情况，而较多的情况是部分用户出现峰值。这里仍以前述表 6-1 为例，$e=0.4$，假定两个风机盘管型号及设计冷量均相同：$Q_{10}=Q_{20}=Q_0$，同时使用系数 $A=1$。则系统设计冷量 $Q_{t0}=2Q_0$，初级泵设计总水量 $W_{t0}=\dfrac{1}{5}Q_{t0}$。

当用户 1 达到峰值冷量 $Q_{1c}=1.2Q_0$ 时，假定用户 2 的冷量为 $Q_2=0.7Q_0$，则总冷量为 $Q_t=1.9Q_0$，即系统处于低负荷状态。根据式 (7-20) 可以求出：这时用户 1 要求的相对水量为 $g_1=1.71$，用户 2 要求的相对水量 $g_2=0.48$，则此时要求系统的总水量为：

$$W_t=1.71\times\frac{1}{5}Q_0+0.48\times\frac{1}{5}Q_0=\frac{2.19}{5}Q_0\approx1.1W_{t0}$$

上式说明，在某些用户达到峰值时，系统用户侧要求水量有可能会大于初级泵（或冷水机组）总水量但系统仍处于低负荷状态。当然，这种情况并非只是二次泵系统才有，而是空调的所有水系统均可能存在。在一次泵系统中，此问题是不能解决的，除非所有中央设备按峰值来设计，但这样会更严重的产生前述的一次泵系统的耗能问题。

对于二次泵系统，通常认为要解决这一问题，应按最大可能的流量 W_t 来选择次级泵，这样当出现此情况时，平衡管中的水流就会从 B 点流向 A 点以补充供水量。但是，这样做法带来的一个必然结果是：部分用户侧的回水通过平衡管 AB 进入了供水管，将使得用户的供水温度提高，导致表冷器特性发生变化，即在 $q=1$ 和 $g=1$ 之后的静特性不遵从式（7-20），尽管其表达式形式相同，但各表冷器此时的 e 值将有不同的数值，如图 7-18 所示。

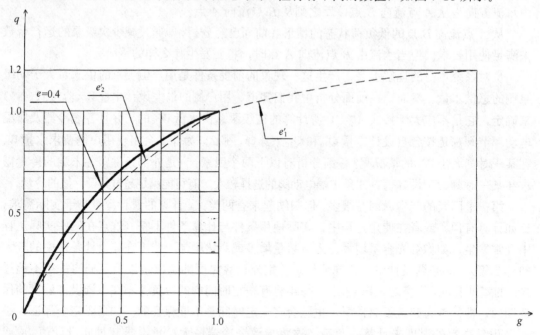

图 7-18　二次泵系统中峰值负时各表冷器及水系统静特性

从图 7-18 中可以看出：回水混合后，用户 1 在 $g \geqslant 1.0$ 后的曲线变得更为平坦（$e \rightarrow e'_1$），而用户 2 的曲线则变陡（$e \rightarrow e'_2$）。不论是用户 1 还是用户 2，这时要求的水量都不是按式（7-19）所计算出的值（因为此时供水温度已提高），而是远远大于此值（尤其是用户 1），因而系统用户侧对总水量的需求也远不止上述计算的 $1.1W_{t0}$。因此，回水混合后，由于供水温度提高，要求水量将极大，特别是表冷器设计时的 e 值较小时，这种循环效应将越来越严重。比如，为满足用户要求而增大用户侧水量，则有更多的回水混合，供水温度将进一步提高，e_1 的值更小，反过来又要求更大的供水量。如此循环，严重时将走入死区，即无论如何地加大供水量都不能满足用户 1 的要求。因此，我们可以得出结论：按大于 W_{t0} 来选择次级泵流量的思路是不可行的，不可用提高次级泵供水量的办法来解决系统水量超过设计值需求的问题。这也就是说，设计中应防止系统出现超水量需求，避免平衡管内水流由 B 点流向 A 点。

因此，解决这一问题的关键是防止系统超过设计水量的要求。尽管同时加大初级泵和次级泵流量是可以解决的，但由于初级泵流量受冷水机组的制约，加大初级泵水量，即要加大冷水机组冷量（而实际上完全不需要），因此这也不是一个好方法。作者认为，较可行的方法是加大末端表冷器。以上面的分析中可知：若表冷器按 Q_{10}、Q_{20} 选择，在 $g \geqslant 1.0$ 后水量将急剧上升，以至形成恶性循环；但如果表冷器按 Q_{1c} 和 Q_{2c} 选择，则情况完全相反。这样做当表冷器处于设计值 Q_{10} 和 Q_{20} 时，$g_1 < 1$、$g_2 < 1$，各表冷器水量为 $W_{t1} < \frac{1}{5}Q_{10}$、$W_{t2} < \frac{1}{5}Q_{20}$，系统总水量则是 $W_t < \frac{1}{5}(Q_{10} + Q_{20})$。

例如，假定 $Q_{1c}=Q_{2c}=1.2Q_0$，$A=1$，则初级泵水量为 $W_{t1}=\dfrac{2}{5}Q_0$。按 Q_{1c} 及 Q_{2c} 选择盘管后，当各表冷器均为设计值 Q_0 时，$g_1=g_2=0.833$，根据式（7-20）可以算出 $g=0.67$，则次级泵设计水量为：

$$W_{t2}=\frac{2}{5}\times0.67Q_0=0.67W_{t1}$$

即选择的次级泵水量为初级泵水量的 67% 即可满足要求。

综上所述，当用户设计冷量为 Q_{10}、Q_{20}，用户峰值冷量为 Q_{1c}、Q_{2c}，同时使用系数为 A 时，对冷水机组、初级泵、次级泵和表冷器在容量的选择时，可遵循以下原则：

（1）冷水机组总制冷量按 $Q_{t0}=A(Q_{10}+Q_{20})$ 来选择；

（2）初级泵总水量 $W_{t1}=\dfrac{1}{5}A(Q_{10}+Q_{20})$；

（3）次级泵总水量按 $W_{t2}<\dfrac{1}{5}A(Q_{10}+Q_{20})$ 的原则来决定。由于其具体数值既与 Q_{1c}、Q_{2c} 有关，又与表冷器的特征系数 e 值有关，最好通过分析计算确定。若资料不完整或无法定量分析时，为保险起见，作者建议取 $W_{t2}=（0.8\sim0.9）W_{t1}$。

（4）表冷器冷量按 Q_{1c} 和 Q_{2c} 进行选择。

（二）平衡管 AB

平衡管 AB 在系统中起两个作用：

1. 平衡初级泵与次级泵的水流量差值

这一功能是在运行调节过程中实现的。根据前面已得出的结论，设计中应使水流方向由 A 点流向 B 点。在具体设计中，要确定平衡管管径，首先必须计算其旁通流量的最大值。为了使系统更稳定的工作。平衡管应尽量减少阻力（缩短管长及增大管径）。平衡管内最大水流量 W_{AB} 与 e_w 值和 W_{t0} 两者有关，由式（7-4）可以求出：

$e_w=0.0123$ 时，$W_{AB}=0.9W_{t0}$；

$e_w=0.0625$ 时，$W_{AB}=0.8W_{t0}$；

$e_w=0.184$ 时，$W_{AB}=0.7W_{t0}$；

$e_w=0.44$ 时，$W_{AB}=0.6W_{t0}$。

由于空调水系统的 e_w 值通常在 $0.05\sim0.5$ 之间，因此可以看出，平衡管最大流量在 $0.6W_{t0}\sim0.8W_{t0}$ 之间，随 e_w 的减小而加大。根据这一最大流量，即可选择平衡管径。考虑到对平衡管阻力尽可能小的要求，一般设计中，可取平衡管的管径与空调供、回水总管管径相同。

2. 平衡管是冷水机组初启动的桥梁

在一次泵系统中，第一台冷水机组的启动初始时间只能根据人工经验来判断。如果这时用户没有使用空调的要求，或需求量极少而未达到一台冷水机组的最低负荷值，则即使指令冷水机组启动，它也很难正常启动或启动后由于低负荷而很快停机，这对于设备和电网都是不利的。

但二次泵系统则提供了一种科学化的决策方式，它对冷水机组启停时间的决定是由计算实际冷量需求后来发出指令的。

首先，在整个供冷期间内，应始终保持一台次级泵运转，或由人工先启动一台次级泵，让水在用户侧及平衡管 AB 中循环（如果各用户都未使用，则水会通过压差旁通阀循环），并不流经冷水机组。之后，通过设在总管上的供、回水温度传感器T1、T2及流量传感器F可检测出供、回水温差及流量，再由计算机计算出实际的用户侧需冷量。当此计算值可满足冷水机组的最小冷量要求时（因为这时用户的供水温度较高，计算值反映的冷量实际上小于当前用户侧的需冷量，因此可考虑此计算值与冷水机组最小冷量相接近或略小于时），由计算机发出启动首台冷水机组的信号。

3. 平衡管是水泵扬程的分界线

由于初级泵和次级泵是串联运行的，因此系统中的阻力平衡相当重要，否则上述讨论的结果将不能得到保证。初级泵和次级泵的扬程决定应该通过详细的阻力计算，其分界线就是 A、B 两点。在设计状态下，应保证平衡管 AB 的阻力为零或尽可能减少。

（三）系统对自动控制的要求

二次泵系统中，设备运行台数的控制是以实际情况为基础的，实际情况的得来必须是通过一系列的检测和计算。因此，设计二次泵系统，必须以相应的自动控制系统来辅助才能达到它的优点（尤其是节能方面的优点）。如果完全靠人工凭经验来操作，是不可能有任何节能效益的，这一点正如在变风量系统中风机转速的改变必须由自控系统自动完成而不能由人工决定转速是同一道理。

（四）分区设置次级泵的二次泵系统

图7-19是分两个不同区域设置各自的次级泵的一种典型系统图，它也是另一种应用较广泛的二次泵系统形式。

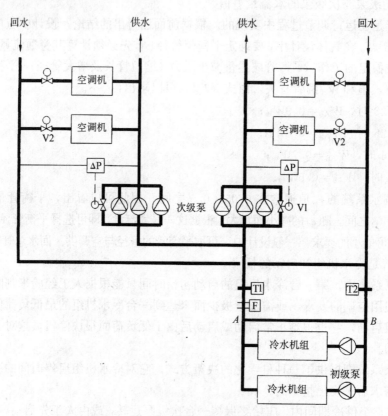

图 7-19　分区设次级泵的二次泵系统

采用此种系统，主要是因为两个区域内用户侧的水环路阻力相差较大造成的。由于水阻力相差较大，如果合用次级泵，一是次级泵必须按高阻力环路来选择扬程因而会使耗能增加，二是各环路之间要通过较仔细的初调试来平衡阻力。因此，这时分开设置次级泵的最大优点就是节省部分次级泵的电气安装容量，且有利于分区管理。

与图7-13相比，这种系统的缺点是低负荷时，节能效果不如图7-13。例如，当两个环路的需水量都只有设计水量的1/4时，如果按图7-13设计，只需运行一台次级泵，如果按图7-19设计，则必须运行各自区域内的一台次级泵，因而后者能耗更大一些。图7-13是对整个系统的综合考虑，而图7-19则是化整为零，因此这两者各有特点，这两者的比较与比较建筑采用中央空调还是分散式机组方式的特点是相类似的，要求设计人员根据建筑功能、使用性质、使用时间、建筑方位及布置等因素来详细论证后确定。就目前情况来看，在高层民用建筑中，图7-13可能更合理一些，投资也相对较少；而对于一些较为分散的小区空调供冷，或综合性多功能建筑群，如果环路阻力相差太大，图7-19也是一种值得考虑的形式。

第七节　水系统的分区

一、分区方法

水系统的分区通常有两种方式，即按水系统压力分区和按承担空调负荷的性质分区。

（一）按压力分区

在空调水系统中，由于机械制造的原因，各种设备及附件的工作压力是有一定限制的，国产附件如阀门等的压力等级一般有 0.6MPa、1.0MPa、1.6MPa、2.5MPa、4.0MPa 等，设备的压力等级一般分为 0.8MPa、1.2MPa、1.6MPa、2.0MPa、2.5MPa 等。从附件的制造来看，当工作压力达到 2.5MPa 以上时，其造价将成倍上升。设备的工作压力达到 2.0MPa 以上时，也会出现类似的情况。另外，普通焊接钢管的压力等级一般也是 2.0MPa。

从这一实际情况出发，为了减少投资及减少对建筑本身的影响，空调系统通常以 1.6MPa 作为工作压力划分的界限，即在设计时，使水系统内所有设备和附件的工作压力都处于 1.6MPa 之下。考虑到水泵扬程大约40m左右，因此，水系统的静压应在120m以下，对于目前的建筑来说，这相当于大约室外高度100m左右的建筑（地下室−10m左右）。当建筑高度较高，使得水静压大于 1.2MPa 时，水系统宜按竖向进行分区以减少系统内的设备承压。

（二）按负荷性质分区

负荷性质本身包括了两个主要方面，即使用特性和固有特性。

1. 按使用性质分区

从使用性质上看，主要是各区域在使用时间，使用方式上有较大的区别，这一点在综合性建筑中较为明显，如酒店建筑中的客房与公共部分，办公建筑中的办公与公共部分等等。公共部分本身像餐饮、商场、娱乐等在使用时间上也存在一定的区别。

按使用性质分区的好处是可以各区独立管理，不用时可以最大限度的节省能源，灵活方便。从高层建筑来看，通常在公共部分与标准层之间都有明显的建筑形式转换，以此转换处分区既对竖向分区有利，也对使用方式上的分区有利，是一种较好的方式。但这一分区通常要求设一个分区转换建筑层（有时也称为设备层），它将对建筑形式尤其是投资产生较大的影响，应认真比较后才能确定。一般来说，对于上部为客房，下部为公共区域的高层酒店而言，由于排水管道等的布置也会要求设备层，因此这时空调水系统的分区是可以与之一起考虑的。但对于一些办公式建筑，如果高度不大，单为空调专业设置设备层是不经济的，因此，此时通常是分为不同的环路而不是真正的从压力上分开。

2. 按负荷固有性质分区

负荷的固有特性当然与房间使用性质有一定关系，但影响更多的则是在朝向及内、外区方面。

从朝向上来说，南北朝向的房间由于日照不同，在过渡季节时的要求有可能不一致；东西朝向的房间由于出现负荷最大值的时间不一致，在同一时刻也会有不同的要求。

从内、外区上看，正如第五章第七节中所介绍的那样，外区负荷随室外气候的变化较为明显；而内区负荷相对比较稳定，全年以供冷的时间较多。

因此，水系统可以考虑到上述不同的要求，进行合理的分区或分环路设置。同时，水系统的分区也应和空调风系统的划分相结合来考虑才是合理的。在某些建筑中，可能既有竖向分区，又有水平分区。

二、超高层建筑水系统

超高层建筑的概念是相对于高层建筑而言的，其划分标准按《高规》是以建筑室外地面以上高度100m为界的。如前所述，通常水系统竖向分区也是100m左右为界，因此，超高层建筑在水系统上进行分区是合理的。其竖向分区的界限可以和超高层建筑中的避难层结合来考虑。

（一）建筑高度在100～200m之间

这时可以考虑两个水系统，即高、低区系统。其冷源方案有两种形式。

1. 高、低区合用冷、热源

低区采用水冷冷水机组，直接供冷，同时在设备层设置板式换热器，作为高、低区水压的分界设备。低区冷冻水作为换热器的一次水，高区水系统采用经热交换后的二次水，系统如图7-20所示。

这一系统的优点是冷水机组集中设于地下，便于管理及维护，同时，冷水机组的集中控制可综合全楼能耗来进行，因此综合能效比较好。在设备层中只有少量高区水循环泵，可避免过多的设备重量及运行噪声，对施工及使用都有一定的好处。另外，这一系统低区采用两管制系统时，高区也自动成为了两管制系统。

它的不足之处是：①由于设热交换，必然存在能量损失，尽管板式换热器效率较高，但用于冷水时，其损失仍然是明显的。例如，如果一次水供水温度为7℃，则二次水供水温度只能达到8.5～9℃左右，更低是十分困难的。由于二次水供水温度较高，在同样标准层负荷情况下，必然要求高区各末端表冷器的面积加大，因而设备投资增加。如果把高区冷冻水供水温度降低，必然要求降低低区供水温度，这又势必影响冷水机组的制冷效率。②当低区采用开式膨胀水箱定压时，必然放在设备层之上；有时其设置位置不容易找到（但如果低区采用气体定压罐，则没有此问题）。

2. 高、低区独立冷源

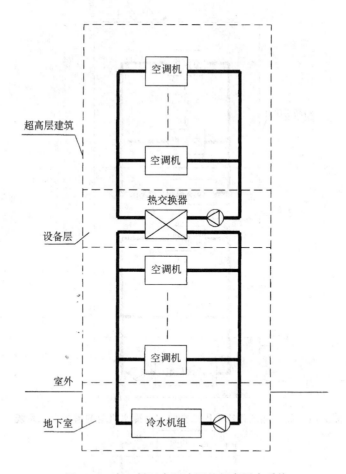

图 7-20　高、低区合用冷源的超高层水系统

高、低区分别采用各自的冷水机组，互不影响，冷源装置可以是水冷式（如图 7-21 所示），也可以是低区水冷、高区风冷式（如图 7-22 所示）。

图 7-21 克服了图 7-20 形式由于换热而存在损失的缺点，因此所有标准层设备的布置及参数、规格均相同。但它的缺点是由于冷水机组设于中间设备层，对结构的荷载增加较多，且要求设备层净高相对较大；冷水机组作为一个整体，安装就位存在一些困难。同时，由于冷水机组运行噪声较大，对设备层的消声隔振等处理要求非常严格，否则会对上下两个使用层都会带来不利影响。另外，这一方式的高、低区需要各自的分区热水系统为冬季空调使用。

图 7-22 最大的优点就是不用专门的设备层，因而可以节省投资或增加使用面积。缺点是冷水机组整体就位困难（通常需分段组装），对屋顶的荷载较大，高区风冷机组的 COP 值相对较低。同图 7-21 一样，此系统的空调热水也必须分为高、低区两个系统。

（二）建筑高度大于 200m

这时一般应考虑高、中、低三个水系统，其系统方式可在图 7-20～图 7-22 之中的几种方式灵活组合，既可各系统相互独立，又可通过换热或采用风冷机组。但应注意的是：由于空调冷冻水必须具有一定的低温（否则末端性能影响太大且除湿能力太差），因此，换热器的设置应只有一级，即不能用换热器出来的二次水当作冷、热媒供另一区的换热器一次

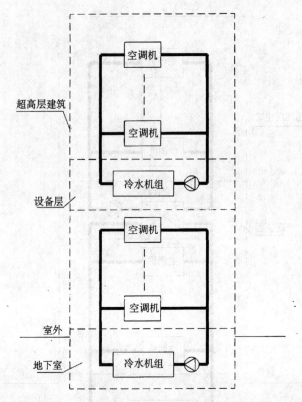

图 7-21　高、低区各自采用独立的水冷冷水机组的超高层水系统

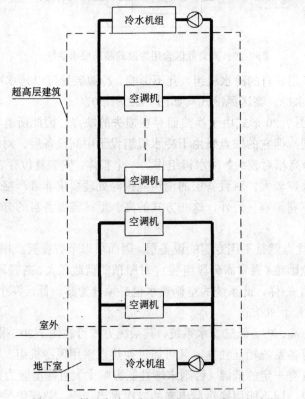

图 7-22　低区水冷、高区风冷式的超高层水系统

水。比如说，当低区设置水冷式冷水机组，中区采用中间换热器供冷时，高区应独立设置水系统而不应把中区空调用水再当作高区热交换的一次水，否则经两次换热后的冷水出水温度将达到约 11～12℃，已完全不能满足空调要求了。

这也说明，在分有高、中、低三个水系统时，整个大楼至少要设置两处以上的冷源装置才是较好的。

第八节 冷却水系统

空调系统中的冷却水系统，是专为水冷冷水机组或水冷直接蒸发式空调机组而设置的。

一、冷却水种类

（一）天然水冷却

天然水如像自来水、地下水、湖泊、江河或水库中的水，对于空调冷却水系统来说，它们都是优良的冷源。经过设备后，水也不会产生污染，可直接排入下水道中。

天然水冷却的典型例子是一部分小型直接蒸发式空调机组。在建筑物周围有非常充足的水源时，中央空调系统也可以考虑。

（二）循环水冷却

目前的高层民用建筑空调中，大量采用的是循环水冷却方式。之所以如此，是因为这些建筑所在的地点，通常也是城市的水资源缺乏区，而冷却水的用量比较大，直接用自来水将造成极大的浪费。如在北京市，市政管理部门就明文规定：凡是中央空调的冷却水都必须采用循环水。

利用循环水进行冷却的系统如图 7-23 所示。

从冷却塔来的较低温度的冷却水（通常为 32℃），经冷却泵加压后送入冷水机组，带走冷凝器的热量。高温的冷却回水（通常设计为 37℃）重新送至冷却塔上部喷淋。由于冷却塔风扇的转动，使冷却水在喷淋下落过程中，不断与室外空气发生热湿交换而冷却，冷却后的水落入冷却塔集水盘中，又重新送入冷水机组而完成冷却水循环。

显然，在冷却水的循环过程中，冷却水量存在一定的损失。这有两部分：一是由于空气的吸湿带走的蒸发部分，二是由于风机向上排风而吹出的部分。前一部分是极少的，后一部分则与冷

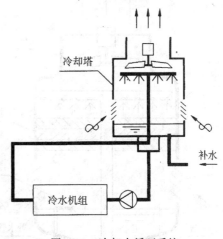

图 7-23 冷却水循环系统

却塔的结构有关。但总而言之，损失的水量比起冷却水循环流量来都是很小的，一般大约只有冷却塔循环水量的 0.3%～1%。对于损失部分，可通过自来水得到补充。

二、冷却塔

在循环冷却系统中，冷却塔是一个重要的设备，由于冷却塔的性能导致对整个空调系统产生影响的现象在许多建筑空调系统中常可以看到。目前最常见的问题是冷却塔的冷却效率太差，不能满足空调系统的使用要求甚至有许多产品不能达到其技术资料所列的性能指标。

（一）冷却塔的类型

从构造上来分，目前使用的定型冷却塔产品大致有四种类型：逆流式、横流式、蒸发式和引射式。通常后三者的外形以方形（或矩形）为主，前者则有方形和圆形两种外形。

1. 逆流式冷却塔

标准的逆流式冷却塔的构造如图7-24所示。它由外壳、轴流式风机、填料板、进水及布水管、出水管、集水盘及进风百叶等主要部分组成。

此冷却塔的基本原理是冷却水与空气相接触时进行热湿交换，它利用的是空气的湿球温度进行冷却。只要湿球温度低于冷却水温，就能起冷却作用。

逆流冷却塔具有以下一些优点：

（1）进风口与出风口具有较大的高差，因而进出风不易短流，能保证吸入空气的湿球温度相对较低。

（2）根据热交换的基本原理，逆流塔在热交换效率上是最高的。

（3）圆形逆流塔的进风百叶可沿整个圆周布置，方形塔也可在四周布置，因此进风较为均匀，对冷却效果较好。

从外形尺寸上看，圆形塔直径比同样性能的方形塔最大边长更大一些。由于这一原因，在高层民用建筑设计时，受占地面积的限制使圆形塔的使用场合受到一定的影响。

2. 横流式冷却塔

横流式冷却塔结构如图7-25所示，其组成的基本材料及构件与逆流塔基本相同。与逆

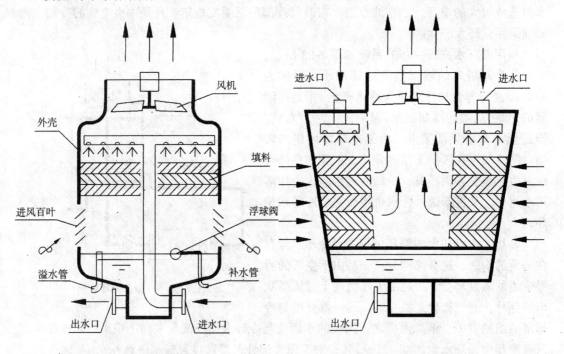

图 7-24　逆流式冷却塔　　　　　　　　　图 7-25　横流式冷却塔

流塔不同的是在热交换流程上，它的冷却水流与空气的流向是垂直的，"横流"即是指空气与水接触过程中，空气是沿水平方向流动的。

从此热交换方式上可以看出：横流塔在热交换效率上显然是不如逆流塔。从构造上看，

其进风口与出风口的高差也比逆流塔小得多，如果出风口处受到某种气流或其它物体的影响和阻碍，会使出风与进风出现短流的现象。因此，横流塔设计安装时，对其出风口上方的情况更应引起特别的注意。另外，横流塔进水口一般在塔体上部，因此通常要求塔上方有水平干管，管道布置稍有困难。

3. 引射式冷却塔

引射式冷却塔的结构如图 7-26 所示。它由外壳、进出风口、布水管、喷口、填料、扩散器、进出水口和集水盘等主要部件组成。

从热交换原理上来看，它与前两者没有多大区别，也即都是利用水-气的接触进行冷却。

其最大的特点是，它取消了冷却风机，而采用较高速的水通过喷水口射出，从而引射一定量的空气进入塔内进行热交换而冷却。因此，喷水口及喷射的水流特性是影响其冷却效率的关键因素。

由于没有风机等运转设备，因此此塔的最大优点是可靠性高、稳定性好、噪声比其它类型的冷却塔低。缺点是设备尺寸偏大，造价相对较贵；同时，由于射流流速的要求，它需要较高的进塔水压。

4. 蒸发式冷却塔

蒸发式冷却塔在热交换原理上与上述几种塔是完全不同的，它的结构如图 7-27 所示。它由外壳、循环水集水池、冷却风机、循环水管道泵及布水管（口）、冷却盘管、导流板、空气出风口等部件组成。

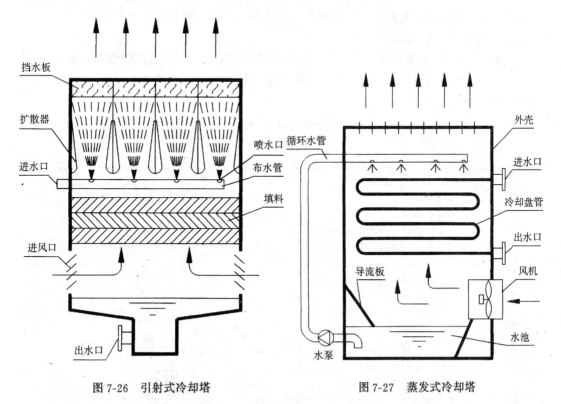

图 7-26　引射式冷却塔　　　　　图 7-27　蒸发式冷却塔

当冷却水进入冷却塔中的盘管后，循环管道泵同时运行抽取集水池的水，经布水口均匀的喷淋在冷却盘管表面，室外空气在冷却风机作用下送至塔内使盘管表面的部分水发生

175

蒸发而带走热量，空气温度较低时，本身也可以和盘管进行热交换而带走部分盘管的热量，从而使盘管内的冷却水得到冷却。因此可以看出：它的传热实际上是两个过程，首先是空气与循环水的直接热湿交换，然后才是此循环水蒸发过程中与冷却水通过盘管进行间接式热交换，这是一个利用"蒸发冷却"原理进行冷却的典型例子。第一个过程与空气的湿球温度有关，第二个过程与盘管的构造和特性有关。

蒸发式冷却塔的一个主要优点就是冷却水系统为一个全封闭系统，对水质的保证性较好，不易被污染，杂质也不会进入冷却水系统之中。另一个优点是在室外气温较低时（如过渡季），可以把它变成一个蒸发冷却式制冷设备，使冷却水可以直接当作空调系统的冷冻水使用，从而减少冷水机组的运行时间。

但是，作为主要起冷却水冷却功能的设备来说，它存在一些固有特点：

（1）电耗较大，它的电耗包括了风机电耗和循环水泵的电耗。从表7-1～表7-4中可以看出，它的电耗比其它形式的冷却塔电耗要大得多。

（2）进塔水压要求较高。普通冷却塔的进塔水压通常略大于布水管或进水口至集水盘水面的高度，而蒸发式冷却塔的冷却水进水压力却要求克服塔内冷却盘管的阻力，这一点也可从表7-1～表7-4中比较得出的。因此，它对冷却水泵的扬程要求加大。使冷却水泵电气安装容量增加。

因此，采用蒸发式冷却塔时，应进行综合的比较，即设计时应考虑利用它在过渡季当作蒸发冷却式制冷设备，通过切换使冷却水当作冷冻水来使用以节省冷水机组的运行能耗，以抵消其本身能耗大的缺点。如果仅把它用作冷却水系统，显然是不经济的。

（二）冷却塔性能及能耗比较

标准型逆流塔、标准型横流塔、引射式冷却塔及蒸发式冷却塔的性能分别见表7-1～表7-4。这四个表均建立在以下三个条件：①空气湿球温度28℃；②冷却水进塔水温37℃；③冷却水出塔水温32℃。

逆流式冷却塔性能表　　　　　　　　　　　表7-1

型　号	处理水量 （m³/h）	电　量 （kW）	进塔水压 （m）	外　形　尺　寸 （mm）	重　量 （kg）
80	55.2	1.5	3.5	2090×2090×3190	1460
100	69	2.2	3.6	2090×2090×3190	1540
125	85.2	2.2	3.8	2375×2375×3250	1970
150	102	3.7	3.9	2375×2375×3250	2070
175	121.2	3.7	4.0	2375×2375×3430	2160
200	136.2	3.7	4.2	2700×2700×3500	2610
225	150	5.5	4.2	2700×2700×3500	2670
250	174	5.5	4.5	2700×2700×3680	2810
300	201	7.5	3.9	4510×2375×3250	4070
350	240	7.5	4.0	4510×2375×3430	4210
400	276	7.5	4.2	5140×2700×3500	5050
450	308	11.0	4.2	5140×2700×3500	5240
500	348	11.0	4.5	5140×2700×3680	5510
600	414	11.0	4.2	7580×2700×3500	7350
700	486	15.0	4.0	8780×2375×3430	8130
800	552	15.0	4.2	10020×2700×3500	9720
900	614	22.0	4.2	10020×2700×3500	10350
1000	696	22.0	4.5	10020×2700×3500	10870

横流式冷却塔性能表

表 7-2

型 号	处理水量 (m³/h)	电 量 (kW)	进塔水压 (m)	外 形 尺 寸 (mm)	重 量 (kg)
50	50	1.5	3.0	1470×2635×3170	1800
65	65	1.5	3.0	1670×2635×3175	1900
80	80	3.7	3.0	1870×2835×3370	2140
100	100	3.7	3.2	1870×2835×3570	2180
125	125	5.5	3.4	2275×3135×3965	2720
150	150	5.5	3.5	2575×3335×4065	3170
175	175	7.5	3.5	2875×3335×4170	3370
200	200	7.5	3.2	3675×2835×3570	3830
250	250	11.0	3.4	4485×3135×3965	5400
300	300	11.0	3.5	5085×3335×4065	6300
350	350	15.0	3.5	5685×3335×4170	6700
400	400	16.5	3.5	7595×3335×4065	8930
500	500	22.0	3.4	8905×3135×3965	10260
600	600	22.0	3.5	10105×3335×4065	12060
700	700	30.0	3.5	11305×3335×4170	12930
800	800	37.0	3.5	14115×3335×4170	16690

引射式冷却塔性能表

表 7-3

型 号	处理水量 (m³/h)	电 量 (kW)	进塔水压 (m)	外 形 尺 寸 (mm)	重 量 (kg)
80	55.2		12.0	2640×2640×3515	1070
100	70.2		12.0	2640×2640×3615	1300
125	85.8		12.0	3840×2640×3765	1730
150	103.8		12.0	3840×2640×3865	2015
175	121.2		12.0	4440×2640×3865	2260
200	136.2		12.0	5040×2640×3955	2410
225	150		12.0	5640×2640×3955	2760
250	174		12.0	5040×3240×4115	2975
300	201		12.0	5040×3840×4115	3420
350	243		12.0	5040×4440×4315	3890
400	282		12.0	5040×5040×4315	4330
450	303		12.0	5640×5040×4515	4770
500	348		12.0	6240×5040×4515	5250
600	405		12.0	7440×5040×4665	6480
700	486		12.0	8640×5040×4665	7370
800	540		12.0	9840×5040×4765	8350
900	612		12.0	11040×5040×4765	9090
1000	696		12.0	12240×5040×4865	10180

蒸发式冷却塔性能表

表 7-4

型 号	处理水量 (m³/h)	电 量 (kW)	进塔水压 (m)	外 形 尺 寸 (mm)	重 量 (kg)
15	15	1.1+4.0	0.2	1750×1750×3800	3000
30	30	1.5+4.0	0.51	2300×2300×4200	4800
50	50	3.0+7.5	1.1	2800×2800×4400	7500
75	75	4.0+7.5	1.75	3350×3350×4650	9600
100	100	5.5+18.5	2.02	3900×3900×4820	12800
125	125	7.5+15	3.62	4300×4300×5000	15100
150	150	11+18	4.51	4050×4050×5100	19000
200	200	11+37	6.83	5300×5300×5500	25300
250	250	15+30	9.03	5850×5850×5800	30400
300	300	15+36	11.49	6420×6420×6100	37500

在以下比较各种冷却塔的能耗时，考虑两个方面的因素：一是冷却塔本身的能耗，二是它对其它设备（如冷却水泵）所带来的能耗。同时这里只比较它们仅用于冷却水冷却作用时的能耗情况。

根据水泵的性能参数，其效率 η 与流量 W 有一定的关系，通常流量越大，效率也越高。从实际产品情况出发，比较时对冷却水泵的效率作如下规定：

(1) $W \leqslant 100 \text{m}^3/\text{h}$ 时，$\eta = 73\%$；

(2) $100 < W \leqslant 200 \text{m}^3/\text{h}$ 时，$\eta = 76\%$；

(3) $200 < W \leqslant 300 \text{m}^3/\text{h}$ 时，$\eta = 79\%$；

(4) $W > 300 \text{m}^3/\text{h}$ 时，$\eta = 82\%$。

由于冷却塔引起的冷却水泵耗电为：

$$\Delta N_s = \frac{\Delta H \times W}{367 \eta} \quad (\text{kW}) \tag{7-23}$$

式中　ΔH——进塔水压（m）；

　　　W——处理水量（m³/h）。

根据表 7-1～表 7-4，可得出各种冷却塔所带来的能耗比较如表 7-5 所示。

各种冷却塔能耗比较　　　　　　　　　　　　　　　　表 7-5

处理水量(m³/h)	逆流式				横流式				引射式				蒸发式			
	冷却塔电量(kW)	进塔水压(m)	N_s(kW)	合计电耗(kW)	冷却塔电量(kW)	进塔水压(m)	N_s(kW)	合计电耗(kW)	冷却塔电量(kW)	进塔水压(m)	N_s(kW)	合计电耗(kW)	冷却塔电量(kW)	进塔水压(m)	N_s(kW)	合计电耗(kW)
50	1.5	3.5	0.65	2.15	1.5	3.0	0.56	2.06	0	12.0	2.24	2.24	3.75	1.1	0.21	3.96
65	2.2	3.6	0.87	3.07	1.5	3.0	0.73	2.23	0	12.0	2.91	2.91				
80	2.2	3.8	1.13	3.33	3.7	3.0	0.9	4.6	0	12.0	3.58	3.58				
100	3.7	3.9	1.46	5.16	3.7	3.2	1.19	4.89	0	12.0	4.48	4.48	24	2.02	0.75	24.75
125	3.7	4.0	1.79	5.49	5.5	3.4	1.52	7.02	0	12.0	5.38	5.38	22.5	3.62	1.62	24.12
150	3.7	4.2	2.26	5.96	5.5	3.5	1.88	7.38	0	12.0	6.45	6.45	29	4.51	2.43	31.43
175	5.5	4.5	2.82	8.32	7.5	3.5	2.2	9.7	0	12.0	7.53	7.53				
200	7.5	3.9	2.79	10.29	7.5	3.5	2.3	9.8	0	12.0	8.6	8.6	48	6.83	4.9	52.9
250	7.5	4.0	3.45	10.95	11.0	3.4	2.93	13.93	0	12.0	10.35	10.35	45	9.03	7.79	52.79
300	7.5	4.2	4.35	11.85	11.0	3.5	3.62	14.62	0	12.0	12.42	12.42	51	11.49	11.89	62.89
350	11.0	4.5	5.23	16.23	15.0	3.5	4.07	19.07	0	12.0	13.96	13.96				
400	11.0	4.2	5.58	16.58	16.5	3.5	4.65	21.15	0	12.0	15.95	15.95				
500	15.0	4.0	6.65	21.65	22.0	3.4	5.65	27.65	0	12.0	19.94	19.94				
600	15.0	4.2	8.37	23.37	22.0	3.5	6.98	28.98	0	12.0	23.93	23.93				
700	22.0	4.5	10.47	32.47	30.0	3.5	8.14	38.14	0	12.0	27.91	27.91				

表 7-5 反映了采用不同类型冷却塔对空调冷却水系统的总电气安装容量的不同值。由于各厂家的冷却塔产品规格划分并不是完全一致的，因此，表 7-5 中采用的流量是按第一列中所公认的标准处理水量值来选取各塔参数的。从表 7-5 中可以看出：在同样处理水量条件下，横流塔与逆流塔的电量差别不大，而引射式塔的安装容量较小，蒸发式塔则最大。从安装电气容量来说，引射式塔具有一些优势。但是，应该注意的是，在处理水量较大时，横

流塔和逆流塔通常是用多个风机组合运行的,当空调系统冷量较小时(低负荷时),意味着冷却塔的热负荷也会减小,这时只要减少各组冷却塔的运行风机台数就可以降低实际运行能耗。而对于引射式塔来说,由于冷却水泵是随冷水机组运行的,即使低负荷时,也不能停止冷却水泵(只要机组不停机),因而在低负荷时,采用引射式塔的冷却水系统的能耗将会超过前两者。从全年空调负荷来看,低负荷占了整个空调的大部分运行时间,因而如果以全年运行的总能耗(kW·h)来比较,采用引射式塔的冷却水系统肯定比采用有多台风机的横流塔或逆流塔的冷却水系统的能耗高。只有小型冷却塔(处理水量在200m³/h以下)采用单台风机时,后者才有可能在全年能耗上低于前两者。

三、冷却水系统设计

(一)冷却水系统

与冷冻水系统一样,冷水机组运行时要求其冷却水应保证一定的流量。当多台冷水机组并联运行时,通常冷却水泵、冷却塔及冷水机组采用一一对应的运行方式选择台数。在管道连接时,对冷却水泵而言,既可采用与冷水机组一一对应的连接(图7-28),也可采用冷却水泵与冷水机组独立并联后通过总管相连接的方式(图7-29);而对冷却塔而言,考虑到冷却塔通常远离冷冻机房,因而一般是冷却塔全部并联后通过冷却水总管接至冷冻机房。

在水系统处于低负荷时,有两种情况是设计中应考虑到的:

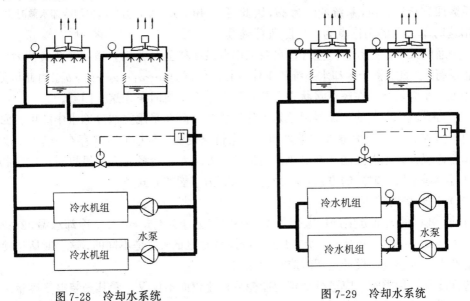

图7-28 冷却水系统　　　　　　　　图7-29 冷却水系统

1.设备运行台数不变,但各设备均在部分负荷运行

这时各冷却塔如果按满负荷运行,其出水温度将低于设计值,对冷水机组来说,过低的冷却水进水温度也同样是不利于其正常运行的。因此,为保证满足设计的冷却水温度,这时应采取一定措施:

(1)当每组冷却塔中有多个风机时(实际上相当于系统中有多台冷却塔),通过回水温度控制风机的运行台数。

(2)当每组只有一个风机时(通常如圆形冷却塔),则在冷却水供、回水总管上设置旁通电动阀,通过总回水温度调节旁通量,保证冷却水进水温度不变(如图7-28或图7-29)。

（3）改变风机转速，降低冷却能力。

2. 空调负荷降至设计值的50％时

仍以图7-28或图7-29来说明。这时冷水机组、冷却泵及冷却塔都应停止一台运行，并且停止运行的冷却塔进水管电动蝶阀应关闭（否则此塔将旁通部分水量但未能正常冷却，造成冷水机组供水温度过高）。

在上述两种低负荷情况中，如果都采用旁通阀作为进水温度的调节手段，则水泵超流量的状况将比较严重，如图7-30所示。

水泵设计工作点为 a 点，当负荷从100％下降至大于50％时，两台塔仍同时工作，由旁通阀不断开大以控制混合水温，因此系统工作点将沿泵联合运行曲线 $p2$ 下降。在负荷降至50％时，工作点到达 a_1 点，此时旁通阀已全开，显然此时水泵流量超过设计值。此时开始停止一台设备，工作点由 a_1 迅速移至 b_2 点，同时旁通阀开始关闭直至开度为零，之后冷却水管道系统阻力系数回到接近原值，系统曲线为 oa，因此可以看出这时单台泵的工作点为 b_1。随负荷继续

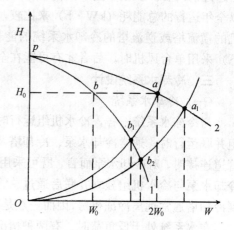

图7-30　采用旁通阀控制冷却水温时水泵的工况分析

下降，旁通阀又开始打开直至全开，水泵工作点最终移至 b_2 点时，表明系统负荷为零，设备停止运行。因此，整个冷却水系统的工作点移动情况是 $a \rightarrow a_1 \rightarrow b_2 \rightarrow b_1 \rightarrow b_2$。由此可见，在此过程中，水泵始终处在超流量状态，要求选配水泵电机时考虑这一因素。

由于台数减少引起的超流量现象是无法克服的（除非采用类似冷冻水中的供、回水压差控制等措施），而由于旁通控制带来的超流量情况说明这种控制方式存在一定的问题。因此，作者建议设计中以控制冷却塔风机的运行台数（对单台塔有多台风机时）或控制风机转速（对单塔单风机时）的方式是更为合理也更为节能的方式。

（二）冷却塔的选用及布置

目前，我国的大部分生产厂家都是以室外空气湿球温度 $t_s = 28℃$，冷却水温 $32/37℃$ 的标准来生产冷却塔的。由于建筑所在地区不同，各地区的 t_s 值是不同的，这会对所选冷却塔的性能产生一定影响，设计选用时应注意此点。

选择冷却塔种类时，应进行全年的能耗分析比较而不仅仅是看其安装电气容量。从经济性上来说，还要考虑投资、占地面积、使用要求及噪声等因素。对于一些环境噪声要求非常高的地点，可采用引射式冷却塔，一般情况下则以逆流方形塔较好；如果要采用蒸发式塔，则应和冷冻水系统结合来考虑（蒸发式塔主要适用于一些湿球温度较低的地点，如我国的西北地区）。

一些厂家通过在塔的进出口增设消声叶片来达到噪声的要求（此方式以圆形塔较为普遍采用），或通过加大塔体尺寸来提高冷却效益，从而生产出所谓"低噪声节能型"甚至"超低噪声节能型"等产品，也较多的用于了工程之中。但这些产品的一个共同特点是尺寸远大于标准型，投资也增加较多，因此这种做法也许只能是一种权宜之计而并非实质性的解决方法。作为冷却塔的生产及科研部门，提高其性能的重点应放在对风机、填料、布水

器及塔体本身的流体力学性能和热工性能的研究改进方面才是更合理的。此外，冷却塔的安装，尤其是内部填料的安装是非常重要的，现有一些工程中冷却塔未能达到设计参数的要求，也大多是和安装不好有直接关系。

冷却塔一般应放在通风良好的室外，在高层民用建筑中，最常见的是放在裙房或主楼屋顶。在布置时，首先应保证其排风口上方无遮挡物，避免排出的热风被遮挡物部分返回重新由进风口吸入，影响冷却效果。在进风口周围，至少应有1m以上的净空（或根据塔的尺寸及风量来确定净空尺寸），以保证进风气流不受影响。另外，进风口处不应有大量的高湿热空气的排风口。

冷却塔体大都采用玻璃钢制造，由于生产原因，一些产品很难达到非燃的要求。因此，消防排烟风口必须远离冷却塔。

当有多台冷却塔并联时，由于冷却塔集水盘为开式，因而要求每台塔都必须安装在同一水平面上（蒸发式冷却塔可除外）。

当冷却塔位置比冷水机组位置高出许多时（如设于主楼屋面），为了减少冷水机组的承压，有时也可把冷水机组放在冷却水泵的吸入管段上。但当塔与机组的高差有限（如冷却塔放在独立建造的冷冻机房屋面或为了室外景观的需要放在不太高的地点）时，为了防止冷却泵吸入口形成负压，一般应把冷水机组放在冷却泵出口端。

冷却塔布置中的另一个值得设计人员十分重视的问题就是"抽空"现象。如前如述，当有多台冷却塔并联运行时，低负荷时冷却塔运行台数减少，不运行的冷却塔进水管上的电动蝶阀应关闭以保证冷却水进入冷水机组时的水温。如图7-31，三台冷却塔并联，假定低负荷时1号塔运行，2号、3号塔停止，这时2号、3号塔集水盘中的水面将下降（3号下降最多）。当冷却塔与回水干管的高差较低时，有可能3号塔集水盘水面下降至回水管中的 C 点甚至更低，这样就将产生3号塔出水管处进入空气而形成所谓"抽空"现象。空气如果进入运行中的水泵，对水泵性能将产生严重的影响。

为了解决这一问题，目前的工程中采用了几种方法：

1. 采用蓄水池

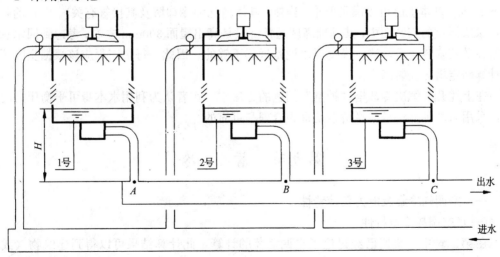

图7-31 冷却塔与干管的连接示意

在冷却塔组的下方（甚至有的是在冷冻机房内）设一个较大的开式蓄水池，冷却回水经管道靠重力自流回水进入开式水池中，冷却泵从蓄水池中取水。这种做法在80年代早期的一些工程设计中可以见到。

尽管这一做法避免了水泵吸入空气的问题，但代价却是巨大的。首先，要考虑一个相当大的水池空间，其占用面积、投资会增加。其次，当冷却塔与水池的高差较大时，这部分水的静压被浪费了，因而不得不增大冷却水泵的扬程。例如，假定冷却塔设于80m高的建筑屋面上而此水池放在地下室，则要求冷却泵的扬程达到100m以上，显然这是极不合理也是极为耗能的，甚至不可能选出合适的水泵。

因此，采用蓄水池的方式是不可取的。

2. 增加冷却塔出水管电动蝶阀

在每个冷却塔出水管口处增设电动蝶阀，当该塔停止运行时，其供、回水管的电动蝶阀同时关闭，以保持集水盘中的水面，防止"抽空"而进入空气。

采用这种做法原则上是可行的。但是，如果回水管蝶阀关闭不严（实际工程中的确有过此现象），则运行一段时间后，仍有可能出现这一问题。同时，当冷却塔处理水量较大时，其回水管径较大，所增设的电动蝶阀的费用是较多的。

3. 改进冷却塔

这包括两方面的内容：一是把集水盘的高度加大，二是设计中考虑一条直径较大的连通管从集水盘底部把各冷却塔集水盘连通。这两种方式都需要与冷却塔生产厂商协商（后一种要求底部开设连通管接口），但它们是一种简而易行的方法，投资上也很少增加。

4. 提高冷却塔安装高度

从图7-31中可知：实际上回水总管已部分起到了连通管的功能。分析管内水流阻力就可以得出：对现有冷却塔，当其集水盘中设计水位距回水总管顶部的高差 H 大于1号塔回水时从该塔至图7-31中 C 点的水流阻力时，3号塔"抽空"的现象就可以避免（2号塔也就不成问题了），因而尽量减少总回水管的水流阻力 ΔP_{ABC} 或提高 H 值是有利的，建议总回水管采用一条不变径的母管较为合理。根据作者对一些工程的详细计算结果，当 $H=700\sim 800mm$ 时，基本上就可以满足要求（当然，具体情况和冷却塔及其接管有关）。但目前各生产厂家所提供的安装图中，其基础高度通常都只是高出屋面300mm左右，考虑到回水总管的管径及其安装要求，这一高度可以说是远远不够的。因此，每个工程应该根据实际情况经计算确定塔的安装高度。

在上述几种解决冷却塔"抽空"问题的方法中，作者认为利用水本身可平衡压力的特性，采用后两种方法是最经济也是最为合理和可靠的。

第九节 蓄 冷

一、空调耗冷量及电力负荷特性

（一）空调耗冷量特性

在第二章中，我们已经讨论了空调负荷的计算，此计算结果可以得到建筑物（或房间）典型目的空调逐时负荷。在第三章及第五章中，又讨论了关于新风设计负荷的计算。从上面的讨论和计算中，我们可以得到空调系统的设计耗冷量值。但是，从运行调节上来看，仅有空调系统的设计耗冷量是不完整的，我们必须分析和计算在典型设计日内，空调系统的逐时耗冷量。由于空调冷负荷的逐时值已经计算得出，因此，关键是计算新风的逐时负荷值。

从对新风负荷的分析我们可以看到：新风负荷为新风焓值 h_x 与室内焓值 h_n 的差值，即：

$$\Delta h_x = h_x - h_n \tag{7-24}$$

在典型设计日中，可以近似地认为，室外空气在昼夜的露点温度基本上保持不变，则根据 h-d 图或式 (3-1)，可以看出：在典型设计日中，新风焓值的变化与干球温度 t_w 的变化成正比。

典型设计日室外干球温度逐时值可采用日较差法进行计算：

$$t_x = t_{wp} + \beta \times \Delta t_r \quad (℃) \tag{7-25}$$

式中　t_{wp}——夏季空调室外干球平均温度（℃）；

　　　Δt_r——平均日较差（℃），$\Delta t_r = (t_{wg} - t_{wp}) / 0.52$；

　　　t_{wg}——夏季空调室外干球计算温度（℃）；

　　　β——室外干球温度逐时变化系数，见表 7-6。

室外温度逐时变化系数　　　　　　　　　　　　表 7-6

时　刻	1：00	2：00	3：00	4：00	5：00	6：00
β	−0.35	−0.38	−0.42	−0.45	−0.47	−0.41
时　刻	7：00	8：00	9：00	10：00	11：00	12：00
β	−0.28	−0.12	0.03	0.16	0.29	0.40
时　刻	13：00	14：00	15：00	16：00	17：00	18：00
β	0.48	0.52	0.51	0.43	0.39	0.28
时　刻	19：00	20：00	21：00	22：00	23：00	24：00
β	0.14	0.00	−0.10	−0.17	−0.23	−0.26

注：本表取自《采暖通风与空气调节设计规范》（GBJ19—87）。

以北京地区为例。$t_{wg} = 33.2℃$，$t_{wp} = 28.6℃$，$h_{wg} = 81.93$（kJ/kg），根据式（3-1）、式（7-25）及表 7-6 可以计算出北京地区在典型设计日的新风逐时干球温度 t_x 和逐时焓值 h_x，见表 7-7。根据室内设计参数（t_n、φ_n 和 h_n）及表 7-7，即可求出新风单位质量干空气时的冷负荷 Δh_x 和逐时系统新风总冷负荷 Q_x。

北京地区典型设计日逐时新风干球温度 t_x（℃）和焓值 h_x（kJ/kg）　　表 7-7

时间 T	1：00	2：00	3：00	4：00	5：00	6：00	7：00	8：00	9：00	10：00	11：00	12：00
t_x	25.50	25.24	24.88	24.62	24.44	24.97	26.12	27.54	28.87	30.02	31.17	32.14
h_x	74.20	73.94	73.57	73.32	73.15	73.69	74.82	76.24	77.04	78.75	79.88	80.88
时间 T	13：00	14：00	15：00	16：00	17：00	18：00	19：00	20：00	21：00	22：00	23：00	24：00
t_x	32.85	33.20	33.10	32.40	32.05	31.08	29.80	28.60	27.72	27.10	26.57	26.03
h_x	81.59	81.93	81.84	81.09	80.76	79.80	78.54	77.33	76.41	75.83	75.28	74.74

$$Q_x = G_x \times \Delta h_x \tag{7-26}$$

式中　G_x——新风量（kg/h）。

在各种高层民用建筑中，由于使用性质的不同，其耗冷量特点也不一样，同类性质的建筑在位置、朝向及采用建筑材料不同时，其特点也有区别。同时，在一些综合性建筑中，各种性质的房间（如客房、办公楼、商场、餐厅等）可能都会包括，这将导致整幢建筑的耗冷量特点与各类单一性质的建筑有所区别。因此，作为设计人员，分别计算典型设计日各房间逐时冷量并汇总而得出整幢建筑的逐时耗冷量是有极其重要的意义的。

由于蓄冷设计中，首先是方案设计和方案比较，在这一阶段，对逐时耗冷量尚无法进行详细计算。因此，方案设计中的大致估算时，各种性质的房间的逐时冷量系数可参考表7-8。

典型房间逐时冷量系数 表 7-8

时间	写字楼	宾 馆	商 场	餐 厅	咖啡厅	夜总会	保龄球
1：00		0.16					
2：00		0.16					
3：00		0.25					
4：00		0.25					
5：00		0.25					
6：00		0.50					
7：00	0.31	0.59					
8：00	0.43	0.67	0.40	0.34	0.32		
9：00	0.70	0.67	0.50	0.40	0.37		
10：00	0.89	0.75	0.76	0.54	0.48		0.30
11：00	0.91	0.84	0.80	0.72	0.70		0.38
12：00	0.86	0.90	0.88	0.91	0.86	0.40	0.48
13：00	0.86	1.00	0.94	1.00	0.97	0.40	0.62
14：00	0.89	1.00	0.96	0.98	1.00	0.40	0.76
15：00	1.00	0.92	1.00	0.86	1.00	0.41	0.80
16：00	1.00	0.84	0.96	0.72	0.96	0.47	0.84
17：00	0.90	0.84	0.85	0.62	0.87	0.60	0.84
18：00	0.57	0.74	0.80	0.61	0.81	0.76	0.86
19：00	0.31	0.74	0.64	0.65	0.75	0.76	0.93
20：00	0.22	0.50	0.69	0.69	0.65	1.00	1.00
21：00	0.18	0.50	0.40	0.61	0.48	0.92	0.98
22：00	0.18	0.33				0.87	0.85
23：00		0.16				0.78	0.48
24：00		0.16				0.71	0.30

从表7-8中可以看出，除昼夜采用空调的酒店外，其它房间（或同类性质的建筑）都只是部分时间有冷量的要求，并且不管何种建筑，在典型设计日中，都只有极少时间处在设计冷量的运行要求下，大部分时间是在低冷量需求中运行。也即是说，对于由电制冷的空调系统而言，大部分时间其用电需求都低于设计值。

（二）电力负荷特性

根据全国大中城市对城市电力系统的统计资料表明：市电供应的高峰值与大部分建筑空调冷量的峰值的出现时间 T 是基本一致的（即以白天为主），且电力系统峰谷相差极大，这造成了在电网上，绝大部分时间是低负荷运行，效率较低。随着生活水平的提高，民用电特别是空调系统用电占城市电力系统电量的比例也越来越高，导致电网运行效率越来越低。就目前的电力设备本身而言，要做到"削峰填谷"是非常困难的，只有抽水蓄能电站可以部分做到此点（如北京正建设中的十三陵抽水蓄能电站），但其投资和运行费用都是较大的。

由于这些原因，为了充分利用低谷时的电力资源，解决峰值时电力紧张的问题，在一些发达国家，都制定了各种行政及经济手段来迫使用户自行削弱其峰值用电，其中一个最主要的经济手段就是采用电力分时计费的方式。在我国，目前这方面也已经开始起步，部分省、市和地区开始制定了相应的政策。如华北地区电网，在高峰时间的用电收费为低谷时间电费的4.5倍。

根据空调系统的特点，在采用电制冷时，如果考虑把制冷用电时间主要放在电网的低谷时间，让其制冷量部分贮存起来，在高峰空调耗冷量时充分利用这部分贮存的冷量，就可以实现空调系统的部分"前峰填谷"的用电目标，空调蓄冷系统正是在这种条件下逐步发展起来的。简单来说，它就是充分利用夜间进行制冷并蓄冷，而在需冷量高峰时（白天）利用这部分蓄冷量，这样既可减少白天对电力负荷峰值的影响，又充分利用了夜间的廉价电力，因而对于整个城市电网及用户本身都具有较大的经济意义。

应该明确的一点是，只有采用电制冷的空调系统，采用蓄冷方式才有实用的经济意义。

二、空调蓄冷系统的基本形式

空调蓄冷的形式从蓄冷量的大小来分可分为全负荷蓄冷和部分负荷蓄冷，从使用的蓄冷介质形式上可分为水蓄冷和冰蓄冷。

（一）全负荷蓄冷

全负荷蓄冷只能用于部分时间有空调需冷量要求的建筑（如办公楼、餐厅、商场等）；而对于酒店等昼夜运行空调的建筑，不可能做到全负荷蓄冷。

如图7-32所示，某一建筑只在7：00～18：00的时间段内有供冷要求，其全天供冷量为面积A，则：

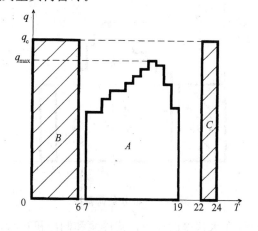

图7-32　全负荷蓄冷

$$A = \sum_{i=7}^{18} q_i \quad (\text{kW} \cdot \text{h}) \qquad (7\text{-}27)$$

采用全负荷蓄冷时，要求把全部供冷量转到电力低谷区，因此，在低谷时的蓄冷量为$B+C$，则：$B=6q_c$，$C=2q_c$。

从能量平衡上看：$A=B+C$。

全负荷蓄冷时，电力高峰时间内（图7-32中7：00～18：00）全部制冷机均停止运行，空调用冷量完全靠蓄冷量供冷，因此，全负荷蓄冷系统的运行费用是极低的，这是其主要的优点。但是，由于蓄冷的时间有限，要求制冷机组具有较大的制冷量，同时蓄冷装置的容量也比较大，是其缺点之一。从图7-32中可以看出，全负荷蓄冷时，冷水机组的制冷量为：

$$q_c = \frac{1}{8} \sum_{i=7}^{18} q_i \quad (\text{kW}) \qquad (7\text{-}28)$$

因此，全负荷蓄冷时的设备投资较大，占地面积较多，只有用冷时间较短而蓄冷运行时间允许较长的建筑，才有一定的经济意义。

（二）部分负荷蓄冷

部分负荷蓄冷的设计思想是：在电力低谷时间内，利用制冷机蓄存一部分冷量；在电力高峰时间内，用制冷机与蓄存的部分冷量同时向建筑供冷。

以图 7-33 为例，全天总冷量为 $A=A_1+A_2$（kW·h），其中 A_2 为蓄冷部分，则 $A_2=B+C$。A_1 为制冷机白天运行时的制冷量供冷部分。

因此，部分负荷蓄冷时，制冷机的工作时间是较长的，其长短可视制冷机的容量而定。经济的做法是：基本上按 24h 连续运行冷水机组进行计算和设计，这样可使机组容量和蓄冷装置的容量均最经济合理。

但是，如果某些地区对各建筑的峰值电量有所限制，则制冷机容量应按所限的峰值电量来决定，当此容量小于按 24h 运行所确定的制冷机容量时，其经济性必然降低，但这又是不得已而为之的。就目前情况来看，绝大多数仍可以按 24h 运行制冷机为设计依据。

以下介绍水蓄冷和冰蓄冷时，也以 24h 运行制冷机为基本设计原则。

三、水蓄冷

（一）水蓄冷系统形式

水是一种优良的蓄冷介质，其比热为 4.18kJ/（kg·℃）。采用水蓄冷时，系统如图 7-34 所示。

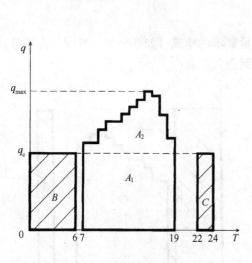

图 7-33 部分负荷蓄冷

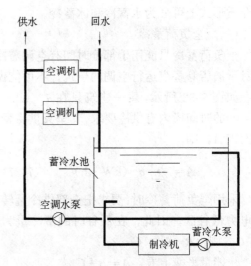

图 7-34 水蓄冷系统示意图

在水蓄冷循环中，蓄冷泵和制冷机运行，使冷水不断制冷后，存入蓄水池中；在空调循环（也称取冷循环）中，由空调泵把贮存的冷水送至用户。

水蓄冷时，制冷机所制取的冷水通常为 4～6℃，这是目前绝大多数设备可以做到的。与蓄冰系统相比，其水温较高，因而制冷机的运行效率比冰蓄冷高一些。但是，由于水的比热有限，水蓄冷的能力是有限的。在保证一定蓄冷量时，与蓄冰相比，蓄冷水池要求较大的容积，这一点对于高层民用建筑来说有时是比较困难的。通过加大空调供、回水温差可减少水池容量，但这将造成用户必须采用更大的冷盘管的情况，实际上对整个系统来说，其造价中水池减少的部分转移到了末端上面，因此投资不会明显减少。从经济性来看，蓄冷温差为 6～8℃左右是比较合适的。

当然，如果设计中能综合考虑，比如利用高层民用建筑中的消防水池进行蓄冷而不单建蓄冷水池，则经济性是有所提高的。

从图 7-34 中可以看出，空调取冷循环是一个开式系统，并且这一系统的冷源完全由蓄冷水池供应而无法由制冷机和水池联合供应，因此这种系统并不适用于高层建筑以及部分负荷蓄冷的要求。

解决上述两个问题有两种方式，一是采用不同的接管及阀门，实现不同的运行方式并保持空调水系统的压力，二是采用换热器，使空调水系统成为一个标准的闭式系统。

第一种解决方式的接管如图 7-35 所示，这种方式可实现四个工况，即蓄冷工况，制冷机供冷工况、蓄冷水池供冷工况、制冷机与蓄冷水池联合供冷工况。系统中各设备及阀门在上述四种工况下的运行状态如表 7-9 所示。

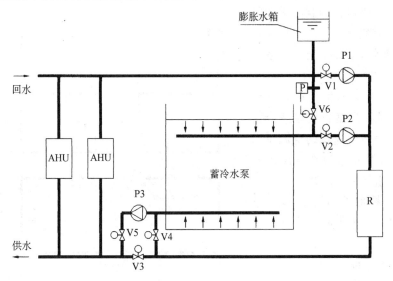

图 7-35　水蓄冷系统接管方式

图 7-35 运行工况表　　　　　　　　　　　　　　　　　　　表 7-9

工　　　况	R	P1	P2	P3	V1	V2	V3	V4	V5	V6
蓄冷	开	关	开	关	关	开	关	开	关	关
制冷机供冷	开	开	关	关	开	关	开	关	关	关
蓄冷水池供冷	关	关	关	开	关	关	关	关	调节	调节
联合供冷	开	开	关	开	开	关	开	关	调节	调节

在这一方式中，当采用蓄冷水池供冷时，由于 V5 阀的调节，将使泵 P3 处于变水量的工作状态；采用联合供冷时，则 P1、P3 泵均处在变水量状态下运行，因而制冷机水量也将发生变化，这对于水泵和制冷机都是不利的。

第二种解决方式的接管系统如图 7-36，它同样可以实现上述四种工况，但系统中各设备及阀门的运行工况与前者有一定的区别，如表 7-10 所示。

这一系统的优点是可以保证各水泵均为定流量运转，同时由于空调水系统用户侧本身为完全的闭式系统，其压力非常稳定，不受任何阀门调节的影响。系统的缺点是由于用户侧为二次水，其供水温度比前者高一些，因而用户供水温度的提高使其冷盘管尺寸要求加大，并且它也限制了板式换热器一次水的温差，对蓄水池而言，则意味着要增加一定的容量，故其投资有所增加。

图 7-36 运行工况表 表 7-10

工 况	R	P1	P2	P3	V1	V2	V3	V4	V5	V6
蓄冷	开	关	开	关	关	开	关	开	关	关
制冷机供冷	开	开	开	关	调节	开	开	关	开	调节
蓄冷水池供冷	关	开	关	开	调节	关	开	关	关	调节
联合供冷	开	开	开	开	调节	开	开	关	开	调节

但是，从参数来看，用户侧水系统通常要求 7℃ 供水，而制冷机及蓄水池的供水温度为 4～6℃，采用板式换热器用于冷水交换时，通常考虑一次进水与二次出水的温差为 1～2℃，因而从参数上看这一系统是完全可行的。7℃ 的供水温度也比较适合我国目前的施工水平，过低的空调供水温度对管道的保温等带来一定的困难（尤其是防止凝结水问题），且系统的控制比较容易实现。因此，这一系统对于高层民用建筑来说是有一定实用意义的。

（二）水蓄冷系统设计

1. 蓄水池容积

蓄冷量的确定通常是以部分负荷蓄冷方式为原则的，这样可尽量减少制冷机容量和水池的容积，因此，白天制冷机与蓄冷水池联合运行。在联合运行中，要考虑是以制冷机为主还是以蓄水池为主的问题。若以制冷机为主，则白天多出的部分供冷需求由蓄冷水池负担，因而蓄冷水池在白天的取冷量是处在调节变化的过程

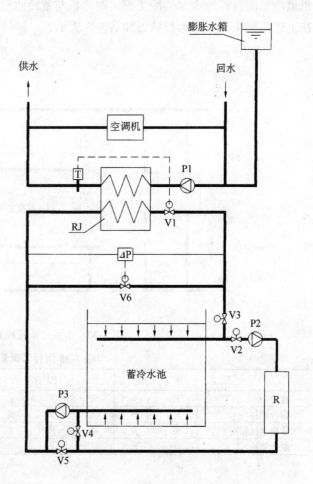

图 7-36 水蓄冷系统接管方式

中，要求蓄冷水池最大供冷量为 $q_{smax}=q_{max}-q_c$（q_c 为制冷机设计冷量）；这样做法制冷机容量较小而蓄冷水池可能较大，比较适合于空调系统需冷量的峰谷值相差较小的系统。反之，若以蓄冷水池为主，则主要是由于蓄冷水池的尺寸受到限制的条件所致，这时必须保证 $q_c \geqslant q_{max}-q_{smax}$，这样制冷机的制冷量选择可能相对较大一些。从设计来说，前者更符合蓄冷设计的原则，即充分利用制冷机的能力。以下的分析以前者为基础。

全天总供冷量需求为：

$$Q = \sum_{i=1}^{24} q_i = 24 \times q_c \quad (\text{kW} \cdot \text{h})$$

故制冷机的装机容量为：

$$q_c = \frac{1}{24} \sum_{i=1}^{24} q_i \quad (\text{kW}) \tag{7-29}$$

根据冷负荷计算，可以求出 q_i 大于 q_c 的时间区域 $T_1 - T_2$，则蓄冷的时间为 $24 - (T_1 - T_2)$，蓄水池全天的总蓄冷量为：

$$Q_s = Q - (T_2 - T_1) \times q_c \quad (\text{kW} \cdot \text{h}) \tag{7-30}$$

如果考虑到蓄水池由于传热所引起的冷损失及水温的变化情况，其蓄冷效率为 $\eta = 0.85 \sim 0.9$，则蓄冷水池的有效容积为：

$$V = \frac{Q_s \times 3600}{\Delta t \times \rho \times c_p \times \eta} \quad (\text{m}^3) \tag{7-31}$$

式中　Q_s——蓄冷量（kW·h）；

　　　Δt——蓄冷水温差（℃）；

　　　ρ——水的密度，取 $\rho = 998 \text{kg/m}^3$；

　　　c_p——水的定压比热，取 $c_p = 4.18 \text{kJ/kg} \cdot \text{℃}$。

把水的特性参数代入式（7-31）得：

$$V = \frac{Q_s}{(0.85 \sim 0.9) \times 1.16 \times \Delta t} \quad (\text{m}^3) \tag{7-32}$$

2. 水力分层

在水蓄冷系统中，保证已制冷的蓄冷水与热回水分开不混合是问题的关键，如果不能保证此点，将无法使系统按设计正常运行。在目前，通常采用冷、热水池分开的多池系统和分层技术两种方法来解决此问题。多池系统至少设有两个水池，投资和占用面积增加，经济性显然不好；而后者只采用一个水池，通过冷、热水的分层来解决。

根据水的特性我们知道：在大气压力下，水的密度与其水温有关。当水温在 $0 \sim 4$℃时，随水温增加，其密度上升（水温为零时，开始结冰，密度较小）；当水温大于 4℃时，随水温增加，其密度开始下降（如图 7-37 所示）。因此，在采用冷、热水放入同一水池时，理论上来说，4℃的冷水由于密度最大，应聚积在底部，而热回水则应在水池上部，这时水池内水温从下至上是不断增加的。在没有任何其它因素的影响时，水池内水温随高度的变化如图 7-38 所示。

从图 7-38 中可以看出：在距水池底 1m 深度左右，存在一个水温的剧变层。由于实际情况中，水池水温受到的影响因素较多（如水流紊乱等），因此，分层技术的目的，就是尽可能减少剧变层的高度，以减少整个水池的高度。显然，这一要求与水池的构造和水池上、下布水器（下部为冷水布水器，上部为热水布水器）的构造有极大的关系。

从水池构造上来看，高径比（或高宽比）的增加将使剧变层体积占水池总容积的比例下降，有利于提高蓄冷效率。

以布水器来说，主要的着手点应放在避免水流垂直流动的出发点上。也就是说，无论在蓄冷还是取冷过程中，水的流动都应以密度差为动力而尽可能防止惯性力的影响（这一点无论对于池内水的垂直流动和水平流动都是合理的）。因此，对布水器的要求如下：

（1）布水器应尽量在水池的平面中均匀布置；

（2）增加布水口数量，减少布水口流速；

（3）冷水布水器的布水口应朝下，热水布水器的布水口应朝上。

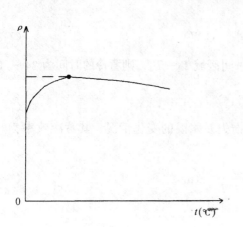

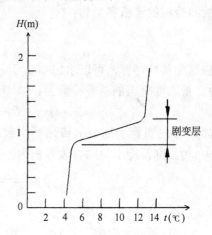

图 7-37　水的密度与水温的关系　　　　图 7-38　水温与水池高度的关系

由此也可以看出，在总容积一定时，对水池的高径比是有一个限制的。高径比过大，将使得池底面积太小，布水口的数量会减少因而布水口流速增加，水流的惯性力增大，影响分层效果；高径比过小，又会使剧变层所占体积的比例增加，蓄冷效率下降。

3. 设备及附件的选择

在选择设备及附件时，主要考虑的是其容量（或流量）。

对于冷水机组，制冷量应按 q_c 选择。但要注意的是，由于蓄冷水温度为 4～6℃，因此，它的工作条件是不同于空调工况的（7℃供水）。

与冷水机组配套的 P2 水泵应按冷水机组的要求流量选择，若考虑蓄冷水温差为 $\Delta t = 6$℃，则 P2 水泵的流量为：

$$W_2 = \frac{1}{6} q_c$$

取冷水泵 P3 的流量应按蓄冷温差 Δt 和取冷时的最大供冷量 q_{smax} 选择：

$$W_3 = \frac{1}{6} \times (q_{max} - q_c)$$

以下讨论旁通阀 V6 的情况（针对图 7-36）。

在冷水机组单独供冷时，V6 的最大流量为一台冷水泵 P2 的流量；在蓄冷水池与冷水机组联合供冷时，最大流量则为取冷泵 P3 的流量（若 P3 为多台并联，则为一台 P3 的流量）。

因此，为了保证系统稳定工作及旁通阀控制准确，当系统中有多台 P2 时，其取冷泵 P3 也宜多台并联且每台 P3 泵的流量不宜大于单台 P2 泵的流量，这样旁通阀的最大流量即可按一台 P2 泵的流量来选择。

四、冰蓄冷

冰蓄冷系统利用冰的溶解热进行蓄热，由于冰的溶解热（335kJ/kg）远高于水的比热，因而采用冰蓄冷时，蓄冰池的容积比蓄冷水池的容积小得多［通常水蓄冷时，其单位蓄冷量的要求容积为 0.118m³/（kW·h）；而冰蓄冷时，此值仅为 0.02m³/（kW·h），后者大约只有前者的 1/6 左右]。因此，冰蓄冷系统对于机房面积较为紧张的建筑是更合适的，这一特点也与大多数高层民用建筑的特点相符合。

冰蓄冷系统根据用户与冰槽在系统中的相对连接形式可分为并联系统和串联系统。

（一）并联系统（图 7-39）

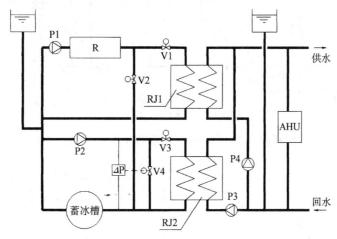

图 7-39　冰蓄冷并联系统

从图 7-39 中可以看出，此蓄冰系统实际上是由两个完全分开的环路组成的，各环路具有各自独立的膨胀水箱及工作压力。在空调环路中，载冷介质为普通水；而在蓄冷环路中，载冷剂必须考虑防冻问题，所以常用介质为乙二醇水溶液。

与水蓄冷一样，这一系统也可实现四种运行工况，即蓄冰工况、制冷机供冷工况、蓄冰槽供冷工况和联合供冷工况，不同工况下各设备及阀门的运行状态见表 7-11。

图 7-39 运行工况表　　　　　　　　　　　　　表 7-11

工　　况	R	P1	P2	P3	P4	V1	V2	V3	V4	RJ1	RJ2
蓄　　　冷	开（低温水）	开	关	关	关	关	开	关	关	关	关
制冷机供冷	开（高温水）	开	关	关	开	开	关	关	关	开	关
蓄冰槽供冷	关	关	开	开	关	关	关	调节	调节	关	开
联合供冷	开（高温水）	开	开	开	开	开	关	调节	调节	开	开

注：1. 表中所注低温水即指满足蓄冷要求的低温乙二醇水溶液，其温度通常为−5.0℃；

2. 表中所注高温水即指满足空调要求的较高温度的乙二醇水溶液，其温度通常为 5～5.5℃（考虑板式换热器温差）。

很显然，这一系统与水蓄冷的使用区别是：制冷机是在双出水温度的状态下工作的。蓄冰时要求出水温度为−5℃，直接供冷时要求出水温度为 5～5.5℃。因而在制冷机供冷时，它不能同时用作蓄冰用途；反之，当制冷机蓄冰运行时，若同时供空调冷水，则水温太低，一是有可能使 RJ1 热交换器的二次水侧出现结冰而损坏的情况，二是效率太低。因此，这一系统供冷和蓄冰的工作时间是完全分开的，不能同时使用（在水蓄冷系统中可同时使用）。由此可知：对于夜间蓄冷工况运行时，如果建筑此时仍有冷量要求（如酒店类建筑），应该在空调侧水环路上考虑一个满足蓄冰运行开始后或结束前建筑耗冷量要求的"基载"冷水机组。

（二）串联系统（图7-40）

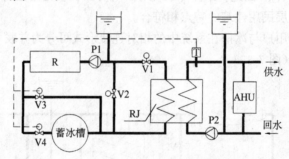

图7-40　冰蓄冷串联系统

它的特点与并联系统相似，也可实现四种运行工况，见表7-12。

图7-40 运行工况表　　　　　　　　　　　　　　　　　　表7-12

工　　况	R	P1	P2	V1	V2	V3	V4	RJ
蓄　　冷	开（低温水）	开	关	关	开	关	开	关
制冷机供冷	开（高温水）	开	开	开	关	开	关	开
蓄冰槽供冷	关	开	开	开	关	调节	调节	开
联合供冷	开（高温水）	开	开	开	关	调节	调节	开

注：同表7-11。

同样，与并联系统相同的是，蓄冰和供冷通常是不能同时运行的。

在联合供冷时，这种系统的效率较低，这主要是由于制冷机或蓄冰槽中总有一个是处在低效运行造成的。在图7-40中，冰槽位于制冷机出口，因此冰槽的进水温度较低，取冰效率受到影响（取冰水溶液温差小）；反之，如果把冷水机组设于冰槽出水管上，则冷水机组由于进水温度低而使其制冷效率下降。这还导致的另一个结果是联合运行时的水温差将大于冷水机组或冰槽单独供冷时的温差。

这一系统中，水泵P1也是变工况运行的，前三个工况中P1泵要求的扬程必然小于联合供冷时的扬程，因此对水泵的选择要引起注意。

（三）蓄冰系统的设计

1. 蓄冰装置

蓄冰装置目前分为两种大的类型，即盘管式和封装式。

（1）盘管式

盘管式从融冰方式上可分为内融冰式和外融冰式，从结构上可分为蛇形盘管、圆形盘管和U型盘管等。

采用外融冰式盘管时，水直接与冰接触，因此换热效果好，取冷速度快。但由于它要求较大的间隙来保证盘管周围的水流，因而其蓄冰槽要求较大的容积。

采用内融冰式盘管时，管外的冰层由内向外融化，由于内层冰融化后形成的水膜层产生较大的换热热阻，因此换热效率不如外融冰式，取冷速率降低。

（2）封装式

从结构上看，封装式通常采用的有冰球和冰板两种形式。与盘管式相比，封装式水阻力较小，但由于其单位冷量的换热面积要求比较大，装置尺寸比盘管式可能会大一些。

由于蓄冰装置的产品及型号较多，厂家也较多，各种性能及结构却不相同，这里无法对此一一介绍，设计人员在具体工程设计中，可与有关厂商联系。

2. 制冷机

在蓄冰系统中，制冷机有两种运行工况（蓄冰运行及空调供冷运行），因此，制冷机的容量确定与水蓄冷有明显的区别，主要的一点在于：当蓄冰工况时，同一制冷机的制冷效率将下降（例如：当出水温度由5℃变为－5℃时，离心机和活塞机的冷量约下降至65%，螺杆机冷量约下降至70%）。由于蓄冰系统中通常采用螺杆式制冷机组（它适用于中温中压冷媒，可防止蒸发器真空度过高），因此以下以螺杆机为基础来分析。

在以下的分析中假定：建筑物只有部分时间(T_1-T_2)有冷量需求，在这部分时间内，制冷机都必须运行；当制冷机冷量不能达到建筑要求时，则从蓄冰池中取冰，采用联合运行的方式。

在制冷机供冷期间，如果T_1-T_2的时间间隔较长，则有可能在某些时刻制冷机并不是全负荷运行，如图7-41中阴影部分所示。

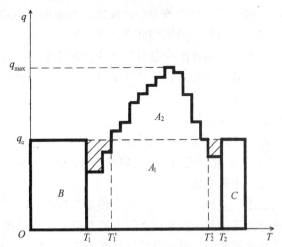

图7-41 逐时负荷与冷机制冷量对比示意图

全天空调总冷量为：

$$Q=\sum_{i=T_1}^{T_2} q_i$$

制冷机直接供冷的冷量为

$$Q_1=\sum_{i=T_1}^{T_1'} q_i+ \ (T_2'-T_1') \ q_c+\sum_{i=T_2}^{T_2} q_i \tag{7-33}$$

蓄冰池蓄冷量为：

$$Q_2=0.7\times \ [24- \ (T_2-T_1)] \ q_c \tag{7-34}$$

式（7-34）中，0.7为制冷机蓄冰运行时的制冷效率。

由上述三式可得蓄冰系统热平衡方程式：

$$\sum_{i=T_1}^{T_2} q_i=\sum_{i=T_1}^{T_1'} q_i+ \ (T_2'-T_1') \ q_c+\sum_{i=T_2}^{T_2} q_i+0.7 \ [24- \ (T_2-T_1)] \ q_c \tag{7-35}$$

在确定制冷机冷量q_c时，它受到T_2'和T_1'的影响，因此无法直接从式（7-35）中计算出q_c值。令$Q_1=a \ (T_2-T_1) \ q_c$，则式（7-35）可写为：

$$\sum_{i=T_1}^{T_2} q_i=a \ (T_2-T_1) \ q_c+0.7 \ [24- \ (T_2-T_1)] \ q_c$$

则制冷机制冷量为

$$q_c=\frac{\sum_{i=T_1}^{T_2} q_i}{16.8+ \ (a-0.7) \ (T_2-T_1)} \tag{7-36}$$

a 值反映了制冷机在白天供冷时，其总容量与同一时间区域内全负荷运行供冷量的比值，显然 $a \leqslant 1$。在实际工程中，a 的取值是重要的，这要通过对全天空调逐时耗冷量的分析来确定。当 $T_1 - T_2$ 的区间较大时，说明蓄冰运行时间较短，蓄冰要求的 q_c 值应较大，故 a 值宜取较小；反之则 a 值可取较大。通常 $a = 0.85 \sim 1.0$ 左右，具体工程可通过试算方法确定，其确定原则为：保证制冷机停止运行时（即 T_2 结束时），冰槽内蓄冰冷量为零。具体计算 a 值的步骤如下：

先初选 a 值，求出 q_c 及蓄冰总冷量 Q_2，然后逐时计算各时刻冰槽内蓄冰冷量及取冷量，复核 T_2 结束时的冰槽内蓄冰冷量（也称为残冰冷量）是否满足上述原则要求，若残冰量大于零，则说明 a 值取值偏小；反之，则说明 a 值取值偏大，均要重复上述计算步骤，直至达到要求。当然，要做到完全满足残冰冷量为零是不太容易的，因此，当残冰冷量接近零时（或人为控制残冰冷量与蓄冰冷量的比值——可取 $0.5\% \sim 1\%$）即认为可行。也可根据制冷机组规格的分级情况选择最佳制冷机使残冰冷量大于且最接近于零。

3. 水泵

（1）并联系统

P1 泵的流量应按满足制冷机全负荷运行及水温差 $5 \sim 6$℃来确定。

P2 泵流量应按满足最大取冷量 q_{smax} 及 $5 \sim 6$℃的水温差来确定。

（2）串联系统

在串联系统中，当采用联合供冷工况时，P1 泵扬程要求较大。但是，联合供冷时，对换热器而言，其一次水供、回水温差应大于制冷机或冰槽单独供冷时的 $5 \sim 6$℃温差，而制冷机或冰槽的供、回水温差又必然小于 $5 \sim 6$℃，因此两者的温差选取存在一个最佳经济性问题（即要使制冷机和冰槽的联合供冷效率最高）。如果从制冷机及水泵来看，为了减少变流量造成的影响，宜使制冷机温差取值稍大（4℃左右较好），则 P1 泵的流量为

$$W_1 = \frac{1}{4} \times 0.86 q_c$$
$$= 0.215 q_c \quad (\text{m}^3/\text{h})$$

式中 q_c 的单位为 kW。

这样选择 P1 泵后，如果其运行工况为表 7-12 中的前三种，则由于系统阻力小于联合供冷工况时的水阻力，因此水泵必然是不在设计工况点运行。如果采用定速泵，将使水量流量增大，必须考虑到水泵的超负荷运行问题；同时，制冷机组对水流量的增加范围也是有一定限制的。因此，这时采用变速泵或双速泵也许是一个好的解决方式，不但可以节能，而且可更好地满足运行要求。

五、蓄冷系统的经济性

（一）与普通水系统的经济比较

普通水系统即指按最大耗冷量 q_{max} 选择制冷机组的中央空调水系统，采用蓄冷系统，首先应和它进行经济比较。蓄冷系统经济上的特点是：①利用电力低谷时电费较低的优点；②制冷机组装机容量下降（水泵容量也随之下降），使电力附加费等前期费用下降；③由于设备较贵，占地面积大，因而初投资比普通系统有所增加；④由于蓄冷工况与空调工况有差别，因此制冷系数也存在一定的差别。以下以北京地区为例来说明，其中 COP_1、COP_2 分别为普通系统和蓄冷系统的制冷系数。

1. 每 kW 冷量的电力附加费 FD

对普通系统：$FD_1 = \dfrac{4600}{COP_1}$（元/kW 冷量）

对蓄冷系统：$FD_2 = \dfrac{4600}{COP_1} \times \dfrac{q_c}{q_{max}}$

2. 年运行费用 FY

根据表 4-10 知，建筑全年平均负荷率相当于其全负荷的 31%，因此，若按 3000h 供冷时间计算，则：

（1）对于普通系统，全年总耗冷量为：

$$Q_1 = 3000 \times 0.31 \times q_{max}$$

其运行电费为：

$$FY_1 = \frac{Q_1 \times 0.558}{COP_1 \times q_{max}} \quad (0.558\ 为峰值电费)$$

$$= \frac{519}{COP_1} \quad (元/kW\ 冷量)$$

（2）对于蓄冷系统，全年总耗冷量为：

$$Q_2 = 3000 \times 0.31 \times q_c$$

假定白天运行冷水机组的总时间在一个供冷季节中为 ΔT，则：

白天运行电费为：

$$FY_{21} = \frac{0.558 \times 0.31 q_c \times \Delta T}{COP_2 \times q_{max}}$$

晚间运行电费为：

$$FY_{22} = \frac{0.118 \times (3000 - \Delta T) \times 0.31 q_c}{COP_2 \times q_{max}} \quad (0.118\ 为晚间低谷电费)$$

因此，全年运行电费为

$$FY_2 = FY_{21} + FY_{22}$$

$$= \frac{(109.74 + 0.1364 \Delta T)\ q_c}{COP_2 \times q_{max}} \quad (元/kW\ 冷量)$$

应该注意的是：上述各种费用均是以典型设计日最大冷量 q_{max} 为基准计算的。

由于不同形式的蓄冷系统在设备投资及各种造价上有很大的区别，COP_2 的值也不一样，因此，这里无法一概而论，只能由设计人员针对某一具体工程来比较。比较的方法是：先计算按普通水系统的投资 M_1（参见表 4-11）以及蓄冷系统投资 M_2（M_1 及 M_2 均应以元/kW 冷量为基准），然后按以下公式计算出采用蓄冷时投资的回收年限 R（假定银行利率为 x）：

$$(M_1 + FD_1) \times (1+x)^R + R \times FY_1 = (M_2 + FD_2) \times (1+x)^R + R \times FY_2 \quad (7\text{-}37)$$

由于空调设备的使用寿命一般为 15～20 年，因此，若按上式计算出的 $R < 10$，则说明蓄冷系统是经济的；若 $R > 15$（甚至 $R > 20$），则设蓄冷系统对用户的经济意义不大甚至没有意义。

（二）制冷机形式对蓄冷经济性的影响

由于水冷式制冷机组在运行过程中，冷却水通常设有回水温度控制，因此可以认为：水冷式机组的全天运行过程中，其制冷系数 COP 是基本不变的。而风冷式制冷机组在全天运行过程中，其制冷系数和室外温度密切相关，根据对风冷式机组的工况特性分析可知，当室外温度每下降1℃时，活塞式风冷机组的制冷系数大约可提高3%左右，而螺杆式风冷机组大约提高9%左右。

从蓄冷系统的运行方式中可以看到：蓄冷系统中制冷机多是在夜间投入运行进行蓄冷，因此，利用夜间较低的空气温度而采用风冷式机组，可使机组的运行效率比设计点有较大的提高。对于一些昼夜温差较大而湿球温度较高的城市，如果经核算风冷机组夜间的运行效率（指整个蓄冷运行期间）接近或高于水冷机组的话，加上它可以省去占用的机房面积及附属设备（如冷却泵、冷却塔等）投资等优点，有可能它更具有好的经济性。

第十节　水　系　统　的　定　压

在开式系统中，不存在定压问题。而在闭式水系统中，因为必须保证系统管道及设备内充满水，因此，管道中任何一点的压力都应高于大气压力（否则将吸入空气），这就带来了空调水系统的定压问题。

一、定压点及工作压力

（一）定压点的选择

定压点选择在水泵吸入口处是一种目前广泛采用的定压方式（如图7-42），它的主要优点是水力系统工况稳定。在系统未工作时，系统内最大压力即为静压 H_0（假定水泵放在系统最低处）；在水泵正常工作时，水泵出口处 C 点压力 P_c 为系统最大工作压力。若 H_b 为水泵在设计工作点的扬程（m），则：

$$P_c = H_b + H_0 \quad \text{(m)} \tag{7-38}$$

选择系统回水管最高点为定压点也是一种可见到的方式（如图7-43）。这样做的优点是：膨胀水管长度较短，尤其当建筑较高时，不用设置从底层至楼顶的膨胀管，因此可节省部分投资。在冷水泵不工作时，系统内最大压力仍为 H_0；组水泵正常工作时，系统内最大工作压力点虽然仍为水泵出口 C 点，但：

$$P_c = H_b + H_0 - \Delta H_{AB} \tag{7-39}$$

式中 ΔH_{AB} 为回水管从 B 点至 A 点的水阻力。

由于在水系统调节过程中，随水量的变化，ΔH_{AB} 的值是不断变化的，因此，P_c 的值也会随之而变化，故这一系统相对来说工作点不够稳定。

定压设备通常也用作系统内水在膨胀冷缩时的膨胀设备。因此无论何时，膨胀管上是不应该设有任何阀门的，即使认为供检修时用的手动阀也是如此，否则在运行管理时，一旦此阀关闭后忘记打开，有可能对整个水系统管道或设备产生严重的破坏。从图7-43中可以看出，在实际工程中（尤其是水路采用多分区多立管的系统中），有可能回水总管上设有手动阀门。因而，这种方式的危害可能性是较大的，这一点应该引起设计人员的注意。

膨胀管有时也兼作水系统的补水管。从系统排气的角度上看，水自下而上补水是有利的，因而在此点上，图7-42比图7-43更合理。

定压值的大小也是设计中应该注意的，通常保持运行时系统内最低点压力为10～15kPa（即大约1～1.5mH₂O）以上是比较安全的。对图7-42，即要求 $h=1\sim1.5$m，而对图7-43，则要求 $h = (1\sim1.5) + \Delta H_{ABS}$（$\Delta H_{ABS}$ 即是在设计状态下，回水管从 B 点至 A 点的水流阻力)。

无论如何,把定压点放在空调机上游侧(如图 7-43 中的 D 点)甚至供水立管上,都是极不合理的。因为空调机组水阻力较大,这样做必须要求 h 值更大,否则系统内会出现负压情况而容易吸入空气。

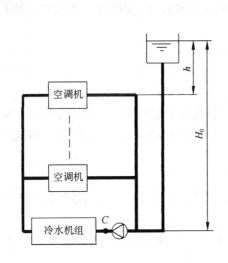
图 7-42　水泵吸入口定压

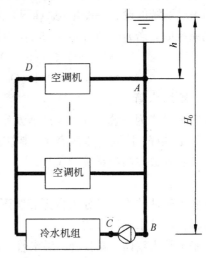
图 7-43　系统回水管最高点定压

(二) 工作压力

如前所述,当冷水机组位于水泵出口时,系统内最大的工作点应出现在水泵出口处,这是设备订货中必须注意到的。从作者所了解的情况来看,我国生产的大部分标准系列的水泵(如 IS 泵等),都是以为开式系统服务为基准制造的,其出厂试验压力一般也是以吸入口压力 0.3MPa 为基础来确定的。但是,在闭式系统中,如果 H_0 超过 0.3MPa,使用普通水泵极有可能造成破坏(据了解,曾经有个别工程因订货时未指明水泵承压,而在使用后产生了较大的漏水甚至泵壳体破裂的事故)。目前,我国也有一些水泵厂开始专门为空调水系统生产高承压泵(通常以吸入压力 1.0MPa 为准)。因此,设计中必须明确提出水泵的吸入口压力 H_0 的值,或者计算出水泵工作压力提供给水泵生产厂。为了绝对保证水泵的安全使用,在计算泵工作压力时应以水泵在零流量下的扬程 H_{bm} 为基准(因为起泵瞬间或者泵出口阀的开启迟于水泵起动时会出现水泵零流量运行的情况),即应提出水泵最大可能的工作压力 $P_{cm}=H_{bm}+H_0$。

对于冷水机组及其它机房内附件和所连管道而言,也应按 P_{cm} 来作为最大工作压力。有时对一些较高的建筑,为了降低冷水机组的承压,可把水泵设于冷水机组的出水管道上,这时对水泵而言,最大工作压力要求仍与上述相同;但对冷水机组而言,其最大工作压力即为 H_0。(定压点仍设于水泵出口)。

(三) 有效膨胀容积

在设计中,必须确定定压膨胀设备的有效膨胀容积以选择合适的产品。简单来说,有效膨胀容积 V_e 即是系统内水由低温向高温变化过程中,水的体积膨胀量。水的体积膨胀系数为 0.0006,假定水的最低工作温度为 t_1,最高工作温度为 t_2,则

$$V_e = 0.0006 \times (t_2 - t_1) \times V \text{ (L)}$$

(7-40)

式中 V 为系统内的存水量。

影响系统内存水量的因素是较多的，这主要取决于系统形式、管路布置、管径大小等等。当一个工程设计完成之后，V 值原则上是可以计算出来的，但其计算工作量实在太大，因而一般都采用估算的方法。就作者对几个工程的统计资料来看，对于普通的高层民用建筑，如果以系统的设计耗冷量 Q_0（kW）为基础，则系统水容量大约为 $2\sim3$L/kW。当采用双管制系统时，若 $t_1 = 7℃$，$t_2 = 65℃$，则：

$$V_c = 0.0006 \times (65 - 7) \times (2 \sim 3) Q_0$$
$$\approx (0.07 \sim 0.1) Q_0 \quad (L) \tag{7-41}$$

二、膨胀水箱

膨胀水箱作为系统的补水、膨胀及定压设备，其优点是结构简单，造价低廉，对系统的水力稳定性好，控制也非常容易。其缺点是由于水直接与大气接触，水质条件相对较差，另外，它必须放在高出系统的位置。

（一）结构

膨胀水箱从结构上可分为方形和圆形，从补水方式上可分为水位电信号控制水泵补水和浮球阀自动补水两种方式。

膨胀水箱由箱体、膨胀管、溢水管、循环管、补水量及补水装置（或水位装置）、玻璃管水位计及人梯等几部分组成，如图 7-44。

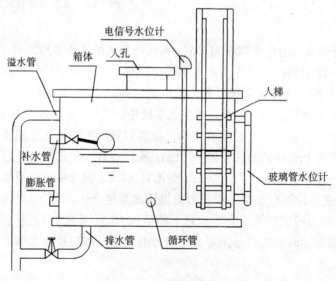

图 7-44　膨胀水箱构造

圆形和方形膨胀水箱在国标图集中均有标准型号。在实际工程中，如果安装位置有限时，也可由设计人员对其尺寸进行调整和修改。

（二）补水方式

浮球阀自动补水是一种较好的补水方式，应该在设计中优先采用，其采用的前提条件是：补水管必须是有压的且尽可能压力恒定。在高层民用建筑中，通常设有屋顶生活水箱，因此，只要膨胀水箱比屋顶生活水箱低一定的高度，就可以直接从生活水箱对此进行补水。但是，这种补水方式适用于生活给水水质较软的地区，如果水质较硬而采用软水设备，由于其水流阻力较大，将使这种方式的使用受到一定的限制。

水位传感器控制补水泵的方式也是采用较多的一种，其控制简单，运行比较可靠，但与前一种方式相比，投资及能耗都有所增加。同时，为了防止补水泵频繁起停，延长补水泵寿命，水箱容积应稍大一些，且补水泵的工作参数（尤其是流量）的选择应较符合实际，不能超过太多。这种方式也比较适用于采用了软化水设备的补水系统。

（三）膨胀水箱的防冻

膨胀水箱必须设于水系统最高点之上（通常在最高空调使用楼层的上一层），很显然，空调热水管不能到达该处，因此，冬季的防冻就是一个值得注意的问题。

首先，要求膨胀水箱应设于机房内，有条件时应向该室内送热风来维持室内温度。如果水箱间周围是空调房间，则通过水箱间排风通常也能保持防冻的温度。另外，水箱间的围护结构性能应较好，门窗比较严密。

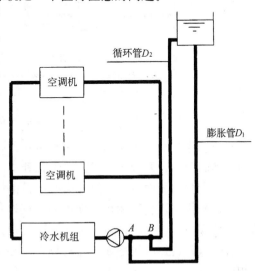

图 7-45　膨胀水箱采用循环管
防冻时的连接方式

当水箱间建筑热工条件较差又没有适当的手段去维持防冻所要求的最低室温时，采用循环管也许是一个较好的解决方法，如图 7-45 所示。

采用循环管的思路是：利用水在系统管道内流动时的水流阻力产生的压差，使膨胀水箱中水产生少量的流动，其水温因流入了系统热水而得以提高。

假定最不利情况下要求维持水箱内的水温为 10℃，其散热量为 Q（通过水箱壁面散入水箱间），系统热水温度为 50℃，在热水通过循环管流至水箱时的温降为 ΔT_x，则流入水箱的水温为 $50-\Delta T_x$。水箱要求的水流量为：

$$W_x = \frac{Q\ (\text{kW})\ \times 860}{50-\Delta T_x-10}$$
$$= \frac{860Q}{40-\Delta T_x} \tag{7-42}$$

因此，要求膨胀管在系统的接口点 A 与循环管在系统的接口点 B 的压差 ΔP_{AB} 应克服膨胀管与循环管在 W_x 水流量时的水流阻力。

根据所选定的膨胀管管径 D_1 与循环管管径 D_2，当管道布置确定后，上述阻力 ΔP_{AB} 的要求是可以计算出来的。而对系统而言，当回水总管 D_0 确定后，其比摩阻 R_0 也可求出（回水总管流量可取一台热水泵的流量以保证安全），因此，A、B 两点的间距为：

$$L_{AB} = \frac{\Delta P_{AB}}{R_0} \tag{7-43}$$

无论如何，只要没有维持水箱间温度的手段，就应对水箱体、膨胀管及循环管等进行保温处理。

三、气体定压罐

气体定压罐通常采用隔膜式，其空气与水完全分开，因此对水质的保证性较好。另外，气体定压罐的布置较为灵活方便，不受位置高度的限制，通常可直接放在冷冻机房、热交换站或水泵房内，因此也不存在防冻问题。

采用定压罐时，通常其定压点放在水泵吸入端，如图7-46所示。

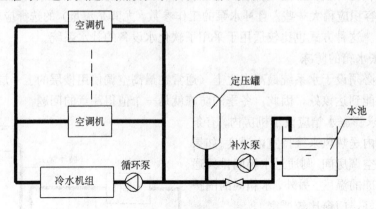

图7-46　气体定压罐定压

它的工作特点与采用水位控制补水泵的膨胀水箱方式类似，当系统压力降低时，补水泵运行提高压力，系统压力较高时停止补水。由于罐内有空气侧，本身能承受水压在一定范围内的变化，因而这一系统比膨胀水箱电信号补水方式的使用范围更大，水泵的起停间隔时间较长也对设备的运行及使用寿命较为有利。同时，由于所有设备集中管理及控制，对其维护使用也比较方便，也不存在防冻问题。

其缺点是占用的机房面积相对较大，必须设置补水箱；与浮球自动补水的开式膨胀水箱相比，它将消耗一定的电能；由于有水泵，其可靠性也稍低一些。因此，此种方式宜在无法设置高位开式膨胀水箱的工程中采用。

第十一节　水泵、管路及附件

一、水泵

空调水系统中，水泵的形式选择与水路系统的特点、场地条件、经济性及水泵本身的特点等因素有关。一般来说，空调系统所采用的均为离心式水泵，因为其压头和流量都比较容易满足水系统的要求。

（一）常用水泵的形式

从水泵安装形式上来看，有卧式泵、立式泵和管道泵，从水泵构造上来看，可分为单吸泵和双吸泵。

1. 卧式泵

卧式泵是目前最常用的空调水泵，其结构简单，造价相对低廉，运行的稳定性好，噪声较小，减振设计方便，维修比较容易。其缺点是占用一定的面积。

2. 立式泵

当机房面积较为紧张时，立式泵体现出其占地面积较大的优势，通常其电机设于水泵的上部。当然，由于其高宽比（或高度与占地面积之比）比卧式泵大，因而运行稳定性不如卧式泵，减振设计相对困难。另外，立式泵的维修难度比卧式泵也大一些。

在满足同样参数的条件下，立式泵由于其结构特点，制造难度相对较大，因而价格上一般比卧式泵高。

3. 管道泵

管道泵可以算做立式泵的一种特殊形式。其最大的特点是直接连接在管道上，因此可以不占用机房面积。但是，由于这一特点，也要求其重量不能过大，因而管道泵总体来说参数较小，就国产管道泵而言，一般电机容量不超过30kW。对于更大的参数，实际上相当于立式泵而必须设置在地面的基础之上了。

因此，管道泵适用于一些小环路的水系统或改造及新加建工程且流量较小的系统之中。

4. 单吸泵

单吸泵又称尾吸泵，其使用特点是水从泵的中轴线流入，经叶轮加压后沿径向排出（如图7-47所示）。

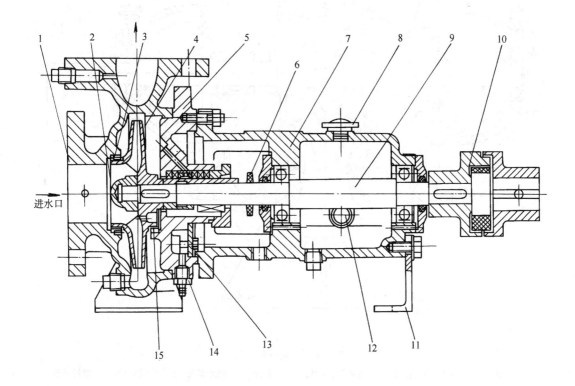

图7-47　单吸泵结构图

1—泵体；2—叶轮螺母；3—密封环；4—叶轮；5—泵盖；6—挡水圈；7—悬架体；
8—加油盖；9—轴；10—联轴器组；11—悬架支架；12—油标；13—冷却室盖（热水泵用）；
14—冷却水接口（热水泵用）；15—（后）密封环

由于是单侧吸入，因此其水力效率不可能太高。同时，从力的平衡来看，单吸泵在运行过程中必然存在轴向推力（水的动压在泵轴方向转为静压），作用于吸入口对面侧的泵壁上。

当然，单吸泵制造简单，价格较低，因而在空调工程中得以较广泛的应用。

5.双吸泵

双吸泵结构如图7-48所示。从该图中可以看出：它采用叶轮两侧进水，因而其效率通常高于同一参数时的单吸泵。由于两侧进水，运行中的轴向不平衡力也因此得以消除。从参数上来看，单吸泵在大流量时由于轴向推力大而制造困难，但双吸泵则因为此问题的解决而使得可制造出更大流量的水泵。

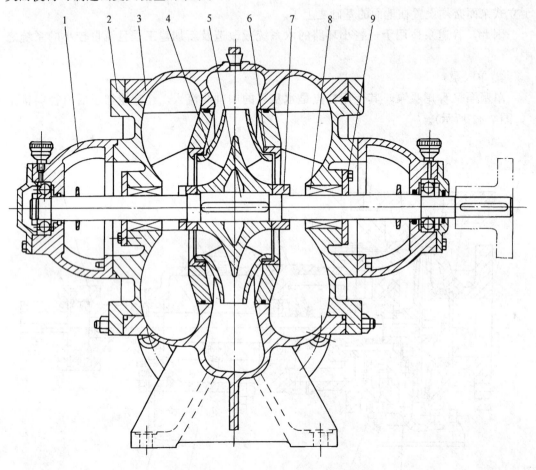

图7-48 双吸泵结构图

1—轴承体；2—泵盖；3—泵体；4—叶轮；5—轴；6—密封环；7—轴承螺母；8—机械密封；9—密封压盖

双吸泵在构造上较为复杂，制造要求较高，这就决定了其价格较贵。从作者了解和情况来看，它大约比同一参数（流量和扬程）的单吸泵贵15%～25%左右。因此，双吸泵通常用于流量较大的水系统之中。

（二）水泵特性

离心式水泵的特性如图7-49所示。

从空调水系统设计中，我们知道：宜尽可能使水泵定水量运行（变速泵除外）。但是在实际运行过程中，几乎所有水泵都处在超流量状态（见后面关于"水泵并联运行工况分析"部分）。同时，目前大多数工程的实际情况是：水泵选择时扬程大都高于设计状态下的系统循环水阻力,这也使实际运行时水泵处在超流量状态。

进一步分析水泵曲线可知:曲线越平坦、其超流量现象越严重(即减少很少量的阻力会使流量的增量很大)。由于水泵耗电量随流量增加而加大,超流量意味着有可能超过水泵电机的负荷,对电机的使用会带来极大的影响甚至烧毁电机(这在冷却泵上更为明显)。因此,用于空调系统中的水泵,应要求其性能曲线尽可能陡一些。

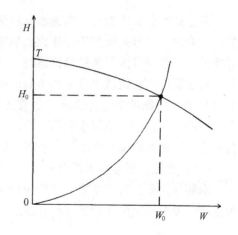

图 7-49　水泵特性

这一要求对我国现有的水泵生产厂提出了新的要求。从目前的产品情况来看,大多数水泵的性能曲线都较为平坦,随压头的变化其流量变化较大。以国产 IS150—125—315O 型泵为例,当扬程为 34m 时,流量为 120m³/h;扬程降至 32m 时,流量达到了 200m³/h;扬程降为 29m 时,流量则达到了 240m³/h。由于仅 5m 的水阻力变化,其流量相差一倍以上!而在设计中,选水泵扬程高于实际阻力 3～5m 的情况却是常可以见到的,也属于较为正常的。因此,上述情况一方面要求设计人员对水阻力的计算尽可能的精确,另一方面也提出了对水泵曲线的要求。尽管此类水泵目前已在许多工程中运行,但作者认为,性能曲线平坦的水泵除了用作空调补水泵外,用于冷却泵和冷冻泵都不是最合适的。

除了要求曲线较陡外,在选择泵时,还应使设计点位于水泵最高效率点的上方,这样可使其在大多数时间内处于最高效率区运行。在电机选配时,也必须考虑到单台泵最大可能的工作点,应按此点要求而不是按设计点配电机,在以后的分析中我们可以看到:最大实际流量往往大于设计点流量。

有的水泵特性曲线图中未给出配电机容量,这时可通过计算确定。水泵所需轴功率为:

$$N_s = \frac{W \times H \times \rho}{367\eta} \tag{7-44}$$

式中　W——水泵流量 (m³/h);

　　　H——水泵扬程 (m);

　　　ρ——水的密度 (kg/cm³),通常取 $\rho=1$;

　　　η——水泵效率。

水泵所配电机容量为:

$$N = a \times N_s \tag{7-45}$$

式中 a 为配电机的富裕量,见表 7-13。

水泵配电机富裕量表　　　　　　　　　　　　　　　　　　表 7-13

电机额定功率（kW）	a
0～5.5	25%～20%
7.5～22	16%
30～55	13%
75～90	10%
＞90	5%～10%

从上述的分析中看出：所选水泵的流量、扬程等参数过多的超过实际要求值是不合理的，这样除了对水系统的工作压力的稳定性（尤其是二次泵系统中的压力平衡问题）产生影响外，还将导致水泵的超负荷运行、无谓的功率消耗、运行效率的降低及运行噪声的增加，对水系统的初调试也会带来不利的影响。因此，选泵工作参数时，除了满足最基本的流量要求及仔细的阻力计算外，尽管还要考虑一些影响因素，但决不是简单的使用所谓"安全系数"。这些影响因素包括空调系统的运行特性，系统中使用设备的可靠性及使用寿命，负荷及水力计算的精确性，设备、附件及管道施工安装的方式等等。

（三）水泵并联运行工况分析

本部分主要针对本章第五节中的冷冻水泵和第六节中的次级泵来分析，并且以定速泵为基准。关于变速泵的情况，将在以后讨论。

1. 一次泵系统

以图 7-50 所示的一次泵系统为例。首先要明确的一点是压差控制器及旁通阀的使用方式为：保证系统运行调节过程中，控制器信号管与系统连接处（A、B 两点）的压差不变。分析中假定：管段 $\overline{CA}$、$\overline{BD}$ 的阻力系数之和为 S_1，管段 $\overline{EC}$、$\overline{DF}$ 的阻力系数之和为 S_2，每台水泵及冷水机组组成的支路的阻力系数为 S_0，E、F 两点的并联总阻力系数为 S_{EF}，A、B 两点的控制压差为 ΔP；设计状态时，机房侧冷冻水总管流量为 W_t，水泵扬程为 H_0。

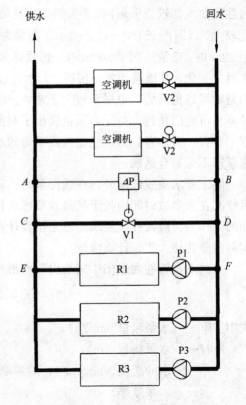

图 7-50　一次泵系统

（1）调节过程

在用户侧需冷量由设计值向低负荷变化的调节过程中，水泵运行台数不变，只是旁通阀改变开度，旁通水量与用户侧水量的分配比例改变。

在设计状态时，旁通量为零，则：

$$H_0 = \Delta P + S_1 \times W_t^2 + (S_2 + S_{EF}) \times W_t^2 \tag{7-46}$$

当负荷减小时，V2 阀关小，V1 阀受到压差控制器的作用而打开。在这一过程中，水泵的运行工作点会出现短暂的变化（因为 V1 阀和 V2 阀的动作并不是完全同步而是有先后顺序的），直到达到一个新的稳定状态（即需冷量减小到某一值后不再变化，旁通阀开度稳定）。

设水路重新稳定后机房侧总流量为 W_1，旁通阀流量为 W_b，用户侧总流量为 W_l，水泵扬程为 H_1，则：

$$W_1 = W_b + W_l \tag{7-47}$$

$$H_1 = \Delta P + S_1 W_l^2 + (S_2 + S_{EF}) W_1^2 \tag{7-48}$$

由式（7-46）及式（7-48）得：

$$H_1 - H_0 = S_1 (W_l^2 - W_t^2) + (S_2 + S_{EF})(W_1^2 - W_t^2) \tag{7-49}$$

以下分析式（7-49）。

①假定 $W_1 < W_t$（对于单台泵而言即 $\frac{1}{3}W_1 < \frac{1}{3}W_t$），则：$W_l = W_1 - W_b < W_t$。由此及式（7-49）知：$H_1 - H_0 < 0$，即 $H_1 < H_0$。

显然，对于正常范围选择的水泵，在同一水泵性能曲线上：$H_1 < H_0$ 和 $\frac{1}{3}W_1 < \frac{1}{3}W_t$ 这两点是不可能同时满足的（即扬程减小时，流量不可能也随之减少），故上述假定条件是不成立的，这说明：$W_1 \not< W_t$。

②假定 $W_1 = W_t$，则 $W_l < W_t$，由式（7-49）知：$H_1 - H_0 = S_1 \times (W_l^2 - W_t^2) < 0$。

显然，这也与水泵性能曲线的特点不符（即水泵流量不变时，扬程不可能变化），这说明：$W_1 \neq W_t$。

综上两点所述，可以得出结论：在上述调节过程完成后达到最终的稳定点时，其结果是：$W_1 > W_t$、$H_1 < H_0$。这说明在这一调节过程中，水泵的运行流量将变大。

进一步分析可知：如果 $S_1 = 0$，则调节过程终了时：$W_1 = W_t$、$H_1 = H_0$，即能保证水泵工作点不变。因此，上述流量加大的原因是由于 S_1 的存在而引起的。在设计中，建议 A、B 点尽可能靠近 C、D 两点。

（2）停泵过程

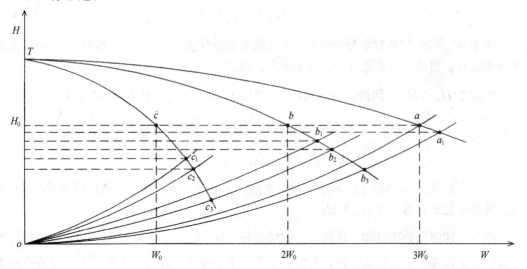

图 7-51　一次泵系统运行调节及停泵过程中的实际水力工况分析

如图 7-51。在设计状态时，三台泵运行，V1 阀全关，水泵（或系统）的工作点为 a 点，oa 为设计状态时的管路曲线，$T-a$，$T-b$，$T-c$ 分别为设计状态下三台、两台及一台泵联合运行曲线。单台泵的设计状态点流量为 W_0（总设计流量为 $W_t = 3W_0$）、扬程为 H_0。在设计状态下：

$$H_0 = \Delta P + S_1 \times (3W_0)^2 + S_2 \times (3W_0)^2 + S_0 W_0^2$$
$$= \Delta P + 9(S_1 + S_2)W_0^2 + S_0 W_0^2 \tag{7-50}$$

当用户侧需冷量下降时，V2 阀关小，V1 阀开大，若水泵仍保持三台运行（即尚不需停一台泵）时，根据前述对调节过程的工况分析，此时工作点会沿 $T-a$ 线下移。当工作点

到达 a_1 点时，V1 阀已全开，旁通水量已达到 $\frac{1}{3}W_{a_1}$（即一台泵流量），则：

$$H_{a_1}=\Delta P+S_1\times\left(\frac{2}{3}W_{a_1}\right)^2+S_2W_{a_1}{}^2+S_0\times\left(\frac{1}{3}W_{a_1}\right)^2 \tag{7-51}$$

在 a_1 点，即应该是停止一台泵的转折点（这是旁通阀设计的一个基本原则）。当停一台泵时，工作点沿 oa_1 线迅速移至 b_3 点（因这一时刻管道曲线还未变化），系统压差将降低，压差控制器指令 V1 阀从全开至重新完全关闭，从而使系统工作点沿 $T-b$ 曲线上移至稳定点 b_1 点，此时管道曲线已变为 ob_1，水泵扬程为 H_{b_1}，系统总流量为 W_{b_1}。

$$H_{b_1}=\Delta P+S_1W_{b_1}{}^2+S_2W_{b_1}{}^2+S_0\left(\frac{1}{2}W_{b_1}\right)^2 \tag{7-52}$$

以下对式（7-51）和式（7-52）进行分析。

①假定 $H_{a_1}=H_{b_1}$。根据水泵特性得：$W_{a_1}=\frac{3}{2}W_{b_1}$，根据此式及式（7-51）、式（7-52）：

$$\Delta P+S_1W_{b_1}{}^2+S_2\left(\frac{3}{2}W_{b_1}\right)^2+S_0\left(\frac{1}{2}W_{b_1}\right)^2$$

$$=\Delta P+S_1W_{b_1}{}^2+S_2W_{b_1}{}^2+S_0\left(\frac{1}{2}W_{b_1}\right)^2$$

化简上式：

$$S_2\left(\frac{3}{2}W_{b_1}\right)^2=S_2W_{b_1}{}^2$$

由于 $W_{b_1}\neq0$，故从数学分析来看，上式成立的条件是 $S_2=0$，而实际中 $S_2\neq0$，故上式不可能成立。因此，结论是假定条件不成立，即 $H_{a_1}\neq H_{b_1}$。

②假定 $H_{a_1}<H_{b_1}$。同样，由水泵特性可知：$W_{a_1}>\frac{3}{2}W_{b_1}$，代入式（7-51）：

$$H_{a_1}>\Delta P+S_1\left(\frac{2}{3}\times\frac{3}{2}W_{b_1}\right)^2+S_2\left(\frac{3}{2}W_{b_1}\right)^2+S_0\left(\frac{1}{3}\times\frac{3}{2}W_{b_1}\right)^2$$

$$>\Delta P+S_1W_{b_1}{}^2+S_2W_{b_1}{}^2+S_0\left(\frac{1}{2}W_{b_1}\right)^2$$

根据上式及式（7-52）得：$H_{a_1}>H_{b_1}$。显然，这一推导结果与假设条件相矛盾，因而假设条件是不能成立的。即 $H_{a_1}\not< H_{b_1}$。

综合上述两个分析可知：这时唯一的结论是：$H_{a_1}>H_{b_1}$、$\frac{1}{2}W_{b_1}>\frac{1}{3}W_{a_1}$。这说明，水泵由三台运行变为二台泵运行时，参数稳定后，单台泵的工作点将改变，其流量将有所增加。

从上面的分析中也可以看出：这一变化的原因是由于 S_2 所引起的，如果 $S_2=0$，则不会发生工作点变化。因此，尽可能减少 S_2 是设计中应考虑的。

两台泵的运行调节过程及两台泵运行转向一台泵运行的停泵过程工况分析与上述基本相同，结果如图 7-51 所示。

综合上述两个过程工况分析的结论是：在调节过程中，S_1 引起泵参数的改变；在停泵过程中，S_2 引起泵参数的改变。因此，从设计状态直到全部停泵的全过程的实际工作点及工况如下：

a 点（设计状态、三台泵运行、V1 阀全关）→ a_1 点（三台泵运行、V1 阀全开、停泵转换点）→ b_3 点（两台泵运行、V1 阀全开）→ b_1 点（两台泵运行、V1 阀全关）→ b_2 点（两台泵运行、V1 阀全开、停泵转换点）→c_3 点 （一台泵运行，V1 阀全开）→c_1 点 （一台泵运行、V1 阀全关）→c_2 点 （V1 阀全开、最后一台泵停泵时的工作点）。

当工作点到达 c_2 点时，说明 V1 阀流量已达到最后一台泵的全部流量，用户侧已不需要冷冻水 （即 V2 阀已全关闭），故此时应停止最后一台泵的运行。

在上述全部过程中，单台泵稳定状态时流量的变化及其关系为：

$$W_0 < \frac{1}{3}W_{a_1} < \frac{1}{2}W_{b_1} < \frac{1}{2}W_{b_2} < W_{c_1} < W_{c_2}$$

这一关系式说明：在上述过程中，单台泵的流量将逐渐增加。实际工程中，为了尽量避免或减少这种情况，应做如下考虑：

首先，使 $S_1 = 0$。这是可以做到的，即把压差信号管接到 C、D 两点即可。

其次，尽可能减少 S_2（实际工程中 S_2 总是存在的）。一般来说，由于冷水机组水阻力较大，S_0 相对就比较大，当 $S_2 \ll S_0$ 时，影响也会很小甚至可忽略不计。

考虑上述两点后，基本上可近似认为这一过程中工况变化如图 7-52 所示。其过程为：

a 点 （三台泵运行）→b_1 点 （两台泵运行、V1 阀全开）→b 点 （两台泵运行）→c_1 点 （一台泵运行、V1 阀全开）→c 点 （一台泵运行）→停泵。

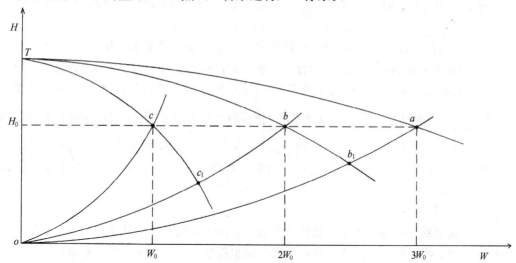

图 7-52　一次泵系统运行调节及停泵过程中的理想水力工况分析

（3）起泵过程

对起泵过程，可以与停泵过程及调节过程作相同的分析，当 $S_1 = 0$、$S_2 \ll S_0$ 时，起泵过程的工况变化如图 7-53 所示。

c 点 （一台泵运行、V1 阀全关、V2 阀部分开启）→c_1 点 （一台泵运行、V1 阀全关、V2 阀开度增加、用户侧需投入新的冷水机组、起泵点）→b_1 点 （两台泵运行、V1 阀开始打开、V2 阀继续开大）→b 点 （两台泵运行，V1 阀重新关闭、V2 阀开度加大）→b_2 点 （两台泵运行，V1 阀全关、V2 阀开度加大，需要增加一台冷水机组运行、起泵点）→a_1 点 （三台泵运行、V1 阀开始打开，V2 阀继续开大）→a 点 （三台泵运行、V1 阀全关，V2 阀全开，系统处于设计状态）。

在上述起泵过程中，需要注意的问题是图 7-53 中 c_1 及 b_1 点的确定。由于水泵与冷水机

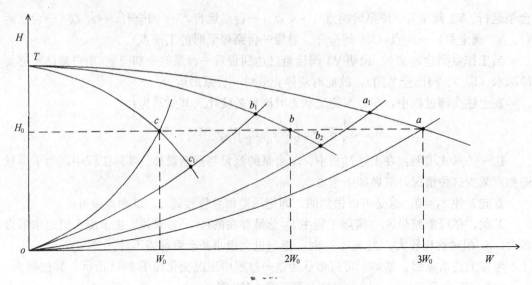

图 7-53　一次泵系统起泵过程水力工况分析

组通常是联锁起动的，开第二台泵也意味着第二台冷水机组将起动，因此必须保证两点原则：

①在 c_1 点时，单台泵流量超过设计值过多，其所配电机应考虑此点。

②必须保证 b_1 点的水量能满足两台冷水机组的最小水量要求，否则第一台正常运行的冷水机组将由于水量不足而自动停机且第二台机组由于水量不足而无法起动，即要求 $\frac{1}{2}W_{b_1}$ 大于单台冷水机组的最小水流量要求。根据目前的资料来看，冷水机组在短时的流量变化范围可为其设计值的 $60\% \sim 140\%$ 左右，这也即是说：必须满足 $W_{b_1} > 1.2W_0$。

根据上述两条原则即可确定 c_1 及 b_1 点。同理，在两台泵运行变为三台泵运行的过程中，则要求 $W_{a_1} > 1.8W_0$。

2. 二次泵系统

对于二次泵系统中的次级泵，其分析方法与一次泵系统相同。从定性来看，前述对一次泵系统分析的所有结论对于并联运行的次级泵也都是适合的。唯一的区别是：次级泵组内由于没有冷水机组，因此 S_0 的数值较小，引起整个结论在数值上存区别而无实质区别。

（四）变速泵

由于能源的紧张，运行节能正受到越来越多的关注，因此，在空调水系统中，已经有一些工程开始采用变速泵。应该注意的是，由于冷水机组不适合作变流量运行，因此变速泵在空调水系统中，只能用作为二次泵系统中的次级泵。

参看图 7-13，变速泵用作次级泵时，通常有两种使用方式：第一种是全变速泵方式，即所有的次级泵均采用变速泵或者采用一台大流量变速泵（其满负荷运行时的流量满足用户侧需水量的要求）；第二种是定-变速泵联合运行方式，即采用多台定速泵与一台变速泵并联运行。

采用变速泵的基本思想是：理论上，水泵实际耗功率与其转速的三次方成反比，即 $N_s \propto n^3$，因此，当降低泵的转速时，其能耗也将大为下降。如图 7-54，随着转速的降低，满足同一流量或扬程的水泵电耗也不断下降。当泵在一定范围内变转速时，其运行效率的下降并不很大（取决于泵控制参数的选取），且变速泵不像定速泵组那样通过对运行台数的控制来节能。因此，从理论上来说，变速泵系统的节能效益是十分明显的。

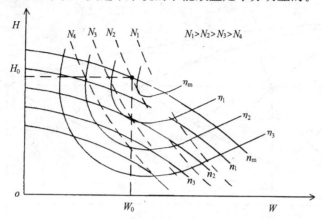

图 7-54　不同转速时的水泵特性曲线

采用变速泵系统时，其总流量可根据控制泵转速来调节，因此，图 7-13 中的压差控制旁通电动阀这时就没有使用的必要了。

1. 全变速泵系统

无论是几台变速泵，只要其规格型号相同，特性曲线就是相同的，且在变速过程中，一般各台都是同步控制的。因此，多台变速泵联合运行的特点与一台大流量变速泵的特点是相似的。但是，多台泵并联后，联合运行的性能曲线必然变得更为平坦，这与我们前述所希望的曲线较陡的想法并不一致，使其压力和流量控制也更为困难。因此，采用全变速泵方式时，其台数不宜较多，如果单台泵的参数能满足要求，最好以单台泵采用；或者为了考虑一定的备用因素，也最多采用两台泵并联使用。

变速泵可采用泵出口压力控制，也可采用用户供、回水压差控制，其工况较为简单，这里暂不详细介绍。在接下来讨论的内容中，可以看到，它的工况相当于定-变速泵联合运行中的最后一个环节（即变速泵单独运行）。下面的问题讨论完后，对全变速泵方式的运行工况也就自然清楚了。

2. 定-变速泵系统

全变速泵方式的投资较大，且由于台数不能过多，因而其流量受到一定的限制。从使用中来看，如果采用多台定速泵与一台变速泵同时运行，在流量未达到满负荷时调节变速泵转速而改变联合运行的总流量，当流量每减少一台泵的流量时则停一台定速泵，同样能够满足对流量变化进行调节的要求。显然，这时在所有运行过程中，变速泵始终处于运行状态，这是联合运行的一个最大特点。

由于控制方法不同，定-变速泵的运行效果是不同的。在下面的分析中，仍以图 7-13 为基础，取消压差旁通阀，次级泵组采用两台定速泵和一台变速泵。

（1）泵出口压力控制（简称压力控制）

这种控制方式对于流量变化过程中的运行工况如图 7-55 所示。

图中，曲线 1、2、3 分别为设计状态下（泵为设计转速 n_m 时），一台泵、两台泵及三台泵的联合运行曲线；曲线 $d\text{-}1'$、$p\text{-}c\text{-}2'$、$p\text{-}b\text{-}3'$ 分别为变速泵调整至最小转速 n_0 时一台、两

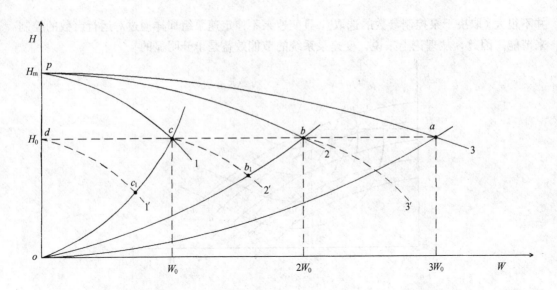

图 7-55 定-变速泵采用出口压力控制时的水力工况分析

台及三台泵的联合运行曲线；$o\text{-}a$、$o\text{-}b$、$o\text{-}c$ 分别为三台、两台及一台泵联合运行时的管道特性曲线；系统设计状态点为 a 点，控制压力 H_0。

当用户侧水流量需求减少时，水泵组出口压力将增加，压力控制器使变速泵转速降低，以保证水泵组联合工作点的扬程 H_0（即控制压力）保持不变，这时泵组的工作点将由 a 点向左平移，当到达 b 点时，变速泵转速为 n_0，由于此时变速泵的净扬程已等于控制压力 H_0（变速泵曲线已变为 $d\text{-}1'$），它的流量为零，已经完全没有发挥作用了，继续变小转速不但没有意义，反而会对泵本身产生不良影响。因此，此时应停止一台定速泵的运行，停后短时间内系统工作点将降至 b_1 点（$H_{b_1} < H_0$）。之后由于压力控制器的作用将使变速泵很快重新恢复至设计转速 n_m，使系统工作点稳定在 b 点。当流量需求继续下降时，按上述相同的控制方式，工作点由 b 点移向 c 点，这时再停止一台定速泵，工作点瞬间为 c_1 点，之后重新回到 c 点；从这时起，即是单台变速泵运行了。随流量要求继续下降，工作点由 c 点向 d 点移动。到达 d 点后，表明系统完全不需水流量了，变速泵停止工作，整个水系统也停止工作。

在上述过程中，整个工作点的工况变化如下：

a 点（两台定速泵运行、变速泵转速 n_m）→b 点（两台定速泵运行、变速泵转速 n_0、停泵点）→b_1 点（一台定速泵运行、变速泵转速 n_0）→b 点（一台定速泵运行、变速泵转速 n_m）→c 点（一台定速泵运行、变速泵转速 n_0、停泵点）→c_1 点（仅变速泵运行，转速 n_0）→c 点（变速泵转速 n_m）→d 点（变速泵转速 n_0、停泵点）。

这一过程在水泵运行台数切换时，系统有较大的压力波动，但其时间较短，很快就能恢复（恢复时间取决于压力控制器使变速泵转速从 n_0 变为 n_m 的时间）。

（2）用户侧供、回水压差控制（简称压差控制）

压差控制时，假定控制压差为 ΔP，流量变化过程中的运行工况如图 7-56 所示。

图中，曲线 1、2、3 分别为设计状态下一台泵、两台泵及三台泵的联合运行曲线；$o\text{-}a$、$o\text{-}b$、$o\text{-}c$ 分别为三台、两台及一台泵在设计状态下联合运行时的管道曲线；$o\text{-}h_3$、$o\text{-}h_2$、$o\text{-}h_1$

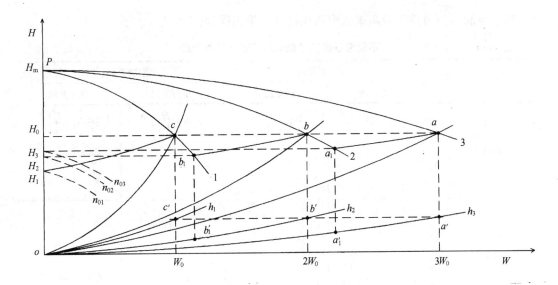

图 7-56 定-变速泵采用供、回水压差控制时的水力工况分析

分别为三台、两台及一台泵联合运行时，水泵组部分（即图 7-13 中 C、D 两点间）的并联管道特性曲线；系统设计点为 a 点，控制压差为：$\Delta P = \overline{aa'}$。

当用户侧需流量减少时，变速泵调速运行，系统工作点的变化情况如下：

a 点（两台定速泵运行、变速泵转速 n_m）→a_1 点（两台定速泵运行、变速泵转速 n_{01}、停泵点）→b 点（一台定速泵运行、变速泵转速 n_m）→b_1 点（一台定速泵运行、变速泵转速 n_{02}、停泵点）→c 点（仅变速泵运行，转速为 n_m）→c_1 点（变速泵转速 n_{03}、停泵点）。

上述过程只列出了系统稳定工作时的状态点。同压力控制一样，在水泵台数变化时，停泵瞬间的工作点将有较大的波动。

图 7-56 中：$\overline{oc_1} = \overline{cc'} = \overline{b_1 b_1'} = \overline{bb'} = \overline{a_1 a_1'} = \overline{aa'} = \Delta P$。

从图 7-56 中可以看出：在 $a \rightarrow a_1$、$b \rightarrow b_1$ 这两个过程中，各台定速泵的单台流量均超过了其单台设计流量 $W_0 \left(= \dfrac{1}{3} W_a \right)$，但与三台定速泵组成的系统相比，超流量情况小得多，因此这一系统更为合理。

在不考虑水泵效率下降的条件下，同一水泵扬程与转速的平方成正比，则变速泵系统的调节范围和节能情况如表 7-14 所示。

比较图 7-55 和图 7-56 及根据表 7-14，如果设计状态点 a 相同，则可以得出：

$$H_0 > H_3 > H_2 > H_1,\ H_0' = H_3;$$

$$n_0 > n_{03} > n_{02} > n_{01},\ n_0' = n_{03};$$

$$N_0 > N_{03} > N_{02} > N_{01},\ N_0' = N_{03}。$$

由此可以得出结论：即无论是全变速泵系统还是定-变速泵系统，采用压差控制比压力控制对于变速泵来说更为节能。但是，采用压差控制时，定-变速泵中因定速泵超流量运行将使能耗增加，且在实际中，定速泵与变速泵由于运行参数的不同，效率不一样，并联运行会相互影响，因此，全变速泵系统采用压差控制时比定-变速泵系统更节能。而压力控制与压差控制相比较，定-变速泵系统对这两种方式的节能情况是差不多的。如果控制压差 ΔP 远大于并联泵组的设计阻力 ΔP_{CD}，则图 7-56 中的 a_1 点与 b 点及 b_1 点与 c 点都几乎重合，那么，压差控制与压力控制的调速范围和能耗是几乎相同的。

不同系统的变速泵调速范围及节能比较 　　表 7-14

	全变速泵系统		定-变速泵系统	
	压力控制	压差控制	压力控制	压差控制
调速比	$\dfrac{n_0}{n}=\left(\dfrac{H_0}{H_m}\right)^{\frac{1}{2}}$	$\dfrac{n_0'}{n}=\left(\dfrac{H_0'}{H_m}\right)^{\frac{1}{2}}$	$\dfrac{n_0}{n}=\left(\dfrac{H_0}{H_m}\right)^{\frac{1}{2}}$	$\dfrac{n_{01}}{n}=\left(\dfrac{H_1}{H_m}\right)^{\frac{1}{2}}$ $\dfrac{n_{02}}{n}=\left(\dfrac{H_2}{H_m}\right)^{\frac{1}{2}}$ $\dfrac{n_{03}}{n}=\left(\dfrac{H_3}{H_m}\right)^{\frac{1}{2}}$
消耗轴 功率比	$\dfrac{N_0}{N}=\left(\dfrac{H_0}{H_m}\right)^{\frac{3}{2}}$	$\dfrac{N_0'}{N}=\left(\dfrac{H_0'}{H_m}\right)^{\frac{3}{2}}$	$\dfrac{N_0}{N}=\left(\dfrac{H_0}{H_m}\right)^{\frac{3}{2}}$	$\dfrac{N_{01}}{N}=\left(\dfrac{H_1}{H_m}\right)^{\frac{3}{2}}$ $\dfrac{N_{02}}{N}=\left(\dfrac{H_2}{H_m}\right)^{\frac{3}{2}}$ $\dfrac{N_{03}}{N}=\left(\dfrac{H_3}{H_m}\right)^{\frac{3}{2}}$

注：n、N——变速泵设计状态时的转速及轴功率；

n_0'、N_0'——全变速泵系统压差控制时的最小转速及轴功率；

n_0、N_0——定-变速泵系统或全变速泵系统压力控制时的最小转速及轴功率；

n_{01}、n_{02}、n_{03}、N_{01}、N_{02}、N_{03}——定-变速泵系统压差控制时对应于不同过程时变速泵的最小转速及轴功率。

（五）水泵温升

水泵温升的确切定义是水泵运行过程中所引起的对水的温升。它有两种情况：第一种是水泵正常运行时的温升，它主要对冷冻水系统产生影响，即冷冻水经水泵后温度会有所提高，相当于增加了冷水机组的制冷量要求；第二种情况是水泵在起动及停止运行时（如前所述，我们希望是零流量起停水泵），水泵内的水温升也较大，从而对水泵本身产生影响。

1. 正常运行温升 Δt_s

假定水泵的工作点流量为 W_0（m³/h），扬程为 H_0（m），效率为 η_0，则水通过水泵时的温升为：

$$\Delta t_s=\frac{H_0}{472}\left(\frac{1}{\eta_0}-1\right) \quad （℃） \tag{7-53}$$

水泵有效功率为：

$$N_e=\frac{1}{367}\cdot W_0\cdot H_0 \quad （kW）$$

水泵轴功率为：

$$N_s=\frac{1}{367\eta_0}\cdot W_0\cdot H_0 \quad （kW）$$

显然，输入水泵的多出部分功率 $\Delta N=N_s-N_e$ 变为水泵发热而加热水了，故对于冷水机组来说，此温升相当于要求冷水机组增加的制冷量为：

$$\Delta N=N_s-N_e$$
$$=\frac{1}{367}\cdot W_0\cdot H_0\left(\frac{1}{\eta_0}-1\right) \quad （kW） \tag{7-54}$$

假定用户侧设计水温差为 Δt，需冷量为 Q_0，选择冷水机组冷量为 Q_c，则水泵温升引起的冷水机组的冷量附加率为：

$$a = (Q_c - Q_0)/Q_0$$
$$= \Delta N/Q_0$$
$$= \Delta t_s/\Delta t$$
$$= \frac{H_0}{472 \times \Delta t}\left(\frac{1}{\eta_0} - 1\right) \tag{7-55}$$

在普通的空调水系统中，通常 $\Delta t = 5℃$，则：

$$a = \frac{H_0}{2360}\left(\frac{1}{\eta_0} - 1\right) \tag{7-56}$$

选择冷水机组的制冷量为：

$$Q_c = (1+a)Q_0 \tag{7-57}$$

不同水泵参数时的水温升及对冷水机组的制冷量附加率见表 7-15。

水泵温升及其冷量附加率   表 7-15

η_0	Δt_s \ a \ H_0 (m)	10	15	20	25	30	35	40
0.6	Δt_s （℃）	0.014	0.021	0.028	0.035	0.042	0.049	0.056
	a	0.003	0.004	0.006	0.007	0.008	0.01	0.011
0.7	Δt_s （℃）	0.009	0.014	0.018	0.023	0.027	0.032	0.036
	a	0.002	0.003	0.004	0.0046	0.0054	0.006	0.007
0.8	Δt_s （℃）	0.005	0.008	0.01	0.013	0.016	0.019	0.021
	a	0.001	0.0016	0.002	0.0026	0.0032	0.0037	0.0042

2. 零流量时的水泵温升

当水泵出口管上设有阀门（如电动蝶阀）时，如果此阀的开启比水泵起动晚（通常离心水泵要求闭阀起动），则水泵内水的温升是较快的，因为这时泵的全部功率都完全用于发热而对泵内的水进行加热。假定泵在零流量时的轴功率为 N'（kW），泵内水容量为 W'（kg），则这部分水的温升速率 $\Delta t'$（℃/s）为：

$$\Delta t' = \frac{860N'}{3600W'}$$
$$= 0.24\frac{N'}{W'} \quad （℃/s） \tag{7-58}$$

当然，上式中 $\Delta t'$ 是针对水泵容水量而言的，在实际情况中，随泵内水温的升高，泵体向外传热量加大，同时泵内水也会有部分热量传至泵接管（尤其是吸入管）的水中，因此，实际泵内水温升速率会小于式（7-58）所计算的值。但是，从运行的安全性来看，以 $\Delta t'$ 为标准是可靠的，这一点特别对于热水泵有实用性。例如，在空调热水系统中，热水温度假定为 60℃，普通水泵的流体工作温度一般不超过 80℃（空调热水泵很少选择耐高温泵），因此，该水泵零流量运行的最长时间 T 应不超过下式：

$$T = \frac{80-60}{\Delta t'}$$
$$= 83.3\frac{W'}{N'} \quad （s） \tag{7-59}$$

这一时间 T 以起泵到开阀所允许的最大延迟时间。当水泵内水温超过允许值时，将严重影响泵的工作寿命，泵内零件如叶轮、密封材料等有可能受到损坏。

从上可以看出，在满足同一水泵参数的条件下，高转速泵由于通常体积较小，其水容量也较小，要求的时间 T 更短，因此，降低水泵转速对其使用寿命是有益的。在空调水系统中，一般来说，希望水泵的转速不超过 1450r/min，这样其运行噪声也会明显降低。

二、水路系统附件

空调水路系统附件主要有：阀门、水过滤器、软接头、补偿器、自动排气阀、压力表、温度计等。

（一）阀门

阀门是水路系统中不可缺少的附件。从使用上分类，通常有电动调节阀、电动蝶阀、电磁阀、手动蝶阀、手动调节阀、手动截止阀、手动闸阀、手动流量平衡阀、止回阀等。关于电动调节阀，由于和自控有关，将在第十三章中介绍。

1. 电动蝶阀

使用电动蝶阀的主要作用是根据连锁及控制要求，自动切换或与其它设备连锁开启及关闭。因此，电动蝶阀的工作状态通常是开启和关闭两种状态。由于蝶阀本身也具有一定的调节作用，在一些要求不高的工程中，有时也用电动蝶阀作调节用（见第十三章）。

在水泵起动过程中，起动电流远大于运行电流（全压起动时，起动电流为运行电流的 $4\sim7$ 倍；$\curlyvee/\triangle$ 起动时此值为 $1.3\sim2.3$ 倍），为防止电机过载，通常水泵应在零流量下起动。在水泵停止过程中，由于管内水流速度发生变化，导致压力变化，会发生水击现象，且水泵出口管段越长，水击现象越严重，因而水泵出口管上的阀门应先于停泵前关闭，即水泵应在零流量下停泵。由此可知：水泵起动时，电动蝶阀的开启应迟于水泵动作；而停泵时，电动蝶阀的关闭应优先于水泵的动作。这一结论对于图 7-12 所示的系统也是最合适的。

由于这一结论，可以看出，实际上电动蝶阀是在水泵净扬程的压差下开启或关闭的，因此，对蝶阀的执行机构（电机）的工作力矩应该有所要求，也即是说，电机应该保证在这种条件下使蝶阀正常的开、闭。不同口径的蝶阀在不同压差下开闭时所需的电机大致容量见表 7-16。从该表中可以看出：空调水系统中由于所用的蝶阀口径较小（一般 $D<400mm$），因此，只要电机容量在 0.4kW 以上，基本上就可满足要求（注：表 7-16 取自由日本泵技术联盟水泵手册编辑委员会所编的《水泵手册》）。

电动蝶阀电机容量（kW） 表 7-16

阀门口径（mm） 开关阀压差（MPa）	0.35	0.45
400	0.2	0.4
600	0.4	0.75
800	0.75	0.75
1000	1.5	1.5

2. 电磁阀

电磁阀依靠电磁铁吸合及断开来开启和关闭。由于电磁铁作用力较小，因此，这种阀门的口径通常较小，只用在一些小口径的管道上（$D\leqslant100mm$）。

另外，在开启时，电磁铁始终带电，如果时间过长，有可能烧毁。因此，空调水系统中采用相对较少。

3. 手动阀

手动阀的主要功能有两个：一是初调试，保证系统达到设计参数；二是为设备的检修及系统手动切换时使用。

（1）手动蝶阀

手动蝶阀具有一定的静态调节能力，因此可满足初调试与检修或功能切换的要求。但用于检修时，不能采用对夹式蝶阀，只能采用法兰连接式。

它的优点是：①尺寸较小，其厚度只有 80～150mm，远小于其它手动水路阀的长度，因而使用时受场地的限制较少；②操作灵活方便，既可用手轮或涡轮传动方式，也可用手柄式。其缺点是关闭严密性较差，泄漏量通常为 2％左右。

它适用于管道较大或位置有限的场所，其调节曲线如图 7-57 所示。

（2）手动调节阀

手动调节阀通常采用锥形或圆柱形阀芯结构，它也具备初调试和关断两个功能。

用作初调试时，其调节性能较好，调节曲线接近

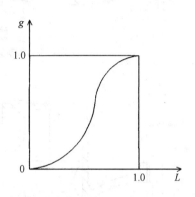

图 7-57　蝶阀调节曲线

直线（有的甚至为等百分比）。因为阀芯与阀座接触紧密，因此，作为关断使用时关闭严密，不漏水。

为了使初调试工作更加精确，一些生产厂商在手动调节阀的阀体两侧开设了压力测量孔，通过测量阀门的压差，并根据阀调节特性，即可由某一特定计算仪表计算出阀目前的实际流量值。因为它用这种方法可以更方便或者说更科学地通过对流量的调节来解决由于设计、施工等过程中的某些不合理而引起的环路水力不平衡问题，因此这类阀门由此得到了一个新的名词——平衡阀（或流量平衡阀）。从实质上来说，它仍属于调节阀的一种形式。

应该指出的是：平衡阀采用时，必须配套相应的计算仪表。当然，计算仪表并不需要每个阀体上都配套，一个工程通常只要有 2～3 个即可满足系统初调试的要求。

国产普通手动调节阀以大连庄河县明阳阀门厂的产品为代表，其结构及调节曲线如图 7-58（a）和图 7-58（b）所示。国产平衡阀以北京爱康环境技术开发公司的产品为代表，其结构及调节曲线如图 7-59（a）和图 7-59（b）所示。

可以看出，手动调节阀无论是调节性能还是关闭性能，都优于手动蝶阀，因而这是目前最适用于空调水系统的阀门。其缺点是尺寸较大，造价相对较贵（尤其是平衡阀，价格更贵一些）。

（3）手动截止阀

手动截止阀的阀芯为圆盘式，其结构如图 7-60 所示。

从其阀芯结构上可以看出：它的调节性能比上述两种手动阀差得多，较小的开度即可能通过较多的流量，调节曲线接近快开曲线。因此，它是不宜作为初调试使用的，通常用作为开、关式双位阀。

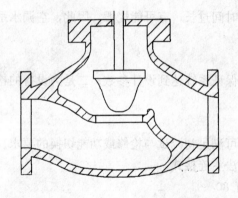 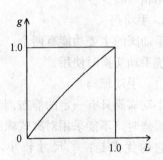

（a）手动调节阀结构　　　　（b）手动调节阀调节曲线

图 7-58

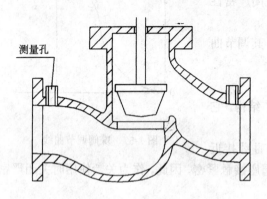 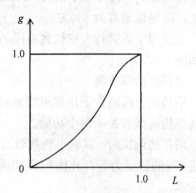

（a）平衡阀结构　　　　（b）平衡阀调节曲线

图 7-59

（4）手动闸阀

其结构形式如图 7-61。这是一种典型的快开式阀门，几乎没有调节能力，只能用作为开、关式双位阀。由于其结构特点，密封不可能严密，因此只有在不太重要的场所或较大的管径上（其长度相对较小是一个优点）使用；对于小管径时，其泄漏率将增大。

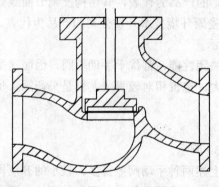 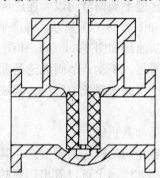

图 7-60　手动截止阀结构　　　　　图 7-61　手动闸阀结构

其优点是全开阻力和外型尺寸比截止阀和调节阀都小得多，且造价较低，因而应用也较为常见。

综上所述，对于水泵出口阀来说，采用调节阀和蝶阀从技术经济上来看都是较合理的；而对于水泵人口阀而言，它只是为了水泵检修时用，要求流阻较小，且在开式系统中（如补水系统），水泵人口阀绝对不能作为调节用，否则水泵将有产生气蚀的危险，因此，此时采用闸阀更为经济合理。

（5）止回阀

止回阀通常是为了防止水泵突然在运行过程中断电时水发生逆流而设，因此通常设于水泵出口。在并联泵系统中，当只有部分水泵运行时，它还有防止停止运行的泵中的水逆流的作用，并且对于空调水系统中，这一作用也许是更重要的。闭式水系统对止回阀的性能要求不太严格，而对于冷却水系统，由于是开式系统，还要考虑防止水击问题，因而可采用缓闭式止回阀。

（二）水过滤器

管道系统在施工过程中，必然存在一些杂质（如泥土、小石子、铁屑及焊渣等）。对于水泵来说，由于叶轮与泵内腔的配合精密、缝隙很小，且它是高速运转，因而水中稍有杂质就有可能对泵产生严重的破坏。在冷水机组、空调冷热盘管等设备中，由于水流通截面积较小，杂质过多会引起堵塞，造成设备传热性能下降。因此，在这些重要设备的进水口处通常设置水过滤器（有时也称为除污器），其结构形式如图7-62所示。

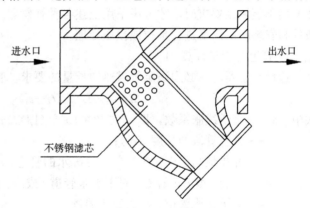

图 7-62　水过滤器结构

（三）软接头

软接头有金属制品和橡胶制品两种，以目前的使用情况看，后者应用较多一些。

在设备运行过程中，必然产生一定的振动，为了防止振动通过水管传到管道系统中而引起其它地点的振动，通常在一些振动较大的设备（如冷水机组、水泵等）进出口接管处设置水路软接头。

但是，任何事物都是一分为二的。目前的一些工程中，为了施工方便，在空调机组甚至风机盘管水管进出口处也采用了软接头（个别标准图集也是如此要求）。实际上，空调机组和风机盘管本身的振动是很小的（空调机组中风机本身有减振措施，风机盘管则因为风机非常小，振动极小），因此即使不采用软接头也不会引起水管路系统的明显振动。这样做的绝大多数目的是当施工时，如果管道与设备接口不能完全对正，则采用软接头来连接以调整接管时的偏差。但是这样做带来的主要问题是：安装完后的软接口两端接口不能同心，将产生扭曲应力，使其实际承压下降，一些工程已发现在系统正常试压或运行过程中，软接头漏水甚至破裂的现象，很大程度上是与此做法有关的。

（四）补偿器

在水系统中（尤其是两管制系统中），管道的热胀冷缩情况是明显的，为了消除由此产生的管道应力，应采用管道补偿器。

1. 方形补偿器

方形补偿器实际上是一段做成"Π"型的水管道，其加工简单，造价低廉，补偿量大，可根据不同情况做成各种尺寸，因而是一种较好的补偿器形式。但是，由于高层民用建筑所受的空间限制，一般只在较小的管道上使用。

2. 套筒式补偿器

套筒补偿器补偿量大，加工制造容易，造价低，对各种管道均有较好的适应能力，推力也比较小。其主要缺点是密封困难，漏水现象时有发生，因而在高层民用建筑中使用得并不普遍。

3. 波纹管补偿器

波纹管补偿器是目前高层民用建筑中采用最多的一种补偿器，其安装方便，补偿量可根据需要来选择，运行可靠，也不占用大的空间，比较容易得到设计人员的喜爱。其特点是推力较大，造价较高。

在管道补偿的设计中，应首先考虑利用管道本身的转向等方式做自然补偿，只有当自然补偿不能满足要求时，才考虑采用上述各种补偿器。在安装补偿器时，还应根据其使用条件和安装时的温度进行预拉或预压处理。

4. 管道补偿量计算

选择补偿器时，必须满足管道热伸长量的要求，管道热伸长量为：

$$\Delta L = \alpha \times L \times (t_2 - t_1) \quad (\text{m}) \tag{7-60}$$

式中　α——管道线胀系数，取 $\alpha = 1.2 \times 10^{-6}$（1/℃）；

　　　L——计算管段的长度（m）；

　　　t_2——介质最高温度。对于仅供冷冻水的管道，t_2 为其环境空气最高温度；对于冷却水管，取 $t_2 = 37$℃；对于热水管道（或冷、热水公用管道），t_2 为热水供水温度；对于蒸汽管道，t_2 为蒸汽温度。

　　　t_1——介质最低温度。对于供冷冻水（或冷、热水公用）管道，取 $t_1 = 7$℃；对于其它管道，t_1 为安装时的环境温度。

（五）其它附件

1. 自动排气阀

自动排气阀应接于管道系统的最高处或者"Ω"形管的顶部，以排除水管路系统中的空气。设计时应采用运行可靠、不漏水的产品。考虑到目前产品的实际情况（完全不漏水的产品极少），它的安装位置不宜放在吊顶上部，而应尽可能放在一些对使用要求不太重要的房间（如机房、库房等），并通过管道与排气点相连接。

2. 压力表、温度计

压力表和温度计的测量值是水系统初调试及运行管理过程中的主要参数。

常用的压力表多为 Y 型圆盘式压力表，温度计多采用带金属保持套管的水银温度计，这两种在造价上较为便宜。为了使观察更为清晰，选择时尽可能使其刻度间距较大（读数的精度较高），这一方面要求设计时根据其使用条件选择合理的测量范围，另一方面也可在有条件时，采用加大表盘尺寸等方式。

三、管材

空调水系统中，常用水管有焊接钢管、无缝钢管、镀锌钢管及 PVC 塑料管几种。

焊接钢管与无缝钢管通常用于空调冷、热水及冷却水管路。在使用之前，管道应进行除锈及刷防锈漆的处理。焊接钢管造价便宜，但其承压能力相对较低，一般常用于工作压力不大于 1.6MPa 的水系统中。无缝钢管价格略贵于焊接钢管，其承压较高，可采用不同壁厚来满足水系统对工作压力的要求。

镀锌钢管的特点是不易生锈，对于空调冷凝水管来说是比较适合的。因为冷凝水是依靠重力流动排水，且在高层民用建筑中，由于高度限制，其排水坡度不可能做得很大（一般为 0.5%～1%），如果管道内有铁锈等杂质，容易引起堵塞，影响使用。

尽管镀锌钢管从使用功能上来说也可以满足冷却水和冷冻水系统的压力要求，但因其造价较贵，大量在这些系统中使用从经济上是不合理的。

空调冷凝水管也可采用近年新推出的 PVC 塑料管，其内表面光滑，流动阻力小，施工安装也比较方便，是一种值得推广的管材。

常用钢管的规格按公称直径排列如下：

$DN15$、$DN20$、$DN25$、$DN32$、$DN40$、$DN50$、$DN65$、$DN80$、$DN100$、$DN125$、$DN150$、$DN200$、$DN250$、$DN300$、$DN350$、$DN400$、$DN450$、$DN500$、$DN550$、$DN600$、$DN650$、$DN700$ 等等。

四、水路系统水力计算

从本章对各种水系统的工况分析及水泵选择过程中，可以看到水路系统阻力是一个影响到系统全局的问题。因此，空调设计时，应进行详细的水力计算。

空调水系统阻力一般由三大部分组成，即设备阻力、附件阻力和管道阻力。设备阻力通常应由设备生产厂商提供，因此，设计人员进行水力计算的主要内容是附件和管件（如阀门、三通、弯头等）的阻力以及直管段的阻力。通常前者也称为局部阻力，后者称为沿程阻力。

（一）管内流速 v

无论是局部阻力，还是沿程阻力，都与水流速有关。从定性来说，所有的阻力都与流速的平方成正比。因此，首先必须合理的选用管道内流速 v。v 值过小，尽管水阻力较小，对运行及控制较为有利，但在水流量一定时，其管径将要求加大，既带来投资（管道及保温等）的增加，又使占用空间加大；v 值过大，则水流阻力加大，运行能耗增加。当 v 超过 3m/s 时，还将对管件内部产生严重的冲刷腐蚀，影响使用寿命。

根据目前大多数工程的实际情况，在高层民用建筑中，作者建议不同管径下的流速按表 7-17 采用。

水 管 流 速 表 （m/s） 表 7-17

管径（mm）	<32	32～70	70～100	125～250	250～400	>400
冷冻水	0.5～0.8	0.6～0.9	0.8～1.2	1.0～1.5	1.4～2.0	1.8～2.5
冷却水			1.0～1.2	1.2～1.6	1.5～2.0	1.8～2.5

分、集水缸为了使水的分配均匀，其内部水流速不宜过大。一般来说，最大流速应控

制在 0.8m/s 之内。当然，分、集水缸在设计时，一些地区规定必须按压力容器的标准来考虑。因此，其直径（指内径）必须比最大接管直径（外径）大出一倍以上。

（二）摩擦阻力

管道摩擦阻力计算公式为：

$$\Delta h_1 = \frac{1}{2}\rho v^2 \times \frac{\lambda \cdot l}{d} \quad (\text{Pa}) \tag{7-61}$$

式中　λ——水与管内壁的摩擦系数；

d——管道内径（m）；

l——计算管段长度（m）；

ρ——水的密度，通常取 $\rho=1000\text{kg/m}^3$；

v——管内水流速（m/s）。

λ 的值与管道内壁的粗糙度 K 及水的流场分布有关，而流场分布取决于管内水流的雷诺数 Re。

$$\text{Re} = \frac{v \times d}{\gamma} \tag{7-62}$$

式中　γ——水的运动粘滞系数，取 $\gamma=1.31\times10^{-6}\text{m}^2/\text{s}$。

根据表 7-17 及式 (7-62) 可以得出：空调水系统的 Re 值通常是大于 2000，因此，管内水流基本上是紊流状态。在紊流条件下，目前较通用的公式是 Colebrook 公式：

$$\frac{1}{\sqrt{\lambda}} = -2\lg\left(\frac{K}{3.7d} + \frac{2.51}{\text{Re}\sqrt{\lambda}}\right) \tag{7-63}$$

式中 K 为绝对粗糙度（m），对于普通钢管，可取 $K=0.0005$。

式 (7-63) 对于紊流光滑区、紊流过渡区和紊流粗糙区都具有较好的适用性。

为了方便计算，有时也采用比摩阻方法，比摩阻 R 定义为单位管长的摩擦阻力：

$$R = \frac{\lambda}{d} \times \frac{\rho v^2}{2}$$

则式 (7-61) 可写为：

$$\Delta h_1 = R \times l \tag{7-64}$$

为方便读者，当 $K=0.0005$ 时，按式 (7-63) 计算的不同流速及管径时的 R 值见表 7-18。

不同水管管径时的比摩阻　　　　　　　　　　　　　　　　　表 7-18

v	管径	DN 15	DN 20	DN 25	DN 32	DN 40	DN 50	DN 70	DN 80	DN 100	DN 125	DN 150	DN 200	DN 250	DN 300	DN 350	DN 400
0.5	W	0.35	0.64	1.03	1.81	2.38	3.97	6.54	9.16	15.88	22.09	31.81	60.58	94.83	135	180.2	230.7
	R	511	335	241	164	136	96	69	55	39	31	25	16	12	10	82	7
0.6	W	0.42	0.77	1.24	2.17	2.85	4.77	7.84	10.99	19.06	26.51	38.17	72.69	113.8	162	216.2	276.9
	R	728	477	342	233	194	137	99	79	55	44	35	23	18	14	12	10
0.7	W	0.49	0.89	1.44	2.53	3.33	5.56	9.15	12.83	22.24	30.93	44.53	84.81	132.8	189	252.3	323
	R	982	644	462	315	261	185	133	106	74	60	47	31	24	19	16	14
0.8	W	0.56	1.02	1.65	2.89	3.8	6.35	10.46	14.66	25.42	35.34	50.89	96.92	151.7	216	288.3	369.2
	R	1273	83.5	59.9	408	339	240	172	138	96	78	62	41	31	25	21	18
0.9	W	0.63	1.15	1.86	3.25	4.28	24.04	11.77	16.49	28.59	39.76	57.26	109	170.7	243	324.3	415.3
	R	1603	1052	754	514	427	302	217	174	121	98	78	51	38	31	26	22

v	管径	DN 15	DN 20	DN 25	DN 32	DN 40	DN 50	DN 70	DN 80	DN 100	DN 125	DN 150	DN 200	DN 250	DN 300	DN 350	DN 400
1.0	W	0.7	1.28	2.06	3.61	4.75	7.94	13.07	18.32	31.77	44.18	63.62	121.2	189.7	270	360.4	461.5
	R	1971	1293	927	632	525	372	267	214	149	121	95	631	48	38	32	27
1.1	W	0.77	1.4	2.27	3.98	5.23	8.74	14.38	20.15	34.95	48.6	70	133.3	208.6	297	396.4	507.6
	R	2376	1559	1118	762	633	448	322	258	180	145	115	76.1	57	46	38.2	33
1.2	W	0.84	1.53	2.47	4.34	5.7	9.53	15.69	21.99	38.12	53.01	76.34	145.4	227.6	324	432.4	553.8
	R	2819	1849	1327	904	751	532	382	306	214	172	136	90	68	54	45	39
1.3	W	0.91	1.66	2.68	4.7	6.18	10.32	17.0	23.82	41.3	57.43	82.7	157.5	246.6	351	468.5	599.9
	R	3300	2165	1553	1058	879	623	447	358	250	202	160	106	80	64	53	46
1.4	W	0.98	1.79	2.89	5.06	6.65	11.12	18.3	25.65	44.48	61.85	89.06	169.6	265.5	378	504.5	646.1
	R	3819	2506	1798	1224	1017	721	518	414	289	234	185	122	92	74	61	53
1.5	W	1.05	1.92	3.09	5.42	7.13	11.91	19.61	27.48	47.65	66.27	95.43	181.7	284.5	405	540.5	692.2
	R	4376	2871	2060	1403	1165	826	593	475	331	268	212	140	106	84	70	60
1.6	W	1.12	2.04	3.3	5.78	7.6	12.71	20.92	29.32	50.83	70.69	101.8	193.8	303.5	432	576.6	738.4
	R	4971	3261	2340	1594	1324	938	674	539	377	304	240	159	120	96	80	69
1.7	W	1.19	2.17	3.5	6.14	8.08	13.5	22.23	31.15	54.01	75.1	108.2	206	322.4	458.9	612.6	784.5
	R	5603	3676	2637	1797	1492	1057	759	608	424	343	271	180	135	108	90	77
1.8	W	1.26	2.3	3.71	6.5	8.56	14.3	23.53	32.98	57.18	79.5	114.5	218.1	341.4	485.9	648.6	830.7
	R	6274	4116	2953	2011	1671	1184	850	681	475	384	303	201	151	121	101	87
1.9	W	1.33	2.43	3.92	6.87	9.03	15.09	24.84	34.81	60.36	83.94	120.9	230.2	360.4	512.9	684.7	876.8
	R	6982	4580	3286	2239	1859	1317	946	758	529	427	338	224	168	135	112	96
2.0	W	1.4	2.25	4.12	7.23	9.51	15.88	26.15	36.65	63.54	88.36	127.2	242.3	379.3	539.9	720.7	923
	R	7728	5070	3638	2478	2058	1458	1047	839	585	473	374	248	186	149	124	107
2.1	W	1.47	2.68	4.33	7.59	9.98	16.68	27.46	38.48	66.72	92.78	133.6	254.4	398.3	566.9	756.7	969.1
	R	8512	5584	4007	2729	2267	1606	1154	924	645	521	412	273	205	164	137	1173
2.2	W	1.54	2.81	4.53	7.95	10.46	17.47	28.76	40.31	69.89	97.19	140	266.5	417.3	593.9	792.8	1015
	R	9334	6123	4393	2993	2486	1761	1265	1013	707	571	451	299	225	180	150	129
2.3	W	1.61	2.94	4.74	8.31	10.93	18.27	30.07	42.14	73.07	101.6	146.3	278.7	436.2	620.9	828.8	1061
	R	10190	6687	4798	3268	2715	1923	1382	1106	772	624	493	327	246	197	164	141
2.4	W	1.68	3.06	4.95	8.67	11.41	19.06	31.38	43.97	76.25	106.0	152.7	290.8	455.2	647.9	864.9	1108
	R	11090	7276	5220	3556	2954	2093	1503	1204	840	678	536	355	267	214	179	153
2.5	W	1.75	3.19	5.15	9.03	11.88	19.86	32.69	45.81	79.42	110.5	159.0	302.9	474.2	674.9	900.9	1154
	R	12030	7889	5661	3856	3203	2269	1630	1305	911	736	582	385	290	232	193.5	137

注：1. v 管内水流速（m/s），W—水流量（m³/h），R—比摩阻（Pa）；

2. 本表参照华东建筑设计研究院提供的有关资料制成。

（三）局部阻力

对于局部阻力来说，由于其构造特点多样，目前尚无一个统一的计算方法，因此，大多是通过实验得到的。由此引入一个新的参数：局部阻力系数 ζ。

管件局部阻力为

$$\Delta h_2 = \zeta \times \frac{1}{2}\rho v^2 \quad (\text{Pa}) \tag{7-65}$$

不同管件的局部阻力系数见有关设计资料及生产厂样本，这里不详细列出。

第八章 管 道 保 温

空调总是与热传递不可分的，传热学是空调设计的主要理论依据之一。在空调系统中，一些场合我们要求提高传热性能，比如各种换热设备；另一些场合我们又要求降低传热能力，如围护结构、管道等。对于后者，在本书第二章中已重点讨论了外围护结构的传热及空调负荷的形成，从中可知，建筑围护结构热工性能的好坏将直接影响到空调负荷，加强围护结构保温以降低其传热效果可节省大量能源，这需要与建筑工种一起协商解决。本章则主要讨论空调专业本身所采取的一些降低传热的措施——即管道的保温问题。实际上，管道的保温性能也会对空调负荷产生一定的影响。

第一节 传 热 量

一、矩形保温风道

根据传热学原理，多层平壁单位面积的传热量为：

$$q_a = \frac{1}{\dfrac{1}{\alpha_1} + \sum_{i=1}^{n} R_i + \dfrac{1}{\alpha_2}} (t_2 - t_1) \qquad (\text{W/m}^2) \qquad (8\text{-}1)$$

式中　α_1、α_2——内、外表面放热系数 $[\text{W/(m}^2 \cdot \text{℃})]$；

R_i——第 i 层材料的导热热阻 $(\text{m}^2 \cdot \text{℃/W})$；

$$R_i = \frac{\delta_i}{\lambda_i}$$

δ_i——第 i 层材料的厚度 (m)；

λ_i——第 i 层材料的导热系数 $[\text{W/(m} \cdot \text{℃})]$。

在空调系统中，矩形保温风道的传热可视为多层平壁传热，如图 8-1 所示。图中，①为风道侧壁，②为保温材料。

在目前，绝大多数空调用风道仍采用钢板制作，其厚度通常不大于 1.5mm，钢的导热系数 $\lambda \approx 40 \sim 50 \text{W/(m} \cdot \text{℃})$。因此，风道用钢板的热阻 $R = 0.0000375 \sim 0.00003 \text{ m}^2 \cdot \text{℃/W}$。

对于内表面放热系数 α_1，可根据迪图斯-贝尔特公式计算，管内为空气时：

$$\alpha_1 \approx 290 \frac{v^{0.8}}{d^{0.2}} \qquad (8\text{-}2)$$

式中　v——管内空气流速 (m/s)；

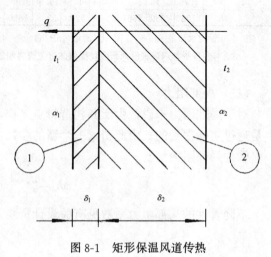

图 8-1　矩形保温风道传热

d——风管当量直径（m）。

国标矩形风管尺寸从 $120mm \times 120mm \sim 2000mm \times 2000mm$，假定风速按 $v=2m/s$ 计算，当风管尺寸为 $120mm \times 120mm$ 时，根据式（8-2）可算出：$\alpha_1 = 753W/(m^2 \cdot ℃)$；当风管尺寸为 $2000mm \times 2000mm$ 时，则 $\alpha_1 = 429W/(m^2 \cdot ℃)$。

保温层外表面放热热阻可取 $\alpha_2 = 8.7W/(m^2 \cdot ℃)$。

显然，内表面放热热阻 $\frac{1}{\alpha_1}$ 及钢板导热热阻 R 相对于外表面放热热阻 $\frac{1}{\alpha_2}$ 和保温层热阻来说是非常小的，可以忽略不计。因此，矩形保温风管的传热量可按下式计算：

$$q_a = \frac{t_2 - t_1}{\frac{\delta}{\lambda} + \frac{1}{8.7}} \quad (W/m^2) \tag{8-3}$$

式中　λ——保温材料的导热系数 $[W/(m^2 \cdot ℃)]$；

　　　δ——保温材料厚度（m）。

二、圆形保温风道及保温水管

根据上述同样的分析可知：在圆形风道及水管保温后，其内表面放热热阻和管道本身的导热热阻也是非常小因而可忽略不计的，因此，其保温后的传热同样可只考虑与保温材料和外表面放热系数 α_2 有关 $[仍可取 \alpha_2 = 8.7W/(m^2 \cdot ℃)]$，则单位管长的传热量为：

$$q_1 = \frac{1}{\frac{1}{2\pi\lambda}\ln\frac{d+2\delta}{d} + \frac{1}{8.7\pi(d+2\delta)}} \quad (W/m) \tag{8-4}$$

式中 d 为风管或水管外径（m），其余符号意义同式（8-3）。

第二节　保温材料

一、保温材料的选用原则

（一）保温性能

保温材料的热工性能主要取决于其导热系数，导热系数越大，说明性能越差，保温效果也就越差，这一点从式（8-3）和式（8-4）中也可以看出。因此，选择低导热系数的保温材料是首要原则。

（二）吸水率

目前各种保温材料所列的导热系数均是指其干燥后的导热系数，而各种保温材料都不同程度的存在一定的吸水率，吸水率越大，表明在使用过程中材料的含水量增加越快（实际上由于施工现场的各种原则，水总是有可能接触保温材料的）。由于水的导热系数 $[\lambda_水 \approx 0.55W/(m \cdot ℃)]$ 比普通保温材料大得多，同时，水本身具有从高温向低温移动而转移热量的特性，因此，含水量的增加将使整个保温材料的导热系数迅速加大（甚至有可能超过水本身的导热系数）。由此可知：保温材料应选用低吸水率材料。

（三）使用温度范围

考虑保温材料的温度使用范围有两个意义。第一，一些材料不能承受较高的温度，为了保证其使用寿命及安全可靠，应使其在规定的温度范围内使用；第二，大多数保温材料的导热系数都与温度有关，温度升高时，通常其导热系数变大，对保温性能产生影响。

（四）使用寿命、抗老化性及机械强度

各种材料都有一定的使用时间，以化学方法制造出来的保温材料（如橡胶、塑料等）更要考虑其老化的问题。同时，在施工工地，因为各种实际情况甚至人为因素（如保管不善、运输及施工安装不小心等），都可能对其产生机械损伤。保温材料一旦破损，将严重影响其整体性能（尤其是冷管道保温）。因此，保温材料应具有一定的机械强度。

（五）防火性能

在高层民用建筑中，保温材料的防火性能是一个极其重要的指标，由于保温材料失火引起的火灾在高层民用建筑中占有不少的例子。关于此点，《高规》中也有明确的规定，如其中第 8.5.7 条规定："管道和设备的保温材料、消声材料和粘结剂应为不燃烧材料或难燃烧材料。穿过防火墙和变形缝的风管两侧各 2.00m 范围内应采用不燃烧材料及其胶粘剂保温。"

（六）造价及经济性

实际工程中，保温材料的价格往往对其采用与否产生决定性的作用，通常性能越好的材料在价格上也是越高的。因此，在满足使用要求的条件下，当然应认真考虑价格因素。

二、保温材料的性能

在目前的空调工程中，常用的保温材料有岩棉、玻璃棉、珍珠岩、聚氨酯、聚苯乙烯、聚乙烯及发泡橡胶几大类。

（一）岩棉类

岩棉有岩棉板和岩棉毡两大类。其优点是价格便宜，导热系数小 $[\lambda=0.047\sim0.058\text{W}/(\text{m}\cdot\text{℃})]$，防火性能好（不燃），适用温度范围大（<400℃），因此，其应用在以前较为广泛。

但是，岩棉具有吸水率高的特点。对于冷水管道来说，如果保温不严密，或由于施工过程中的机械损伤，将会使其大量吸水而使保温性能下降。因此，岩棉对于冷管道是不适用的。另外，其纤维对人体有一定的危害。

（二）玻璃棉

玻璃棉在总体性能上与岩棉差不多，其纤维也对人体有一定危害。它的吸水率取决于其生产质量，通常比岩棉低得多。在空调系统中，采用玻璃棉的情况是较多的。

玻璃棉比岩棉贵 1/3～2/3，价格大约为 1500 元/m³。

（三）珍珠岩制品

其导热系数为 $\lambda=0.058\text{W}/(\text{m}\cdot\text{℃})$，价格低，性质稳定，适用范围广，防火性能好。其缺点是对异型管件无法施工，且其吸水率非常高。因此，它只适用于热水管保温。

（四）聚氨酯、聚苯乙烯

聚氨酯材料有硬质和软质两种。对一些异型构件，还可以通过现场发泡浇注成型，因而施工方便，质量也可得到保证。它的导热系数为 $\lambda=0.043\sim0.052\text{W}/(\text{m}\cdot\text{℃})$，保温性能较好。软质多为闭孔式结构，吸水率较低。

聚苯乙烯与硬质聚氨酯在热工性能上差不多。它们的共同特点是防火性能较差（聚氨酯氧指数为 25，聚苯乙烯氧指数为 26），达不到《高规》的规定。另外，软质聚氨酯造价较高（大约 2000 元/m³），且使用温度范围不大于 80℃。由于这些缺点，它们目前已很少作为保温材料在高层民用建筑中采用。

（五）聚乙烯

聚乙烯是近年来新发展的一种保温材料。其内部为闭孔结构，吸水率低、质软，导热系数为 $\lambda=0.034\text{W}/(\text{m}\cdot\text{℃})$，适用温度达 180℃，因而对空调系统中的各种管道及设备保温都是适合的。它的价格大约为 1500 元/m³。

聚乙烯氧指数为 28 左右，从防火性能上来看，属于自熄性材料（B2 级）。但燃烧后会产生液滴是其防火性能上不利的一点，使用时应对此有所注意。

（六）发泡橡胶

这是近年来少数厂商新推出的一种新型高性能保温材料。其保温性能与聚乙烯相似，但由于在防止水气渗透上优于后者，因此同样使用若干年后它的 λ 值增加量比聚乙烯小得多（表明其保温性能下降不大），因而总体热工性能优于聚乙烯。

从防火性能上看，其氧指数为 36，燃烧后成粉末状，比聚乙烯高一个级别（B1 级）。

由于它的原材料是天然橡胶，因此导致了其价格较贵，大约为 7000~8000 元/m³。

从以上的介绍中可以看出：目前常用的一些保温材料在导热系数本身上都差得不大。由于高层民用建筑对防火的要求较高（目前要求保温材料氧指数大于 27 以上），因此，这一限制加上其它性能特点使得实际上各种性能可满足使用要求的材料主要有玻璃棉、聚乙烯和发泡橡胶三大类产品。

第三节　保温材料的经济性

一、不同材料的比较

在三种主要的保温材料——玻璃棉、聚乙烯和发泡橡胶中，由于随使用时间的增加，其吸水率不一样，因而 λ 值将随时间的加长而有不同程度的提高。以保温材料的使用年限为 10 年进行比较，假定开始时三种材料的导热系数相同，10 年后发泡橡胶的导热系数为 λ_1，根据有关保温材料的技术参数及试验研究，此时玻璃棉的导热系数将达到 $\lambda_2=1.5\lambda_1$，聚乙烯的导热系数将达到 $\lambda_3=1.2\lambda_1$。这也即是说，要保证使用期内满足同样保温性能的要求，则玻璃棉的初始厚度应为发泡橡胶的 1.4~1.5 倍左右，聚乙烯的初始厚度应为发泡橡胶的 1.1~1.2 倍左右（考虑使用前期的热工性能不同）。从造价上来看，这时单位体积的造价为：

（1）发泡橡胶：$M_1=7000\sim8000$ 元/m³；

（2）玻璃棉：$M_2=1.5\times1500=2250$ 元/m³；

（3）聚乙烯：$M_3=1.2\times1500=1800$ 元/m³。

显然，单以保温材料价格上比较，聚乙烯是有一定优势的。当然，在实际设计中，总体经济性还包括占用空间（面积及高度）等因素。同时，发泡橡胶的使用寿命可能更长一些，因此，还要考虑前述的各种选用原则、保温材料的施工方法等等。

二、临界绝热直径 d_c

从圆形保温管道的散热量计算式（8-4）中可以看出：保温层厚度 δ 的增加一方面使其导热热阻增加［式（8-4）中分母第一项］而降低传热，另一方面又使放热面积加大导致放热热阻减小（分母第二项）而提高传热，因此，保温层的总热阻 R_x 必然存在一个极值点。令 $d_x=d+\delta$：

$$R_x = \frac{1}{2\pi\lambda}\ln\frac{d_x}{d} + \frac{1}{8.7\pi d_x} \tag{8-5}$$

对上式求导数得：

$$\frac{\mathrm{d}R_x}{\mathrm{d}d_x} = \frac{1}{\pi d_x}\left(\frac{1}{2\pi} - \frac{1}{8.7 d_x}\right)$$

为了求极值，令上式为零，则

$$d_x = \frac{2\lambda}{8.7} \tag{8-6}$$

根据数学原理可知：极值点 d_x 处为 R_x 的最小值点，即当 $d+\delta < d_x$ 时，随 δ 的增加，R_x 减小，表示 q_l 增大即传热量增大，保温层将不起作用。因此，只有 $d+\delta > d_x$ 时，随 δ 的增加，q_l 才会减少，保温层才能起保温作用。通常，式（8-6）计算出的 d_x 值我们又称为临界绝热直径 d_c。上述结论对于我们确定保温材料的 λ 值及其厚度是极为重要的。

根据前面的介绍，当保温材料的导热系数 $\lambda = 0.058\mathrm{W/(m \cdot ℃)}$ 时，从式（8-6）可算出 $d_c = 0.013\mathrm{m}$。在第七章第十一节中，我们提到了常用空调水管的规格，从中可知其最小直径为 $d=15\mathrm{mm}$，显然它大于 d_c（$=13\mathrm{mm}$），因此，在常用空调管道管径及常用保温材料的 λ 值下，可以看到保温后管径（$d+\delta$）都始终大于 d_c 值，故一般来说，空调管道的保温总是有效的，决定保温材料厚度时，可以不考虑临界绝热直径 d_c 的问题。但是，如果保温材料性能较差，λ 值较大，当出现 $d < d_c$ 的情况时，则必须加大保温厚度，才能达到保温的目的。此时的最小保温层厚度 $\delta_{\min}$ 应按下式计算：

$$\frac{1}{2\pi\lambda}\ln\frac{d+2\delta_{\min}}{d} + \frac{1}{8.7\pi\ (d+2\delta_{\min})} \geqslant \frac{1}{8.7\pi \cdot d} \tag{8-7}$$

三、防结露

保温管道的防结露实际上是管道内为冷介质时，防止其保温层外表面结露。假定冷介质温度为 t_1，环境温度为 t_2，保温层外表面温度为 t_b，则防结露的主要目标就是通过计算最小保温层厚度 δ_m 来保证 t_b 大于环境空气的露点温度。

（一）矩形风管

根据热平衡：

$$\frac{t_b - t_1}{\dfrac{\delta_m}{\lambda}} = \frac{t_2 - t_b}{\dfrac{1}{8.7}} \quad 则$$

$$\delta_m = \frac{\lambda}{8.7} \times \frac{t_b - t_1}{t_2 - t_b} \tag{8-8}$$

空调冷风风管较多的位于空调房间，少部分位于非空调组有机械通风的房间。从实际使用来看，非空调房间通常温度较大，结露可能性更大，因此按此考虑防结露设计较为保险。非空调房间温度可按夏季通风温度来考虑，其相对湿度可按最热月每天 14：00 的平均相对湿度来考虑。

以北京地区为例。$t_2 = 30℃$，$\varphi = 64\%$，则空气露点温度为 $t_l = 22.5℃$，风管内空气温度可取 $t_1 = 15℃$，则用 t_l 代替 t_b 代入式（8-8）可求出：

$$\delta_m = 0.115\lambda \quad \text{(m)} \tag{8-9}$$

式（8-8）或式（8-9）的计算结果要求的是最小保温层厚度，为此，实际厚度 δ 必须保证：$\delta \geqslant \delta_m$。

对于发泡橡胶，取 $\lambda=0.045$，则 $\delta_m=5mm$。

对于聚乙烯，取 $\lambda=0.054$，则 $\delta_m=6mm$。

对于玻璃棉，取 $\lambda=0.068$，则 $\delta_m=8mm$。

（二）圆形风道和冷冻水管

假定环境条件仍按北京地区采用，热平衡式为：

$$\frac{t_b-t_1}{\frac{1}{2\pi\lambda}\ln\left(\frac{d+2\delta_m}{d}\right)}=\frac{t_2-t_b}{\frac{1}{8.7\pi}(d+2\delta_m)} \tag{8-10}$$

1. 圆形风道

$t_1=15℃$，$t_b=22.5℃$，$t_2=30℃$，则：

$$\lambda=4.35(d+2\delta_m)\ln\left(\frac{d+2\delta_m}{d}\right) \tag{8-11}$$

对于发泡橡胶，$d=100\sim2000mm$ 时，$\delta_m\approx5mm$。

对于聚乙烯，$d=100\sim2000mm$ 时，$\delta_m\approx6mm$。

对于玻璃棉，$d=100\sim2000mm$ 时，$\delta_m\approx8mm$。

这一结果说明，圆形与矩形风道的防结露保温层厚度基本相同。

2. 冷冻水管

$t_1=7℃$，$t_b=22.5℃$，$t_2=30℃$，则

$$\lambda=2.105(d+2\delta_m)\ln\left(\frac{d+2\delta_m}{d}\right) \tag{8-12}$$

由上式计算出的各管径下要求的防结露厚度如表 8-1 所示。

保温材料防结露厚度（mm） 表 8-1

管　径	材　料			管　径	材　料		
	发泡橡胶	聚乙烯	玻璃棉		发泡橡胶	聚乙烯	玻璃棉
DN15	8.0	8.5	11	DN125	10	11.5	15.5
DN20	8.0	9.0	12	DN150	10.5	11.5	15.5
DN25	8.5	9.5	12.5	DN200	10.5	11.5	16
DN32	9.0	10	13	DN250	10.5	11.5	16
DN40	9.0	10	13.5	DN300	10.5	12	16.5
DN50	9.5	10.5	14	DN350	10.5	12	16.5
DN70	9.5	10.5	14.5	DN400	10.5	12	17
DN80	10	11	14.5	DN450	10.5	12	17
DN100	10	11	15	DN500	10.5	12	17

（三）空气凝结水管

当使用房间参数为 $t=25℃$、$\varphi=55\%$ 时，空气凝结水管的水温大约为 $15\sim16℃$，为了防止管外产生结露，应对其进行保温。由于其水温与前述的冷风管风温相差不大，因此可参照圆形风道的计算结果采用。

四、经济保温厚度

在前面我们已经计算了冷介质管道防结露所需的最小保温厚度。应该明确的是，除空

气凝结水管外，其余计算的保温防结露厚度通常都不是最经济的厚度而只是满足了最低使用要求的厚度。关于经济厚度，要考虑以下一些因素：

（1）保温材料类型及造价（包括各种施工、管理等费用）。

（2）冷（热）损失对系统的影响。在空调设计中，由于耗冷量是一个重点，因此，考虑冷损失带来的投资及运行费用的增加是主要因素。

（3）空调系统形式及冷源形式。

（4）保温层所占用的空间对整个建筑投资的影响。

（5）保温材料的使用寿命。

由于上述因素过于复杂，且不同地区情况不一，因而实际上要列出一个计算经济厚度的代表性公式是相当困难的。通过对现有大量工程的实际调研，结合目前情况，作者推荐按表 8-2 采用。

保温材料选用厚度（mm）　　　　　　　　　　　　表 8-2

材　料	风　管	空　调　水　管		
		$DN<100$	$100{\leqslant}DN<250$	$DN{\geqslant}250$
发泡橡胶	16～19	19	22	25
聚乙烯	18～20	20	25	30
玻璃棉	20～25	25	30	35～40

第九章 消声及减振

第一节 噪声对环境的影响

建筑噪声对周围环境的影响包括两个方面。其一是对建筑周围的环境影响，这部分噪声通常是由设置于建筑外部的设备（如冷却塔、外置式风机）以及风机或空调机组通过进、排风口而产生的；其二是对建筑内部房间的影响，这部分通常是由于机房振动传声或风道传声所引起的。

一、声源、声强及声压

在空调系统中，产生噪声的设备是较多的，主要有冷水机组、水泵、风机（包括空调机组）、冷却塔等运转设备。另外，部分管件在运行工况不良时，也会产生明显的附加噪声。

声强指的是声音的强度（W/m^2）。某点的声强表示该点在垂直于声波传播方向上，单位面积在单位时间内所通过的声波的能量。从实测中可知：能引起人听觉的声强大约为 $I_0 = 10^{-12}W/m^2$，因此，通常也以此为基本标准来衡量某一声波的强度，即声强级 L_I。

$$L_I = 10\lg \frac{I}{I_0} \quad (dB) \tag{9-1}$$

式中 I 为某点的声强（W/m^2）。

通常，声波是以压力反应出来的（声强与声压的平方成正比），同时，声压的测量也较为方便。因此，在绝大多数情况下，都是采用声压级 L_p 来表示声波的强弱。

$$L_p = 20\lg \frac{P}{P_0} \quad (dB) \tag{9-2}$$

式中　P——某点的测量声压（μbar）；

P_0——基准声压，对应于 $I_0 = 10^{-2}W/m^2$ 时，$P_0 = 0.0002\mu bar$。

当有两个声源同时对某点产生作用时，其声压级应进行对数迭加。假定 L_{p_1} 为声压级较大者，L_{p_2} 为声压级较小者，则：

$$\Sigma L_p = L_{p_1} + 10\lg \left[1 + 10^{-0.1\left(L_{p_1} - L_{p_2}\right)}\right] \tag{9-3}$$

从上式可以看出，当有两个声波作用时，若以 L_{p_1} 为基准，则 L_{p_2} 对其的影响相当于在 L_{p_1} 基础上附加 ΔL_p：

$$\Delta L_p = 10\lg \left[1 + 10^{-0.1\left(L_{p_1} - L_{p_2}\right)}\right] \tag{9-4}$$

为了方便计算，上式也可以表列出，见表 9-1。

两个声源对某点的噪声附加值（dB）　　表 9-1

$L_{p_1} - L_{p_2}$	0	1	2	3	4	5	6	7	8	9	10
ΔL_p	3.0	2.5	2.1	1.8	1.5	1.2	1.0	0.8	0.6	0.5	0.4

从表 9-1 可见：随着两个声压值的差值越大，其综合作用的附加值 ΔL_p 越小，当两个声压级相等时，ΔL_p 为最大（3dB）。

当有数个相同的声压级 M 共同作用时，总的声压级为：

$$\Sigma L_p = L_p + 10 \lg M \tag{9-5}$$

二、设备噪声

设备噪声通常以声功率级 L_w 来表示，它反映了设备本身产生声波能量 W 的大小。

$$L_w = 10 \lg \frac{W}{W_0} \tag{9-6}$$

式中 W_0 为基准声功率，$W_0 = 10^{-12}$（W）。

空调系统中的各种设备，由于其使用特点不一致，在噪声的大小上有着较大的区别，即使是同种设备，由于制造加工技术的不同，也会使其噪声不一样。因此，对设备噪声进行精确的计算是相当困难的。目前常用的关于此部分的计算公式包括两部分：第一部分是设备的比声功率级，它反映了该设备的制造加工水平，通常这一值是由生产厂给出的；第二部分是与设备的运行参数有关的计算值，它反映了同种标准设备在不同运行工况时的噪声区别。

（一）设备基础噪声级

1. 冷水机组

冷水机组采用声功率级的测量存在一定的困难，通常采用 A 声级的测量（关于 A 声级，详见后述）为主，最好其噪声由生产厂给出，若无数据，也可按以下式估算：

（1）离心式冷水机组

$$L_p = 60 + 11 \lg \left(\frac{Q}{3.52} \right) \quad \text{dB(A)} \tag{9-7}$$

（2）往复式冷水机组

$$L_p = 71 + 9 \lg \left(\frac{Q}{3.52} \right) \quad \text{dB(A)} \tag{9-8}$$

上两式中，Q 为制冷量（kW），L_p 一般是指距机组 1m 处的噪声值。

2. 水泵

与冷水机组一样，水泵噪声也是以距离 1m 处的 A 声级为计算标准值：

$$L_p = 78 + 10 \lg N \quad \text{dB (A)} \tag{9-9}$$

式中 N 为水泵配电机的功率（kW）。

3. 冷却塔

冷却塔噪声也是以 A 声级为基础的。从目前作者所了解的情况来看，基本上所有的厂商都在其产品的说明书中提出了噪声值。通常提出两个值：一个是距塔体 1m 处的噪声，另一个是距塔体直径 D 一倍处的值（又称 D 点噪声值）。

国产冷却塔目前从噪声上可分为标准型、低噪声型及超低噪声型几种，详见有关厂家的产品说明书。

4. 风机

风机噪声常以声功率级为标准，其计算为：

$$L_w = L_{wc} + 10 \lg (L \times H^2) - 20 \quad \text{(dB)} \tag{9-10}$$

式中 L_{wc}——风机比声功率级；

L——风机风量（m³/h）；

H——风机风压（Pa）。

一般来说，L_{wc} 值通常由生产厂提供，当无资料时，可按以下考虑：

（1）离心式风机：$L_{wc}=23\sim24$（dB）。

（2）斜流或混流式风机：$L_{wc}=24\sim25$（dB）。

（3）轴流式风机：$L_{wc}=29$（dB）。

（二）倍频程修正

以上计算的设备噪声在各频程下均要考虑一定的修正值，不同设备的修正值见表 9-2。

冷水机组及风机倍频程修正值（Hz）　　　　表 9-2

频　率		63	125	250	500	1000	2000	4000	8000
冷水机组	离心式	−8	−5	−6	−7	−8	−5	−8	
	往复式	−19	−11	−7	−1	−4	−9	−14	
风　机	离心式（前向叶片）	−2	−7	−12	−17	−22	−27	−32	−37
	离心式（后向叶片）	−5	−6	−7	−12	−17	−22	−26	−33
	轴流式	−9	−8	−7	−7	−8	−10	−14	−18

在空调系统中，除设备外，风道管件也会因风速过大而产生附加噪声（又称气流噪声）。风速越大，附加噪声也越大。由于这部分计算公式及图表较多，也有许多书籍对此做了专门介绍，这里就不详叙了。只想提及的一点是：从高层民用建筑的实际情况来看，大多数风系统是低速系统（风速在 8～10m/s 以下），附加噪声值与风机噪声相比是较小的。由于噪声的迭加是对数迭加，因此，附加噪声此时一般不会对风系统噪声的提高产生明显的影响。同时，管件本身对噪声也存在一定的衰减，使附加噪声的影响更小。因而通常情况下，对这部分可不做详细计算。只有在对噪声要求较高（如声学室、演播室等）的场所，或风速过大时，才考虑做此部分计算。

三、噪声评价

（一）倍频程

噪声不是单一频率的。对于人耳而言，一般在 20～20000Hz 为敏感区，但以此全部详细研究会使问题复杂化，因此，为了简化和方便，通常采用把频率分为几段的做法。同时，为了统一分段标准，采用了两个频率的比值为 2：1，即所谓倍频程法。

这样，在空调系统中，常用倍频程的中央频率为 63、125、250、500、1000、2000、4000、8000Hz，它们包括的频率范围为 45～11200Hz。

（二）A 声级

噪声的测量通常采用声级计。根据人对噪声的反映，500Hz 以下的低频声相对来说不太敏感，因此，通常在测量时采用计权网络 A 为基础的测量仪，并把它测得的声级称为 A 声级，用 dB（A）表示。

A 声级是以 1000Hz 为零基准来测量的。

（三）NR 曲线

NR 曲线是目前评价噪声最常用的一种曲线，它与 A 声级的区别是：这是按各倍频程的不同声级来列出的，而 A 声级通常以单值列出。

NR 曲线主要是用于对房间的噪声评价。

（四）NC 曲线

NC 曲线与 NR 曲线的特点相似，但它主要适用于对设备的噪声评价。

NC 曲线、NR 曲线和 A 声级三种评价方法有如下关系：

$$L_A = NR + 5 = N_c + 10 \qquad (9-11)$$

四、环保要求

建筑噪声通过各种渠道传至建筑外面后，会对建筑周围的环境产生一定的影响。因此，为了保护环境，防止噪声污染，对一定区域制定一定的噪声允许标准是非常必要的。

对于城市区域，国家标准 GB 3096—82 规定了各种区域的噪声要求，见表 9-3。

城市区域环境噪声标准（GB 3096—82）   表 9-3

适 用 区 域	等 效 声 级 L_{eq} [dB(A)]	
	昼 间	夜 间
（1）特殊住宅区	45	35
（2）居民、文教区	50	40
（3）一类混合区	55	45
（4）二类混合区	60	50
（5）工业集中区	65	55
（6）交通干线道路两侧	79	55

从表 9-3 可以看出：不同区域对环境的噪声要求是不一样的，因此对噪声源的消声处理也应有所不同。至于这些区域的具体划分，应以建筑所在地的环保部门的规定为准。

五、室内允许噪声

各种房间内的允许噪声见表 9-4。

一般建筑的允许噪声标准参考值   表 9-4

建 筑 类 别		允许噪声标准（dB）	
		评价曲线 NC-NR-	单值：L_A（dB）
居住建筑	住宅卧室	30	35
	公寓卧室	30	35
	集体宿舍	35	40
旅　馆	宾馆	25	30
	旅游旅馆	30	35
	会议旅馆	35	40
	社会旅馆	35	40
医　院	门诊	30	35
	病房	25	30
学　校	教室	30	35
	阶级教室	30	35
	视听教室	25	30
	音乐教室	25	30
	绘画室	35	40

建 筑 类 别		允许噪声标准（dB）	
		评价曲线：NC- NR-	单值：L_A（dB）
会　议	会议厅	25	30
	会议室	30	35
	学术报告厅	25	30
法　院	审判厅	25	30
	预审室	20	25
图书馆	阅览室	25	30
	视听室	20	25
办　公	办公	35	40
	设计室、制图室	40	45
教　堂	礼拜堂	30	35
剧　场	话剧院	20	25
	地方戏剧院	30	35
	歌剧院	20	25
	多功能剧院	25	30
音乐厅	室内乐、演唱厅	15	20
	近代轻音乐、电子乐	30	35
	音乐排练厅	30	35
	交响乐大厅	20	25
	管风琴演奏厅	25	30
电影院	普通影院（35mm 片）	35	40
	宽银幕立体声影院	25	30
	70mm 片四声道立体声影院	20	25
	全景电影院	30	35
	标准放映室	25	30
体育馆	田径、体操馆	40	45
	球类	45	50
	溜冰馆	45	50
	跳水、游泳馆	50	55
	击剑、拳击	40	45
	多功能体育馆	40	45
宴会厅	宴会厅	35	40
	餐厅	45	50
商　场	售货厅	55	60

第二节　吸声与隔声

一、吸声

吸声的主要目的，是使噪声在室内的声压级得以降低。空调房间的空调噪声主要来自于风口，风口处噪声在室内的衰减按下式计算：

$$\Delta L = -10\lg\left(\frac{Q}{4\pi r^2} + \frac{4}{R}\right) \tag{9-12}$$

式中　Q——方向因素，取决于声源与测点（或人耳）间的夹角以及声源频率和风口长边的乘积，见表 9-5；

　　　r——声源与测点的距离（m）；

R——房间特性（m²），与房间内表面积 A 和内表面平均吸声能力 $\bar{\alpha}$ 有关，$R=\dfrac{A\times\bar{\alpha}}{1-\bar{\alpha}}$。

用以确定 ΔL 值的方向因素 Q 值表   表 9-5

频率×长边 （Hz×m）	10	20	30	50	75	100	200	300	500	1000	2000	4000
角度 $\theta=0°$	2	2.2	2.5	3.1	3.6	4.1	6	6.5	7	8	8.5	8.5
角度 $\theta=45°$	2	2	2	2.1	2.3	2.5	3	3.3	3.5	3.8	4	4

可以看出：随着房间平均吸声能力 $\bar{\alpha}$ 的增加，R 值加大，ΔL 的数值也将增大。因此，提高房间吸声能力有助于噪声进入室内的衰减。

提高 $\bar{\alpha}$ 的最有效方法是采用吸声材料。目前最常用的是玻璃棉制品，其对 1000Hz 的吸声系数 α 大约为 $0.75\sim0.9$（和密度有关，密度越小则 α 值越大）。

在高层民用建筑中，对于空调房间，由于装修要求，一般不会单独作吸声处理而是与装修材料统一考虑（只有一些对噪声要求较严格的房间才会单独考虑此点）。为了尽可能给管理人员提供一个较好的环境，吸声处理更多的是用于噪声较大的机械用房之中。

二、隔声

民用建筑的一些机械用房（如冷冻机房、泵房、风机房等），因噪声较大，有可能对相邻房间产生影响时，应考虑隔声措施。通常，隔声措施与吸声措施是统一考虑而采用的。

与吸声材料的特性相反，隔声材料的密度越大，则隔声效果越好，表 9-6 列出了部分常用材料的隔声性能。

机房常用墙体结构的隔声量   表 9-6

编号	构造简述 （厚度单位：mm）	面密度 （kg/m²）	下述频率（Hz）的隔声量（dB）						平均隔声量 $\bar{R}$（dB）
			125	250	500	1000	2000	4000	
1	120 厚砖墙，双面抹灰	240	37	34	41	48	55	53	44.6
2	240 厚砖墙，双面抹灰	480	42	43	49	57	64	62	52.8
3	370 厚砖墙，双面抹灰	700	43	48	52	60	65	64	55.3
4	490 厚砖墙，双面抹灰	840	45	53	56	65	66	67	58.6
5	双层 120 厚砖墙，中空 80	480	38	45	51	62	64	63	53.3
6	120 厚砖墙与纤维板复合，中空 50	320	39	40	44	53	57	58	48.5
7	240 厚砖墙与岩棉及塑料板复合	500	44	52	58	73	77	69	62.2
8	双 240 厚砖墙，中空 10 填岩棉	970	51	63	67	74	81	—	67.2
9	120 厚砖墙与 240 厚砖墙复合，中空 80	700	45	52	54	63	67	69	58.3
10	490 厚砖墙与加气混凝土复合，中空 80	1160	47	59	73	82	82	—	68.6
11	78 厚空心砖墙，双面抹灰	120	30	35	36	43	53	51	41
12	150 厚加气混凝土墙，双面抹灰	140	29	36	39	46	54	55	43
13	200 厚加气混凝土墙，双面抹灰	160	31	37	41	47	55	55	44
14	硅酸盐砌块墙，双面抹灰	450	35	41	49	51	58	60	49
15	空斗砖墙 240 厚，双面抹灰	300	21	22	31	33	42	46	31
16	140 厚陶粒混凝土墙	240	32	31	40	43	49	56	42
17	双层 75 厚加气混凝土 中空：$d=75$	140	39	49	50	56	66	69	54
	100	140	40	50	50	57	65	70	55
	150	140	42	50	51	58	67	73	56
	200	140	40	52	51	59	71	76	57

编号	构 造 简 述 （厚度单位：mm）	面密度 （kg/m²）	下述频率（Hz）的隔声量（dB）						平均隔 声 量 $\bar{R}$（dB）
			125	250	500	1000	2000	4000	
18	双层100厚加气混凝土中空50，双面抹灰	180	36.0	46	50	57	73	72	54
19	双层75厚加气混凝土中空50，内填50厚矿棉毡	180	41	48	52	58	68	73	57
20	75厚与100厚加气混凝土复合，中空50抹灰	153	35	44	48	56	69	67	54
21	100厚加气混凝土与纤维板复合，中空60	84	26	34	42	53	63	65	47
22	100厚加气混凝土与三合板复合，中空80	83	31	27	31	50	57	61	43
23	双层60厚圆孔石膏板中空50，内填矿棉毡	—	37	41	38	41	47	52	43
24	双层石膏板（每层2块）中空80	45	35	35	43	51	58	51	44
25	双层12厚石膏板，中空80，内填矿棉毡	29	34	40	48	51	57	49	45
26	双层1.5厚钢板，中空65内填超细棉毡	27	32	41	49	56	62	66	50
27	双层钢板，分别为1.0和2.0厚，中空65，填超细棉	26	31	41	48	55	62	66	49
28	同上，中空100，填超细棉	27	39	43	51	58	66	70	53
29	1.5厚钢板和5厚纤维板复合，中空100，填超细棉	21	37	40	51	58	64	69	52
30	2.5厚钢板与5厚纤维板复合，中空80，内填超细棉	20	31	43	51	57	62	65	51

从表9-6中可以看出：采用吸声材料与普通结构墙体做成复合墙，对于吸声和隔声两者都是有利的。

第三节 消 声 器

一、消声器的分类

消声器是一种设于风道上防止噪声通过风管传播的一种设备。从外形上看，分为直管消声器和消声弯头两种；从消声原理上来分，可分为阻性消声、抗性消声和阻抗复合式消声。

（一）阻性消声器

阻性消声器主要以内部吸声材料为主体，通过较强的材料吸声能力，吸收中、高频噪声。常用的吸声材料为玻璃棉。

阻性消声器最常用的形式有管式、片式、折板式及多管式几大类。

1. 管式消声器

管式消声器是最简单的一种消声器，其制作简单、造价较低，在高频区域效果较好。但其适用风量较小，截面过大时消声量明显下降。因此，单独的管式消声器是不能满足空调系统要求的。

管式消声器的性能见表9-7。

管式消声器性能表 表9-7

型 号	衰 减 量 dB（A）							尺 寸（mm）			
	100	200	400	800	1600	3200	6300	A	B	a	b
1	7.7	17.6	30.0	29.5	26.5	18.5	12.3	360	360	200	200
2	6.4	14.7	25.1	24.6	22.2	14.8	7.4	360	460	200	300
3	5.8	13.2	22.6	22.1	19.9	13.2	6.6	360	560	200	400

型　号	衰　减　量　dB（A）							尺　寸（mm）			
	100	200	400	800	1600	3200	6300	A	B	a	b
4	6.2	14.1	24.1	23.6	21.2	14.1	7.1	410	410	250	250
5	5.1	11.7	20.1	19.6	17.7	11.8	5.9	410	535	250	375
6	4.6	10.5	18.0	17.6	15.9	10.6	5.3	410	660	250	500
7	5.1	11.7	20.0	19.6	17.7	11.8	5.9	460	460	300	300
8	4.2	9.8	16.7	16.4	14.8	9.8	4.9	460	610	300	450
9	3.8	8.8	15.0	14.7	13.3	8.8	4.4	460	760	300	600

2. 片式及多管式消声器

这两种消声器在构造上是差不多的，它们主要是针对大截面风管时，单管式消声器消声性能（尤其是低频消声性能）较差而制造的。从原理上讲，它与管式相同，只是把每个流道的截面积缩小，从而使大管径时的消声量得以保证。

片式消声器的性能见表9-8。

片式消声器规格、性能　　　　　　　　　　　表 9-8

型　号	外形尺寸（mm） 长×高×宽	法兰尺寸 （mm）	适用风量 （m³/h）	消声量 dB（A）	阻力 （Pa）	重量 （kg）
ZP-1	900×400×480	210×250	1800～3000	20	1.8～5.5	72
ZP-2	900×400×560	210×300	2300～4100	20	1.8～5.5	74
ZP-3	1400×560×780	330×460	5400～9700	25	3.2～9.0	210
ZP-4	1400×560×890	330×530	6300～11400	25	3.2～9.0	223
ZP-5	1500×720×1000	440×620	9700～17500	25	4.0～10.0	294
ZP-6	1500×720×1155	440×710	11400～20500	25	4.0～10.0	328
ZP-7	1900×880×1230	560×770	15400～27700	30	4.9～14.0	500
ZP-8	1900×880×1400	560×890	·1800～32400	30	4.9～14.0	544
ZP-9	1900×1040×1450	670×940	22300～40300	30	4.8～13.0	625
ZP-10	1900×1040×1660	670×1080	25900～46700	30	4.8～13.0	695

3. 折板式消声器

原理上它与上述两者相差不大，但由于消声片在内部折弯，使同一长度下的消声面积增加，消声量提高。因此，在同样消声量的情况下，折板式的外形尺寸小于普通片式或多管式消声器。

折板式消声性能见表9-9。

折板式消声器性能表　　　　　　　　　　　表 9-9

长　度 （mm）	风　速 （m/s）	阻力损失 （mmH₂O）	消　声　量					
			125	250	500	1000	2000	4000
900 （一节）	4.0	0.4	7.5	14.5	22.0	21.7	27.0	28.0
	6.0	1.0	7.0	14.3	20.0	20.7	25.5	26.3
	8.0	3.8	7.0	14.0	18.0	19.5	24.0	25.5
1800 （二节）	4.0	1.4	13.4	27.0	37.6	39.1	48.2	49.7
	6.0	2.8	12.6	25.5	35.4	36.8	45.3	46.8
	8.0	5.2	11.0	22.3	31.0	32.2	39.7	40.9

长　度 (mm)	风　速 (m/s)	阻力损失 (mmH₂O)	消　声　量					
			125	250	500	1000	2000	4000
2700 (三节)	4.0	1.9	17.2	34.9	48.4	50.4	62.1	64.0
	6.0	3.2	15.9	32.2	44.7	46.5	57.2	59.0
	8.0	7.0	13.2	26.8	37.2	38.6	47.6	49.1

（二）抗性消声器

抗性消声器利用声波通道的突变，使某些频率的声波反射回声源，降低传递的声能，从而达到消声的目的。通常它对于低、中频的效果较好。

目前较常用的有空腔式、共振式两种。

1. 空腔式

空腔式主要是利用气流通道截面积（或形状）的改变来达到消声的目的，因此，其消声量取决于空腔截面积与接管的截面积之比，一般来说，此比值宜控制在 4～15 之间。由此可见，空腔式外形尺寸通常是较大的。

2. 共振式

共振式的典型应用即是微穿孔板式消声器。其结构特点是在消声器气流通道的内侧壁上开有若干微小孔，与消声器外壳组成一个密闭空间，通过适当的开孔率及孔径的控制，使声源波频率与消声器固有频率相等或接近，从而产生共振以消除声能。

微穿孔板消声器空气阻力较小，适用频率较宽，尤其是低频效果较好，是一种较为优良的消声设备。其缺点是尺寸相对较大。因此，它主要适用于对于低频消声有明显要求的使用场所。

微穿孔板消声器的性能见表 9-10。

微孔板消声器性能　　　　　　　　　　表 9-10

消声值　频　度　风速（m/s）	中　心　频　率　（Hz）								阻力损失 (mmH₂O)
	63	125	250	500	1k	2k	4k	8k	
7	12	18	26	25	20	22	25	25	1.0
11	12	17	23	23	20	20	26	24	1.0
17	11	16	23	22	20	22	23	23	1.0

（三）阻抗复合式消声器

根据如前所述，阻性消声器适用于中、高频，抗性消声器适用于低、中频。为了使整个频程范围内消声器都具有较好的消声特性，目前应用比较多的是阻抗复合式消声器。一方面，它通过内部的吸声材料吸收中、高频声波；另一方面，通过一定的开孔率及孔径来使其低、中频的插入损失较大。实际上，它是部分阻性消声与部分抗性消声原理联合使用来进行消声处理的。同样尺寸的该型消声器，从高频上看，它不如阻性，从低频来看，它不如抗性，因此它只是在两者之间求得一种综合平衡的结果。

前述的阻性消声器，如果消声材料（消声片）具有一定的厚度，且材料与气流接触表面采用有一定开孔率及孔径的穿孔板，则可成为阻抗复合式消声器。

阻抗复合式消声器性能见图 9-1。

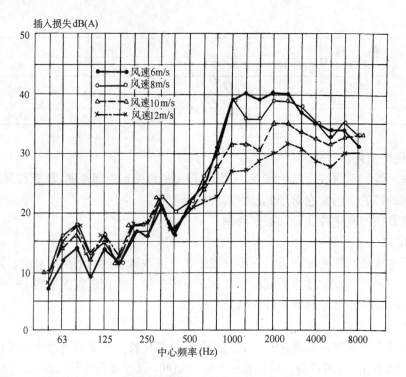

图 9-1 阻抗式消声器性能

（四）消声弯头

在高层民用建筑空调通风系统中，由于空间紧张，有时无法在直管段上装设消声设备，这时，消声弯头就具有较为明显的优点。

从工作原理上看，消声弯头也有阻性和抗性两种，但由于其尺寸较小，无法按阻抗复合式的方式制作。因此，采用消声弯头时，应注意其消声特性，有时用不同原理的消声弯头联合作用也许更有效果。

消声弯头尺寸小，使用方便，消声量也比较令人满意。一般来说，两个消声弯头的消声量可相当于（甚至大于）同接管尺寸的一个 1m 长的消声器的消声量。

阻性消声弯头的性能见表 9-11。

阻性消声弯头性能 表 9-11

消声量（dB） 风管度宽（mm）	频率（Hz） 中心频率							
	63	125	250	500	1000	2000	4000	8000
250	4.0	6.0	7.0	12.5	15.0	10.0	11.0	14.0
320	4.5	6.0	7.0	12.5	14.5	13.0	12.0	13.0
400	5.0	6.5	7.0	12.5	14.5	15.5	13.0	12.0
500	5.0	6.5	7.0	12.5	14.5	15.5	13.0	12.0
630	5.0	8.0	9.0	12.5	13.0	14.0	13.0	13.0
800	5.5	10.0	12.5	13.0	12.0	13.0	14.0	14.0
1000	6.0	7.0	12.0	14.0	16.0	18.0	18.0	18.0
大于1000	7.0	7.0	12.0	14.0	16.0	18.0	18.0	18.0

抗性消声弯头的性能见表 9-12。

微孔板消声弯头性能　　　　　　　　　　　　　　　　　　　　　　表 9-12

型　　号	风　速 (m/s)	阻力损失 (mmH₂O)	声　级　差							
			125	250	500	1k	2k	4k	8k	A
VKW-Ⅰ	5	2.4	3	9	13	15	12	7	4	10
	10	3.6	4	9	14	17	12	9	6	12
	15	7.2	4	10	13	14	13	9	7	13
	20	3.5	5	12	12	13	14	12	10	14
VKW-Ⅱ	5	2.5	8	12	13	14	10	8	5	10
	10	4	7	13	15	15	12	9	6	11
	15	8.2	7	10	15	16	13	10	6	11
	20	12.8	6	14	16	15	13	12	7	13

注：表中数据为 500mm×400mm 弯头实测。

二、消声器的选用

（一）气流对消声器的影响

目前，对消声器的消声量有两种给出方式：一种是直接给出动态消声量，即在气流一定速度时的消声量；另一种是给出静态消声量。从空调系统来说，由于在风系统中，始终存在气流流速，因此，厂商直接给出动态消声值是更为合理的，可以直接采用。但若给出的是静态消声量，则必须考虑气流流速的影响。

气流对消声器的影响如下：

$$L_{WA}=a+60 \lg v+10 \lg A \tag{9-13}$$

式中　L_{WA}——消声器气流噪声的声功率级；

　　　a——消声器的比声功率级；

　　　v——消声器内气流平均流速（m/s）；

　　　A——消声器气流通道面积（m²）。

由此可见，消声器的性能取决于气流流速，当流速加大时，其声功率级增加，意味着气流噪声加大，消声量下降。当消声器入口声级经静态消声后的静态出口声级大于 L_{WA} 时，气流噪声对消声性能的影响较小；反之，如果静态出口声级小于 L_{WA}，则说明消声器出口声级将大于入口声级，表明消声量为负值，不但不起消声作用，反而使消声器后的噪声增加。当后者出现时，解决办法一是采用更好性能的消声器，二是降低气流流速。

（二）消声器的设置位置

从上面的分析可知：当消声器入口声级较高时，一般来说，其出口声级也会比较高，而只要出口声级高于 L_{WA}，消声器的使用就是有效的。因此，消声器的入口应放在声源较高的位置，通常设于空调机或风机的出口是较为合理的。

为了防止通过负压管道引起的噪声传播，在风机吸入口通常也应考虑一定的消声措施。由于这时声波的传递方向与气流方向相反，因此消声器的消声量将得以提高。

当系统总管设计风速较大时，尽管消声器放在风机出口对设备的消声有效，但由于风速较大，消声器的出口噪声仍有可能较大而不满足使用要求。风速设计较大的原因多是由于高层民用建筑空间有限（而并非设计人员主观原因）造成的，因此这种情况下要降低风速是较为困难的。我们只能采取其它措施来降低噪声，一个较有效的方法是在送风流速较小的末端上增设消声设备。较常见的办法有：VAV末端装置出口加消声器、送风口上加消声静压箱等。这样既可使主管消声器后的气流噪声（包括管路附件产生的噪声）得以衰减，又可因为支管消声器（或末端消声器）的截面积较小而使消声效果较好。当然，这样做对整个系统的造价将有所增加。

<h1 style="text-align:center">第四节　减　振</h1>

一、振动和噪声

噪声本身是由于振动而产生的。在消声设计中，我们已将空气流动时所传递的噪声进行了消声处理。然而，由于管道与设备相连，设备振动时，必然通过管道把振动带至其它地点。同时，设备的振动也通过其基础或楼板传至其它房间。

这一系列的振动传递也将使噪声得以传递，从而对使用房间产生影响。研究表明：在20～2000Hz范围（即中、低频）内，振动和噪声的传递是结合一体的。因此，减少设备振动，自然对于噪声的传递有极大的效益。

减振设计分为积极隔振和消极隔振两种。积极隔振是为了防止或减少振动体系对外界的影响，消极隔振则是为了防止或减少外界振动对隔振体系的影响。从空调系统的情况来看，减振设计大多是针对减动设备本身的，因此积极隔振的应用是最常见的。

二、减振器

在空调设计中，目前常用的减振器有橡胶和钢弹簧两种。近年来，空气弹簧也已开始有所应用。

（一）橡胶减振器

橡胶减振器是一种造价低廉的减振元件，通常有橡胶减振垫和剪切减振器两大类。

1. 橡胶减振垫

橡胶减振垫通常采用丁腈橡胶硫化成形，外形如图9-2所示。

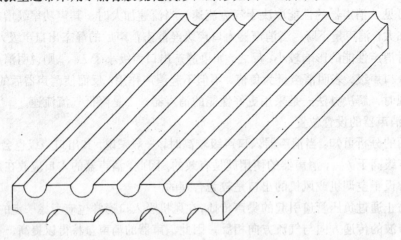

图9-2　橡胶减振垫构造

它的主要优点是：造价低、承载力较大、对于冲击振动及高频振动的使用效果较好。

它的阻尼比为$D=0.098$，其单层固有频率$f_0=14\sim20\text{Hz}$。根据实际需要，它可以多层重叠使用以提高减振效率。

橡胶减振垫的性能见表9-13。

橡胶减振垫性能　　　　　　　　　　表9-13

型　号	60×60 每块单层额定荷载		固定频率（Hz）			
	N	kg	一　层	二　层	三　层	四　层
TJ1—1	196～687	20～70	14	12.5	11	10
TJ1—2	245～785	25～80	14.5	13	12	10.5
TJ1—3	294～883	30～90	17	15	13.5	12
TJ1—4	343～981	35～100	20	17.5	15	13

2. 剪切型橡胶减振器

这种减振器采用合成橡胶硫化成圆锥体外形，利用橡胶剪切弹性模量较低的特点，通过设计使其刚度K和固有频率f_0都较低，因而其减振效果较为理想。

它的阻力比为$D\approx0.08$，固有频率f_0在$4.3\sim21\text{Hz}$之间。与橡胶减振垫一样，可以通过两个元件串联来提高减振效果（如图9-3）。

剪切型橡胶减振器性能见表9-14。

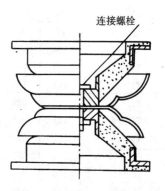

图9-3　减振器串联使用

橡胶剪切减振器特性　　　　　　　　　　表9-14

型　号	尺　寸（mm）					额定荷载P		刚　度K（N/cm）	
	D_1	D_2	M	H_1	H	kg	N	竖向K_z	水平K_s
TJ3—6—1						5～30	49～294	497	746
TJ3—6—2	90	28	10	4	37	9～53	88～520	867	1300
TJ3—6—3						15～88	147～863	1441	2162
TJ3—6—4						20～122	196～1197	2001	3001
TJ3—9—1						13～70	128～687	657	1051
TJ3—9—2	130	40	12	5	53	23～121	226～1187	1138	1821
TJ3—9—3						38～203	373～1991	1900	3040
TJ3—9—4						53～281	520～2757	2627	4203
TJ3—12—1						28～149	275～1462	918	1469
TJ3—12—2	160	50	16	5	71	47～254	461～2492	1556	2490
TJ3—12—3						79～422	775～4140	2590	4144
TJ3—12—4						109～584	1070～5729	3584	5734
TJ3—18—1						46～286	451～2806	1122	1683
TJ3—18—2	230	70	20	5	94	79～494	775～4846	1938	2907
TJ3—18—3						132～825	1295～8093	3237	4854
TJ3—18—4						183～1140	1795～11183	4476	6714

（二）钢弹簧

钢弹簧通常采用预应力钢筋制成，其固有频率及阻尼比都较低，因此减振效果极佳。但是，单独的钢弹簧由于阻尼比较小，稳定性较差，并且共振时易产生振幅激增的现象，因此，通常钢弹簧是配合有橡胶同时使用的（利用橡胶本身阻尼比较大的优点），这就是目前常用的预应力阻尼弹簧减振器。

它的阻尼比为$D=0.08$，固有频率$f_0=1.9\sim5.5Hz$，比较适合于中、低频振动的减振。

预应力阻力弹簧减振器性能见表9-15。

预应力尼阻弹簧减振器性能表　　　　　　　表 9-15

型　　号	尺　寸（mm）				额定荷载（N）		刚度（N/mm）		TJ5A 型 M
	H	D_1	D_2	ϕ	预压 P_1	最大 P_2	竖向 K_z	径向 K_r	
TJ5—1	64	70	38	9	80	177	11.5	8	6
TJ5—2	78	78	38	12	147	294	15.3	12	
TJ5—3	91	84	44	12	235	471	21.6	13	8
TJ5—4	104	90	44	13	314	628	28.4	17	
TJ5—5	123	103	50	15	530	1060	34.3	25	
TJ5—6	123	108	50	15	687	1374	44.6	26	
TJ5—7	131	222	76	20	1060	2120	68.6	49	10
TJ5—8	131	222	76	20	1590	3180	103.0	74	
TJ5—9	131	222	76	20	2120	4240	137.2	99	
TJ5—10	131	222	76	20	2748	5496	178.4	102	
TJ5—11	152	126	64	20	1040	2080	48.0	31	
TJ5—12	152	126	64	20	1246	2492	57.6	32	
TJ5—13	164	268	90	24	2080	4160	96.0	62	12
TJ5—14	164	268	90	24	3120	6240	144.0	94	
TJ5—15	164	268	90	24	4160	8320	192.0	125	
TJ5—16	164	268	90	24	4984	9968	230.0	129	
TJ5—17	194	142	76	20	1510	3020	59.8	36	10
TJ5—18	194	142	76	20	1765	3530	69.8	37	
TJ5—19	204	304	106	26	3020	6040	119.6	72	12
TJ5—20	204	304	106	26	4530	9060	179.4	108	
TJ5—21	204	304	106	26	6040	12080	239.2	144	
TJ5—22	204	304	106	26	7060	14120	279.4	149	
TJ5—23	272	342	140	32	9682	19365	300	108	16
TJ5—24	272	342	140	32	12910	25820	400	144	
TJ5—25	272	342	140	32	17893	36100	566	162	

注：K_z、K_r——为最佳荷点时的数值。

（三）空气弹簧

空气弹簧实际上是一个内部充满气体（通常是空气）的封闭容器，利用气体的压缩和膨胀来进行减振。根据不同的充气量或充气压力，其刚度和阻尼比都可进行调整以适合不同的需要。同时，在安装时，只要求均匀布置，通过改变各减振器的充气压力即可使设备保证水平安装而不需要考虑设备重心问题，这是一个较大的优点。

该元件的缺点是可靠性较差，应随时检查充气压力以保证正常使用。其性能见表9-16。

型 号	使用气压 p (MPa)	对应承载能力 P (kN)	隔振体系固有振动频率 (Hz)		阻 尼 比	
			垂直向	水平向	垂直向	水平向
JKM-1.5	0.1~0.6	0.22~1.51	4.86~3.51	5.39~3.30	0.08	0.06
JKM-3	0.1~0.6	0.49~3.36	4.00~2.86	4.70~2.10	0.08	0.06
JKM-6	0.1~0.6	0.87~6.27	3.69~2.62	4.31~1.88	0.08	0.06
JKM-24	0.1~0.6	3.30~26.25	5.33~2.74	5.92~2.66	0.10	0.06

空气弹簧隔振器技术性能 表 9-16

（四）减振吊钩

减振吊钩主要用于吊装设备和管道的减振，以防止振动传到楼板。其形式通常有橡胶和钢弹簧（或预应力阻尼弹簧式），技术性能见表 9-17（a）及表 9-17（b）。

橡胶悬吊减振器性能表 表 9-17（a）

型 号	额 定 荷 载 [N (kg)]		固 有 频 率 (Hz)
	P_{min}	P_{max}	
TJ8—1—1	108 (11)	353 (36)	8.7~15
TJ8—1—2	167 (17)	569 (58)	9.4~15
TJ8—1—3	324 (33)	1080 (110)	11.5~21
TJ8—1—4	440 (45)	1490 (152)	13.6~25

预应力阻尼弹簧悬吊减振器性能表 表 9-17（b）

型 号	ϕ	ϕ_1	H_1	H_2	H_3	H	变形量 (mm)		额定荷载 (N)		刚度 K_z (N/mm)
							最大 F_{max}	预压 F_1	预压 P_1	最大 P_{max}	
TJ10—1	48	19	22	66.5	17.5	106	12	4	44	176	12
TJ10—2	60	19	22	76.5	17.5	116	15	5	74	294	15
TJ10—3	60	25	27	97	23.5	147.5	16	6	117	470	22
TJ10—4	75.5	25	27	101.5	23.5	161	16	6	157	628	28
TJ10—5	88.5	31	36	134	29.5	199.5	22	8	265	1060	34
TJ10—6	88.5	31	36	134	29.5	199.5	22	8	343	1374	45
TJ10—7	114	38	36	166	35	237	33	11	520	2080	48
TJ10—8	114	38	36	166	35	237	33	11	623	2492	58
TJ10—9	140	38	45	210.5	35	290.5	37	13	755	3020	60
TJ10—10	140	38	45	210.5	35	290.5	37	13	883	3532	70

三、减振设计

（一）减振设计的范围

在空调系统中，减振设计的范围大致有以下内容：

（1）冷水机组基础及减振；

（2）水泵基础减振；

（3）风机减振（包括落地式安装风机及吊装风机）；

（4）设备振动通过风管及水管时的隔振。

（二）减振设计标准

减振设计标准通常以振动传递率 T 来衡量，在高层民用建筑中，有三种分类标准，各种分类的标准如表 9-18 所示。

A. 按建筑用途区分

隔离固体声的要求	建 筑 类 别	振动传递比 T
很　高	音乐厅、歌剧院、录音播音室、会议厅、声学实验室	0.01～0.05
较　高	医院、影剧院、旅馆、学校、高层公寓、住宅、图书馆	0.05～0.2
一　般	办公室、多功能体育馆、餐厅、商店	0.20～0.4
要求不高或不考虑	工厂、地下室、车库、仓库	0.80～1.5

B. 按设备种类区分

设 备 种 类		振 动 传 递 比 T	
		地下室，工厂	楼层建筑（两层以上）
泵	≤3kW	0.3	0.10
	>3kW	0.2	0.05
往复式冷冻机	<10kW	0.3	0.15
	10～40kW	0.25	0.10
	40～110kW	0.20	0.05
密闭式冷冻设备		0.30	0.10
离心式冷冻机		0.15	0.05
空气调节设备		0.30	0.20
通风孔		0.30	0.10
管路系统		0.30	0.05～0.10
发电机		0.30	0.10
冷却塔		0.30	0.15～0.20
冷凝器		0.30	0.20
换气装置		0.30	0.20

C. 按设备功率区分

设备功率（kW）	振 动 传 递 比 T		
	底层，一楼	两层以上（重型结构）	两层以上（轻型结构）
≤4	—	0.50	0.10
4～10	0.50	0.25	0.07
10～30	0.20	0.10	0.05
30～75	0.10	0.05	0.025
75～225	0.05	0.03	0.015

（三）基础减振设计

1. 扰动频率 f

扰动频率 f 是设备在运行过程中，由于其作周期性旋转或往复式运动所产生的频率。这是设备减振基础设计的第一手基础资料。

扰动频率 f 通常可按下式计算：

$$f = \frac{n}{60} \quad (Hz) \tag{9-14}$$

式中 n 为设备转速（r/min）。

2. 自振频率 f_0。

自振频率即减振器固有频率，它与减振器结构、材质及承受荷载的大小有关，通常这应由生产厂商给出。自振频率 f_0 是衡量减振器减振效果的一个关键性因素。

3. 传递率 T

传递率 T 表明了减振体系的减振能力，它与减振器的阻尼比 D、扰动频率 f 和自振频率 f_0 有关，按下式计算：

$$T = \frac{\sqrt{1 + \left(2D\dfrac{f}{f_0}\right)^2}}{\sqrt{\left(1 - \dfrac{f^2}{f_0}\right)^2 + \left(2D\dfrac{f}{f_0}\right)^2}} \qquad (9\text{-}15)$$

在前面我们已提到，大多数减振器的阻尼比通常为 $D = 0.08 \sim 0.098$，因此，对于上式而言，$\left(2D\dfrac{f}{f_0}\right)^2$ 是很小的，可以忽略不计，则：

$$T = \left| \frac{1}{1 - \left(\dfrac{f}{f_0}\right)^2} \right| \qquad (9\text{-}16)$$

4. 减振效率 I

这是反映减振体系减振效果的另一个物理量，$I = (1 - T) \times 100\%$。

5. 减振台座设计

减振台座通常是针对于落地安装的设备进行设计的。在设计中，要考虑以下几点：

(1) 台座平面尺寸

考虑台座平面尺寸的目的是要保证其上面的设备能够正常安装，因此，通常台座平面尺寸会略大于设备接触地面的外边缘尺寸。也有一些设备本身提出了基础平面尺寸要求，这时可直接按此采用。

(2) 台座材料

台座材料通常有两种。一种是钢筋混凝土预制件，它的优点是重量较大，从而使得整个减振体系的重量加大，重心降低，有利于体系的稳定性，主要适用于一些重量不大的设备（如水泵、风机等）。另一种是型钢架台座，它的重量轻，适合于设于楼板上（对结构荷载的影响较小），但要求减振器性能较高，一些风机就是采用此种方式。

对于重量较大的设备（如冷水机组等），可以不考虑减振台座而直接把设备放在减振器上。当然，如果安装位置不利（比如设于楼板时），为防止振动的传递，也应适当考虑减振台座。

(3) 设备与减振台座的连接

设备通常要靠地脚螺栓来固定在台座上。采用型钢台座时，设备可直接与钢架相连；采用钢筋混凝土预制件时，则必须考虑设备要求的地脚螺栓长度，即减振台座的厚度不得小于该长度。

(4) 减振台座的重量

减振台座重量越大，则减振体系重心越低，稳定性越好，但同时要求的减振器型号也会加大，反之亦然。

6. 减振设计步骤

从空调系统设计的实践中，我们可以了解到：一般来说，冷水机组供应厂家都配有相应的减振器（大多数为橡胶垫）；落地安装的离心式风机在采用型钢台座时，一般也能由风机生产厂配套供应减振器(通常为阻尼弹簧式)；空调机组的风机在机组内部已有减振措施，因此其机组传到地面上的振动是很小的，如果要考虑减振一般也是设橡胶垫即可。因此，这里重点介绍水泵的减振设计，对于其它空调通风设备（包括吊装式风机），如果要由设计人员来进行减振设计，其步骤也是相同的，可以参照进行（注意的一点是：吊装式设备通常不用设混凝土减振台座以减轻重量）。

设计步骤如下：

（1）确定扰动频率 f。

（2）确定台座材料，对于水泵一般采用钢筋混凝土。

（3）确定台座平面尺寸。

（4）确定台座形状。混凝土台座通常有平板形（图9-4）和T形（图9-5）。平板形制作简单，安装方便；T形板制作相对复杂一些，但可使减振体系更加稳定。

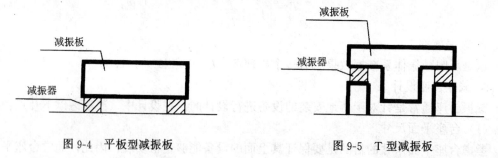

图 9-4　平板型减振板　　　　　图 9-5　T 型减振板

（5）确定台座最小厚度，此值应大于水泵要求的地脚螺栓长度，最小不应小于200mm。

（6）确定设备重量 W_0，此重量应包括水泵、电机及底盘等。之后对混凝土台座进行结构配筋（此点需与结构专业协同完成）。

（7）确定台座重量 W_1，为了保证减振设计效果并具有一定的稳定性，通常要求台座重量为设备重量的三倍以上，即 $W_1 \geqslant 3W_0$。同时，此重量还应与步骤（3）、（5）所确定的重量相比较而取两者中的较大者。

（8）确定减振器数量 N。从减振器的受力均匀及体系稳定性上来看，采用4个减振器是较好的。

（9）根据实际情况，确定所要求的减振效率 I（或传递率 T），同时，可计算得出要求的频率比 f/f_0，并由此求出所要求的减振器自振频率 f_0。

（10）根据使用场所及条件确定所采用的减振器形式。

（11）根据单个减振器的荷载——$(W_0+W_1)/N$ 以及要求的 f_0 值，选择合适的减振器型号。

（12）考虑减振体系的重心及减振器的实际安装位置，保证各减振器能受力相同。

（四）部件及管道的隔振

设备基础的减振只是减振设计的一部分工作。设备的振动还会通过所连接的管道传递出去，因此，必须消除或减少这部分振动传递。

对于水路系统，通常的做法是在设备进、出水管接口处设置橡胶软接头。

对于风机及空调机，在设备进出口处宜采用软风管连接。为了既考虑防火，又有一定的强度，可采用加有钢丝的玻璃纤维制复合软风管。由于吸入口空气流场会对风机性能产生影响，因此风机吸入口处的软风管长度不应过长，一般控制在100～150mm（净尺寸）；而风机出口处软风管可适当加长一些（150～200mm）。

如果上述措施之后管道的振动仍有可能较大的话，建议管道吊装时采用减振吊钩。当然，这样做将使施工难度增加，投资也将加大，除非不得已尽量不宜采用。

第十章 高层建筑内典型房间
空调通风设计

第一节 空 调 房 间

一、酒店客房

酒店客房是高层建筑中最具典型的房间类型之一,也是近20年来我国高层建筑中发展最迅速的部分,可以说,我国的高层建筑业首先是从酒店建筑开始的,而客房则是酒店建筑中的代表性房间。

(一)客房负荷及特点

从目前的情况看,一个标准双人间的客房面积大约为 $30\sim35m^2$,内设人员休息所必须的家具设备及卫生设备,其建筑平面如图10-1所示。

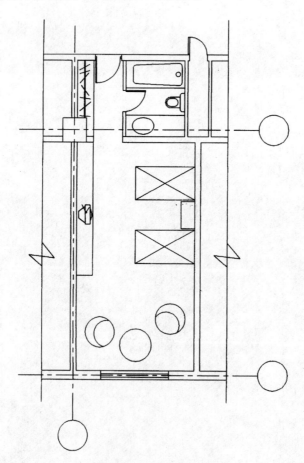

图10-1 典型客房平面

标准客房在建筑上通常有1～2面外窗，因此，其空调围护结构负荷总是随时间呈现出某种有规律的曲线波动，且此曲线与外窗朝向具有较大的关系。相对来说，客房内人员数量较少（一般按2人考虑），也无多少电热设备，照明容量大约在25W/m²左右。因此，室内负荷是比较小的。

在使用上，客房的使用具有一个明显的特点就是其时间的不确定性。因为客人是多种多样的，个人习惯不同，加上相当多的客人是为某种事务而住进的，因此在使用时间上可以说是各不相同的（只有晚间睡觉时间基本上能够统一）。另外，为了节省造价，酒店客房层的层高一般都较低，大约在3.0m左右，且其房间内不设吊顶。因此，较大尺寸的管道也不可能在楼层中布置。

（二）空调方式

由于客房的特点，对其空调的方式提出了一定的要求，一般来说要考虑两个因素。

1. 满足使用要求

在客房空调使用过程中，除时间外，由于客人自身的情况不同，对空调本身的要求也是不同的，这一点集中体现在对室内温度的要求上，一些客人要求较高的室内温度而另一些客人可能刚好相反，即使是同一客人在不同情况下也可能要求不同的温度。因此，客房内温度可调是对空调的最基本要求。

2. 节能

客房是一个流动性较大的场所，从酒店运行管理来看，并不是任何时候都能"客满"的；同时，即使客房已出租，客人也不是一天24h都呆在房间中。因此，以上情况就给了管理者一个提示：当房间不使用时，如果能减少其消耗的能源（如照明、空调等等），可以提高建筑的经济效益。由此来看，对于空调系统来说，酒店客房需要设置某些可对各房间进行独立控制的有效的和方便的节能措施。

从满足上述要求出发，结合本书第六章对各种风系统的分析，可以看出：在目前情况下，最适合客房的空调方式仍应是新风加风机盘管系统。其优点是：

（1）可以各房间独立调节温度；

（2）管道尺寸较小，容易满足层高及净高的要求；

（3）有可能通过节能钥匙的设置，对各房间进行适当的节能控制。

在这一空调方式用于客房时，少数工程采用立式风机盘管设于靠外窗的位置，大部分工程都采用卧式风机盘管设于进门处的走道吊顶内。据作者了解，高级客房内未采用风机盘管空调的一个例子是"深圳南海酒店"，其采用的是窗帘盒式自然对流式空调器，设于外窗顶部，夏季靠冷风的自然下降形成对流而对房间制冷。

（三）系统形式

在采用新风加风机盘管的设计中，涉及到三个系统：风机盘管水系统、新风系统和排风系统。在目前的工程中，它们主要有两种布置形式，即水平式和垂直式。

采用水平式布置时，每层有自己独立的供、回水水平干管和新风干管，这种方式与客房分层管理的方式较为协调，相互间影响较少。但当标准层面积较大而机房位置有限时，水管及风管的干管尺寸均较大，管道交叉较多，加上水管敷设坡度的考虑，必定要求占有较大的空间，这将和层高及净高的要求有所矛盾。同时，水平布置新风系统时，要求各层设置新风空调机房，会占用一定的建筑面积。

采用垂直式布置时，所有立管都设于卫生间旁的管道井中，每个房间只连接支风管及水管支管，因此吊顶净高容易控制。但此做法要求两点：一是卫生间管道井应有足够的尺寸；二是在标准层顶层上部和底层下部应有一定的水平管道布置的空间以利干管布置。在一些建筑中，此空间通常设计成所谓管道层或"技术夹层"，其层高控制在2.2m以下（根据惯例，当层高不大于2.2m时，可以不计入总建筑面积之中）；也有一些建筑采用加大顶层及底层下一层的层高的方法来解决，但此方法由于有大量的水管及阀门在吊顶内，有可能对维护检修工作带来一定的困难。

总之，是采用垂直式系统还是水平式系统，并无明确的统一标准，设计人员应根据工程的具体情况（如层高、管道井尺寸等因素），灵活掌握，有时也可能水系统与风系统分别采用不同的设置方式。

图10-2是一个全部采用垂直式布置的客房空调典型平面图，其风机盘管为卧式暗装。

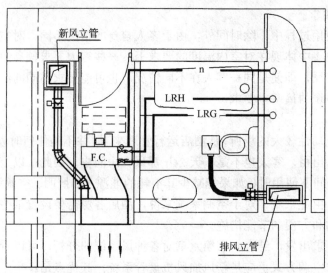

图10-2　客房典型空调平面

（四）新风处理

客房新风处理参数与其它空调房间是存在一定区别的，这主要是由于客房本身的特点所决定的。由于新风处理点的决定直接影响到新风空调机和风机盘管的选择，这里有必要进行较深入的讨论。以下的分析以夏季工况为基准来进行。

1. 客房负荷情况

形成夏季空调耗冷量的负荷有：围护结构冷负荷CL_1、人体冷负荷CL_2、照明及电器冷负荷CL_3及新风冷负荷CL_4 $[=1.2L(h_w-h_n)]$。就整个空调系统设计而言，CL_1及CL_4随室外气候变化，而CL_2和CL_3可视为不变。由于新风空调机通常采用定出风温度控制，故送入房间的新风对该房间的影响也是不变的（送风点与室内点的焓差不变）。因此，对该房间而言，只有CL_1是随时间而变化的。

2. 新风处理点的确定

假定一双人客房，使用03型风机盘管，室内状态为：$t_n=25℃$、$\varphi_n=50\%$、$d_n=9.8g/$ kg，新风送风量为$L=100m^3/h$，室内人员按两人考虑，散湿量合计为200g/h。根据国内某

250

代表性厂家的样本资料，在 $t_n=25℃$、$t_s=18℃$、进水温度 $t_{w1}=7℃$ 及水温差 $\Delta t_w=5℃$ 的条件下，可计算出 03 型风机盘管在高、中、低三档风量时的潜热及除湿能力如表 10-1 所示。

表 10-1

项　　目 \ 风量档	高	中	低
风量（m/h）	510	350	230
潜热处理（W）	454	426	393
除湿能力（g/h）	640	600	550

（1）新风送风点为 t_n 线（图 10-3）

这种方式时，新风空调机从性能参数上来说较为容易选择，但风机盘管的冷量要求应为 $CL_1+CL_2+CL_3+1.2L(h_L-h_n)$，即要求风机盘管除负担室内及围护结构冷负荷外，还要负担部分新风负荷。显然，在设计计算中，这样给风机盘管的选择增加了工作量，而且实际选出的风机盘管有可能由于型号较大而使在客房走道吊顶中的布置较为困难。

从除湿能力上看，此时送风点的含湿量为 $d_L=18g/kg$，则应由风机盘管负担的除湿量应为 $200+1.2×100×(18-9.8)=1184g/h$。与表 10-1 相比，显然，即使风机盘管能满足供冷量的要求，其除湿能力也无法达到所要求的值，必然造成室内过湿。

因此，可以认为，此种处理方式是不能满足设计要求的。

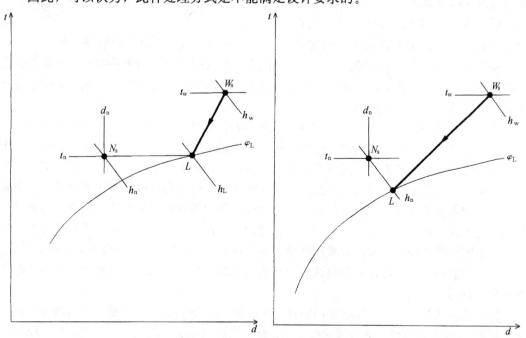

图 10-3　新风处理到室内等温线上　　　　图 10-4　新风处理到室内等焓线上

（2）新风送风点在 h_n 线上（图 10-4）。

这种方式的优点在于，新风空调机只承担新风负荷，风机盘管冷量为 $CL_1+CL_2+CL_3$。因此，各设备负荷划分明确，在选择风机盘管时具有较大的方便性。另外，这样既充分发挥了新风空调机的处理能力，又使风机盘管的选型减小（与图 10-3 相比）。

从除湿能力上看，此时 $d_L=12.3g/kg$，则要求的风机盘管的除湿能力为500g/h，表10-1是可以满足的。

（3）新风送风点处理到 d_n 线上（图10-5）

这种考虑是由于目前对室内空气品质的要求提高而做的。一些看法认为，应尽可能使风机盘管作干工况运行以免其凝结水盘长期潮湿而滋生微生物，对人的身体健康产生不利影响。但是，这种方式对新风空调机的性能要求较高，其新风处理焓差达到 $42\sim46kJ/kg$（以北京地区为例），有可能要求更低的冷水供水温度，这也是其问题之所在。

上述三种方式中，（2）、（3）两种如果都能在具体工程中实现（最后一种方式应以不降低供水温度而通过提高新风空调机热工性能来实现），则原则上说都是能满足设计要求的。但是，在设计过程中，我们不但要考虑设计状态，还要考虑到过渡季状态，则上述两种方式会对控制提出不同的要求。

对于图10-4来说，由于新风送风点与室

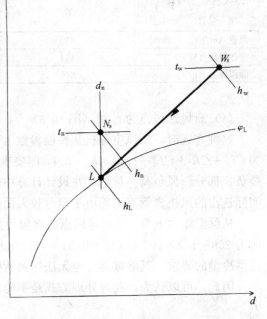

图10-5　新风处理到室内等含湿量线上

内空气焓值相等，因此新风不承担室内冷负荷，也不会给室内增加冷负荷。这样，在过渡季的某些时间内，当围护结构处于本身的热平衡状态时，风机盘管不用供冷，只送新风即可维持房间的所需温度。因此，采用这种处理方式时，需要的是控制送风点不变。

图10-5则不然。如果房间在不考虑新风时本身处于热平衡状态，则送入低温的新风必然导致房间过冷。为解决此问题，有两种做法：一是采用四管制系统，在此时风机盘管作加热运行而新风空调机仍按送风点不变进行控制；二是采用改变控制方式，即在室内存在冷负荷时，新风空调机按定送风点控制，而在室内处于热平衡（或接近热平衡）时，则采用典型房间温度来控制新风空调机的二通电动阀。第一种方式由于冷热的抵消而明显是一种耗能的方式；第二种方式对于单个房间来说较为合理也容易做到，即以风机盘管不供冷时房间温度仍降低作为其控制方式和转换边界条件，但与一个新风系统内有多个房间时，由于朝向等因素的不同，将使其各自达到热平衡的时刻不相同，因此，转换边界条件的确立是非常困难的。

因而作者认为，对酒店客房空调而言，采用图10-4进行新风处理是比较合理的。进一步分析图10-4及其条件，更合理的做法是：新风空调机除承担新风本身的负荷外，还承担室内较稳定的人员及灯光负荷，而让风机盘管只负担变化较大的围护结构负荷，这样做无论是设计计算、还是运行调节都是有利的。在这种情况下，新风送风点的焓值应为：

$$h_L = h_w - \frac{CL_2 + CL_3 + CL_4}{1.2L}$$

$$= h_n - \frac{CL_2 + CL_3}{1.2L} \tag{10-1}$$

其新风处理过程如图 10-6 所示。

（五）节能控制

作为一个流动性大的场所,客房的节能控制是必要的,同时会带来明显的经济效益。进行客房节能控制的一个思路是:在满足酒店客房级别、保证客人不投诉的情况下,使客人不在房间时降低或停止房间的能源消耗。目前较流行的做法是采用节能钥匙方式。

对于空调专业来说,节能钥匙的使用可起到以下几个作用:

1. 客人不在时,关闭卫生间排风扇

这一点是比较容易做到的。因为排风扇通常与卫生间照明在电路上联锁,一旦节能钥匙取出,房间内照明关闭,自然也就使排风扇停止运行了。

2. 客人不在时,关闭房间新风阀

当客人不在时,新风可以不再送入房间,因此关闭新风阀可减少新风量而节能(包括节约新风冷量)。当然,为了防止房间长时间无新风供应时造成室内空气不良,人员进屋后短期不舒适,也可采用控制新风阀开度的方式,即人员不在房间时将新风阀关小而保持一个相对较低的新风量值。

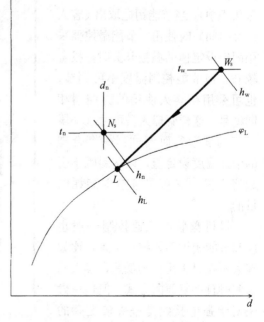

图 10-6 新风处理到室内等焓线之下

这种做法要求:第一,新风支管应设有电动风阀（比例式或双位式）;第二,新风空调机应是变风量机组的控制方式。

因此,此方式尽管可节能,但同时带来的投资也是较多的,应综合考虑来决定。从目前的现有建筑看,此方式应用不是太多。

3. 降低室内温度的使用标准

关于此点,有两个考虑:

（1）关闭风机盘管

当客人不在房间内时,使风机盘管停止运行,这只要风机盘管与照明在电路上联锁即可做到。

（2）重设室内温度

当客人不在时,室内控制温度标准降低（夏季提高室温,冬季降低室温）,这时需要另设一个温度控制器来解决,这时风机盘管也要保持一定的运行速度。

上述两点中,第一种做法是最节能的方法,但这只适用于档次较低的客房。对于高级别客房,如果这样做,有可能某些客人在热天进入房间后感到温度过高不舒适而引起投拆等问题。因此,这时采用第二种做法较为稳妥。当客人不在时,与节能钥匙联锁的温控器（简称"节能温控器"）起作用,通过它的温度设定值来控制室温,可使客人重新返回后不至于产生强烈的不舒适感,又达到部分节能的目的。如图 10-7 为采用两套温控器与节能钥匙同时工作时的电气接线图。其中一套设于客房典型区域的墙上,供客人使用,以自由选择所需的控制温度；另一套（即节能温控器）设于某一隐蔽之处（如床头柜中），当节能钥匙取出（客人离开房间）时使用。节能温控器采用固定设定值的温控开关时，投资较省，但节能控制温度不可调节；也可采用与客人使用的温控器相同型号，这样管理人员可通过一段时间的试运行而调试到一个合理的节能温度设定值，以达到既不引起客人投诉又可尽量节省能耗的目的。

风机盘管的三速控制一般也应和节能钥匙系统统一考虑，比如客人不在时采用自动低速，客人回房间时自动复原的方式。但这一做法对于强电接线是一件较复杂的事，因此大多是通过客房内的微电脑控制器来实现的。

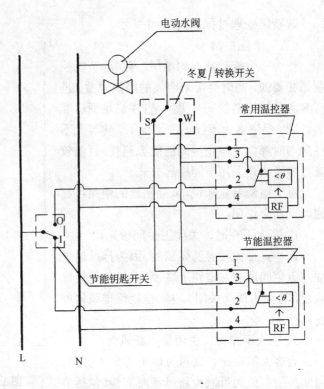

图 10-7　客房节能钥匙与温度控制
注：S—夏季工况；W—冬季工况；
I—节能钥匙插入；O—节能钥匙取出

在客房空调通风设计中，一个使用中较常见的问题是新风或排风支管上的防火阀由于设于吊顶内，有时因施工或误动作等原因关闭后无人知晓，导致新风量不足或排风不畅却难于发现，而如此多的防火阀（尤其是风路采用垂直式系统时）都实行中央监控是不太现实的。因此，作者建议把此两防火阀的信号与卫生间排风扇的电路进行联锁。一旦排风扇无法正常运行，就可为检查是否防火阀出现故障提供了一个依据。

总而言之，客房的节能与其使用标准在一定程度上是相互矛盾的，为了多节能要求降低标准，而要满足高标准则节能原则就要放在次要地位。因此，在这一点上，设计人员应同业主进行充分的协商而作适当的取舍。

二、办公室

（一）负荷及使用特点

办公室负荷与客房相比有明显的差异。首先，办公室人员密度较大，一般大约为 $8 \sim 10 \mathrm{m}^2/$人；其次，办公设备多，如个人电脑、传真机、复印机等办公自动化设备，都对空调负荷产生较大的影响。因此，内部冷负荷较大是办公室的一个显著特点。

从使用上来说，由于办公时间比较统一（通常是 8：00～18：00 左右），因此，机电设备的集中管理是较容易做到的。对于一些出租性的办公室，由于租户对分隔和装修的要求各不相同，因此大多是按大开间设计后二次分隔，因此，空调的布置应有一定的灵活性和可变性。

（二）空调方式

由于内部冷负荷所占比例较大，因此，进深较大的办公室划分内、外区是有必要的。

1. 风机盘管加新风

这仍是目前办公建筑空调的一种主要方式，其投资较省，也可分区调节，对于普通办公室有一定使用价值。

但是，如果考虑到内、外区问题，则此方式在一些方面是值得研究的。目前的大部分办公建筑都是按开间布置风机盘管，这样一旦房间在内、外区进行分隔，则对区域温度的控制（尤其是内区温度的控制）是相当不利的。

因此，对于进深较大的办公室，当采用风机盘管加新风系统时，内、外区应分别设置风机盘管，且风机盘管水系统也应做内外分区，以满足外区供热时内区同时供冷的要求。

2. 定风量全空气系统

设这种系统的出发点是考虑到办公时间相对固定，因此集中管理比较容易。但是，它要求的一个条件是办公室应为开敞式大开间设计，而不能做小房间分隔，不同朝向的房间也不宜放入一个系统之中。

3. 变风量系统

变风量系统是最适合于现代高级办公室的空调风系统形式，它在满足区域温度控制、适应大开间办公室的二次分隔装修、维护检修等方面都有较明显的特点。关于变风量系统的优缺点及其设计等内容，在本书第五章已经详细讨论，这里不再重复了。

三、公寓

公寓在负荷性质上与客房有相似之处，即内部冷负荷所占比例较小。另外，由于公寓一般带有厨房，其排油烟问题应引起重视。

（一）风机盘管加新风

此方式与客房的设计是类似的，其优点是一套公寓内的各房间均可独立控制室内温度，使用时相互影响很小。缺点是由于各房间布置位置及尺寸的影响，在设置风机盘管及管道时，有时会产生一定困难（不如标准客房的设计容易）。另外，由于此方式为中央空调系统，因此在对住户进行收费时有一定难度，无法做到分户计量收费而大多采用能源费用分摊的方法。

（二）单元式空调机组

每套公寓设一台空调机组，通过风道引至各房间，可消除室内水管，对运行管理和维护检修都较为有利。但此时各房间无法独立控制室温，且为了回风的需要，各房间的门可能还要设回风百叶，对使用产生一定影响。当采用水冷式机组和中央空调系统时，同样也存在收费上的问题。如果采用自带冷源的整体式机组，则适合于南方地区，对北方寒冷地区可能还要求另设冬季供暖系统。

四、保龄球场

保龄球是近10年来在我国开始兴起的娱乐项目。其空调负荷特点是人员活动量大，人员负荷较多，照明要求高，同时有一些电气设备（如回球机、计分系统等）的发热。从建筑及使用情况上看，其空间较大，但人员活动则集中在投球区范围。

如果要保持整个保龄球场空间的温度，显然其空调的能量是相当大的，并且其特殊的球道区吊顶形式对风道的布置极为不利。因此，从舒适性上考虑，只对人员活动区进行区域空调是有道理的。

由于室内人员较多且活动量较大，因而对于人员活动区而言，其新风量是比较大的，这也导致空调机组的处理焓值加大（混合点偏向新风点）。同时，为了改善球道及回球机械室的环境条件，一般对机械室还要设置机械排风系统。

保龄球场空调通风系统如图 10-8 所示。

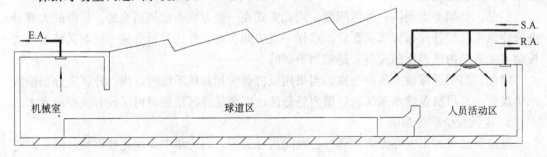

图 10-8　保龄球场空调示意图

区域空调涉及到负荷及冷、热量计算问题，而这也是比较复杂的。可以明确的一点是：人员活动区的所有负荷当然应全部包括，同时还要考虑接近人员活动区的一部分球道区域的围护结构和照明负荷。至于后一部分区域的大小，则目前尚无一定的标准，本书在这里也很难提出一个令人可以接受的通用观点，只能根据实际情况来决定。从作者设计的实践来看：考虑 5～7m 范围内的球道区的冷负荷，在实际使用过程中未出现大的问题——此点仅供读者参考。

当送风量和新风量确定之后，机械房的排风量也就比较容易确定了，即排风量可取空调新风量的 70%～80%。但对于这种要求较高的机械室，作者认为还应保持一定的换气次数，以 8～10 次/h 为宜。

当然，保龄球场设计也应与保龄球场工艺的供货厂商进行适当的协商。

五、商场

商场使用上最大的特点是人员数量较多，大约在 2m²/人左右，一些人口密集区的商场更有可能达到 1～1.5m²/人，因此，从空调负荷来看，人员形成的冷负荷所占比例是较大的。由于照度的要求，特别是一些特殊商品（如首饰），使其照明负荷也比其它房间大一些。另外，在一些电器商店，为了便于推销，很多用电设备（如电视、音响甚至空调器等）都经常打开运行，对房间产生了较多的用电设备负荷。因此总的来说，商场围护结构冷负荷所占比例相对是较小的。

由于人员较多，散热量比较大，因而商场的空气处理过程较为特别，夏季热湿比线比较平坦，ε_s 与 $\varphi_L = 90\% \sim 95\%$ 线的交点较低甚至没有交点。要解决这一问题，建议在夏季处理过程设计中，控制送风温度的低限值（如不小于 14℃），同时，可把商场的相对湿度设计值作适当的提高。

在冬季，如果单从计算上来考虑，商场由于设计时人数取值较多，很可能由于计算散湿量较大而不需要作加湿。但是，以实际使用中来看，商场是一个人员流动性较大的场所，并不是所有的使用时间内都能"满员"的，当人数较少时，如果不加湿很可能会使其室内空气过分干燥（在全年定新风比的系统中，商场的新风量比例较大），对室内人员以及像木质家具等商品会带来不利影响。因此一般来说，冬季无论计算结果如何，商场空调系统都应设置加湿设备。加湿设备的能力可根据实际情况来确定，即保证最低的使用要求。以作者的实践来看，在高层综合建筑中的附属商场，其人员设计数量可按 $2\sim3m^2/$ 人考虑，而冬季则可按设计人数的 1/2 来考虑问题；对于商业建筑，则夏季人员数量可按 $1.5\sim2m^2/$ 人计算，冬季人员数量按夏季的 1/3 考虑。

从使用和管理来说，商场大都采用全空气系统。但由于其内部负荷较大，因此，面积或进深较大的商场应进行内、外区划分，这样不但有利于商场以后的出租分隔，各区域温度更可保证，而且可以防止目前许多商场所出现的冬季过渡季（甚至冬季）过热的现象，对节能也有一定好处。

商场设计中，由于人数较多、新风量大、因此，应该考虑有组织的机械排风。单独设置排风系统的控制及管理都较为方便，设计也比较简单；也可采用空调系统双风机方式进行焓值控制，这样既可排风，又可在过渡季作节能运行。

六、餐厅

餐厅在空调负荷特点上与商场相类似。除人员、照明等内部负荷外，人员用餐时其食物也将有一部分散热和散湿而形成冷负荷和湿负荷。夏季按最不利情况考虑时，其过程线与商场的情况相类似，显得比较平坦，因此，应对其最低处理点（送风点）进行限制。

餐厅的空调方式也与商场类似，大多数情况下采用全空气系统，且对面积较大的餐厅宜作内、外区划分。

餐厅的排风系统应做较详细的考虑。

（一）全面排风

全面排风适合于普通的餐厅。由于餐厅在使用过程中食物会湿发一定的气味，为防止这些气味进入其它非餐厅用途的房间，应考虑一定的机械排风。全面排风量应考虑以下几点：

1. 与相邻空调房间相比保持负压

这时需要考虑相邻房间的新风量情况，保证餐厅的正压风量不大于上述新风量以使餐厅的空气不至于通过门缝等渗漏至相邻房间。

2. 与室外相比应保持正压

这一点要求排风量不宜大于餐厅新风量，一般按新风量的 80％ 左右考虑。

3. 与厨房相比保持正压

许多餐厅都是紧靠厨房设置的。由于厨房的油烟较大，对人体的健康会产生一定影响，使用餐者产生不舒适感，因此，餐厅内不应渗入厨房的空气。换句话说，即是要求任何时候厨房的排风量都大于餐厅排风量。

（二）局部排风

对于一些带有烧烤等项目的餐厅，局部排风是不可少的。通常在这些餐厅中，每个餐桌上设有一个局部排气罩。为保证烧烤油烟的有效排除，此排气罩的罩口风速不宜小于 0.5m/s。

七、共享空间

共享空间在近年的高层建筑内越来越多，规模也越来越大，从跨越 2 层直至跨越 10 层以上都有。由于空气具有下冷上热的特性，因此这也为空调系统的设置带来了新的问题。

分析其使用过程可以看出：通常在这些共享空间中，人员活动区域为底层以及每层回廊，因此，为了节省能量，可采用区域空调的方式（如图 10-9 所示），即以保证人员活动区域为主。由于热空气上升，因此楼层越高时，回廊的送风量也应越大，这样才可使大厅中间的热空气对上层回廊的影响较小。在顶层，通常建筑上还设有玻璃采光窗，从防止冬季结露等情况考虑，宜对玻璃窗送热风（侧送）。

因此，共享空间首层和顶层的送风量相对较大，设计中应做好风量的分配。

共享空间的排烟问题也是值得设计人员认真考虑的。采用电动天窗自然排烟是一种较好的方式，但在实际工程中此做法困难颇多，如电动天窗的制作、安装、密封、造价及维修保养等因素导致工程中很少采用，而更多的则是采用机械排烟的方式。按机械排烟设置时，则应遵守《高规》的有关规定。

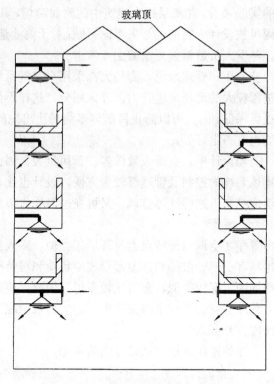

图 10-9　共享空间空调示意图

八、KTV 包间

KTV 包间的使用特点是时间较晚，且各房间相对独立。因此，首先从水系统上应考虑到这一使用时间，在冷水机组搭配等方面保证其在使用期间内供冷水的要求。第二，各房间应有独立的温度控制措施，采用风机盘管或者变风量系统是比较合适的。第三，KTV 包间大多数存在吸烟较多、空气污浊的问题，因此应保证足够的新风量并设置机械排风。

KTV 房间声乐音量较大，为了保证各房间在使用时互不影响，无论新风、送风还是排风，每个房间的支风道上均应设置消声设备（如图 10-10），以防止房间之间的串声。

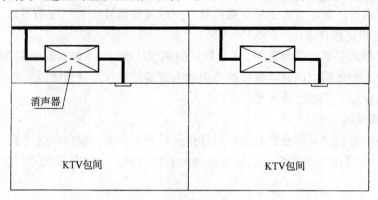

图 10-10　KTV 包间空调通风系统防串声设计

九、游泳池

游泳池是许多高层建筑中所附设的娱乐场所之一，这种游泳池一般规模都不大，并非为比赛而只是以娱乐为主。从空调负荷来看，由于室内温度大多在 29～30℃ 左右（水温 26

～28℃），因此，空调冷负荷相对较小，尤其当其设于建筑物内区或地下室时，围护结构负荷很小。但由于水面较大，室内余湿很大，导致夏季处理过程线 ε_s 非常平坦而与 φ_L 线不相交，因此，游泳池空调通常都采用二次再热方式，如图 5-9 所示。

在四管制系统中，再热方式比较容易做到，但目前大多数建筑都采用两管制系统，夏季再热的热源就存在了一定的问题。在一些有自备蒸汽锅炉房的建筑（如酒店）中，由于冬季厨房等需要用蒸汽，因此一种较可行的方式是采用此蒸汽作为空调二次再热的热源。但对于夏季无常备热源的建筑，则只有两种可以考虑的方式：一种是采用电热，此方式适合于规模较小，二次再热量要求不大的系统；另一种则是采用游泳池水加热用热源，这时须和给排水专业密切配合。

游泳池通常空间较大，在可能条件下其周边甚至屋顶多采用玻璃窗，因此，必须在冬季对其进行防结露校核计算（尤其是屋顶天窗）。在空调设计中，多采用沿周边玻璃窗下布置风口上送风方式，这样既可使室内温度稳定和舒适性提高，又可在冬季对玻璃内表面进行加热而防止结露。

目前的游泳池水处理多采用加氯处理的方式，空气中氯的含量是比较高的，会对人体带来不利影响。因此，游泳池应考虑适当的通风换气要求，其机械通风换气次数大约为1.5～2.5 次/h。在考虑这一排风量的同时，还要考虑到维持游泳池与周围邻近房间的负压状态，防止游泳池空气渗入邻近房间之中。

空气中的氯对于空调机组内的诸如盘管等部件会造成一定的腐蚀，因此游泳池风系统宜设计成直流式系统而不宜采用一次回风系统。由此带来的一个问题是：这一风系统将耗费较大的冷、热量，尤其在冬季其耗热量是可观的。因此，机械排风过程中可考虑对此部分排风热量进行热回收，热回收设备不能采用热管等金属制换热器，否则一旦腐蚀引起渗漏就会失去作用，纸质转轮式热交换器是较为适合的。

十、桑拿浴室

桑拿浴室目前的设计并不是完全统一和规范的，各种布置都有，但比较常见的布置是在一个较大的区域内，周边为定型的小房间（桑拿间），中间为公共部分。在公共部分中，可能还设有冷、热水池、淋浴、卫生间、休息及按摩等设施。

从使用要求上看，桑拿间为独立使用的房间，通常为木质结构建造，其室内空气参数由使用者自行控制且具有较高的温度。因此，桑拿间是完全不用设置任何空调设备的。当桑拿间内人员感到气闷时，可自行打开设于木结构上的通风孔。

对于公共部分，则应考虑必要的空调通风设备以维持所需的温、湿度及新风量等参数。当公共部分面积较大时，可采用空调机组做全空气系统；当公共部分较小或进行了一定的分隔后，也可采用风机盘管加新风的方式。同时，为了防止湿度过大，在淋浴间、卫生间等区域通常还要设适当的机械排风措施。

第二节　机电房及辅助用房

一、冷冻机房

（一）冷水机组的配置

各种冷水机组的特点在前面几章中已经有过许多介绍。从运行管理上看，冷水机组的台数不宜过多，否则不但运行管理的工作量加大，而且即使设置由冷量自动控制运行台数的自控系统，也会由于其测量元件的精度问题而导致较大的控制误差。在冷水泵与冷水机组一一对应设置的水系统中，冷水泵台数越多，其并联运行曲线就越平坦，压差控制就越困难。冷却塔的控制也有类似问题。

当然，冷水机组的台数如果较少，则要求其单台容量会较大，从而导致低负荷调节时可能存在一定的问题（如不能满足建筑低负荷的使用要求，能耗增加等），因此在一些较大规模的工程中，常常采用冷水机组大小搭配的方式，用一台小容量机组来满足低负荷的使用要求。这种搭配需要在设计中，根据建筑物性质、各房间使用情况等，计算出在保证使用要求时所需的最小冷量，才能做好此工作。对于一些综合性建筑，这一最小冷量与其设计总冷量相比可能是相当小的（如办公性综合建筑，其内部像歌舞厅等娱乐设施通常会使用到晚上11：00～12：00，而主要功能——办公室此时早已停止工作使用）。根据最小冷量和冷水机组的最低调节能力，即可确定所配小容量冷水机组的最大安装容量，并以此为基础，可确定其它大容量机组的安装容量及其台数。

从冷水机组的特性来看，当采用大小搭配时，大容量冷水机组通常采用离心式冷水机组，其大制冷量时的制冷系数较高；而小容量机组则多采用低负荷性能较好的螺杆机或多机头往复式机组。

（二）冷冻机房对各工种的要求

冷水机组作为一个运行噪声较大、重量较重且带有一定振动的设备，比较适合于放置在建筑物的最低层，这样对周围使用房间的影响比较小。因此，当有地下室时，大多数放在地下室内，且其内表面应做好吸声处理。

冷冻机房内除设置冷水机组外，通常还设有水泵、分集水缸等水路设备以及较多的阀门部件，由于这些设备每年都将有清洁、维护及保养问题，因此在机房内应设有排水设施。当机房设于建筑底层时，排水沟是最好的选择；若机房设于楼层，则应隔一定间距考虑排水地漏。排水点应尽可能靠近检修或易漏水处，比如设在冷水机组及水泵管道接口处之下，以方便排水。

冷冻机房顶层结构应考虑到吊装管道的荷载。

对于一些较大的冷冻机房，通常还要考虑值班室、控制室及维修间（或维修机件及零配件库房）。值班室与机房之间可采用玻璃隔断以利值班人员对冷冻机房的观察和及时处理出现的问题。

当机房设于地下室时，一个要注意的问题是冷水机组的就位及运输通道问题，比较常见的办法是在室外地面设置设备吊装孔。当然，条件许可时，也可利用地下车库的车道作为设备运输通道，但这种方式一定要仔细核实并与有关施工单位协商验证是否可行。

冷冻机房应有良好的机械通风系统，这一方面是从机房的通风换气来考虑，另一方面也是从冷媒的角度来考虑的。对于采用开式风冷电机的冷水机组，其环境温度有一定要求（一般不超过40℃），加强通风可改善其工作环境。从冷媒上来说，一些冷媒对人体健康有较大的影响，必须保证机房内的冷媒浓度在允许的范围之内，一些毒性较大的冷媒（如R123）还要求机房内设置冷媒浓度报警系统。目前，大多数冷冻机房的通风换气次数在6～8次/h左右。

（三）机房设备的布置

冷冻机房内设备及管道的连接应按水系统设计所确定的原则进行。在设计中，要充分考虑到设备维修管理所需要的空间。冷水机组通常需要在一端考虑略小于机组长度的抽管空间尺寸，设备距墙以及相互的间距也应考虑到人员走动、设备维护、读表及操作所必须的空间尺寸。

在管道布置时，应连接合理、布置整齐，尽可能减少管道交叉以提高管道下净空，一些需要经常动作的阀门等部件宜设于方便操作之处。当测量点位置较高或不方便观察时，建议采用电远传型压力表或温度计。同时，由于管道上下频繁，在上凸管道的顶点应考虑自动放气装置而在下凹管道及设备接管的最低处应考虑到泄水措施。

由于管道尺寸大、重量重，安装时其支架应尽可能固定在梁或柱上；如果要固定在顶板上，最好与结构工种协商采用预埋件。另外，水管尽可能不要从冷水机组或水泵的电机上方穿过，以防止漏水或凝结水滴下对电机造成损坏。

二、空调机房

（一）对各工种的要求

从实际工程设计的统计中可以知道，空调机房的楼板结构荷载一般在 $600 \sim 900 kg/m^2$ 左右。除考虑荷载外，结构专业通常还要根据空调机组的外形尺寸做相应的混凝土基础，基础尺寸比设备周边大出 $50 \sim 100mm$ 即可，其高度则应根据空调机组凝结水排水口的高低和要求的水封高度来决定，由空调设计人员提出。也有一些工程直接采用型钢架基础，相对来说这种方式的施工较为方便，但在机组的械振设置上会稍微复杂一些。

许多民用建筑内的空调机房的邻近房间都是正常使用的房间，因此，机房的隔声应是值得重视的。从目前情况看，空调机组的机外噪声大约在 $70 \sim 80 dB(A)$，因此，机房墙的隔声量要求达到 $30 \sim 40 dB(A)$ 以上才能满足要求。同时，机房门应采用防火密封隔音门。

为了减少设备维修对其它房间造成的影响，机房门一般应设有给水设施及洗刷池（拖布池）；同时，其凝结水的排放需要设置地漏等排水设施。

（二）机房设计

机房设计时，首先应根据空调系统所要求的功能来恰当地选择空调机组的功能段并根据机房的情况选择设备的类型（立式或卧式），由此可确定出设备的尺寸。

在设备布置时，一般来说，空调机可在一侧甚至两侧靠墙布置，而在接水管侧则需留出接管、检修等所需的空间。通常，若空调机组配有电动阀，从使用看，此电动阀宜设于出水管口且水平安装，大约要 $500 \sim 600mm$ 的长度，考虑到人员通行、维修等因素，因此机组操作侧距墙一般需 $1.2 \sim 1.5m$ 左右。

在空间管道布置时，尤其要注意消声器的设置位置。从原则上看，消声器设于机房外是效果最好的。但很多工程中，风管从机房出来后直管段很短就开始连接风口，这样将不得不把消声器设于机房内，从而使要求的机房尺寸增大。当消声器设于机房内时，最后一段消声器之后与机房隔墙之间的风管必须保温和隔声严密以防止机房噪声通过管壁传入风道之中。

民用建筑空调机房的面积相对来说比较紧张，因而风道的连接空间是有限的，尤其是回风管与新风管在和机组相连接时，如果采用混合箱则会占用不少的空间。因此，有相当多的工程采用了机房本身作为回风空间的方式，即新风与回风直接在机房内混合后吸入空调机中。采用这种方式时，必须注意的是：①机房内只有一台机组，如果有多台机组同时采用此方式（在同一机房内），则会相互影响，使控制系统难于设计；②机房门不应采用百叶回风门，也不能直接在机房隔墙上开设回风百叶，否则消声和防火问题将难于解决；③此时机房门最好向外开，这种运行时密封较为严密；④此方式不宜用在风压（或吸入口负压）较大的设备上，以免造成机房门打开（或关闭）较为困难。在空间允许的情况下，采用混合段仍然是最好的选择。

三、热交换站

热交换站对土建及各工程的要求与冷冻机房有类似之处。但由于其散热量较大，为改善室内环境条件，通风换气量应取较大值，换气次数一般在 10～15 次/h。

在台数选择时，热交换站的台数不宜过多，否则将导致管理及控制上的复杂。但由于热力站设计中一般遵循 70% 的原则，即当一台热交换器故障时，其余热交换器应能承担设计负荷的 70%，因此台数过少将使单台容量过大（比如采用两台，则要求每台热量的设计值的 70%）。当然，热交换器台数的确定还要考虑第十三章关于压差旁通阀选择中所提到的原则 [见式（13-48）]。

热交换器的形式应充分考虑到其用途及热媒情况。当用于水-水交换时，多采用板式换热器（尤其是冷水交换）；用于汽-水交换时，则各种换热器都是可行的，可根据机房的实际情况采用。

四、变配电间、电话机房、电梯机房

变配电室通常也随其它机电房一起建于高层建筑的地下室。在以前的一些工程中，往往是变电室与配电室分开设计的，但近年的许多工程变电与配电间都合为一体，且值班人员也不再单独设值班室。因此，变配电室应做好空调通风设计以改善室内环境。

关于变配电室的空调负荷问题，目前尚无详细的资料，作者在实际工程中一般是按其总安装电容量的 5% 左右来考虑的（即效率为 90%～95%）。由于变配电室属于 24h 必须运行的房间，其空调系统不宜和中央空调系统相联系，因此，最好单独设置分体式空调机。

用通风方式来解决变配电室的热量是远不能达到使用要求的，因此，通风可只考虑满足卫生条件的换气要求或设备要求。

电话机房及电梯机房在空调通风方式上与变配电室类似。

作为重要的电气房间，变配电室和电话机房在消防设计中通常是考虑了气体灭火系统，因此通风设计时，即要考虑气体灭火时各房间隔绝的问题（否则难以保证灭火效果），又要考虑灭火后气体粉尘的排除问题。无论是 1211 还是 1301 或其它灭火气体，其密度都大于空气密度，释放后会集存在房间的下部，且它们都对人体健康有一定的危害，因而灭火后应尽快从下部把这些气体排除，这就要求在房间下部设置适当的排风口。灭火时，为保证气体灭火效果，要求房间内应保持一定压力，房间所有与外界的连通口都应关闭，因此设置气体灭火的房间的通风系统不宜与其它房间合用，如果合用则必须在灭火时采取正确的措施来隔绝（如设置电动风阀）。当灭火完成后，打开通风系统直至室内气体浓度降至安全标准之下时，方可允许人员进入。

五、发电机房

目前，高层建筑内的备用柴油发电机通常有两种类型：风冷式和水冷式。在水冷式中又分为循环水（或水池）冷却和带分体风冷机的水冷设备。由于风冷式发电机需要的冷却风量极大而使进、出风道截面积很大，因此从空调专业来说，如果发电机房设于地下室，则

尽量建议采用水冷式设备。如果一定要把风冷式发电机组设于地下室，则必须认真考虑其所需的进风及出风方式。

通过连接出风道及排风机来排除风冷发电机的冷却热风是不合理的，这是因为发电机通常是停电时自动起动，而这时排风机无法供电，如果这样设计，将使发电机起动时排风机无法运转而堵塞风道，反而造成发电机起动的困难。因此，风冷发电机出风应直接利用发电机本身的风机。由于该风机为轴流式风机，因而要求出风道应尽可能通畅，空气流动阻力越小越好。

进风则可采用进风机直接补充进入发电机房。

柴油发电机生产厂家一般都会直接给出其排烟量和散热所需的风量，作为排烟道及冷却通风设计的依据。如果无此方面的资料，也可根据其发电容量和耗油量（按发电机效率30％左右考虑）来计算上述风量。

六、厨房

几乎所有的高层建筑内部都设有厨房，因此厨房的通风空调是一个值得十分重视的问题。

（一）空调

厨房作为热加工场所，在空调标准上是可以适当降低的，否则将耗费大量的能量。从空调方式上看，厨房宜采用岗位送风的方式，对操作人员经常停留的场所适当地送冷风。

由于厨房内空气含有大量的油烟，因此为提高空调器的使用寿命和保持较高的换热效率，厨房不能采用带回风的系统而常采用直流式空调风系统。

（二）通风

厨房的通风有以下几部分：

1. 灶具排风

灶具排风是厨房排风的主要部分。一些有经验的厨房公司在工艺设计完成后都可根据各排风点的使用性质提出所需的排风量。如果无此方面的资料，则可按罩面风速 $0.5\sim0.7m/s$ 来计算灶具排风量。但在建筑设计时，有可能厨房工艺并未开始进行设计，这时也可通过换气次数法进行估算，从目前的统计来看，此换气次数大约在 $40\sim50$ 次/h 左右。

灶具过滤网的风阻力大约为 $250\sim300Pa$ 左右。

2. 全面排风

当厨房不工作时，为了节能通常不运行灶具排风系统，因此这时应设置全面排风来保持厨房一定的负压，防止厨房空气串入邻近的房间。

全面排风量可按 $5\sim8$ 次/h 换气次数考虑。

3. 机械补风

机械补风一般包括两部分，即正压补风和空调补风，其目的都是防止由于灶具排风所造成的负压过度。因此，补风总风量应小于灶具排风总量。由于空调补风采用直流式系统岗位送风，因此不足部分可直接通过风机把室外空气补到厨房内（不经任何处理），并通过靠近排风罩的补风口送入。

机械补风机和空调机应与灶具排风机进行联锁控制，同时运行和停止。从实际工程的使用来看，室外直接补风和空调补风的风量各占补风总量的50％是可行的。当然，也有一些标准较高的工程全部采用空调补风方式，这样也可使厨房通风设计相对简单，风管及设备减少，但这时能耗会有所增加。

第十一章　可变冷媒流量空调系统

可变冷媒流量空调系统是近年来在空调领域中新推出的一种具有特点的空调系统，它由日本大金（Dakin）公司于1982年末首先推出（即VRV系统），并在近10多年中得到了不断的发展。近几年，日本的日立公司、三菱重工等也陆续把类似系统推向市场，如三菱重工公司的变频驱动"KX"系统，日立公司的FX、FS及FSA系列等。

从系统形式上看：这一系统具有中央空调系统的若干特点，它主要由主机（室外机）、管道（冷媒管线）及末端装置（室内机）加上一些自控设备组成。而从实质上来看，它实际上是直接蒸发系统的一种改进方式，类似于分体空调的概念。但是，普通分体空调机的室外机一般只能带动一至两台室内机，而且作用距离有限（大多为5～10m），且能量控制较为简单，多采用位式控制方式。可变冷媒流量系统由于在技术上的改进，一台室外机可带多个室内机（目前最多可达32台），作用距离达到了100m，压缩机采用变频调速进行控制。

由于该系统最早问世的是大金公司的VRV系统，因此，本章以下将以VRV系统为基准来介绍。VRV即英文 Variable Refrigerant Volume 的缩写。

第一节　VRV系统的组成及工作原理

VRV系统的组成如图11-1所示。从图中可以看出，其几个大的组成部分是室外机、冷媒管线、室内机及控制部分。

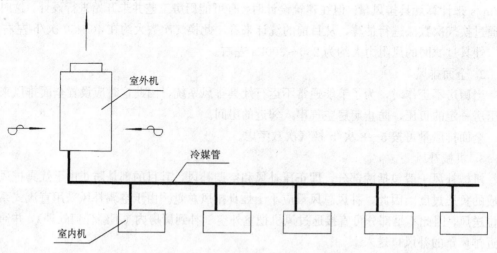

图 11-1　VRV系统示意图

一、室内机

室内机是VRV系统的末端装置部分，它是一个带蒸发器和循环风机的机组，与目前我们常见到的分体空调的室内机原理上是完全相同的。从形式上看，为了满足各种建筑的要求，它做成了多种形式，如立式明装、立式暗装、卧式明装、卧式暗装、吸顶式、壁挂式、吊顶嵌入式等等。

二、室外机

室外机是 VRV 系统的关键部分。从构造上来看，它主要由风冷冷凝器和压缩机组成。

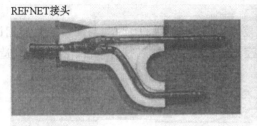
REFNET接头

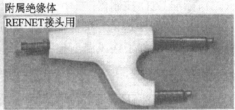
附属绝缘体
REFNET接头用

REFNET端管

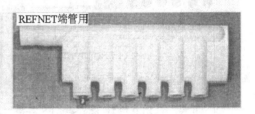
REFNET端管用

图 11-2　冷媒管接头及保温

当系统处于低负荷时，通过变频控制器控制压缩机转速，使系统内冷媒的循环流量得以改变，从而对制冷量进行自动控制以符合使用要求。对于容量较小的机组，通常只设一台变速压缩机；而对于容量较大的机组，则一般采用一台变速压缩机与一台定速压缩机联合工作的方式。

三、冷媒管网

冷媒管采用铜管制成，通过灵活的布置使室外机与室内机相连接。为了施工方便及保证系统的正常作用，管接头制成了各种形式，如图 11-2 所示。

四、控制系统及设备

由于 VRV 系统与中央空调系统及分体空调机在使用上都存在区别，因此，其控制方式也会有明显的区别，为此各系统的生产厂商提供了专门的控制系统。这一控制系统是建立在计算机控制（数字控制）为基础上的，其设备包括简易 LCD 控制器、标准 LCD 控制器和集中控制器等。

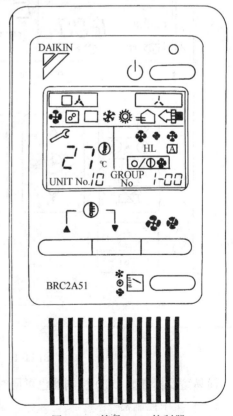

图 11-3　简易 LCD 控制器

（一）简易 LCD 控制器

简易 LCD 控制器适合于每一台室内机的独立控制，它具有运行方式控制、温度控制、气流速度控制及故障诊断等基本功能，同时也可和上级遥控设备进行通讯。其外形尺寸小，造价低廉。

简易 LCD 控制器如图 11-3 所示。

（二）标准 LCD 控制器

如图 11-4 所示，这是一种性能较完善的控制器，以控制单机为主。与简易控制器相比，其功能更多，如增加了送风温度控制、定时控制、冷热风自动转换等功能。当然，其造价比简易型高一些。

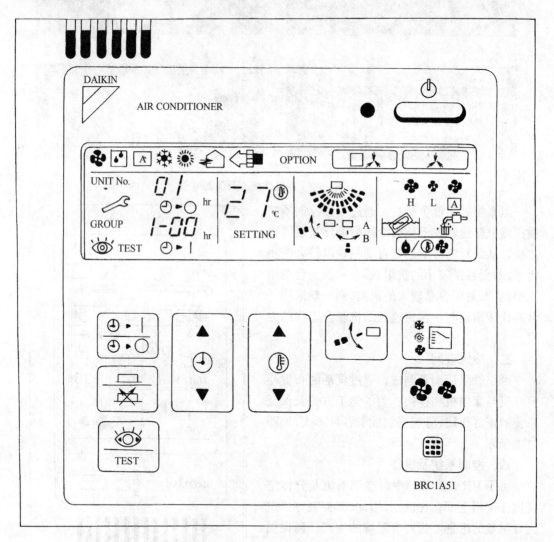

图 11-4　标准 LCD 控制器

简易型及标准型 LCD 控制器也可同时控制最多 16 台室内机组以相同的模式运行。

（三）集中控制器

集中控制器的特点与中央空调监控系统中的中央电脑相类似，它可与各 LCD 控制器进行通讯，也可单独的参与 VRV 设备的控制，最大可同时控制 64 组室外机（相当于 1024 台室内机）。

室内机温度控制一般是通过对各个电子式热力膨胀阀的控制来实现的。通常是测量蒸发器前、后空气温度及室内回风温度，由控制器计算出电子膨胀阀开度而控制各室内机的冷媒流量。

室外机则通过检测冷媒流量和压力来控制，通常其控制分为两个阶段。在第一阶段是控制压缩机转速，当频率调低至最小（30Hz）时，转速已达到最低值，如果系统的负荷继续下降，则第二阶段是控制冷煤旁通阀。因此其最小冷量能达到设计值的 8% 左右。

VRV 系统典型控制系统如图 11-5 所示。

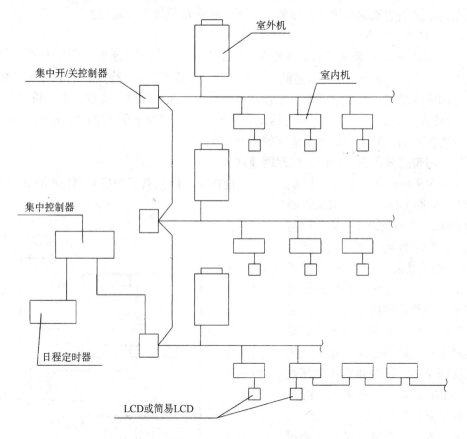

图 11-5　VRV 系统典型控制原理

第二节　性能及特点

一、节能特性

（一）变频控制

从以上所述中可以看到，VRV 系统可根据系统负荷情况，自动调整压缩机转速，改变冷媒流量，从而能保证在从高至低的负荷变化范围内，压缩机都以较高的效率运行。因此，其低负荷时的能耗将随之下降，使全年运行能耗有较大的节省。

（二）换热效率高

对于民用建筑而言，送风温差是不太受舒适性空调限制的，因此，提高送风温差将有利于节能。在 VRV 系统中，室内机为直接蒸发式盘管，冷介质温度很低，显然其热交换温差（空气与冷媒的温差）将远大于普通中央空调系统中的冷水盘管的热交换温差（空气与冷水的温差），因此可以把空气处理到更低的送风温度点。

二、与中央空调系统相比，节省占用空间

（一）机组占用面积

VRV 系统制冷部分采用风冷式室外机，不占用机房面积，通常是设于屋顶。而中央空调系统中，冷水机组、水泵等设备通常要占用一定的面积。因而前者能节省这部分投资，尤其是在高层民用建筑面积较为紧张的情况下，这一点是较为明显的。

（二）管道占用空间

VRV 系统的冷介质为冷媒，系统内只有冷媒管和少量凝结水管。而中央空调系统则是以水管来作为冷、热介质输送管道的。由于水利用的是比热，而冷媒利用的是汽化潜热，因此输送同样冷量时，中央空调系统水管需要更大的直径。同时，冷媒管柔性较好（通常为铜管），使其布置灵活、施工方便。因此，在满足同一室内吊顶高度的情况下，VRV 系统可减少建筑层高，对于降低整个建筑的造价有利。

三、与普通分体空调相比，作用距离加大

由于 VRV 系统在设计上采用了一些先进技术，因此其室外机与室内机的最大距离将会加大（见图 11-6），其最大允许距离为 100m。在高度差上，室外机与室内机之间的允许最大高差为 50m，这也就是说，当一幢 50m 以下的建筑采用此系统时，若室外机设于屋顶，则最低层的冷媒管水平上还允许有大约 50m 左右的长度，显然这对于一般的高层民用建筑还是较容易满足的。即使建筑高度超过 50m，如果下部有设置室外机的位置，则也能够采用此系统。

为了保证各个末端设备都能正常使用，该系统要求同一系统内各室内机之间的最大允许高差为 15m。

四、施工安装方便，运行稳定可靠

很明显，VRV 系统的施工安装是非常方便的，其冷媒管及管接口

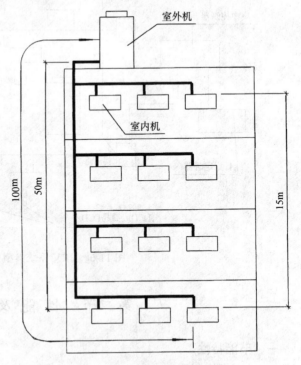

图 11-6　VRV 系统作用范围

等管件都是随系统一起供货，只要按照要求正常连接即可。比起中央空调系统来说，其施工工作量大大减少，施工周期缩短，对建设单位有较大的优点。

在保证了安装质量的基础上，VRV系统是相当可靠的。因为它没有许多中间环节，其系统内的电子膨胀阀和变频控制技术，保证了各末端设备的冷媒流量要求，不会出现像中央系统中压力不平衡或冷、热不均的现象。另外，由于系统环节较少，设备简单且全部控制系统都由VRV设备生产厂商提供，因此可以使得系统的运行管理安全可靠。

五、同一系统可满足内、外区同时使用

在一些公司的产品中（如大金公司的热回收"K"系统及日立公司的FX系列等），系统内可增设一个热回收装置，使得整个系统内一些室内机在进行供冷的同时，另一些室内机可作供热运行（按热泵方式）。这一特点的优点是：在过渡季（甚至冬季）时，当外区需要供热时，内区有可能要求供冷，因而靠热回收装置能够把内区的热量移至外区，实现建筑内部冷、热量的转移，这样既充分利用了能源，降低了系统能耗，又满足了不同区域的空调要求。

这种情况下，系统的设置如图11-7所示。

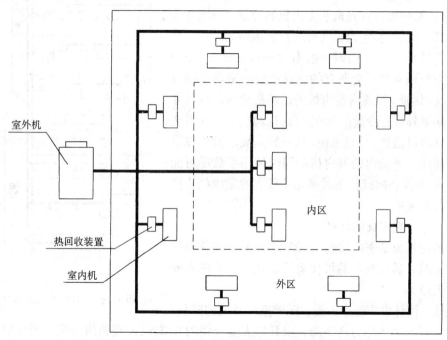

图11-7　包括内、外区同时工作的VRV系统

由于室内、外机的产品规格型号较多，这里不详细列出，读者在具体工程设计中可参考有关的厂家资料或产品说明书。

第三节　VRV系统的设计

由于VRV系统的上述特点，其系统设计比起中央空调系统来说，可以简单得多。除室内机布置时需与装修协调外，基本上不存在与各工种的管道综合问题。

一、系统设置

由于VRV系统室内机之间的高差最大允许在15m以内，因此在高层民用建筑空调设计过程中,很明显需要进行系统的竖向分区,即保证每个室外机所带的室内机高差不超过此规定范围。根据高层民用建筑目前的情况,其层高大约在3.5m左右,因此,每一系统所带的楼层数大致为3～4层。如果室外机设于主楼屋顶,则一个系统所能满足的楼层数大约为12层,因此,50m以下的建筑最少需有三个分区(如图11-8)。如果建筑高度超过50m,则可考虑把低层部分的系统室外机放在本层或者设备层或裙房的屋顶上。

VRV系统在水平方向上可任意分区,具有较大的灵活性。

二、系统容量

VRV系统根据室外机和室内机的冷量,一组室外机可连接多达16台室内机(有的甚至达到32台)。由于室外机具有良好的工作特性,加上一幢建筑内(或一个系统内)通常并不会所有的室内机同时出现高峰冷量的情况,因此,系统内室内机的总装机冷量从资料介绍可做到室外机总冷量的130%,这也增加了室内机选型及布置的灵活性。反过来说,这一特点要求我们在设计时,使同一系统内的室内机的同时使用系数尽可能小。如:使不同朝向或使用时间相差较大的室内机连接在同一系统之中。

三、冬、夏工况的转换

为了使系统冬季能供热,VRV系统具有冬季逆循环热泵工况,其最新产品可使室外机在-15℃的室外气温时工作。

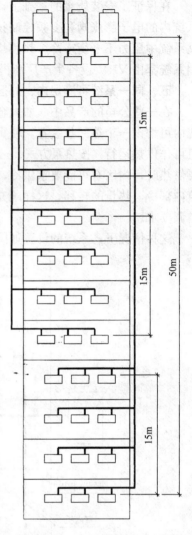

图11-8　VRV系统竖向分区

但是,设计中应注意的是:随着室外温度的降低,其热泵循环的供热能力将下降。以日本大金公司的RSEY8K型机组为例,当室温为20℃时,其供热量与室外温度的关系如图11-9所示(取自该公司1996年版技术资料VOL.2-13并进行整理)。

从图11-9中可以看出:热泵制热量与室外温度的变化基本上是一个线性关系。通常厂家给出的供热量是室外气温7℃(室温20℃)时的标准工况,当室外气温降至-15℃时,其制热量只有11kW(即只有标准工况时制热量的44%)。从资料上可查出,其空调工况时的标准制冷量为22.4kW,因此,这时最小制热量只相当于标准冷量的49%左右。

由此可知:在室外气温较低的北方地区(或建筑物热负荷较大而冷负荷较小时),如果按需冷量来选择机组,则其供热量有可能无法满足要求。反之,如果按供热量来选择机组,则夏季运行能耗增加,不能满负荷运行,且设备投资也加大,对经济性是不利的。这也就说明,VRV系统采用冬、夏合用时,必须限定一个适用的范围,此范围与建筑物冷、热耗量以及室外气温有较大的关系,必须协调考虑。当一幢建筑拟采用此系统并且要求冬、夏合用时，应对建筑需冷、热量进行详细计算后，校核按夏季所选的设备能否满足冬季的供热量需求，如果能达到，则可直接采用；反之，则应当设置辅助热源补充热量，或只是作供冷使用。

从北京地区来看，高层民用建筑的夏季耗冷量与其冬季耗热量在数值上基本差不多，因此北京地区采用此系统时，通常在冬季都另设有采暖系统补充供热（或完全用采暖系统供热）。从全国各城市的气候来看，夏季空调室外温度在34～35℃、冬季空调室外温度在－3～－5℃以上的地区（如黄河流域以南），这一系统基本上可同时满足冬、夏负荷的要求，合用是比较经济的。

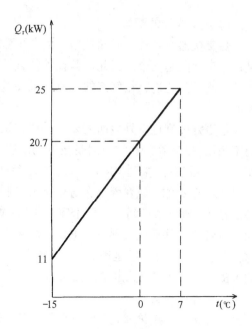

图 11-9　VRV 机组供热工况

四、新风问题

VRV 系统是一个封闭式的系统，各空调房间无法直接供给经处理后的新风。为了解决这一问题，生产厂商又开发了与之相配合的 HRV 系统。

简单来说，HRV 系统即是一个以热回收为主体的风系统，其工作原理如图 11-10 所示。

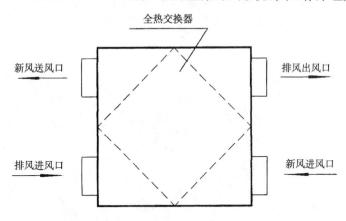

图 11-10　HRV 工作原理

在室内向外排风的同时，引入部分室外新风，通过全热交换器回收排风的部分能量（夏季为冷量，冬季为热量），全热回收效率大约在 70% 左右。

采用这种方式，设计中应注意以下两点。

1. 室内机应承担部分新风负荷

由于热回收效率有限，不能回收的部分能量必须由室内机承担。同时，考虑到空气污染的情况，随使用时间的延长，热交换器上的集灰必然使得效率下降，因此，建议室内机负担的新风负荷部分按全部新风负荷的 40% 来考虑（即热交换效率按稳定在 60% 左右）。

271

2. 全热交换器的配置

全热交换器有多种形式和规格，大的可带数个房间，其风量可达 1000m³/h 以上；小的则是每个房间配套一个。因此，其设置位置及选型要与室内统一协调。在排风口和进风口布置时，既要防止进、排气流的短流，又要考虑建筑对外立面的要求，有时后者的限制是更大的。

为了更好的满足室外立面的要求，作者认为：按照中央空调系统中新风系统的设计思路而不采用 HRV 系统也许有时是更好的解决方式。即采用一台专门对新风进行冷、热处理的 VRV 末端设备连接到 VRV 系统之中，而把房间排风独立出来。这样做尽管加大了系统的冷量（无热回收），但在管路布置中更为有利。以酒店为例，如果每一客房采用一台 HRV 设备送排风，则每个房间将有两个室外风口；如果多个房间集中采用一个 HRV 设备，则卫生间排风管汇至总管连接到一个 HRV 设备及新风管同时又以该设备分配到各个房间将导致室内风道复杂，有时甚至因为 HRV 设备本身的能力所限而不能实现。但是，集中处理新风的 VRV 末端目前尚无定型产品，这需要有关厂商进一步开发研制。

五、室外机设置

当室外机设于屋顶时，只要保证周围空间有大约 1m 左右的净空即可保证使用效果。但如果室外机设于建筑中间层（如设备层或每层机房），则应与建筑外立面设计进行协商，解决好室外机进、排风口的位置，防止进、排风口过近产生短流而影响正常使用。

第十二章 水源热泵系统

第一节 水源热泵系统的工作原理

一、水源热泵设备的工作原理

目前使用的热泵大致可分为两大类：即空气-空气热泵和水-空气热泵。前者通过对外界空气的放热进行制冷，通过吸收外界空气的热量来供热。正如本书前面的章节所述，这种热泵供热量受室外气温的影响较大。当室外气温较低时，其供热的 COP 值大幅下降，甚至在某一低温以下时无法正常工作。

水-空气热泵的载热介质为水（故简称水源热泵）。制冷时，向水放热而把空气冷却；供热时则从水中取得热量。如果保证一定的水温，这一装置的制冷系统和供热的 COP 值都始终能保持较好。

（一）制冷工况

水源热泵的制冷工况如图 12-1 所示。

压缩机把低压冷媒蒸汽压缩后成为高压冷媒气体进入冷凝器，在冷凝器中通过与水的热交换而使冷媒冷凝为高压液体，经毛细管的节流膨胀后进入蒸发器，从而对送风空气进行冷却。很显然，这一过程与一个带水冷冷凝器的整体式空调机组的运行完全相同。

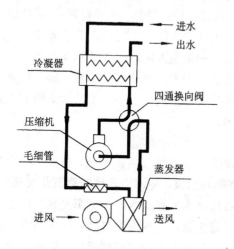

图 12-1　水源热泵制冷工况

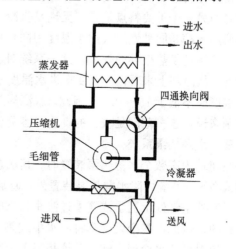

图 12-2　水源热泵供热工况

（二）供热工况

如图 12-2，通过四通换向阀的切换，使制冷工况时的冷凝器在这时变为蒸发器，而制冷工况时的蒸发器这时变为冷凝器。通过蒸发器吸收水的热量，在热泵循环过程中，从冷凝器向送风空气放热。从其运行原理中可以看到：这时热源来自流过蒸发器中的水。

二、多台水源热泵联合工作流程

当有两台水源热泵放在同一水系统中时，如果其中一台供冷而另一台作供热运行，则其工作方式如图12-3。

1号装置供冷时，向水路中放热，使其回水管 D_{1h} 中的水温提高。同时，2号装置供热，其供水温度与1号装置相同，但由于它将吸收水的热量，因而其回水管 D_{2h} 的水温将下降。因此，回水总管内的水温为1号装置的热回水与2号装置的冷回水的混合温度。如果1号装置的放热量与2号装置的吸取热量相等，在不考虑热损失的前提下，则回水混合温度将与供水温度相同。显然，这时系统自身是一个热平衡系统，既不需外界冷源，也不需外界的热源，而是在系统内部进行了热量的转移，即把1号装置所服务的区域内的热量移到了2号装置所

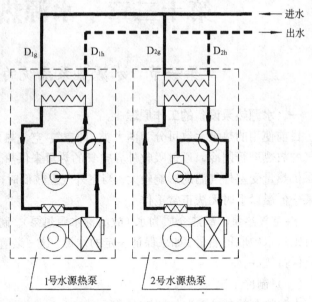

图 12-3　多台联合工作原理

服务的需要供热的区域，这是水源热泵系统的主要节能机理。如果系统热量不平衡，则热量只是部分转移，需要一定的外界冷、热源来维持其工作。

它的另一个重要特点就是：无论是供冷（1号装置）还是供热（2号装置），其所取的冷源或热源都是同种性质（进水温度相同）且同一水系统中的水。因此，为了既保证制冷效率，又保证供热循环的效率，这一系统对水温是有一定范围限制的，既不能过高，也不能过低。从冷却上来看，一般要求供水温度不超过 $32\sim33℃$；从供热上来看，则一般要求供水温度应不低于 $15\sim16℃$。因此，水源热泵的水温通常控制在 $15\sim33℃$ 之间，相对于其它控制来说，这一范围是较大的，也是容易做到的。

三、水源热泵系统

当建筑内有数个水源热泵装置时，其水系统如图12-4所示。可以看出，这是一个完整的闭式系统。系统内除水源热泵装置外，通常还有循环水泵，冷却塔及辅助热源几大部分。

当室外空气处于夏季或夏季过渡季状态时，可以认为所有的水源热泵都是在制冷工况下运行的，因此，各个设备都将向水中放热。为了防止设备进水温度过高，这时必须借助室外冷源对循环水冷却，整个系统相当于全部采用直接蒸发水冷式空调机组，因此，冷却塔是必须的。

当室外处于冬季设计状态时，如果室内内部热源较少，各装置都在供热方式下运行，则必须借助外界热源提供供热所必须的热量，所以冬季状态时该系统有可能需要辅助热源。但是，对于一些冬季室外气温较高的地区或者在冬季过渡季状态时，如果建筑内部热源这时大到足以抵消整幢建筑的冬季热负荷时，则可不需要辅助热源。如果某些时刻建筑内可以达到"热平衡"状态，则既不用冷却塔也不用辅助加热，其热量将由循环水在建筑内部进

行转移。因此，辅助热源的选择及热量的大小应根据工程的实际要求来确定。

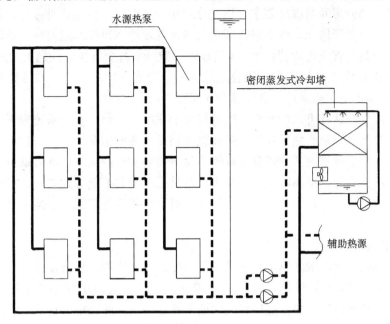

图 12-4　水源热泵管道系统

第二节　水源热泵系统的特点

水源热泵系统在形式上与中央空调系统相似，因此，在以下讨论其特点时，也主要是以其和中央空调系统的特点相比较为基准。

一、节省能源

（一）热量的转移

一幢高层民用建筑，其冷、热负荷除受到室外气候条件的影响外，也受到室内热源的影响，照明、人员、电热设备及个人电脑只要使用，任何时候都会向室内散热。由于房间区域的不同，这些内部热源对各房间的冷、热负荷的影响程度也是不相同的。

从第五章关于空调内、外分区问题的讨论中我们知道：外区常常是夏季供冷、冬季供热的运行状态。在过渡季，则外区有可能会出现较频繁的工况切换要求。

外区房间在过渡季还有另一个明显的特征（尤其是在冬季过渡季与夏季过渡季交叉的季节）：由于太阳辐射的影响，可能出现北向房间需要供热而南向房间需要供冷的情况。同时，由于冷负荷受太阳辐射时的影响及房间蓄热的作用，上午东向房间需供冷而西向房间可能要求供热，下午则情况有可能正好相反（特别是自然采光面积较大的房间）。因此，在这种季节，一幢建筑内即使外区房间也可能存在部分要求供冷而另一部分同时要求供热的情况。

内区由于受室外影响较小，即使是冬季，其内部热源也将使房间有冷负荷，因此通常全年要求供冷运行。当内区较大（比如高层民用建筑裙房中的内部公共区域）时，这种情况更为明显。

两管制中央空调系统解决上述问题的办法一般是：在水系统停止供冷甚至开始供热水时，用新风解决部分房间的供冷要求，以充分利用天然冷源。但是这种做法在设计及控制上较为复杂，需要调新风比，或者进行回风与送风温度的双重控制或控制风机转速等，且必须考虑较大的新风管及排风管；对于风机盘管和新风系统要解决此问题更为困难。另外，较寒冷的新风直接引入房间也不是很合适的，一是造成人体不舒适；二是如果新风低于0℃，在通过空调机组时容易造成盘管冻裂等问题。

四管制中央空调系统可以精确而有效的解决上述问题。但以整个系统来看，因同时向建筑提供冷、热量，因而必然存在冷、热相互抵销而耗能的情况。

因此，如果能把建筑内部的部分区域得热移至需要供热的区域，则可以最大限度的减少外界供给的冷、热源，提高能量的利用率，这是最经济的节能方式之一。以水源热泵系统的特点来看，它具有这样的一种优势，因此，对于全年运行来说，它是一种节能效果较好的系统。

（二）热泵供热能效比高

与空气源热泵相比，水源热泵由于采用了水冷式热交换器，且可以把水温控制在较合适的范围，因此，它的设计供热 COP 系统及全年运行的平均 COP 系数都远高于空气源热泵且这两个值都是非常稳定的，这样也就保证了其运行工况的稳定，也是节能的一个主要因素。

（三）运行节能

由于水源热泵装置分散布置，比较容易满足系统同时使用系数上的要求，因此，只有在需要的区域才运行，如果部分房间不使用可以停止其运行。这一特点使其全年运行能耗较低。

二、满足多工况要求

以上面的分析及目前的实际现状来看，两管制中央空调系统是很难满足建筑内各区域的不同运行工况要求的，只有四管制中央空调系统可以做到。但水源热泵系统的上述特性保证了它可以实现四管制系统所具有的功能。

三、施工方便，节省空间

（一）减少管道数量

四管制中央空调系统在目前应用过程中遇到的主要问题之一就是管网复杂、需要较多的水管路，给设计及施工都带来一定的困难。而满足同样功能的水源热泵系统中，只有循环水管。从循环水管的管径来看，它与中央空调系统的冷却水管相当；从管道的布置上看，它则与中央空调系统中的冷冻水管的布置相似（即循环水管接至每个末端设备）。因此，水源热泵系统的管道大为减少，不但施工更加快捷，而且占用空间减少，无论对建筑本身还是装修设计来说都是有利的。

（二）不用保温

从分析中可知，循环水的温度在15~33℃之间变化，属于常温水，与所服务的房间温度（22~25℃左右）的温差不大，因此，循环水管的传热是很小的。即使在15℃低温时，它通常也不会导致管道表面冷凝而结露。由此可知：这一系统的循环水管道不需要保温材料，既节约了投资，又减少了施工的工作量，保温材料及其施工所要求的空间都节省了。

（三）节省机房面积

在水源热泵系统中，需占用面积的中央设备只有循环水泵（其尺寸相当于中央空调系统中的冷却水泵），而没有诸如冷水机组、冷冻水泵等，因此占地面积小得多，可节省较多的机房面积，提高了建筑面积的利用率。

四、运行可靠、便于管理

（一）管理收费方便

在目前的一些高层民用建筑中，空调的收费问题始终是一个令管理者头痛的问题，尤其对于一些出租式的高级公寓或出租办公楼，采用中央空调时，通常只能按租户使用的面积（或者稍准确一点的是按租户末端的装机容量）来平均分配全年的运行费用，这实际上造成了一种"大锅饭"现象，没有真正体现出多用能源多交钱的原则，也无法促进用户节约用能。而在水源热泵系统中，主要的用电点是用户内安装的水源热泵装置，因此只要记录其用电量，就可以更准确的确定收费情况，只有极少量的循环水泵等设备的用能平均分担，这是一种更公平的原则。这样做有利于促进用户养成节约用电的习惯（实际上这是把使用标准和付电费多少的选择权交给了用户而不像中央空调系统那样用户只能被动的接受现有的条件）。因此，这有可能使整个建筑的运行能耗更得以节省，也避免了因平均收费所带来的一系列问题。

（二）可靠性高

分散设置水源热泵的这种系统，具有非常高的可靠性，某台装置的故障需要检修时，不会影响其它装置的正常工作，这是其所具有的一个较大的优点。中央空调系统中，中央设备较多，因此出故障而影响系统的可能性增大。

由于每台装置都是在工厂组装及调试完后才供货及安装的，现场除对水路进行适当调节外，不用对装置做任何调试工作，因此设备本身的可靠性较高，运行管理工作量较少。

（三）控制简单

每台设备采用独立的控制方式，互不影响，也不需要复杂的控制系统，使得控制更加简单和可靠。

五、合理的投资

上述的一些优点已使其在施工安装、运行管理和节省空间等方面带来了投资的下降，除这些之外，在投资上还有以下优点：

（一）减少了辅助热源

由于此系统充分利用了建筑内部的热源，因此，外界对建筑物的供热量可减少。对于从城市热网取热的建筑来说，这可以减少热力投资的费用（包括年耗费及一些城市规定的热力初装费等）；如果采用自备热源，则减少了热源装置的容量。

（二）分步投资

当建筑投资方的资金有限时，此系统可采用分步建设及安装的方式，即最初的建设只把循环水管路、水泵、冷却塔和辅助热源（如果需要的话）安装完毕即可。待房间已出租或出售之后，再购买水源热泵装置及安装（甚至可以由租户自行购买，相当于把一部分投资转到了用户），这样可使初投资的回收时间大大缩短，对于大、中型民用建筑的开发商来说，这一点是极具有经济意义的。

六、不足之处

尽管该系统存在上述优点，但在实际使用中，它也有一些不足之处。

（一）全年电耗较大

在前面我们已谈到，该系统的全年运行是较为节能的，但是，节能不等于节电。从电耗上来看，水源热泵装置冬夏都将运行压缩机，而中央空调系统冬季通常是利用矿物能产生热源，因此，此系统的全年电耗相对来说是比较大的。

从设备及系统的运行效率上看，一般来说，水源热泵系统的空调电气安装容量总体上将高于中央空调系统（之所以如此，主要是因为它把制冷设备化整为零而使制冷效率下降），可能在电力增容费上增加一定的费用。

（二）全系统的初投资较高

如果此系统一次安装完成，则其初投资是比较高的，这主要是由于水源热泵装置本身价格较贵造成的。从目前使用的实际情况看，它大约比普通中央空调系统的投资高出10％～20％左右。但是，如果考虑到其节省的空间、主机及管道以及控制系统的投资及安装施工费用，则应根据具体工程进行详细评价，总的来说，作者认为它与中央空调系统是差不多的（相当程度下取决于所节省的建筑面积的用途及回报）。

七、系统的适用范围

（一）公寓

对于一般标准的普通式公寓，由于造价原因，这一系统的应用受到一定的限制。但对于空调要求较高的高级公寓，这一系统是较适合的，这时它主要的可利用优点是：①计费方便，以每户独立电表计费；②各房间温度均可独立控制；③可以在房屋出租（或出售）后再安装。

（二）宾馆

此系统用于宾馆时，其优点是各房间可以完全独立的进行冷、热运行模式的控制，以满足不同客人的使用要求，提高宾馆的档次和标准。同时，当宾馆有较大面积的裙房内区时，这一系统可节省部分能源。当然，相对来说，宾馆采用此系统的优点并不是特别突出。

（三）出租办公楼或商业建筑

这是该系统最适合的一类建筑。①由于这些建筑具有较为稳定的内部热源，因此其运行的能耗相当节省；②系统投资可分步到位，有利于开发商的投资回收年限缩短；③各用户可根据需要就地进行独立控制；④便于对各租户进行收费。

第三节　水源热泵系统的设计

和中央空调系统相比，水源热泵系统的设计简单得多，这主要是因为该系统管道少、机房设备少、水源热泵装置分散布置等特点而得到的。

一、循环水系统设计

（一）冷、热量及水量

采用此系统时，夏季需冷量的计算方法与其它系统都是相同的。冷量计算完成后，各台水源热泵装置的循环水量即可求出（根据所需的冷却水温差），再考虑到装置的同时使用系数，即可得到整个系统所要求的夏季总冷却循环水量。

关于同时使用系数问题，需要设计人员对工程性质、业主的管理方式等进行详细的了解。一般来说，单一性质的建筑同时使用系数较高，综合性建筑则低一些。另外，水源热泵装置的数量越多，同时使用系数越小，反之则越大。

当缺乏对建筑使用上的资料时，计算循环水总流量的同时使用系数 a 可以按以下原则来确定：

（1）循环水量小于 10L/s 时，取 $a=0.85\sim0.9$；

（2）循环水量为 $10\sim15$L/s 时，$a=0.8\sim0.85$；

（3）循环水量大于 15L/s 时，$a=0.75\sim0.8$。

以上原则中所提到的循环水量是指各装置所需水量的累计值，把此值乘以系数 a 即可得到系统实际所需的总循环水量，并以此作为循环水泵、冷却塔的选型参数以及循环水总管经确定的依据。

热量的计算是重要的，计算中必须考虑到内部热源的散热。在冬季设计状态时，如果建筑内部热源散热能够满足整幢建筑的热损失（包括新风所需热量），则辅助热源可不需要；反之，则应详细计算辅助热源的热量需求。

假定建筑的冬季热耗量为 Q_r，内部热源发热量为 Q_n，则辅助热源的热量为：

$$Q_f = Q_r - Q_n - Q_N \tag{12-1}$$

式（12-1）中，Q_N 为所有水源热泵装置的压缩机耗电量。从系统特点来看，Q_N 通过制冷运行（内区供冷）传入了水路系统之中，再通过热泵运行送至了需要供热的区域。由于水源热泵装置在供冷时的能效比大约为 3，因此，Q_N 大约为全楼耗冷量 Q_l 的 1/3 左右，则上式为：

$$Q_f = Q_r - Q_n - \frac{1}{3}Q_l \tag{12-2}$$

（二）系统形式

水源热泵水路系统通常采用一次泵系统，其运行简单、管理也比较方便。在系统中，循环水泵是非常重要的设备之一，如果出现故障将影响整个系统的运行，必须保证运行可靠，因此，必须设置备用泵。

水源热泵系统水路上基本不设置动态水流量控制阀，因此，水力平衡显得更为重要，这要求水路计算较为精确或设置一定数量的流量静态调节阀。从水源热泵装置的水阻力性能来看，在额定工况下，其水阻力相差不大，因此，无论是支环路还是每个装置，采用同程式水系统更易达到水力平衡的要求。

二、设备选择

（一）冷却塔

在水路系统中，循环水直接流过每一个水源热泵机组，如果水质不好，对机组的使用寿命将产生大的影响。因为水源热泵系统中，装置数量较多，其冷凝器的清洁较为困难（在中央空调系统中，冷却水流经冷水机组时，如果由于水质不好而影响，可以个别清洁，工作量相对较小）。因此，一般要求循环水应做成密闭式系统，不直接与大气接触。采用封闭式蒸发冷却塔是一种较好的选择。

在冬季，由于水仍然从冷却塔流过，对于较寒冷的地区，有可能造成冷却塔盘管内的水结冰而冻裂（特别是在循环水不运行的夜间）。一种解决方法是总管上设旁通，关闭冷却塔阀门而让水从旁通管流过，同时放空塔内循环水；另一种解决方法是采用电热方式，防止管中水冻结。前一种方法要求较高的管理水平，如果没有做好，同样会出现结冰情况；同时，放掉大量"高品质"的循环水对经济性也带来一定的影响。后一种方法则由于电耗较大，目前大规模采用存在一定的限制。闭式蒸发冷却塔的设备造价较高（为普通开式塔的2~3倍），且重量较大，给设计也会带来一定的困难。

因此，也有一些工程采用开式冷却塔来解决上述问题。在冬季时由于一般不运行，故可放空塔内水以防结冰。但是，开式塔直接接入系统时，必须放在屋顶，这在一定程度上限制了它的使用；同时，由于其冷却水与空气直接接触，水质相对较差。为了解决这两个问题，可采用热交换器把冷却水与循环水分开的方式（图12-5），通常采用板式换热器。

辅助热源无论是来自城市热网还是自备锅炉房，其热媒温度都是较高的，一般来说应设置热交换。无论是开式还是闭式冷却塔，在图12-5所示系统中，热交换器都是可以冷、热两用的，因此这一系统的综合投资

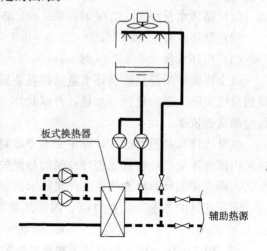

图 12-5　开式冷却塔与板式换热器
联合工作接管示意

与采用闭式冷却塔相比并不会增加（相反有可能减少）。其不足之处是循环水经过一次换热后，水温受到影响，因而要求冷却塔的冷却效果应比一般应用时更好一些。

通常冷却塔的设计标准为进水37℃，出水32℃，这样在通过板式换热器后，循环水的供水温度将达到34~35℃左右，显然这对于水源热泵的性能会产生一定的影响。为了消除由此带来的问题，有两个办法：一是要求冷却塔出水温度为30℃，由于一些地区湿球温度较高，这一办法并不是所有地区都可实现的；二是按进水温度34~35℃来选择水源热泵机组，实际上相当于增大了型号或增大其电量。

（二）热交换器

采用开式冷却塔时，应设板式换热器。根据前面的分析来看，板式换热器较为合适的运行工况是：冷却水侧32/37℃，循环水侧（34~35）/（39~40）℃。即，使其两侧的温差和流量都相同，有助于其换热效率的提高。

当室外湿球温度较低时，上述水温也可适当降低。

为了保证换热器能正常可靠工作，一般来说至少应采用两台以上并联运行。

（三）水源热泵机组

水源热泵机组的性能见表12-1及表12-2。

水源热泵性能简表（McQuay 公司产品）　　　　　　　　　表 12-1

机组规格	风量 (L/s)	水流量 (L/s)	电压 (V)	供冷		供热	
				W	COP	W	COP
006D	93	0.10	230/50/1	1720	3:5	2280	4.1
007D	103	0.12	230/50/1	2030	3.2	2720	3.9
009D	122	0.15	230/50/1	2580	2.9	3540	3.9
012D	164	0.20	230/50/1	3430	3.2	4260	3.6

机组规格	风 量 (L/s)	水流量 (L/s)	电 压 (V)	供 冷		供 热	
				W	COP	W	COP
015D	196	0.22	230/50/1	4290	3.1	5490	3.5
019D	257	0.32	230/50/1	5450	3.2	7010	3.7
024D	351	0.40	230/50/1	6860	3.0	10120	4.1
			400/50/3	6860	3.0	10120	4.1
030D	446	0.43	230/50/1	8450	3.3	10200	3.9
			400/50/3	8450	3.3	10200	3.9
036D	540	0.59	400/50/3	10130	3.1	12860	3.8
042D	635	0.67	400/50/3	11850	3.2	14890	3.9
048D	729	0.79	400/50/3	13640	3.4	18030	4.3
060D	894	0.93	400/50/3	15970	3.4	18360	3.9

注：1. COP＝性能系数

2. 冷量是以 27℃ 干球温度，19℃ 湿球温度的进风和 29℃ 的进水温度，35℃ 的出水温度为基础。

3. 热量是以 21℃ 干球温度的进风和 21℃ 的进水温度为基础。

水源热泵性能简表（Trane 公司产品） 表 12-2

型 号	制冷量 (kW)	供热量 (kW)	送风量 (m³/h)	冷却水流量 (L/s)	外形尺寸（mm）			备 注
					长	宽	高	
WPHD006	1.63	2.38	340	0.1	864	508	261	水平吊顶暗装可连接送、回风
WPHD009	2.32	3.13	509	0.1	864	508	261	
WPHD013	3.16	4.16	679	0.2	864	508	286	
WPHD019	4.75	6.33	1019	0.3	1029	508	432	
WPHD026	6.21	8.32	1358	0.4	1029	508	432	
WPHD028	7.91	10.61	1698	0.5	1169	508	483	
WPHD035	9.49	12.72	2038	0.6	1169	508	483	
WPHD041	10.96	13.89	2377	0.7	1347	699	546	
WPHD051	12.54	16.76	2717	0.8	1347	699	546	
WPHD061	15.94	20.16	3396	0.9	1347	699	546	
WPHD080	24.52	31.35	5094	1.5	1832	839	565	
WPHD100	32.52	41.02	6792	1.9	1832	839	565	
WPVD013	3.16	4.16	679	0.2	432	546	610	垂直座地暗装可连接送、回风
WPVD019	4.75	6.33	1019	0.3	597	508	794	
WPVE026	6.21	8.32	1358	0.4	623	623	1259	
WPVE028	7.91	10.61	1698	0.5	623	623	1259	
WPVE035	9.49	12.72	2038	0.6	737	737	1259	
WPVE041	10.96	13.89	2377	0.7	737	737	1259	
WPVE051	12.54	16.76	2717	0.8	737	737	1259	
WPVE061	15.94	20.16	3396	0.9	737	737	1259	
WPVD080	24.52	31.35	5094	1.5	864	1067	1270	
WPVD100	32.52	41.02	6792	1.9	864	1067	1270	
WPVD150	46.88	62.41	10189	2.8	1147	1169	1778	
WPVD200	59.77	75.03	13585	3.8	1020	1474	2032	
WPVD250	75.30	100.21	16981	4.7	1020	1474	2032	

型　号	制冷量	供热量	送风量	冷却水流量	外形尺寸（mm）			备　注
	（kW）	（kW）	（m³/h）	（L/s）	长	宽	高	
WPRD009	2.31	3.16	509	0.1	407	407	2235	柱式安装
WPRD013	3.19	4.19	679	0.2	407	407	2235	
WPRD019	4.83	6.42	1019	0.3	458	508	2235	
WPRD026	6.33	8.47	1358	0.4	458	508	2235	
WPCD006	1.69	2.37	340	0.1	1067	311	502	座地明装
WPCD009	2.22	3.05	509	0.1	1219	311	502	
WPCD013	3.31	4.39	679	0.2	1219	311	502	
WPCD016	4.42	5.95	900	0.3	1474	311	502	
WPCD020	4.72	6.33	1019	0.3	1474	311	502	
WPCD025	6.33	7.94	1528	0.4	1935	458	813	
WPCD031	7.91	9.79	1528	0.5	1935	458	813	
WPCD036	9.26	11.98	1698	0.6	1935	458	813	
WPCD040	10.52	13.68	2123	0.6	2642	508	813	
WPCD045	11.93	16.26	2123	0.8	2642	508	813	
WPUD050	15.94	20.16	3396	0.9	1938	1073	699	屋顶水平安装
WPUD080	25.05	31.35	5434	1.5	2419	1150	894	
WPUD100	31.94	41.02	6792	1.9	2419	1150	894	
WPUD150	46.88	62.41	10189	2.8	2978	1150	1251	
WPUD200	59.77	75.30	13585	3.8	2661	2007	1175	

注：1. 按照美国空调制冷学会 AR1-320 标准：

供冷时室内温度 DB/WB 26.7/19.4℃，冷却水进水温度 29.4℃。

供热时室内温度 DB/WB 21.1/15.6℃，冷却水进水温度 21.1℃。

2. 机外余压一般为 13mm，最高达 50mm。

　　选择机组时，应注意的有：①要符合实际使用条件，对制冷量和供热量应根据实际条件进行一定的修正，通常这些修正因素在厂家说明书中会提及到。②由于机组是有一定规格的，其冷、热量并不是无级而是对应于一定的范围，因此一般来说，为了保证使用的可靠，所选择机组的实际冷量应大于且最接近计算要求的冷量。③必须注意到其工作压力。

三、新风处理

　　水源热泵系统一个较大的问题是对新风的处理，由于水源热泵机组的设计条件限制，其新风处理方式由此也不相同。

　　在夏季，目前的水源热泵机组通常是按室内状态作为进风标准工况的，如果用它来处理新风，其负荷较大，很难把新风处理到室内状态点（或 h_N 线上）；也有一些厂商为此单独设计新风专用机组，但可选用的厂商及型号较少。如果新风处理点不能达到 h_N 线，则室内水源热泵机组应承担部分新风负荷。

　　在冬季，普通机组的加热量用于新风时无法达到要求，并且由于新风温度过低会造成冷凝压力过低而使机组不能正常运行（一般来说，机组要求进风温度在 15℃左右较好）。因此，用于新风处理的机组在冬季时应先对新风进行预热。

（一）热回收方式

利用热回收方式既可用于夏季又可用于冬季。即在新风和排风管道上设置热回收交换设备（如转轮、热管等），回收部分排风能量，夏季预冷新风，冬季预热新风。

（二）循环水加热

在冬季，循环水温一般在 $15\sim20℃$ 左右，利用此循环水可把新风进行部分加热以提高温度。通常可以采用一台普通的带水加热盘管的空气处理机组，其做法与中央空调系统的新风处理机相同。当然，由于循环水温较低，这种方式加热新风时的送风温度一般只能达到 $5\sim10℃$ 左右。因此，这样加热后的空气不宜直接送入房间而应送至室内水源热泵机组内，与室内回风混合再经水源热泵加热后送入房间。显然，这种方式加大了水源热泵机组的供热量要求。

（三）辅助热源加热

采用循环水加热时，由于水温过低，其加热能力是极其有限的，如果新风进风温度很低，不但加热后的空气达不到设计要求，更为严重的是有可能使水加热盘管冻裂。因此作者认为，用循环水加热新风的方式只适合于冬季室外设计温度不低于 $0℃$ 的地区。

对于寒冷地区，新风的加热量要求和防冻要求是两个主要问题，因而要求较高的水温对其进行加热。从水源热泵系统的特点及目前大多数建筑的实际情况看，这种情况下一般是需要辅助热源的。辅助热源的一次热媒温度较高，利用它来加热新风能保证达到较好的新风送风温度，可直接送入室内，是一种好的方式。

四、控制

水源热泵系统的控制比起中央空调系统而言简单得多，其机组本身自带有比较完善的自控系统及相关设备。从设计人员来说，要进行监控的范围主要是冷却塔、水泵等设备的启停及循环水温控制。

（一）水源热泵机组的控制

一般小型机组的控制与普通直接蒸发式机组相同，即由回风（或室内）温度直接控制压缩机的启停。

大、中型机组采用启停控制时，由于电量较大，对电网会产生影响，且频繁启停压缩机对机组本身也是不利的。因此，一般的厂家对此类机组都采用多台压缩机分级控制方式。

最合理及最节能的方式应是采用对压缩机进行变频调速控制。

（二）循环水温控制

水源热泵系统一个明显的优点是在季节转换方面。由于其循环水温的适用范围较大（$15\sim33℃$），因此夏季过渡季与冬季过渡季相交叉的运行期间，系统不用进行工况的频繁切换。

但是，循环水温仍然是需要进行适当控制的。在夏季，如果采用图 12-4 所示系统，则应利用循环水供水温度直接控制闭式冷却塔的运行台数；如果是开式冷却塔，则应同时控制冷却水泵及冷却塔的运行台数。当然，也可以在冷却水供回水总管上设电动旁通阀，通过控制旁通阀开度达到控制循环水供水温度的目的，但这要求冷却水采用变水量方式，需要一系列配套的控制手段（如压差控制等）或者直接对水泵作变速控制。

另一种节能的方式是由循环水供水温度直接控制冷却塔风机转速。

在冬季，当循环水供水温度较低时，应控制辅助热源的一次热媒流量，通常采用电动阀来实现。

由此可见：冬、夏控制方式及设备的不同，也要求进行冬、夏工况的转换。此转换既可自动也可人工手动进行。如果采用自动转换，则应对循环水温高、低限设置一定的范围：

(1) 循环水温 $t_x \geqslant 30℃$ 时，自动切换为夏季工况，冷却水系统供电准备投入工作。

(2) 当 $30℃ > t_x > 20℃$ 时，为过渡季工况，冷却水及辅助热源系统均自动切除。

(3) 当 $t_x \leqslant 20℃$ 时，辅助热源系统投入自控工作状态，此时切换为冬季工况。

水源热泵系统的其它控制与中央空调系统基本相同，参见第十三章。

第十三章 中央空调系统的节能及自动控制

第一节 节 能 设 计

一、节能与节电

在讨论空调系统的节能设计时,应首先分清一个概念:即节能和节电的联系及区别。节能应包括节电,但反过来说则是节电并不一定意味着是节能的。

在空调通风系统所使用的能源中,高层民用建筑空调通常使用两大类能源:即热能和电能。电能的消耗是由于一些靠电力运行的设备(如空调机组、水泵、风机、风机盘管等)引起的,这些设备通常全年都将运行而耗电。在夏季,制冷设备所用的能源则既可以是电能(如离心机、活塞机和螺杆机等),也可以是热能(如吸收式冷水机组)。在冬季,空调本身要有热源供热,此热源可来自锅炉房,也可以是集中城市热网(热电站),甚至个别区域或建筑有可能采用电能直接供热。

由于除冷水机组及冬季供热设备外的其它设备都是全年用电的,因此夏季制冷用能源的选择就是一个十分重要的问题,这影响到整个建筑的能耗及经济性。节能总是和经济性联系在一起的,抛开经济性去谈节能没有任何意义。

关于冷源装置的经济性和能耗问题,本书第四章已经有过较多的讨论,这里不再重复。设计人员要明确的一点是:能耗与电耗是既有联系又有区别的,电耗只是能耗的一个组成部分。因此,必须树立的一个观点是:节能并非只是节电。

从第四章的分析中我们可以知道:在制冷系统中,系统能效比(或制冷系数)最佳的仍然是采用电能,最差的是采用热能(如水冷活塞式冷水机组的系统 COP 值为 3.69,水冷螺杆式冷水机组的系统 COP 值为 4.42,离心式冷水机组的系统 COP 值为 4.52,而吸收式冷水机组的系统 COP 值仅为 1.23——参见表 4-11)。因此,从节能角度来看,能源的优先选择作者认为仍应以电能为主,其它能源为辅。当然,具体情况也许需要具体的分析。

1. 电力供应相对充足,电价较为低廉的地区,优先考虑电制冷。

在此基础上,从经济上考虑,可以采用许多节电或其它有较好经济性的措施,其中最主要的一个就是蓄冷方式。应该注意的是:蓄冷系统本身并不是节省电力的,它的全年能耗值(kW·h)将超过普通非蓄冷系统,甚至可以说是一个更耗电的系统。但是,由于蓄冷具有消峰填谷的功能,不但对于电网的运行有利,而且可使用户充分利用昼间与夜间的电力差价来运行制冷装置,因而对用户及电网的综合经济效益有一定意义。

当然,对用户而言,蓄冷系统的整个经济效益与其系统形式、蓄冷方式、冷水机组形式、电价差及建筑造价等因素有密切关系;同时,也和基本电价直接有关。尽管一般认为电价差在 4~5 倍以上时,蓄冷系统具有经济意义,但如果基本电价便宜,将使投资回收年限大大延长,经济效益降低。

2. 在电力较紧张、电费较贵的地区，制冷用能源形式将是多样化的。

从目前的情况看，这种情形在我国的大部分地区都是存在的，因此，电能和热能制冷这两种形式在这些地区可能是长期并存，各有利弊，只能根据具体工程来决定。可以这样说，在这种情况下，制冷能源的形式往往取决于设计之外的一些其它因素：如环保要求、电力来源、当地主管部门的意见、建设单位的要求等等，同时，还要考虑冬、夏运行的方式以及其它一些因素。

3. 在缺电但矿物能比较充足的地区，采用热能进行制冷则是一个较为经济的方案。

二、围护结构的节能设计

在高层民用建筑中，空调系统所占能耗的比例是相当大的。从对北京地区的调查来看，采用电制冷时，空调通风系统的电气安装容量可达 $35 \sim 60W/m^2$（建筑面积），相当于整幢建筑的电气安装容量（或变压器容量）的 $50\% \sim 70\%$ 左右。因此说，空调系统的节能对于整幢建筑的能耗的影响是一个关键性因素。除了空调设计中对系统要考虑一些节能措施外，建筑本身的热工性能可以说是空调系统节能的基础，如果建筑热工性能不良，即使空调设计再好，其能量的节省也是有限的。事实上，空调系统本身的节能设计只能是说在满足设计使用标准的前提下，尽可能减少能量的耗费，提高能量利用率；但即使100%的利用了能源，如果基础能耗高，也必然使整幢建筑能耗提高。

基础能耗取决于两个方面。首先是围护结构的热工性能，其次是建筑内部使用标准（如温、湿度及新风量等）。由于高层民用建筑的使用标准本身是有一定要求的，并且从今后生活水平的不断提高的趋势看，降低使用标准显然是不适宜的。因此，围护结构的热工性能就成为了建筑节能设计中的一个首要问题。

在第二章中，作者已对外围护结构的传热系数提出过一些参考值，如夏季外墙要求不大于 $0.9W/(m^2 \cdot ℃)$，屋面不大于 $0.65W/(m^2 \cdot ℃)$。由于建筑中还有一些房间的传热是通过内部隔墙或楼板进行的，因此，对这些内围护结构，也应有所要求。

对于内墙或内楼板，当邻室发热量较大（或邻室温度较高）时，建议其墙体或楼板做保温隔热处理，传热系数不宜大于 $1.2W/(m^2 \cdot ℃)$。

对于室外悬挑的楼板（上部为空调房间），建议其传热系数不宜大于 $1.0W/(m^2 \cdot ℃)$。

对于外窗，必须采用密封性能良好的双层中空玻璃，其平均传热系数不宜大于 $3.5W/(m^2 \cdot ℃)$。

在按上述考虑之后，根据作者的一些设计工程实践来看，一幢窗墙比较为合适的建筑（大约 $30\% \sim 40\%$），一般来说，其空调耗冷量指标按建筑面积计算大约在 $70 \sim 100W/m^2$ 之间（以北京地区为例）。

由于高层民用建筑对造型的重要性往往高于其它方面，因此从外形上去限制建筑（比如限制窗墙比、限制朝向或体形系数等），在现阶段是不容易做到的，一个外形平淡，没有新意的"方盒子"式建筑在方案投标中就很难得到业主或市政部门的首肯。但在现有外形的基础上，提高热工性能，本身和建筑的经济性有关，是完全有理由去做，也是空调设计人员应该"据理力争"的。比如，在尽可能争取的过程中，除了经济性的理由外，还可以让建筑师知道的就是热工性能不良的构造，必然要求占用更多的机房面积及更大的管道空间等对建筑室内产生不利影响的因素，而这种理由对建筑师来说往往是容易接受的。

总而言之，只要条件许可时，应尽可能提高建筑本身的热工性能，这也符合国家有关的能源政策，对建筑本身的经济性也是有一定意义的。

三、设备选择

采用高效设备是毫无疑义的。还有一点要明确的是：设备容量应尽可能接近实际要求，过大的选取所谓"安全系数"是极不合理的，这一点尤其对于中央空调设备（如冷水机组、水泵等）更为明显。设备选型过大将产生一系列问题，如运行效率过低、耗能增加、电气安装容量加大导致电力增容费等的提高、占用面积加大、噪声加大以及投资的过量增加等。

（一）冷水机组

冷水机组的容量必须按全楼逐时耗冷量的最大值并考虑冷水机组的运行效率来选择。在计算最大值时，还要考虑到末端设备的同时使用系数。

对于使用时间较为明确，在使用时间内逐时负荷相差相对较小的建筑（如典型的办公楼、商场、体育馆、展览馆等），冷水机组可按多台相同容量来选择，这样可使运行时相互干扰较少，且维护管理较为方便。

对于夏季昼夜均有空调供冷要求的建筑（如酒店）或建筑内部分附属房间的使用时间与其主要功能房间的使用时间不一致的多功能建筑（如办公式综合楼），则既要考虑设计冷量的要求，更要考虑其最小冷量的要求，应尽可能使冷水机组在最小负荷时高效运行。因此，冷水机组可以采用大小搭配的方案，让小机组在建筑低负荷时高效率运行。

从机组选型上看，离心机适合于大冷量的要求，活塞机适合于小冷量范围，螺杆机则介于此两者之间。对各机型的单机制冷系数 COP 值建议按表 13-1 选择。

单机制冷 COP 值 表 13-1

机　　型	COP
水冷离心式	5.0
水冷活塞式	3.8
水冷螺杆式	4.8
风冷活塞式	2.6
风冷螺杆式	3.8
吸　收　式	1.2

（二）水泵

水泵的选择在满足使用要求下应注重其效率，其实际工作点应尽可能落在高效区域（见第十章中的分析）。不同配电机功率 N 的水泵工作点效率 η 宜不小于下述值：

(1) $N \leqslant 7.5\text{kW}$ $\eta = 60\% \sim 65\%$；

(2) $7.5\text{kW} < N \leqslant 22\text{kW}$ $\eta = 70\% \sim 75\%$；

(3) $N > 22\text{kW}$ $\eta \geqslant 75\%$。

（三）空调机组

空调机组冷量的选择与风系统的形式密切相关。对于全空气定风量系统，应按其负担的各区域最大冷量之和来决定；对于 VAV 系统，应按系统逐时最大的冷量选择。

空调机组应配用高效换热器和高效风机，且系统大小应比较适中，管路不宜过长，以免能耗增加。从目前情况来看，高层民用建筑中，一次回风系统机组制冷量与其配电机电量的比值宜控制在 10～15 左右，新风空调机组的这一比值宜控制在 15～20 左右。

（四）风机

风机应采用高效低噪声产品。一般来说，离心式风机的内效率应不低于80％。一些双进风式离心风机效率也比较高，但因接管设计复杂，通常需要与风机箱配合使用。

管道式风机目前常用的国产产品有DZ型、T35-11型轴流风机以及斜流和混流风机，如果选择恰当，其效率也是较好的。

（五）热交换器

为了减少热交换时带来的能量损失，应尽可能采用高效率的换热设备。从目前的使用情况看，在水系统中，板式换热器的效率是最高的，尤其是当其用于冷冻水交换时，其二次水出水温度仅比一次水进水温度高1～1.5℃。

四、系统节能设计

（一）负荷计算

负荷计算时，应根据系统形式采用不同的计算处理方式。

1. 热负荷计算应考虑内部热源

空调热负荷的计算，在方法上与采暖类似。但是，采暖设计本身只针对使用标准较低的建筑，而空调设计标准相对较高。从冬季室外温度的选择中也可以看出：各城市采暖室外计算干球温度通常比冬季空调室外计算干球温度低2～4℃，因此，即使是保证同一室内设计温度，空调计算热负荷（不包括新风）也将大于采暖负荷，如果再不考虑室内热源的发热，明显是过于保守的。

当然，对室内热源的考虑也要区分不同的情形。室内热源较为稳定的部分（如照明等），应该按100％得热计算，而一些不能完全确定的热源（如餐厅或商场内的人员数量），则应根据实际情况取一定的百分数计入。

2. 考虑逐时系数和同时使用系数

采用全空气系统时，空调机组应按负担房间的情况考虑各朝向房间的逐时系数（定风量系统为各房间逐时最大值之和，变风量系统为各房间逐时之和的最大值）。同时，对水系统或冷水机组而言，还应考虑各风系统的同时使用系数，见表13-2。

空调风系统同时使用系数　　　　　　　　　　表13-2

建筑类型	同时使用系数
酒店、旅馆	0.85～0.9
单纯办公楼	1.0
办公式综合楼	0.85～0.95
综合建筑群	0.8

（二）风系统设计

风系统在节能设计中主要有以下几点：

1. 内、外分区

内、外分区可以防止冷、热量的相互抵消，充分利用天然冷源，应结合水系统形式及分区同时考虑。当然，风系统本身至少也应考虑内区采用全新风进行冷却的可能性。

2. 变新风比系统

变新风比系统是空调全年运行过程中，节能运行的一个主要方式，对内、外区都是适用的，尤其是对内区更为有利。国外的一些研究成果及统计资料表明：控制新风比及采用全新风冷却或预冷，可节省整个空调系统全年能耗的 10%～15%，这是相当可观的。

3. 变风量系统

采用变风量系统具有明显的节能优势，这一点在前面已经详细讨论过了。

4. 排风热回收

排风热回收是目前开始逐步应用的一种能量回收方式，如图 13-1 所示。它利用室内排风来对新风进行预热（冬季）或预冷（夏季）处理，相当于降低了空调机组的新风负荷，具有明显的节能特点。热交换器的热回收效率为：

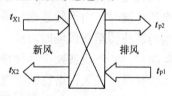

图 13-1 排风热回收示意图

显热交换时：

$$\eta_s = \frac{t_{x1} - t_{x2}}{t_{x1} - t_{p1}} = \frac{t_{p2} - t_{p1}}{t_{x1} - t_{p1}} \tag{13-1}$$

全热交换时：

$$\eta_t = \frac{h_{x1} - h_{x2}}{h_{x1} - h_{p1}} = \frac{h_{p2} - h_{P1}}{h_{x1} - h_{p1}} \tag{13-2}$$

在目前，常用的排风热回收装置主要有两种类型：转轮式和热管式。

（1）转轮式热回收装置

转轮式热回收设备由具有吸湿特性的材料制成的转轮、驱动马达、外壳等部件组成，中间用隔板把新风侧与排风侧分开（如图 13-2）。其工作原理（以夏季为例）是：在转轮转动过程中，位于新风侧的转芯材料吸收新风的热量及水分，当其旋转至排风侧时，转芯向排风放热及散湿，这样周而复始的运转，使排风加热并把新风冷却。由于它具有湿交换作用，故这是一种全热型交换器，其全热效率 η_t 与结构及风量等参数有关。

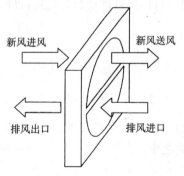

图 13-2 转轮式热回收装置工作原理

$$\eta_t = \frac{1}{1 + \dfrac{3600 V_F \cdot C_p \cdot h \cdot \rho}{2.5 N \cdot C_r \cdot m \cdot L}} \tag{13-3}$$

式（13-3）取自于《冷冻与空调》1982 年第 5 期杂志。

式中　V_F——空气通过转芯时的面风速（m/s）；

C_p——新风比热 [kJ/（kg·℃）]；

h——每层转芯蜂窝层高度（m）；

ρ——空气密度（kg/m³）；

N——转轮转速（r/h）；

C_r——转芯材料比热 [kJ/（kg·℃）]；

m——转芯材料展开后的单位面积重量（kg/m²）；

L——转芯宽度（m）。

由于结构及材料上的区别，不同转轮式热交换器的效率有明显的区别。一般来说，厂

商将在样本中给出 η_t 值，通常在 $65\%\sim70\%$ 之间。设计时，如果考虑到空气污染等因素，可按 $\eta_t=65\%$ 进行计算。

式（13-3）适合于新风量与排风量相等的情况，当此两者不同时，效率将有所下降。

从转轮式交换器的结构特点来看，中间的隔板要做到新风侧与排风侧完全隔绝是较为困难的。同时，由于转芯在吸湿过程中，有可能使排风中的一些污染物附着在转芯上，从而当转芯旋转至新风侧时对新风造成污染。因此，转轮式的排风有可能污染新风是其一个主要缺点。要解决或减少这种情况，通常有以下两种做法：

①排风应是无污染物的空气，如房间的正压过大要求的排风以及卫生间排风等。

②排风量应小于新风量，同时保持新风相对于排风有一定的正压（新风侧交换器位于风机出口段，排风侧交换器位于风机吸入段）。

（2）热管式交换器

热管从原理上讲相当于一个小型制冷装置，它有蒸发器和冷凝器两部分（图 13-3）。当用于排风热回收时，蒸发器位于高温空气侧，冷凝器位于低温空气侧，因此，热管在使用时，应分清使用条件，一般用于冷量的回收效果较好。用于热量回收时，由于新风温度在冬季过低，使用效果会受到影响。

热管中没有压缩机，它是靠管内液体的表面张力使液体从冷凝器流回蒸发器的，管内液体的性能对其效率的影响较大，通常介质为氨或其它冷媒，其热回收效率在 70% 左右。

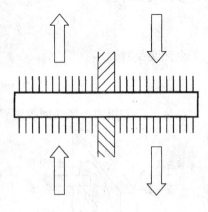

图 13-3　热管工作原理

热管热回收效率较高，不用动力，排风与新风无交叉污染，安装及维护较为简单，基本上无故障产生。但目前产品价格较贵，并且实际使用效率与理想值还存在一定的差距，尚处在继续开发研究之中。但可以相信，这是一种有较大发展前途的节能设备。

（3）空气热回收设备的应用

空气热回收设备的应用，除考虑热回收效率外，还应考虑以下几个因素：

①接管与安装　由于风道尺寸较大，采用热回收设备时，必然对排风与新风管道的布置带来一定的限制及复杂性。首先，要求排风与新风管道汇集在同一地点；其次，要按使用要求正确的连接风道。因此，这将使占用面积增加，风管交叉较多，布置复杂（对于转轮式来说，还存在对控制的要求）。

②空气阻力　热回收设备的空气阻力与其结构本身有一定的关系，一般来说，在合理风速时，转轮式的风阻力为 $150\sim200Pa$，热管的风阻力为 $100\sim150Pa$。

③能效比　由于风阻力增加，使得新风机和排风机电耗增加，因此，应做能效比较（即回收能量与所增加的电耗之比）。以北京地区的气象条件及回收冷量为例的能效比见表 13-3。

④价格及投资　所节省的能量能否回收增加的投资（这些投资包括：热回收装置本身的价格及安装等费用，增加的风道费用，占用面积的折算费用，新风机和排风机加大所增加的费用等），也是此设备采用的一个主要影响因素。

	转　轮	热　管
全热回收效率（%）	65	70
回收冷量 ΔQ（kW/kg）	15.9	17.2
空气阻力（Pa）	150	100
新风机及排风机增加的电耗合计 ΔN（kW/kg）	0.1875×2	0.125×2
能效比 $\Delta Q/\Delta N$	42.4	68.8

注：空气参数为：

　　新风进口：$t_{x1}=33.2℃$，$h_{x1}=82.5kJ/kg$。

　　排风进口：$t_{p1}=26.0℃$，$h_{p1}=58.0kJ/kg$。

　　空气流量：$G=1kg/s$。

5. 风冷式热泵

风冷式热泵机组供热时的 COP 值在 3～4 之间，是一个有较大发展潜力的节能设备，具体详见第四章。

（三）水系统设计

1. 分区

分区的情况在第七章中已有所介绍（如内、外分区、朝向分区及按使用要求分区等），分区后可按不同区域进行供冷和供热，既可保证使用要求，又可最大限度的利用能源。通常，分区控制方式能节省 5%～10% 的能耗（与目前不分区的大部分系统相比）。

2. 变流量系统

各种变流量系统的节能情况也已在第七章提及。一次泵系统在节能上是有限的，二次泵系统的节能效益取决于系统特性、设备台数及控制方式，变速泵的节能效果是最好的。

（四）能源及设备的综合利用

能源及设备的综合利用对于节能及经济性有重要的意义。目前我们讨论的节能问题，基本上都是以现有大部分建筑空调系统的运行状态（或能耗指标）为基础的，充分提高能源利用率是节能的一个重要措施，提高设备利用率则可减少投资。

1. 冷、热源设备的综合利用

在空调系统中，冷、热源设备的综合利用实际上主要是提高设备的利用率。如一些工程中采用直燃吸收式冷水机组，除夏季供冷水外，还可供应生活热水，冬季则可同时供空调热水和生活热水。我们通常采用的两管制水系统也是提高管道系统利用率的一个例子（有的还采用冷、热水公用水泵的方式）。当然，提高设备利用率时，有可能其能效比会降低，必须全面衡量其经济性。

2. 废热利用

这一点在高层民用建筑中不是特别普遍，主要原因是这些建筑基本上没有（或极少）废热。但是，当建筑周围有可利用废热或对于一些由于工艺产生大量废热的工厂的辅助民用建筑，这是具有极好的效益，尤其是采用吸收式冷水机组更为明显。

3. 关于冷却水系统

从空调系统的原理中我们知道，对建筑物进行供冷时，其内部的热量是通过冷却水系统和冷却塔排出室外的(对于风冷冷水机组则是通过风冷冷凝器排除),且根据热平衡原理,冷却水系统带走的热量等于全楼的总耗冷量加上制冷所需的能源消耗。采用不同水冷式冷水机组时冷却水系统的排热量 Q_c 与建筑耗冷量 Q_l 大致有如下关系:

离心式机组:$Q_c=1.2Q_l$;

活塞式机组:$Q_c=1.26Q_l$;

螺杆式机组:$Q_c=1.21Q_l$;

吸收式机组:$Q_c=1.83Q_l$。

由此可见:冷却水系统排除的热量是相当大的(尤其是采用吸收式机组),如果能有效的利用,对能源的综合利用并减少环境污染都是有益的(大量的 CO_2 和热量排入大气中,也是产生"厄尔尼诺"现象的主要原因之一)。

但是,冷却水是一种低位热源,其水温通常在 32～37℃ 之间,这对于它的应用又有一定的限制。如果提高冷却水温,则对于冷水机组的运行是不经济的。

从目前情况来看,冷却水有可能进行热回收的使用场所大致有以下一些:

(1) 生活用热水 (如图 13-4)

当建筑物采用城市热网时,通常在夏季城市热网有一定时间的检修期 (如北京地区此检修期为一个月),为了在检修期间也能提供适当水温的生活热水,可采用板式换热器来回收冷却水的部分热量。但应注意的是:此回收的热量只能随冷水机组的运行才能得到,并且其给水温度最大只能在 30～33℃ 左右。因此,它通常只能作为公共卫生间洗手用热水而不能作为淋浴用热水,对一些生活热水使用标准不高的办公建筑有一定的适用性。在一些高标准建筑中,通常要求热水温度在 40℃ 左右,因而这时还应采用其它热源进行加热。

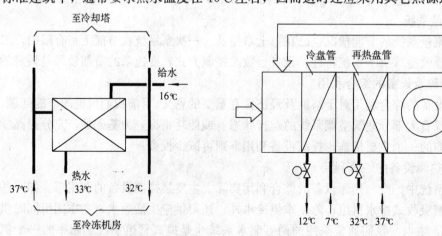

图 13-4 用冷却水加热生活热水   图 13-5 冷却水作再热热源

(2) 空调机组再热盘管 (图 13-5)

某些民用建筑内的特定场所使用的空调机组 (如地下游泳池等),其系统热湿比 ε_s 较小,在满足除湿的条件下,送风温度较低,为了达到所需的送风温度,采用再热盘管。因此,可考虑利用冷却水作为热源。

(五) 设置合理的自动控制系统

自动控制系统的采用是节能的重要手段,也是手动无法与之相比的。根据目前国内外的研究情况表明，采用自动控制系统时，如果设计较为完善合理，可比目前大多数以手动方式控制及管理的建筑节省 20％以上的能耗，这是相当可观的，也是目前空调自动控制系统得以迅速发展和应用的主要原因之一。

本章以下各节中将详细介绍空调自动控制系统的情况。

第二节　空调自动控制系统的应用

高层民用建筑——如高级旅馆（酒店）、写字楼、商业中心及综合建筑楼群的迅速发展，对空调系统及其技术的发展起了极大的促进作用。这些建筑的共同特点是：功能复杂多样，空调系统及设备分布广泛，维护管理工作量较大，空调系统能耗较多，使用要求比较高等等。由此带来了对空调自动控制系统越来越多的要求，从而也使其得以迅速发展。

一、空调自动控制系统的设置原则

（一）人体的舒适性

高层民用建筑空调系统，是以满足一定的人体舒适性为基本要求的，因此，舒适性也是空调自动控制系统设置时要考虑的首要原则。通过设置适当的控制系统，应能使空调系统保证各种场所的设计标准，如合理的温度、湿度、新风量等人体舒适性指标。

（二）节省能源

在满足必要的设计标准下尽可能节省能源，是空调自动控制系统的一个主要目标。节能与经济性是有关的，如何做到较少的投入而更多的节能，是评价自动控制系统设计优劣的一个重要依据，所以，设计空调自动控制系统时，进行适当的经济技术的比较是必要的。

（三）运行管理

关于运行管理，有多方面的含义，既包括空调系统，也包括自动控制系统。

1. 设备的安全运行

一些空调设备（如冷水机组、水泵、风机等），必须在规定的范围内运行，超过规定的范围，将会导致其运行工况恶化，降低使用寿命，甚至对设备造成严重破坏。因此，如何保证空调设备的正常及安全运行，是自动控制系统要解决的一个重要问题。

2. 节省人力

由于空调设备分布较广，运行管理全部由人工进行需要相当多的人工及投入极大的工作量，况且人工是无法随时控制室内参数的。设置自动控制系统的目的之一，就是在可能条件下，尽量减少人员的劳动操作强度，使运行管理更为方便。

3. 保证人员安全

一旦系统及设备出现故障，人员的安全是首要的，这一点在消防系统中更具有明显的特点。设置自动控制系统，可以及时判明及处理系统及设备故障。

4. 可靠性

可靠性是自动控制系统的基础。从目前情况看，空调自动控制系统的可靠性除与自动控制系统及其内部设备本身有关外，还与空调系统的设计密切相关。一些设有空调自动控制系统的建筑不能按要求正常运行的原因，作者认为其中许多原因是因为自动控制系统没有按空调系统的要求来设置，或者空调系统设计时没有考虑到其自动控制系统所能达到的能力，这两方面是相辅相成的。自动控制系统的调节控制能力是有限的，过于保守的空调设计，必然导致自动控制系统的精度不能达到要求。因此，作为空调设计人员，充分了解自动控制系统的特点是非常必要的。

二、空调自动控制系统的内容

（一）自动监测及控制

空调系统中，需要监测及控制的参数有：风量、水量、压力或压差、温度、湿度等等，监测及控制这些参数的元件包括：温度传感器、湿度传感器、压力或压差传感器、风量及水量传感器、执行器（包括电动执行器、气动执行器、电动风阀、电动水阀等）以及各种控制器等等。实际工程中，应具体分析和采用上述全部或部分参数的监测和控制。

（二）工况自动转换

这一点主要针对全年运行的空调系统而言。在前面的几章中，我们已经提到，全年运行工况的合理划分和转换是空调系统节能的一个重要手段，但是，这些分析必须由设备进行自动的比较和切换来完成，用人工是不可能做到随时合理转换的。比如，即使是在夏天，在一天 24h 的运行中，空调系统仍有可能出现过渡季情况，而空调专业中所提及的过渡季决不是人们通常所说的春秋季节，因此，只能靠自动控制系统的随时监测来判定及自动转换。

（三）设备的运行台数控制

这一点主要针对冷水机组（或热交换器）及其相应的配套设备（如水泵、冷却塔等）而言的。对于不同的冷、热量需求，应采用不同台数的机组联合运行以达到设备尽可能高效运行及节能的目的。在二次泵系统中，根据需水量进行次级泵台数控制（定速次级泵）或变速控制（变速次级泵）；在冷却水系统中，根据冷却回水温度控制冷却塔风机的运行台数等，都属于设备台数控制的范围。

在多台设备的台数控制中，为了延长使用寿命，还应根据各台设备的运行时间小时数，优先起动运行时间少的设备。

（四）设备联锁、故障报警

设备的联锁通常和安全保护是相互联系的，除减轻人员的劳动强度外，联锁的一个主要目的还是用于设备的安全运行保护上的。如冷水机组的运行条件是水泵已正常运行，水流量正常时才能起动；空调机组（尤其是新风空调机组）为防止盘管冬季冻裂，要求新风阀、热水阀与风机联锁等等。

当系统内设备发生故障时，自动控制系统应能自动检测故障情况并及时报警，通知管理人员进行维修或采取其它措施。

（五）集中管理

空调设备在建筑内分布较广时，对每台设备的起停需要集中在中央控制室进行，这样可减少人力，提高工作效率，因此，集中管理从某个方面来看主要就是指远距离对设备进行控制。当然，设备的远距离控制应与就地控制相结合，在设备需要检修时，应采用就地控制方式，这时远距离不能控制，以免对人员的安全产生危险的影响。

（六）与消防系统的联系

空调通风系统中，有许多设备的控制既与空调使用要求有关，又与消防有一定关系（如排风兼排烟风机），如何处理好它们之间的关系，需要各专业设计人员进行认真的研究并和消防主管部门取得协商一致的意见。

三、空调设计人员在自动控制系统设计时的工作范围

由于传统习惯及诸多原因，在我国的大多数设计单位中，对空调系统与其自动控制系统设计的关系，各设计单位的做法是不一致的。许多单位的空调设计人员不涉及自动控制，而自动控制系统设计人员又对空调系统的要求缺乏详细的了解，这也是造成许多建筑的自动控制系统不能按设计正常工作的一个重要原因。从作者的工作实践中体会到：空调设计人员必须介入自动控制系统的设计中去。根据前述的空调自动控制系统的内容，作者认为：空调设计人员至少应做以下几方面的工作。

（一）绘制空调自动控制的原理图

应该十分明确的是：空调自动控制原理图是自控系统设计的基础，而它又是建立在空调系统本身所具有的特点及使用要求的基础之上的，只有空调设计人员才能熟知空调系统的各种要求。因此，空调自动控制原理图必须由空调设计人员提出，这一工作是其它任何专业的设计人员无法代替的。

（二）控制元器件的选择

在选择控制元器件时，调节阀（包括风阀和水阀）是与空调系统的使用密切相关的（此点将在后面详细叙述），因此，它们必须由空调设计人员进行选择及布置。

对于传感器、调节器及执行器，由于这与电气专业有较多的涉及，单由空调设计人员来选择可能会受到一定的限制或碰到一些困难，因此，可通过空调与自控设计人员协商，共同选择。选择中，空调设计人员应首先提出其使用要求，如传感器的精度，调节器的工作特性及执行器的工作力矩等等。

（三）各控制参数的设定值

各个控制参数与空调系统的使用要求有关，也即是空调的设计标准下的各种系统运行参数，这应由空调设计人员提出。

（四）工况分析及工况转换的边界条件

这一点与上述第（三）点具有相同之处，应根据各个不同的空调系统的特点来决定。

（五）集中监控系统的选择

集中监控系统与空调系统的集中管理有关，要考虑的因素是较多的。首先要对各种监控系统的特点及其适用范围进行了解；其次是要与建设单位进行详细的探讨和协商，根据业主的使用要求合理采用最适合的系统形式；之后应进行经济技术的比较，保证技术可靠，经济合理。

在上述几点完成后，作为空调设计人员，应该说，关于自动控制系统基本要求的内容已经完成得差不多了，接下来的就是与自控（或电气）设计人员配合及与自控设备供货厂商协作，在上述基础上完成各系统及元器件的接线、控制程序的编排及调式等工作内容，以保证自动控制系统的正常工作。

第三节　空调自动控制系统的构成

一、自动控制环节及原理

以温度自动控制系统为例，空调自动控制系统的各环节如图13-6所示。

传感器检测出房间温度 θ_r 后，通过变送器变为电信号 θ_2，与给定值 θ_g 进行比较得出比

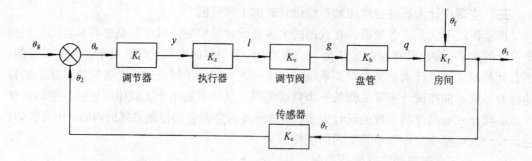

图 13-6

较偏差 $\theta_\varepsilon = |\theta_g - \theta_2|$，然后把 θ_ε 送入调节器中。调节器在得到 θ_ε 后，根据其调节规律，自动输出调节信号 y 去控制执行器（电机或气动执行机构）。执行器根据输入信号 y 而动作，输出其位移信号 l，控制调节阀开度 L，从而控制流过调节阀的介质流量 g。这样，盘管就会对冷（热）量进行自动的调整而输出 q，最后使房间温度受到控制。

房间温度的变化大多数正常使用情况下是由于其外扰引起的（如围护结构冷、热负荷的增加或减少），以 θ_f 表示。

二、控制元器件

（一）传感器

温度传感器通常采用电阻输出的方式，即随着输入温度的变化其电阻值发生变化。也有少数温度传感器采用电信号输出方式，这时它自配有温度变送器。

湿度传感器通常采用电信号输出方式，其测头大多采用氯化锂，通过变送器使湿度信号变为标准电信号。

决定传感器的主要参数是时间常数 T_c，根据热平衡可得出传感器的微分方程为：

$$\theta_r = \theta_2 + T_c \frac{d\theta_2}{dt} \tag{13-4}$$

从上式中可以看出：性能良好的传感器通常在其使用范围内具有线性的特征（即输出与输入成线性关系），这也符合空调系统控制的基本要求。

（二）调节器

调节器在自控系统中的地位相当于人的大脑，可以说是最关键的部分之一，调节器的性能将直接影响整个自控环节的性能。

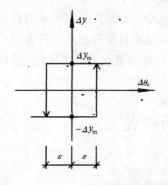

图 13-7　位式调节器的输出特性

1. 位式调节器

位式调节器的输出如图 13-7 所示。

当输入偏差增量 $\Delta\theta_\varepsilon$ 大于其不灵敏区 ε 时（$\Delta\theta_\varepsilon > \varepsilon$），调节器输出为最大值 Δy_m；而当 $\Delta\theta_\varepsilon < -\varepsilon$ 时，则调节器输出反向最大值 $-\Delta y_m$。因此，这种调节器的控制精度为 Δy_m，其不灵敏区为 2ε。

2. 比例式调节器（简称 P 调节器）

比例式调节器调节特性定义为：输出的变化 Δy 与输入的变化 $\Delta\theta_\varepsilon$ 成比例。即：

$$\Delta y = K_t \times \Delta\theta_\varepsilon \tag{13-5}$$

上式中 K_t 称为调节器放大系数。

在影响自控系统的变化参数中，阶跃输入是影响最大的。因此，一般来说，自控系统的设计都是以克服阶跃输入来考虑[所谓阶跃输入，即 $\Delta\theta_\varepsilon$ 与时间无关，$d(\Delta\theta_\varepsilon)/dT=0$]。因此，比例式调节器的输出特性如图 13-8 所示，这是大多数调节器所具有的基本功能。

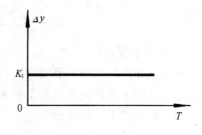

图 13-8　比例式调节器特性

3. 比例积分式调节器（简称 PI 调节器）

比例式调节器由于输出与偏差成比例，因此，在调节过程终了时，系统存在有较大的偏差，这是它的主要缺点。随着 K_t 的加大，系统超调量也将有所增加。

由于这一原因，大多数调节器采用了比例积分式调节方式，其特点是在比例调节的基础上增加积分调节手段，对于系统的稳定性和克服静差是有好处的。

积分调节本身的特点是：其输出与输入偏差和时间的乘积成正比。假定积分时间为 T_i，则比例积分式调节器的输出为：

$$\Delta y = K_t\left(\Delta\theta_\varepsilon + \frac{1}{T_i}\int \Delta\theta_\varepsilon \times dt\right) \tag{13-6}$$

上式以图形表示如图 13-9 所示。

从图中可以看出：当偏差不变时，其输出将随时间增加而增大。反过来说，一旦有偏差，它克服偏差的能力随时间的增加而远高于单纯的比例式调节器。

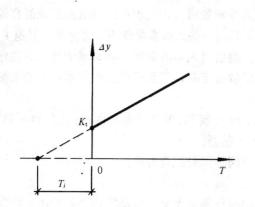

图 13-9　比例积分调节器特性

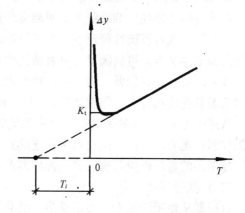

图 13-10　比例积分微分调节器特性

4. 比例积分微分式调节器（简称 PID 调节器）

P 型和 PI 型调节器是在已有偏差输入后才开始调节动作的，尽管它们的调节作用随偏差的加大和时间的增加而加大，但这总是导致时间上有所延迟。在一些精度要求较高的场所，它们有可能会使偏差超过精度要求，因此，为了尽快克服系统出现的偏差，需要采用微分调节方式。微分调节的特点是：对于阶跃干扰，在干扰输入的瞬间，输出值将达到∞。当然，由于实际微分环节总是存在惯性的（即存在微分时间常数 T_d），因此实际上阶跃干扰开始时，微分环节的初始输出量应为其放大系数。

微分调节是不能单独用于控制的，通常它与 P 或 PI 型调节功能组合起来工作。PID 调节器的输出如图 13-10 所示，其数学表达式为：

$$\Delta y = K_t \left(\Delta\theta_\varepsilon + \frac{1}{T_i}\int \Delta\theta_\varepsilon \cdot \mathrm{d}t + T_d \frac{\mathrm{d}\Delta\theta_\varepsilon}{\mathrm{d}t} \right) \tag{13-7}$$

5. 调节系统评价

从以上介绍的几种调节器中，我们可以看到：除位式调节器外，其它几种调节器对调节性能的影响主要取决于放大系数 K_t、积分时间 T_i 和微分时间 T_d。衡量一个调节系统的品质则一般有如下一些指标。

（1）稳定性

稳定性代表了自控系统控制参数的能力。K_t 越大，振幅越大。当系统纯滞后较为明显时，过大的 K_t 值有可能产生等幅振荡（与双位调节器的情形相似），这是应该避免的。

（2）静差

静差是指调节过程终了时被控参数实际值与其给定值的差值。由于上述调节器都属于有偏差调节，因此，静差总是不可避免的。进一步分析可知：K_t 越大，则静差越小（然而 K_t 过大又会引起振荡）；当 K_t 相同时，积分时间 T_i 对静差的影响较大，增加积分作用（减小 T_i）对于减小静差是有利的。

（3）振荡周期

振荡周期越短，说明调节系统能力越强，K_t 的加大及微分作用的加强都将使这一点得以改善。

（4）最大偏差

K_t 及 T_d 的加大会使最大偏差减小，其中以 T_d 的影响更为明显。

在普通的舒适性空调系统中，对温度和压力等参数而言，由于房间或被控系统的容量较大，一般来说对系统的稳定性、静差的要求相对高一些。以实际使用中可知道：具有 PI 功能的调节器基本上可以满足控制及使用要求。湿度对人体的影响不如温度明显，对稳定性、静差的要求相对较低，因此当被控对象湿度较稳定时，可采用位式控制器；而如果被控对象湿负荷波动较大，则宜采用 PI 型控制器。

从造价上看，一般的控制要求可采用断续式 PI 控制器，其造价相对便宜、工作也可靠。如果控制精度要求较高，则也可采用连续式 PI 控制器。

控制器的选择也应与执行器、传感器及调节阀等同时配合考虑。

（三）执行器

执行器从使用能源上分为电动执行器和气动执行器两大类。电动执行器体积小、控制精度高，在目前的绝大多数高层民用建筑空调系统中广泛使用。气动执行器的主要特点是操作力矩大、工作可靠、稳定性好，但必须有相应的气源配合（采用气动执行器时，应设计相应的气源管路和空气压缩机），这对于设计及以后的运行管理带来了一定的复杂性。

另外，在一些要求较低，或者被控对象的容量较大的场所（如容积式换热器等），也有一些工程采用了自力式执行器，即利用被控介质参数的变化使其波纹管产生变形，从而控制调节阀的开度。由于控制的参数（如温度）的变化是有限的，其波纹管的推力也有限，因此，自力式执行器所配的阀门一般应采用压力平衡式调节阀（详见本章第四节）。

（四）电动风阀

电动风阀实际上是把电动执行器、联杆机构及风阀阀体组装在一体的一个风路附件，用于自控系统中对风量的控制（开启、关闭及调节等）。在采用电动风阀时，除了要考虑其接口尺寸外，还要考虑以下一些内容：

1. 风阀用途

在空调风系统中，电动风阀有两种主要用途：

（1）开关用风阀

此类用途即是双位式风阀，一般用于只起开、闭控制作用而不起调节作用的新风管路上（通常与风机联锁开启及关闭）。因此，对它的调节性能可不用考虑。为了降低造价、可以采用简单的制作方式（如叶片平行开、关等）。

（2）调节用风阀

此类用途除具有关闭功能外，更主要的是要求其调节性能较好。由于阀门是应用于风道之中，风阀与风道的阻力比也将对阀的调节特性带来较大的影响，在设计中应该注意。

国标 T308—1 风阀的理想调节特性如图 13-11 中曲线 I 所示，不同阻力比时的特性如图 13-11 中曲线 $A \sim H$ 所示。

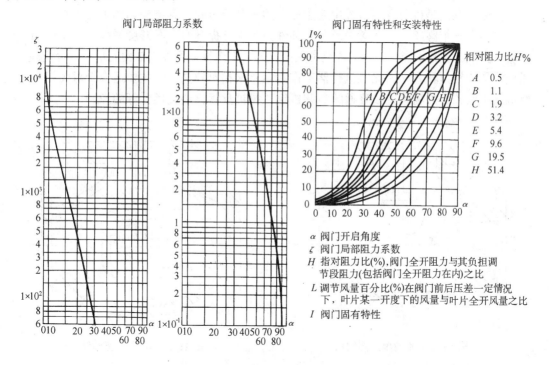

图 13-11　T308—1 风阀特性曲线

为保证风阀的调节特性，通常调节式风阀叶片采用对开方式来制作。

2. 风阀阻力

开关式风阀要求风阻力尽可能减小。调节式风阀的阻力与其调节性能有关，应根据调节性能要求决定。

3. 电机力矩

电动风阀在使用时，有可能是在风机净压差（即零流量压头）的情况下打开或关闭，这时阀两端的风压差是最高的，因而对电机的工作力矩有一定的要求。另外，风阀制作的好坏、轴承摩擦阻力的大小也对电机的力矩提出了一定的需求。因此，一般来说，采用电动风阀时，风阀体、执行机构及电机应由同一厂家生产或配套供应，才能保证其质量和可靠性，一旦发现问题，也比较容易分清责任、集中解决。

总的来说，风阀的选择与水阀选择有类似的情形，对水阀的特点的考虑大多也是适合于调节式风阀的（详见本章第四节）。

第四节　调　节　阀

调节阀属于空调自动控制系统中的一个基本部件，由于其作用极为重要，且必须由空调设计人员根据使用要求来选择，因此，这里用单独一节来详细讨论它。本节以下讨论时，如无特别指明，调节阀均指用于水管道上的水阀及蒸汽用阀（均为电动控制）。

一、调节阀的分类

在空调系统中，根据构造及外形，常用的调节阀有以下几种：

（一）直通单座阀（简称两通阀）

直通单座阀是目前空调系统中应用最多的一种调节阀，其结构如图13-12所示。

它具有一个阀座、一个阀芯及其它部件。当阀杆提升时，阀开度增大，流量增加；反之则开度减小，流量降低。它的特点是关闭严密，工作性能可靠，结构简单，造价低廉，但阀杆承受的推力较大，因此对执行器工作力矩要求相对较高。它主要适合于对关闭要求较严密及压差较小的场所，如普通的空调机组、风机盘管、热交换器等的控制。

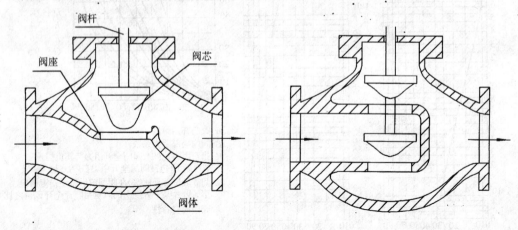

图13-12　直通单座阀结构　　　　　　　图13-13　直通双座阀结构

（二）直通双座阀

直通双座阀又称压力平衡阀（如图13-13）。它有两个阀座及两个阀芯。其明显的特点是：在关闭状态时，两个阀芯的受力可部分互相抵消，阀杆不平衡力很小，因此开、关阀时对执行机构的力矩要求较低。但从其结构中我们也可以看到，它的关闭严密性不如单座阀（因为两个阀芯与两个阀座的距离不可能永远保持相等，即使制造时尽可能相等，在实际使用时，由于温度引起的阀杆和阀体的热胀冷缩不一致，或在使用一段时间后由于磨损等原因也会产生这一差异）。另外，由于结构原因，其造价相对较高。

它适用于控制压差较大，但对关闭严密性要求相对较低的场所，比较典型的应用如空调冷冻水供回水管上的压差控制阀。

（三）三通阀

三通阀分为三通合流阀和三通分流阀两种形式,其特点是基本上能保持总水量的恒定,因此它适合于定水量系统。

实际上,由于阀各支路的特性不同,三通阀要完全做到水流量的恒定是不可能的。在其全行程的范围内,总是存在一定的总水量波动情况,其波动范围大约在 $0.9\sim1.015$ 之间。

为合流用途而设计的三通阀通常不适用于作为分流阀,但为分流用途而设计的三通阀一般情况下也可用作为合流阀。

(四) 蝶阀

蝶阀以其体积小、重量轻、安装方便而受到人们的喜爱,并且开、关阀时的允许压差较大。但是,其调节性能和关阀密闭性都较差,使其使用范围受到一定的限制。通常它用于压差较大、对调节性能要求不高的场所 (如双位式用途等)。

二、调节阀最大压差 ΔP_{max}

阀门在使用过程中,由于其两端的压力是不一样的,因此阀杆必然存在推力 (或拉力)。这一推力不但和阀的形式 (如单座、双座阀) 有关,还与阀杆与阀芯直径、导向设置方式以及阀门是"流开"还是"流关"的状态有关。

所谓"流开",即是阀门的开启方向与水流方向相一致;而所谓"流关",则是指阀关闭方向与水流方向一致。在空调系统中,绝大多数自控阀都是单导向"流开"型。对于双座阀而言,其上下阀芯的直径都是相同的,且大多数为正装阀 (提升时开阀)。

设阀芯直径为 d_g (cm),阀杆直径为 d_s (cm),阀前后压力分别为 P_1 及 P_2 (Pa),阀压差 $\Delta P_v = P_1 - P_2$。则通过推导可以证明:

单导向流开型单座阀的阀杆推力为:

$$F_{t1} = \frac{1}{4 \times 9800}\pi(d_g^2 \cdot \Delta P_v + d_s^2 \cdot P_2) \qquad (13\text{-}8)$$

单导向双座阀的阀杆推力为:

$$F_{t2} = \frac{1}{4 \times 9800}\pi d_s^2 \cdot P_2 \qquad (13\text{-}9)$$

从上两式中可以看出:$F_{t2} < F_{t1}$,即双座阀阀杆的推力小于同一阀口径、同一场合下使用的单座阀。

在阀门选择时,通常生产厂家都会给出阀的允许使用压差 ΔP_r。应该注意的是:厂家样本中所列的 ΔP_r 通常是指其出口压力 P_2 为零时的值,即 $\Delta P_r = P_1$。而在实际工程中,除蒸汽用阀可以如此考虑外 (关阀时可以认为其凝结水压力接近零),普通冷、热水阀出口压力 P_2 均不为零,由此可算出实际水阀工作时允许的最大压差为:

对于单座阀:
$$\Delta P_{max} = \Delta P_r - \left(\frac{d_s}{d_g}\right)^2 \cdot P_2 \qquad (13\text{-}10)$$

对于双座阀:当两个阀芯直径相同时,从式 (13-9) 中可以看出:ΔP_{max} 与阀两端实际压差 ΔP_v 无关,因此,双座阀对实际压差应无限制。但是由于 P_2 使其仍存在轴向推力,因此必须保证执行机构的作用力大于 F_{t2}。

确定阀的允许压差或计算要求的执行机构的作用力是有意义的,因为如果执行机构的作用力小于阀杆推力,就无法使阀在使用时正常的开启或关闭。通常,阀在全关时的阀杆不平衡力是最大的,这一点必须引起重视。如果阀不能保证按要求时全开或全关,则自控系统的正常工作将受到影响。

三、阀门的流量特性

研究阀的流量特性也即是研究阀相对流量 g 与其相对开度 L 之间的某种关系式，这是阀门选择时的基本要求。

在讨论阀的流量特性之前，要先介绍关于阀门的一个重要参数——可调比 R。可调比的定义为：阀门所能控制的最大流量与最小流量之比，即：

$$R = \frac{W_{max}}{W_{min}} \tag{13-11}$$

值得注意的是：W_{min} 并不等于零，也不是阀全关时的泄漏量，而是其所能控制的最小流量（泄漏量是无法控制的）。R 值与阀门的制造精度有关，一般来说，用于空调系统的阀门，其 R 值在 30 左右（R 值要求越高，对制造的精度要求越高），因此，其所能控制的最小流量应是全开流量的 1/30。

（一）阀门理想流量特性

评价阀门的特性，总是在一定的标准下进行的，因为阀门的使用场所不同，同一阀门在不同场所的使用效果也不相同。因此，阀的流量特性一般分为理想流量特性和工作流量特性，后者即和使用条件有关，前者则是在一种标准条件下所建立的。阀门理想流量特性建立的基础是：保持阀门两端压差不变。

在以后的讨论中，如果不是特别指明，提到某种特性的阀门时，均是指其理想特性。

1. 直线特性

直线特性的定义是：阀门相对流量 g 的变化与其相对开度 L 的变化成正比，其数学表达式为：

$$\frac{dg}{dL} = k \tag{13-12}$$

式中 k 为比例常数。

对上式进行积分并代入边界条件：$L=0$ 时，$W=W_{min}$；$L=L_{max}$ 时，$W=W_{max}$，则：

$$g = \frac{1}{R}[1 + (R-1)L] \tag{13-13}$$

比例系数为：

$$k = 1 - \frac{1}{R} \tag{13-14}$$

显然，对于可调比 $R=30$ 的阀门，$k=0.967$。

2. 等百分比特性

等百分比特性的定义是：阀门相对开度 L 的变化引起的相对流量 g 的变化与该点的相对流量 g 成正比（比例系数为 k），其数学表达式为：

$$\frac{dg}{dL} = k \cdot g \tag{13-15}$$

同样，对上式积分并代入与直线阀相同的边界条件，得：

$$g = R^{(L-1)} \tag{13-16}$$

其比例系数为：

$$k = \ln R \tag{13-17}$$

对于 $R=30$ 的阀门，$k=3.4$。

3. 抛物线特性（又称二次曲线特性）

其定义为：相对开度 L 的变化所引起的相对流量的变化与该点的相对流量 g 的平方根成正比，数学表达式为：

$$\frac{\mathrm{d}g}{\mathrm{d}L} = k \cdot g^{\frac{1}{2}} \tag{13-18}$$

对上式积分并代入边界条件：

$$g = \frac{1}{R}[1 + (\sqrt{R} - 1)L]^2 \tag{13-19}$$

4. 快开流量特性

它的定义为：相对开度 L 的变化所引起的相对流量 g 的变化与该点的相对流量成反比。显然，它与等百分比阀的作用是相反方向的。从定性的理解为：当开度很小时，流量即迅速增大至接近最大值。其数学表达式为：

$$\frac{\mathrm{d}g}{\mathrm{d}L} = k \cdot \frac{1}{g} \tag{13-20}$$

对上式积分并代入边界条件：

$$g = \frac{1}{R}[1 + (R^2 - 1)L]^{\frac{1}{2}} \tag{13-21}$$

以上四种特性是目前空调系统中最常用的阀门特性，以图形表示分别如图 13-14 中曲线 1、2、3、4 所示。

5. 蝶阀的流量特性

蝶阀的理想特性与上述四种有着明显的区别。由于在阀板、驱动轴等的构造上不同，因而各厂家制造的蝶阀的理想特性有较大的区别，无法一概而论。通常来说，阀板较薄时，接近于等百分比特性，反之则向直线特性靠近。

典型的蝶阀特性如图 7-57 所示。从图中可以看出，它在开度 $L \leqslant 60\%$ 的范围内接近等百分比特性，而在 $L > 60\%$ 的范围时，则多表现出直线甚至快开特性。

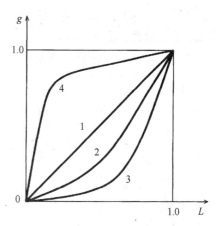

图 13-14　阀门的理想特性曲线

（二）阀门的工作流量特性

在前述讨论阀门特性时，一个基本条件是维持阀门两端压差不变，在空调系统中，这种情况只有冷冻水供、回水总管之间的压差旁通阀的使用条件与之基本相符。而对于表冷器、热交换器等，由于有水阻力元件与阀门相连（如盘管或热交换器阻力、管件阻力等），在阀的调节过程中，即使保持供、回水总管的压差不变，各表冷器支路的压差仍然是处在一个不断变化的过程中（随调节阀开度的变化），导致调节阀两端的压差不断变化，这一实际情况不符合理想特性的基本条件。因此，我们把这种实际工作条件下阀门的特性称为其工作流量特性。

研究阀门的工作流量特性是以其理想特性为基础的，工作特性反映了具有某种理想特性的阀门在一定条件下的实际工作性能。

如图 13-15，冷水系统或供、回水管压差 ΔP 恒定，表冷器设计状态下的水阻力为 ΔP_b（包括支路管道及除调节阀的所有附件），阀全开时水阻力为 ΔP_v，全开流量 W，阀门理想流量特性为 $g = f(L)$。

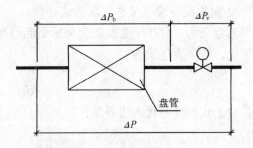

图 13-15　调节阀与表冷器的连接示意

1. 阀权度 P_v

阀权度定义为阀门全开压差占系统压差的比例，即：

$$P_v = \frac{\Delta P_v}{\Delta P} = \frac{\Delta P_v}{\Delta P_v + \Delta P_b} \tag{13-22}$$

显然，当 $P_v = 1$ 时，阀门的工作流量特性等于其理想流量特性，因此可以看出：阀权度表明了阀门工作流量特性偏离其理想流量特性的程度。

2. 工作流量特性

根据图 13-15，可以推导出阀门的实际工作流量特性为：

$$g_s = f(L) \times \sqrt{\frac{1}{(1 - P_v)f^2(L) + P_v}} \tag{13-23}$$

由上式及式（13-13）、式（13-16）、式（13-19）、式（13-21），可以分别得出理想特性为直线、等百分比、抛物线及快开型阀门各自的工作流量特性，分别如图 13-16 至图 13-19 中曲线 b 所示（曲线 a 为该阀理想特性）。

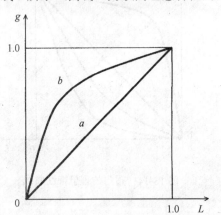

图 13-16　直线阀理想特性与
工作特性的比较

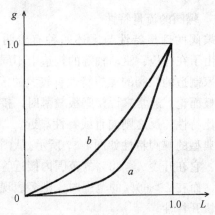

图 13-17　等百分比阀理想特性与
工作特性的比较

从式（13-23）中也可以看出：由于 $f^2(L) \leqslant 1$，$P_v \leqslant 1$，因此 $g_s \geqslant f(L)$。这说明，当阀门在同一开度时，其实际相对流量 g_s 将不小于理想相对流量 $g[=f(L)]$，随着 P_v 的减小，此差别越来越明显，这一分析也与上述四个图中的结果相一致。因此，阀门在实际使用时，直线特性将向快开型转化，等百分比特性将向抛物线甚至直线特性转化，抛物线特性将向直线甚至快开型转化，快开特性则显得更为严重。由于这种变化，将对调节质量带来不同程度的影响。

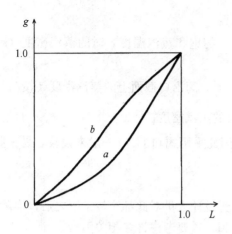

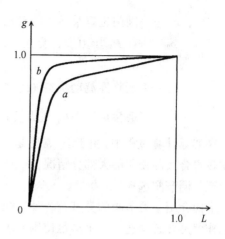

图 13-18　抛物线阀理想特性与
工作特性的比较

图 13-19　快开阀理想特性与
工作特性的比较

3. 实际可调比 R_s

由于阀权度的影响，将使阀门的实际可调比 R_s 比其理想可调比 R 下降。

$$R_s = R \sqrt{P_v} \tag{13-24}$$

可调比的下降意味着阀门调节流量的能力降低。可以看出，阀权度是一个相当重要的参数，它的大小对调节质量有着重要的影响，值得设计人员的高度重视。

四、调节阀流通能力

调节阀流通能力是衡量阀门流量控制能力的另一个重要的物理量，其定义为：阀两端压差为 $10^5 Pa$、流体密度为 $\rho = 1g/cm^2$ 时，调节阀全开时的流量（m^3/h），即：

$$C = \frac{316 \cdot W}{\sqrt{\Delta P_v}} \tag{13-25}$$

式中　W——流体流量（m^3/h）

　　　ΔP——阀两端压差（Pa）

从其定义式可知：式（13-25）适用于空调系统中的冷、热水的控制（水的密度可视为 $1g/cm^2$）。

对于蒸汽阀，目前有多种计算方法，由于蒸汽密度在阀的前后是不一样的，因此不能直接用式（13-25）进行计算而必须考虑密度的变化。

根据实际工程情况，作者认为采用阀后密度法较为可行。

当 $P_2 > 0.5 P_1$ 时：

$$C = \frac{10 \cdot W}{\sqrt{\rho_2 (P_1 - P_2)}} \tag{13-26}$$

当 $P_2 < 0.5 P_1$ 时：

$$C = \frac{14.14 W}{\sqrt{\rho_{2c} \cdot P_1}} \tag{13-27}$$

式中　W——阀门的蒸汽流量（kg/h）；

P_1、P_2——阀门进口及回水绝对压力（Pa）；

ρ_2——在 P_2 压力及 t_1 温度（P_1 压力下的饱和蒸汽温度）时的蒸汽密度（kg/m³）；

ρ_{2c}——超临界流动状态（$P_2 < 0.5P_1$）时，阀出口截面上的蒸汽密度（kg/m³），通常可取 $\frac{1}{2}P_1$ 压力及 t_1 温度时的蒸汽密度。

在实际计算过程中，由于 P_2 常常是未知的，因此采用式（13-27）一般来说较容易一些，也比较符合实际使用的大部分情况。

五、调节阀选择

上面介绍了调节阀的类型及各种性能参数，当设计人员对此都比较了解之后，实际设计工作就是要合理选择一个满足使用要求的调节阀，这要考虑许多相关因素。

（一）阀门功能

三通阀与两通阀是具有不同功能，因而也有着不同适用场所的阀门，这一点应根据空调水系统本身的特点来决定。当水系统为变水量系统时，应采用两通阀；当水系统为定水量系统时，应采用三通阀。

在采用两通阀时，为了保证变水量系统的运行及节能，应采用常闭型阀门，当它不需要工作时应能自动关闭（电动或弹簧复位）。

（二）阀座形式

阀座形式的选择主要由阀两端压差来决定。

对于空调机组、风机盘管及热交换器的控制来说，通常阀两端的工作压差不是太高，最高压差也不会超过系统压差 ΔP，因此，这时采用单座阀通常是可以满足要求的。

对于总供、回水管之间的旁通阀，尽管其正常使用时的压差为系统控制压差 ΔP，但是在系统初起动时，由于尚不知用户是否已运行及用户的电动两通阀是否已打开，因此，旁通阀的最大可能的压差应该是水泵的净扬程（在一次泵系统中，为冷冻水泵的扬程；在二次泵系统中，为次级泵的扬程）。

从上述也可以看出：由于二次泵系统中的次级泵扬程小于一次泵系统中的冷冻水泵扬程，因此，压差旁通阀工作时最大可能的压差在二次泵系统中将有所减小，选择阀门种类的范围扩大，对设计及运行都有一定优点。

值得注意的是，这里讨论的阀最大压差是其实际工作时可能承受的压差值 ΔP_r。在提出阀门对允许压差的要求时，仍应按式（13-10）计算出的 ΔP_{max} 为要求。

压差控制阀通常采用双座阀。

（三）阀门工作范围

1. 介质种类

在空调系统中，调节阀通常用于水和蒸汽，这些介质本身对阀件无特殊的要求，因而一般通用材料制作的阀件都是可用的。对于其它流体，则要认真考虑阀件材料，如杂质较多的流体，应采用耐磨材料；腐蚀性流体，应采用耐腐蚀材料等等。

2. 工作压力

工作压力也和阀的材质有关，一般来说，在生产厂家的样本中对其都有所提及，使用时实际工作压力只要不超过其额定工作压力即可。

3. 工作温度

阀门资料中一般也提供该阀所适用的流体温度，只要按要求选择即可。常用阀门的允许工作温度对于空调冷、热水系统都是适用的。

但对于蒸汽阀，则应注意一点的是：因为阀的工作压力和工作温度与某种蒸汽的饱和压力和饱和温度不一定是对应的，因此应在温度与压力的适用范围中取较小者来作为其应用的限制条件。例如：假定一个阀列出的工作压力为1.6MPa，工作温度为180℃。我们知道：1.6MPa的饱和蒸汽温度为204℃，因此，当此阀用于蒸汽管道系统时，它只适用于饱和温度180℃（相当于蒸汽饱和压力约为1.0MPa）的蒸汽系统之中而不能用于1.6MPa的蒸汽系统之中。

（四）阀口径、工作压差及流量特性

阀门口径 D、工作压差 ΔP_v 及流量特性 $g=f(L)$ 这三者是不可分的，它们同时决定了阀门实际工作时的调节特性，三者的不同组合会产生不同的结果，应综合考虑。

1. 口径选择

对于只用双位控制即可满足要求的场所（如大部分建筑中的风机盘管所配的两通阀以及对湿度要求不高的加湿器用阀等），无论采用电动式或电磁式，其基本要求都是尽量减少阀门的流通阻力而不是考虑其调节能力，因此，此时阀的口径可与所设计的设备接管管径相同。

电磁式阀门在开启时，总是处于带电状态，长时间带电容易影响其寿命，特别是用于蒸汽系统时，因其温度较高散热不好时更为如此；同时，它在开关时会出现一些噪声。因此，作者认为应尽可能采用电动式阀门。

对于需要调节用的阀门，则直接按接管管径选择阀口径是不合理的，因为这时重要的是对其调节品质的要求。

在一些设计中，部分设计人员根据经验提出了一种选择阀门的原则：即比设备设计的接管管径小两号。比如设计接管为 $DN100$，则选择阀口径为 $DN65$。这种选择方式也许对某些工程能够碰巧适用，但显然是非常不科学的。无论是设备本身带的接口管径，还是设备连接管道的管径，通常都是设计人员（设备设计人员或空调系统工程设计人员）根据个人的习惯进行选择的，尽管这种选择本身具有一定的原则性，但其范围较大，设计人员通常是根据自己的喜好来决定。例如，如果空间有限，可能选择较高的管道流速而使管径较小；或者为了减少管路阻力，也可能选择大管径低流速。这样做的结果是：即使同一工作参数的设备，不同的设计人员可能出现不同的接管直径，如果都按小两号配阀门口径，则会出现不同的阀口径选择的情况。

但是，从前面对阀的研究中我们可以知道：阀的调节品质与接管流速或管径是没有关系的，它只与其水阻力及流量有关。换句话说，一旦设备确定后，理论上来说，适合于该设备控制的阀门只有一种理想的口径而不会出现多种选择。因此，选择阀门口径的依据只能是其流通能力。设备一定后，阀门要求的流通能力应按式（13-25）（对水阀），或式（13-26）及式（13-27）（对蒸汽阀）进行计算。

实际工程中，阀的口径通常是分级的，因此阀门的实际流通能力 C_s 通常也不是一个连续变化值（而根据公式计算出的 C 值是连续的），目前大部分生产厂商对 C_s 的分级都是按大约1.6倍递增的。表13-4反映了某一厂家产品随阀门口径变化其 C_s 的变化。

D	15	15	15	15	20	25	32	40	50	65	80	100
C_s	1.0	1.6	2.5	4.0	6.3	10	16	25	40	63	100	160

在按公式计算出要求的 C 值后，应根据所选厂商的资料进行阀口径的选择（注意：不同厂商产品在同一口径下的 C_s 值可能是不一样的），应使 C_s 尽可能接近且大于计算出的 C 值。例如，计算要求 $C=12$，则若按表 13-1 应选择 $DN32$ 的阀门，其 $C_s=16$；若选择 $DN25$ 的阀径，则 C_s 不能满足要求；选择 $DN40$ 则显然过大，既造成不必要的增加投资又降低了调节品质。

2. 阀全开压差 ΔP_v

在水阀的 C 值计算过程中，流量是通过系统的冷、热量来求得的，因此这里要重点介绍的是阀全开压差 ΔP_v 的确定。根据本节对阀权度的讨论，我们知道：ΔP_v 占系统总阻力 ΔP 的比例越大，则此阀越接近其理想特性，反之则越远离而使其调节品质越弱，从这一点来看，加大阀权度 P_v 对改善调节品质是有利的。但是，从整个水系统来看，P_v 的提高意味着整个系统压差 ΔP 的提高，系统水阻力增加，将使水泵的能耗加大。因此，改善调节品质应与系统能耗情况进行一种综合平衡来考虑。

同时，ΔP_v 的选择也应和阀的理想特性有极大关系，此点将在以下内容中结合阀口径（或 C_s 值）综合讨论。

3. 阀门流量特性的选择

阀门流量特性的选择是调节阀调节品质保证的关键性因素，在本章第三节中我们已提到调节阀是自控系统中的一个控制环节。从自控原理中我们知道：对一个自控系统的基本要求是：尽可能保持系统的总放大系数 K（在图 13-6 所示调节系统中，$K=K_c \cdot K_t \cdot K_z \cdot K_v \cdot K_b \cdot K_f$）为一常数，简言之，应使输入量与调节输出量的变化成线性关系。

分析图 13-6 所示的自控系统，可以认为：在一定范围内，传感器、调节器、执行器及房间的放大系数均可视为不变，则该系统中变化的两个因素就是调节阀和表冷器。整个系统人为的输入量即是阀门的开度，系统的输出即是表冷器的冷量。因此，在这一系统中，对自控系统的要求可以简化为：尽可能使表冷器的相对冷量 q 与调节阀的相对开度 L 的变化成线性关系（即 $q=L$）如图 13-20 所示。当然，这一结论不仅适用于表冷器，也适用于空气加热器和热水换热器。

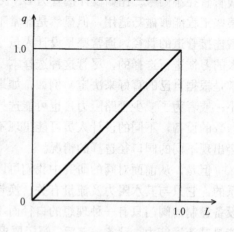

图 13-20 对调节阀的理想要求

在本书第六章中，我们已专门研究了各种表冷器（或加热器）的特性，以下针对各种情况来分析。

（1）蒸汽用调节阀

对于以蒸汽为热源的加热器（无论是空气加热还是水加热），其相对热量 q 与相对蒸汽

流量 g 的变化关系为 $q=g$。

因此,在配调节阀时,只要保证阀门的实际工作流量特性为直线特性,即可保证达到图 13-21 的要求 ($q=L$)。当 $C_s=C$ 时,很明显,采用直线特性的阀门即可,但当 $C_s>C$ 时,则应根据 C_s/C 的值来确定。从表 13-1 可知:同种阀门两个相邻口径的 C_s 值之间的比值约为 1.6 倍,因此可以认为:选阀门时,C_s 与 C 值的比值变化范围应在 $1\sim1.6$ 之间。当 $R=30$、$C_s/C=1.6$ 时,$R_s=1.6R$,则各种理想特性的阀门的工作特性为:

直线阀:$g=\dfrac{1}{18.75}\ (1+17.75L)$ 　　　　　　　　　　　　　　　　(13-28)

抛物线阀:$g=\dfrac{1}{18.75}\ (1+3.33L)^2$ 　　　　　　　　　　　　　　(13-29)

等百分比阀:$g=18.75^{(L-1)}$ 　　　　　　　　　　　　　　　　　　　(13-30)

从上面三个公式的比较可知:等百分比阀在任何开度时的相对流量 g 与直线 $g=L$ 的差值都是三种阀中最大的,故等百分比阀不适用于控制蒸汽。以式 (13-28) 和式 (13-29) 相比,当 $L<18\%$ 时,对 g 与 $g=L$ 线的偏离值来说,抛物线阀小于直线阀;当 $L>18\%$ 时则情况相反 ($L=18\%$ 时两种阀的上述偏离值相同)。由于对于空调自控来说,过小的阀门开度对于其使用寿命是有影响的,一般希望其最佳运行开度在 $20\%\sim90\%$ 左右 (也就是说,以此段范围来评价阀门特性更为合理)。因此可以认为,这时采用直线阀仍然是更合理的,因为其在大部分开度范围内的相对流量 g 与要求值的偏差都是最小的。

对于蒸汽加湿器而言,由于本身的要求就是 $g=L$,因此也应采用直线阀。

综上所述:空调系统中,用于蒸汽系统中的所有调节阀都应采用理想特性为直线的阀门。

(2) 水阀

水阀的选择过程与蒸汽阀是不相同的。蒸汽阀选择时可以不考虑其阀权度,而水阀在选择时,如果 $C_s>C$,不仅实际可调比 R_s 下降,而且将使实际阀权度变小,对调节品质的影响比上述蒸汽阀更大一些。

在空调系统中,水阀主要有两种使用功能。其一是用作流量控制 (如总供、回水管之间的压差旁通阀),其二是用于对冷、热盘管 (或水-水热交换器) 的冷、热量控制。

见图 13-15,假定该图中表冷器为任何一种具有一定水流阻力的管件,其水阻力为 ΔP_b,阻力系数为 S_b ($Pa\cdot h/m^6$),阀设计全开阻力 ΔP_v,设计阀权度为 $P_v=\Delta P_v/P$,要求阀的流通能力为 C,实际选择阀门后其流通能力为 C_s,实际阀权度为 P_{vs},则通过推导可以证明:

$$\frac{P_{vs}}{P_v}=\frac{316^2+C^2\cdot S_b}{316^2+C_s^2\cdot S_b} \tag{13-31}$$

从上式中也可以看出:由于 $C_s>C$,则将使 $P_{vs}<P_v$,即实际阀权度由此而减小,其减小程度除与 C_s/C 的值有关外,还与 S_b 的值有关。

实际可调比为:

$$R_s=R\cdot\sqrt{P_{vs}} \tag{13-32}$$

当 $C_s/C=1.6$、$R=30$ 时:

$$P_{vs}=\frac{316^2+C^2\cdot S_b}{316^2+2.56C^2\cdot S_b}\times P_v \tag{13-33}$$

$$R_s = 30 \sqrt{\frac{316^2 + C^2 \cdot S_b}{316^2 + 2.56 \cdot C^2 \cdot S_b} \times P_v} \tag{13-34}$$

对于直线阀：

$$g = \frac{1}{30 \sqrt{P_{vs}}} \left[1 + \left(30 \sqrt{P_{vs}} - 1 \right) \times L \right] \tag{13-35}$$

对于抛物线阀：

$$g = \frac{1}{30 \sqrt{P_{vs}}} \left[1 + \left(\sqrt{30 \sqrt{P_{vs}}} - 1 \right) \times L \right]^2 \tag{13-36}$$

对于等百分比阀：

$$g = \left(30 \sqrt{P_{vs}} \right)^{(L-1)} \tag{13-37}$$

以下分两种不同的使用功能来讨论。

① 供、回水压差旁通阀　压差旁通阀控制原理如图 13-21 所示。在调节过程中，保持总供、回水管压差 ΔP 不变。

选择压差旁通阀的步骤如下：

a. 根据旁通水量 W 及希望的接管流速 v 选择接管管径 d；

b. 求出除旁通电动阀外的所有旁通支路上的管件阻力 ΔP_r 以及其综合阻力系数 $S_r = \Delta P_r / W^2$；

c. 确定旁通阀设计全开阻力 $\Delta P_v = \Delta P - \Delta P_r$（$\Delta P$ 应在系统水力计算中已求得），设计阀权度 $P_v = \Delta P_v / \Delta P$；

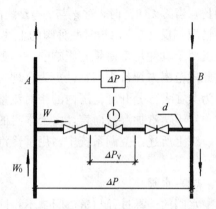

图 13-21　压差旁通阀控制原理

d. 求旁通阀要求的流通能力 C（$= 316W / \sqrt{\Delta P_v}$）；

e. 选择旁通阀口径，得到其实际流通能力 C_s；

f. 根据式（13-35）、式（13-36）及式（13-37），计算各种理想特性阀在此时的工作特性。由于旁通阀仅控制水量，即控制系统要求为线性，因此阀的最佳工作特性要求为直线（$g = L$）。

g. 根据所计算的各种阀的工作特性，与 $g = L$ 线相比较，选择出最接近要求的阀，即确定了阀的理想特性。

【例】　某工程中，旁通流量 $W = 200 \text{m}^3/\text{h}$，要求控制压差 $\Delta P = 150 \text{kPa}$，试选择合适的控制阀。

【解】　（1）取接管流速 $v = 1.65 \text{m/s}$，选择接管管径为 $d200$，经计算，接管及阀件阻力 $\Delta P_r = 5 \text{kPa}$，综合阻力系数 $S_r = 0.125 \text{Pa} \cdot \text{h/m}^6$；

（2）选阀压差 $\Delta P_v = 150 - 5 = 145 \text{kPa}$，

阀权度 $P_v = \dfrac{145}{150} = 0.97$

（3）流通能力要求：

$$C = \frac{316 \times 200}{\sqrt{145000}} = 166$$

（4）查阀样本，决定采用 $DN125$ 的双座阀，其 $C_s = 250$，$R = 30$；

（5）实际阀权度

$$P_{vs} = \frac{316^2 + 166^2 \times 0.125}{316^2 + 250^2 \times 0.125} \times 0.97 = 0.93$$

（6）实际可调比：

$$R_s = 30\sqrt{0.93} = 28.9$$

（7）比较阀的工作特性：

直线阀：$g = 0.0346 \ (1 + 27.9L)$

抛物线阀：$g = 0.0346 \ (1 + 4.37L)^2$

等百分比阀：$g = 28.9^{(L-1)}$

从上述三式的比较中可知：在开度 $0\sim100\%$ 的全范围内，直线阀的工作特性与 $g = L$ 的偏差都是最小的，因此，此阀的理想特性应为直线特性。

从上述例题中可以看出：由于 ΔP_r 很小，这时实际上是可以忽略不计的，因此阀权度可按 $P_v = 1$ 考虑，而 C_s 与 C 的偏差尚不足以使选择后出现工作特性与理想特性相差过大而成为更变特性的理由。因此，无论从理论上还是实际工程的运行结果来看：压差旁通阀采用理想特性为直线的阀门是较为合理的。

②冷、热量调节阀　调节阀是用于调节水量的。但在大多数空调系统中，调水量只是一个手段，最终目的是通过对水量的调节而控制冷、热盘管或热交换器的冷、热量，因此，其控制要求如图 13-20 所示。

从第六章对冷、热盘管及水换热器的研究中我们知道：这些设备的一个共同特点是相对冷（热）量 q 与相对水量 g 的变化通常不成线性关系，其非线性程度通过特征系数 e 表示出来，如图 13-22 所示。

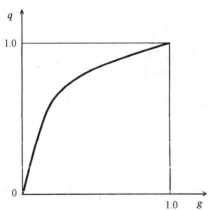

图 13-22　表冷器特性　　　　　　　图 13-23　表冷器所配阀门理想的工作特性

为了达到图 13-20 的要求：尽量使输出量（相对冷、热量）与输入量（阀开度）的变化成直线关系，很明显，需要用阀的工作特性去对图 13-22 的曲线 $q = f(g)$ 进行适当的补偿。从定性的分析来看，此时如果阀门的工作特性 $g = f(L)$ 为 $q = f(g)$ 曲线以从 0 点起的 $45°$

线对称（如图 13-23 所示）即可完全满足要求。很显然，快开阀和直线阀通常是不能满足这一要求的，只有抛物线阀和等百分比阀有可能满足此点。

以表 6-1 为例。当冷量需求为 $q=91\%$ 时，其水量仅要求 80%，因此从理论上来说，一个最理想的阀门的工作特性应能做到当其开度为 91% 时，水量正好 80%，这样就可使该自控系统的最终结果是：阀开度的 91% 时，供冷量也为 91%。

当然，在整个阀开度的范围内，要做到开度与相对冷量为线性关系是非常困难的，除非每个阀的工作特性都要按各自不同的表冷器特性曲线来特别设计和制造，但这样做使得阀门设计无任何标准可言，也是不可能的或即使可能也是会花费相当大的人力和物力，除非极特殊情况，不会如此去做。因此，实际工作中，一般要求其偏差能有所控制，或在其大部分工作范围内接近理想调节曲线就可以了。

由此可知：了解每个交换器的 e 值是十分重要的，它是整个问题得以解决的基础，关于此点详见第六章。由于风机盘管大多采用双位电动阀控制，这里就不再详细讨论其调节性能。根据作者在实际工作中对一些系统进行的研究，在这里提出需要考虑调节性能的一些常用设备的 e 值如下：

新风处理机组：$e=0.15\sim0.4$；

循环风处理机组：$e=0.30\sim0.6$；

一次回风机组：$e=0.25\sim0.45$；

水-水热交换器：$e=0.3\sim0.6$；

变风量空调机组：$e=0.4\sim0.7$。

在选择调节阀时，首先碰到的问题就是阀权度 P_v 的决定。作者认为确定 P_v 的原则是：在保证基本调节品质要求的前提下，尽可能减小阀权度以减小水泵扬程、节省能耗。根据高层民用建筑的实际情况，其精度要求相对较低，室内温度允许偏差范围在 $\pm1.5\,^\circ\!C$ 左右。从对空调冷、热负荷的计算可知，当室温波动允许值在 $\pm1.5\,^\circ\!C$ 时，相当于供冷量的波动值允许在 15% 左右，因此，如果选择阀门后它与盘管的联合工作特性 $q=f(L)$ 在各开度下的 q 值的最大偏差率不超过 15%，则认为是可以满足调节品质要求的。然而，要求阀在所有开度时均满足此要求在实际上存在一定困难，特别是阀在小开度时不容易做到。前面提到，通常希望阀门在 $20\%\sim90\%$ 的开度范围之间工作，空调冷、热负荷则是在较长时间内处于 $30\%\sim70\%$ 的范围，因此可以认为，当阀开度 $L=20\%$ 时，相对冷量 q 不大于 30% 即可满足要求（原则一），或者当阀开度在 30% 时，相对冷量的偏差率 $\left|\dfrac{q-L}{L}\right|$ 小于 15% 也可满足上述要求（原则二）。

按照原则一，可得出：$L=20\%$ 时，$q=30\%$。

按照原则二，可得出：$L=30\%$ 时，$q=34.5\%$。

选择阀门时，最理想的情况是所选阀的实际流通能力 C_s 正好满足计算所要求的流通能力 C，此时阀的实际可调比为 $R_s=30\sqrt{P_v}$。下面分别讨论等百分比阀和抛物线阀两种情况。

等百分比阀

当 $C_s=C$ 时，其工作流量特性为：

$$g=\left(30\sqrt{P_v}\right)^{(L-1)} \tag{13-38}$$

把上式代入式（6-10）可得到系统调节特性：

$$q = \cfrac{1}{1 + e\left[\left(30\sqrt{P_v}\right)^{(1-L)} - 1\right]} \qquad (13\text{-}39)$$

把原则一代入上式得下列方程

$$0.3 \times \left\{1 + e\left[\left(30\sqrt{P_{va}}\right)^{0.8} - 1\right]\right\} = 1$$

解此方程得出按原则一确定的阀权度：

$$P_{va} \doteq \frac{1}{900}\left(1 + \frac{2.33}{e}\right)^{2.5} \qquad (13\text{-}40)$$

把原则二代入式（13-39）可得出：

$$0.345 \times \left\{1 + e\left[\left(30\sqrt{P_{vb}}\right)^{0.7} - 1\right]\right\} = 1$$

解此方程得出按原则二确定的阀权度：

$$P_{vb} = \frac{1}{900}\left(1 + \frac{1.9}{e}\right)^{2.86} \qquad (13\text{-}41)$$

不同 e 值时的 P_{va} 及 P_{vb} 值按上两式计算出的结果如表 13-5。

表 13-5

e	0.2	0.25	0.3	0.35	0.4	0.5	0.6
P_{va}	0.632	0.38	0.253	0.18	0.135	0.085	0.059
P_{vb}	0.925	0.523	0.332	0.227	0.165	0.099	0.066

从上表中可以看出：在 $e = 0.2 \sim 0.6$ 的范围内，$P_{vb} > P_{va}$，如果按 P_{vb} 决定阀权度，显然能满足原则一的要求，调节性能更好，但水系统的总阻力将增大。既然原则一和原则二两者中其中之一满足要求即可，因此以 P_{va} 来决定阀权度即可以了，即要求实际选择阀后的实际阀权度 P_{vs} 不小于 P_{va}。P_{vb} 的实用意义在于：在初选调节阀时，其阀权度可按 $P_v \leqslant P_{vb}$ 的原则进行（见下例）。

根据式（13-40）可知：当 $P_{va} = 1$ 时，$e = 0.164$，说明如果设备的 e 值小于 0.164 时，等百分比阀是不能达到对调节品质的基本要求的，这时应采用一些特性曲线比等百分比阀曲线更向下凹的特殊性能阀，如双曲线阀等。

抛物线阀

根据与等百分比阀同样的分析可知：当 $P_{va} = 1$ 时，$e = 0.3$，说明 $e < 0.3$ 以下时用抛物线阀无法满足调节性能要求，且各开度情况下，同样存在 $P_{vb} > P_{va}$ 的情况。

对比抛物线阀和等百分比阀的上述分析，可以知道：对于同样的 e 值，所要求的 P_{va} 值采用抛物线阀将大于采用等百分比阀，这说明采用抛物线阀将使得系统水阻力加大，同时其适用范围显然不如等百分比阀。因此，冷、热量控制阀应采用等百分比阀更为合理。由此我们得出选择冷、热量控制阀的步骤如下：

a. 选择等百分比阀；

b. 确定阀权度 P_v，要求 P_v 不大于表 13-5 中的 P_{vb} 值；

c. 计算要求的流通能力 C，选择阀门口径，查出阀门实际流通能力 C_s；

d. 根据式（13-33）求出 P_{vs}，要求 $P_{vs} \geqslant P_{va}$；

e. 计算阀门实际压差 ΔP_{vs}：

$$\Delta P_{vs} = \frac{P_{vs}}{1 - P_{vs}} \cdot \Delta P_b$$

f. 计算总控制压差 $\Delta P = \Delta P_{vs} + \Delta P_b$，由此作为冷水泵扬程的一部分。

4. 关于水系统的整体考虑

在上述选择冷、热量控制阀的过程中，应该明确一点的是：上述步骤只是针对的最不利环路的情况（如图13-24，最不利环路为用户1），在保证最不利环路的前提下，其它环路相对来说较为有利，其调节性能随着 P_{vs} 的加大会得到改善。

见图13-24，各阀的实际阻力分别为 ΔP_{v1s}、$\Delta P_{v2s} \sim \Delta P_{vns}$，系统控制压差 ΔP_{AB} 等于 ΔP_{v1s} 加上环路 $ACDB$ 中的所有管道及附件阻力，V1 阀的阀权度为 $P_{v1s} = \Delta P_{v1s}/\Delta P_{AB}$。在计算其它环路时，显然，由于总供、回水管的阻力下降，因此，其它控制阀的阀权度是可以计算出来（而不是人为选择）的。例如，要选择用户 2 的控制阀 V2，其阀压差应为控制压差 ΔP_{AB} 减去环路 $AEFB$ 中所有管件的阻力（包括用户 2 本身），这样即可求出 V2 阀的实际阀权度 P_{v2s}，此值应不小于表 13-5 中的 P_{va} 值。

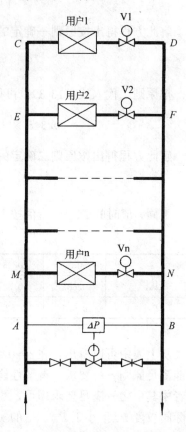

图 13-24　水系统控制原理

【例】　在图 13-24 所示系统中，用户 1 本身的阻力为 40kPa，用户 2 本身的阻力为 35kPa，管路 $\overline{AE}$、$\overline{FB}$ 的合计阻力为 38kPa；用户 1 的流量为 $W_1 = 15\text{m}^3/\text{h}$，用户 2 的流量 $W_2 = 12\text{m}^3/\text{h}$；用户 1 为新风空调机，特征系数 $e_1 = 0.3$；用户 2 为一次回风空调机，特征系数 $e_2 = 0.35$。试选择调节阀 V1 及 V2。

【解】　（1）求各环路阻力 ΔP_b

用户 1：$\Delta P_{b1} = 40 + 38 = 78\text{kPa}$；

用户 2：$\Delta P_{b2} = 38 + 35 = 73\text{kPa}$。

（2）求各环路综合阻力系数

$$S_{b1} = \frac{40 \times 1000}{15^2} + \frac{38 \times 1000}{(15+12)^2} = 230$$

$$S_{b2} = \frac{35 \times 1000}{12^2} + \frac{38 \times 1000}{(15+12)^2} = 295$$

（3）选择 V1 阀的计算阀权度

根据表 13-5，当 $e = 0.3$ 时，取 $P_{v1} = P_{vb} = 0.332$，则：

$$\Delta P_{v1} = \frac{0.332}{1 - 0.332} \times \Delta P_{b1} = 38.8(\text{kPa})$$

（4）计算 V1 阀的流通能力、选 V1 阀口径：

$$C_1 = \frac{316 \times W_1}{\sqrt{\Delta P_{v1}}} = 24.1$$

根据表 13-1，选 $DN40$ 阀门，$C_{1s} = 25$。

（5）求 V1 阀实际阀权度，根据式（13-32）：

$$P_{v1s} = \frac{316^2 + C_1^2 \times S_{b1}}{316^2 + C_{1s}^2 \times S_{b1}} \times P_{v1} = 0.318$$

与表 13-5 对比可知：$P_{v1s} > P_{va}$，说明所选阀的调节性能是可行的。如果计算的结果为 $P_{v1s} < P_{va}$（比如选择 $DN65$ 的阀门：$C_{1s} = 40$，则可计算出 $P_{v1s} = 0.164 < 0.253$），则应重新选择小一号的阀。

（6）V1 阀实际全开压差：

$$\Delta P_{v1s} = \frac{0.318}{1 - 0.318} \times \Delta P_{b1} = 36.4(\text{kPa})$$

（7）计算系统压差：

$$\Delta P = \Delta P_{v1s} + \Delta P_{b1} = 114.4(\text{kPa})$$

（8）计算 V2 阀全开压差 ΔP_{v2} 及阀权度 P_{v2}：

根据水力平衡：

$$\Delta P_{v2} = 40 + \Delta P_{v1s} - 35 = 41.4(\text{kPa})$$

$$P_{v2} = \frac{\Delta P_{v2}}{\Delta P} = 0.362$$

（9）计算 V2 阀流通能力，选 V2 阀口径：

$$C_2 = \frac{316 W_2}{\sqrt{\Delta P_{v2}}} = 18.64$$

选 $DN40$ 阀门，$C_{2s} = 25$。

（10）计算 V2 阀实际阀权度 P_{v2s}：

$$P_{v2s} = \frac{316^2 + C_2^2 \cdot S_{b2}}{316^2 + C_{2s}^2 \cdot S_{b2}} \times P_{v2} = 0.258$$

与表 13-5 比较，当 $e = 0.35$ 时，$P_{va} = 0.18$，即 $P_{v2s} > P_{va}$，说明这一选择是可行的。

（11）计算 V2 阀实际全开阻力 ΔP_{v2s}：

$$\Delta P_{v2s} = P_{v2s} \times \Delta P = 29.5(\text{kPa})$$

显然，$\Delta P_{v2s} < \Delta P_{v2}$，说明在 V2 阀支路上，还需采用一定的初调试手段，即采用手动调节阀来消耗 V2 阀计算阻力与实际值的差值 11.9kPa。

5. 调节阀选择的简化

按上述步骤选择调节阀时，计算工作量是较大的。从实际设计工程中可知：像图 13-24 这样的系统中，最不利环路的总供、回水管阻力约占系统控制压差的 1/3～1/4，换言之，V1 阀的阻力和用户 1 的阻力各自也大约是系统控制压差的 1/3 左右。因此，若以用户阻力为 ΔP_b，则可以如下来简化最不利环路的阀压差 ΔP_v 的计算：

（1）采用等百分比阀时，一般要求 $\Delta P_v \geqslant \Delta P_b$；

（2）采用双位阀时，通常可按所接管道的直径选择阀口径，或者按 $\Delta P_v = 0.25 \Delta P_b$ 来计

算阀压差及选阀口径;

（3）对压差控制旁通阀，ΔP_v 可直接按控制压差 ΔP 选择，当然，ΔP 应在水力计算完成后确定。

（4）当有多个用户并联时，ΔP_b 为阻力最大的用户之值，所有用户的调节阀压差也可按 ΔP_b 来选择，最后由各用户的手动阀进行初调试而使水系统达到水力平衡。

第五节　风机盘管的控制

风机盘管控制通常包括两部分内容：即风机转速控制和室内温度控制，如图 13-25。

一、风机转速控制

目前几乎所有风机盘管风机所配电机均采用中间抽头方式，通过接线，可实现对其风机的高、中、低三速运转的控制。

通常，三速控制是由使用者通过手动三速开关来选择的，因此也称为手动三速控制。

二、室温控制

室温控制是一个完全的负反馈式温控系统，它由室温控制器 T1 及电动水阀组成，通过调节冷、热水量而改变盘管的供冷或供热量，控制室内温度。

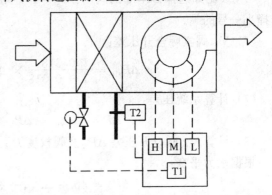

图 13-25　风机盘管控制原理

大多数风机盘管都是冬、夏共用的，因此，在其温控器上设有冬夏转换的措施。当水系统为两管制系统时，电动阀为冬夏两用；当水系统采用四管制时，则应分开设置电动冷水阀和电动热水阀。冬夏转换的措施有手动和自动两种方式，应根据系统形式及使用要求来决定。对于四管制系统，一般应采用手动转换方式；对于两管制系统，则有以下三种常见做法：

（一）各温控器独立手动转换

在各个温控器上设置冬、夏手动转换开关，使得夏季时供冷运行，冬季时供热运行。当温控器为位式控制器时，它与冬、夏手动转换开关的接线如图 13-26 所示。

夏季状态时，如果室温过高，则温感元件 θ_c 向前动作后，使温控器接点 1、2 接通，电动水阀带电打开；当室温降低后，温感元件向后动作，使 1、2 接点断开，电动水阀失电后由弹簧复位而关闭。在冬季时，手动把转换开关拨向 "W" 档，其它动作过程与上述类似，但动作方向与夏季相反，即室温过高时关水阀，室温过低时开水阀。

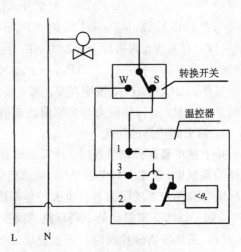

图 13-26　风机盘管冬/夏手动转换控制原理

图 13-26 是目前最常用的一种对双管制风机盘管进行控制的方式。

（二）统一区域手动转换

对于同一朝向、或相同使用功能的风机盘管，如果管理水平较高，也可以把转换开关统一设置，集中进行冬、夏工况的转换，这样各温控器上可取消供使用人操作的转换开关，这种方式对于某些建筑（如酒店等）的管理是有一定意义的，也可以避免前一种转换方式在使用中出现的使用人错误选择而导致的问题或争议（比如，在一些酒店客房中曾经出现这样的问题：温控器转换开关上不是注明的"冬"、"夏"字样，而是标注的"冷"、"热"字样，结果有的不懂专业的客人在夏季感到房间过冷时，不是调温控设定值，而是把开关拨向"热"端，结果导致室内更冷而引起投诉）。但是，这种方式要求所有统一转换的风机盘管必须是同一电源，这需要与电气工种密切配合。

（三）自动转换

如果使用要求较高，而又无法做到统一转换，则可在温控器上设置自动冬、夏转换开关。这种做法的首要问题是判别水系统当前工况，当水系统供冷水时，应转到夏季工况；当水系统供热水时，应转到冬季工况。一个较为可行的方法是在每个风机盘管供水管上设置一个位式温度开关（如图 13-25 中的 T2），其动作温度为：供冷水时 12℃，供热水时 30～40℃（根据热水温度情况设置），这样就可实现上述自动转换的要求。当然，采用这一做法，必须和温控器厂商进行协商，同时，这种方式使投资有所增加，还应征求建设单位的意见。

风机盘管温控时，有位式控制和比例控制两种。前者特点是设备简单、投资少、控制方便可靠，缺点是控制精度不高；后者控制精度较高，但它要求温控器必须采用 P 或 PI 型功能，电动水阀也应采用调节式而不是双位式，因此投资相对较大。从目前的实际工程及产品来看，在小口径调节阀（$DN15$、$DN20$）中，其阀芯运动行程都只有 10mm 左右，因而其可调比不可能做得很大，使实际调节性能与位式阀相比优势并不特别突出；从另一方面来看，由于风机盘管是针对局部区域而设的，房间通常负荷较稳定，波动不大，且民用建筑对精度的要求不是很高，因此，一般的位式控制对于满足 ±（1～1.5）℃ 的要求是可以做到的，所以，大多数工程都可采用位式控制方式。只有极少数要求较高的区域，或者风机盘管型号较大时，才考虑采用比例控制。

无论是何种控制方式，温控器都应设于室内有代表性的区域或位置，不应靠近热源、灯光及远离人员活动的地点。三速开关则应设于方便人操作的地点。

电动水阀安装时，为避免其凝结水滴入吊顶上，应尽可能将其安装在风机盘管凝水盘上方。同时，电机应在阀的上方，可以允许一定的倾斜，但它与水平线必须保持一定的夹角 α（如图 13-27，$\alpha \geqslant 15°$），以防止冷凝水流入电机。

在酒店建筑中，为了进一步节省能源，通常还设有节能钥匙系统，这时风机盘管的控制应与节能钥匙系统协调考虑。

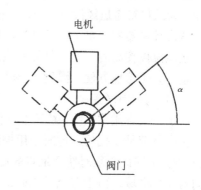

图 13-27　电动水阀安装示意

三、风机温控

风机盘管系统中，风机温控意指采用室温控制器直接对风机盘管的风机起停进行自动控制。如夏季时，室温超过设定值时自动起动风机，低于时自动停止风机；冬季时动作相反。

这是一种简单的室温自控方式，其设计思想是在尽可能简化的条件下，为使用者提供一种简便的室温自动控制的手段，同时也可辅以风速的手动三速控制。然而，这种方式取消了电动水阀，其结果将与采用三通阀的情形相类似，它对于水系统的要求必然是定水量系统。关于定水量系统使用的情况，本书第七章已经讨论，鉴于其存在较多的缺陷，因此对这种控制方式，作者认为只适用于规模较小、中央冷水机组数量较少（不超过两台）且各末端同时使用系数较大的建筑，或在不要求设空调自动控制系统的低使用要求的建筑中采用。

第六节　空调机组的控制

空调机组是空调系统中的一种常见设备，其控制是空调自动控制系统的重点内容之一，从内容上它大致包括有温度控制、湿度控制、风阀控制及风机控制等等。由于空调机组有各种不同的功能，其控制上也应有所不同，但有两点原则应该是相同的：第一，无论何种空调机组，温度控制时，一般来说都应采用 PI 型以上的控制器，其调节水阀应采用等百分比型阀门；第二，控制器与传感器既可分开设置，也可合为一体，当分开设置时，一般来说传感器设于要求控制的位置（或典型区域），而控制器为了管理方便应设于该机组所在的机房内。

一、新风机组的控制

新风机组的控制通常包括有：送风温度控制、送风相对湿度控制、防冻控制、CO_2 浓度控制以及各种联锁内容。如果新风机组要考虑承担室内负荷（如直流式机组），则还要控制室内温度（或室内相对湿度）。

（一）送风温度控制

送风温度控制即是指定出风温度控制，其适用条件通常是该新风机组是以满足室内卫生要求而不是负担室内负荷来使用的。因此，在整个控制时间内，其送风温度以保持恒定值为原则。由于冬、夏季对室内要求不同，因此冬、夏季送风温度应有不同的要求。也即是说，新风机组定送风温度控制时，全年有两个控制值（冬季控制值和夏季控制值），因此必须考虑控制器冬、夏工况的转换问题。

送风温度控制时，通常是夏季控制冷盘管水量，冬季控制热盘管水量或蒸汽盘管的蒸汽流量。为了管理方便，温度传感器一般设于该机组所在机房内的送风管上。

（二）室内温度控制

对于一些直流式系统，新风不仅仅只是满足卫生标准，而且还要求承担全部室内负荷。由于室内负荷是变化的，这时采用控制送风温度的方式必然不能满足室内要求（有可能过热或过冷），因此必须对使用地点的温度进行控制。由此可知，这时必须把温感器设于被控房间的典型区域。由于直流系统通常设有排风系统，温感器设于排风管道并考虑一定的修正也是一种可行的办法。

除直流式系统外，新风机组通常是与风机盘管一起使用的。在一些工程中，由于考虑种种原因（如风机盘管的除湿能力限制等），新风机组在设计时承担了部分室内负荷，这种做法对于设计状态时，新风机组按送风温度控制是不存在问题的。但当室外气候变化而使得室内达到热平衡时（如过渡季的某些时间），如果继续控制送风温度，必然造成房间过冷（供冷水工况时）或过热（供热水工况时），这时应采用室内温度控制才是可行的。因此，这种情况下，从全年运行而言，应采用送风温度与室内温度的联合控制方式。

（三）相对湿度控制

新风机组相对湿度的控制的主要一点是选择湿度传感器的设置位置或者控制参量，这与其加湿源和控制方式有关。

1. 蒸汽加湿

对于要求比较高的场所，采用比例控制是较好的，即根据被控湿度的要求，自动调整蒸汽加湿量。这一方式要求蒸汽加湿器用阀应采用调节式阀门（直线特性），调节器应采用PI型控制器。由于这种方式的稳定性较好，湿度传感器可设于机房内送风管道上。

对于一般要求的高层民用建筑而言，也可以采用位式控制方式，这样可采用位式加湿器（配快开型阀门）和位式调节器，对于降低投资是有利的。

采用双位控制时，由于位式加湿器只有全开全关的功能，湿度传感器如果还是设在送风管上，一旦加湿器全开，传感器立即就会检测出湿度高于设定值而要求关阀（因为通常选择的加湿器的最大加湿量必然高于设计要求值）；而一旦关闭，又会使传感器立即检测出湿度低于设定值而要求打开加湿器，这样必然造成加湿器阀的振荡运行，动作频繁，使用寿命缩短。显然，这种现象是由于从加湿器至出风管的范围内湿容量过小造成的。因此，蒸汽加湿器采用位式控制时，湿度传感器应设于典型房间（区域）或相对湿度变化较为平缓的位置，以增大湿容量，防止加湿器阀开关动作过于频繁而损坏。

2. 高压喷雾、超声波加湿及电加湿

此三种都属于位式加湿方式，因此，其控制手段和传感器的设置情况应与采用位式方式控制蒸汽加湿的情况相类似。即：控制器采用位式，控制加湿器启停（或开关），湿度传感器应设于典型房间区域。

3. 循环水喷水加湿

循环水喷水加湿与高压喷雾加湿在处理过程上是有所区别的。理论上前者属于等焓加湿而后者属于无露点加湿。如果采用位式控制器控制喷水泵起停时，则设置原则与高压喷雾的情况相似。但在一些工程中，喷水泵本身并不做控制而只是与空调机组联锁起停，为了控制加湿量，此时应在加湿器前设置预热盘管，如图13-28（a）所示，其机组处理空气

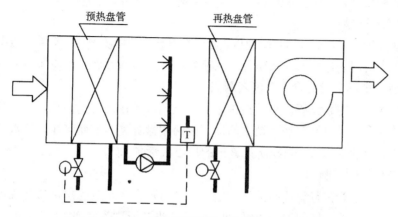

图13-28（a） 喷水泵常开的空调机组的加湿量控制

的过程如图13-28（b）所示。通过控制预热盘管的加热量，保证加湿器后的"机器露点"t_L（L点为d_N线与$\varphi=80\%\sim85\%$的交点），达到控制相对湿度的目的。

（四）CO_2浓度控制

通常新风机组的最大风量是按满足卫生要求而设计的（考虑承担室内负荷的直流式机组除外），这时房间人数按满员考虑。在实际使用过程中，房间人数并非总是满员的，当人员数量不多时，可以减少新风量以节省能源，这种方法特别适合于某些采用新风加风机盘管系统的办公建筑中间隙使用的小型会议室等场所。

为了保证基本的室内空气品质，通常采用测量室内CO_2浓度的方法来实现上述要求，如图13-29所示。各房间均设CO_2浓度控制器，控制其新风支管上的电动风阀的开度，同

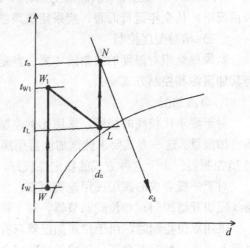

图13-28(b)　图13-28(a)所示控制的系统工况

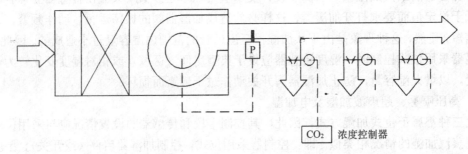

图13-29　CO_2浓度控制新风量

时，为了防止系统内静压过高，在总送风管上设置静压控制器控制风机转速。因此，这样做不但新风冷负荷减少，而且风机能耗也将下降。

很显然，这一控制属于变风量控制（关于变风量控制详见后述）。这种控制方式目前应用并不很多，一个重要原因是CO_2浓度控制器产品并不普及（仅有少数厂家生产），同时，这种控制方式的投资较大，其综合经济效益需要进行具体分析。

（五）防冻及联锁

在冬季室外设计气温低于0℃的地区，必须考虑盘管的防冻措施。除第七章中提到的空调系统设计中本身应采用的预防措施外，从机组电气及控制方面，也应考虑一定的手段。

1. 对热盘管电动阀设置最小开度限制

这是运行过程中防止盘管冻裂的措施之一，但此点是在盘管选择符合一定要求的情况下才能做到的，尤其是对两管制系统中的冷、热两用盘管更是如此（详见第六章第一节），最小开度设置后应满足式（6-44）所计算出的最小水量W_{min}。

2. 设置防冻温度控制

这是防止运行过程中盘管冻裂的又一措施。通常可在热水盘管出水口（或盘管回水连箱上）设一温度传感器（控制器），测量回水温度。当其所测值低到5℃左右时，防冻控制

器动作，停止空调机组运行，同时开大热水阀。

3. 联锁新风阀

这一做法主要是针对机组停止运行期间的防冻来考虑的。为防止冷风过量的渗透引起盘管冻裂，应在停止机组运行时，联锁关闭新风阀。当机组起动时，则打开新风阀（通常先打开风阀、后开风机、防止风阀压差过大无法开启）。无论新风阀是开启还是关闭，前述防冻控制器始终都正常工作。

除风阀外，电动水阀、加湿器、喷水泵等与风机都应进行电气联锁。在冬季运行时，热水阀应优先于所有机组内的设备的起动而开启。

二、一次回风机组的控制

一次回风机组的控制内容通常包括：回风（或室内）温、湿度控制、防冻控制、再热控制及设备联锁等。

（一）回风温度（或室温）控制

从控制方式上来看，一次回风空调机组与新风空调机组对温度的控制原理都是相同的，即通过测量被控温度值，控制水量或蒸汽量而达到控制机组冷、热量的目的，所不同的是温度传感器的设置位置。一次回风机组温感器一般设于典型房间区域，直接控制室温。但在许多工程中，为了方便管理，有时也把温感器设于机房内的回风管道之中。由于回风温度与室温是有所差别的，因此在这种情况下，通常应对所控制的温度设定值进行一定的修正。例如，对于从吊顶上部回风的气流组织方式，如果要求室温为 24℃，则控制的回风温度可根据房间内热源情况及房间高度等因素而设定在 24.5～25℃左右。

（二）湿度控制

与温度控制相同，湿度传感器应优先考虑设于典型房间区域，或回风管道上。

由于控制的是室内相对湿度（或回风相对湿度），且房间的湿容量比较大，因此，无论采用何种加湿媒介（蒸汽或水）以及何种控制方式（比例式或双位式），湿度传感器的测量值都是相对比较稳定的。因此，这时不必像新风空调机组那样过多的考虑自控元件的设置位置。

如果采用蒸汽加湿，其加湿段通常应设在加热盘管之后，采用高压喷雾、超声波加湿及电加湿时也应如此。

如果采用喷循环水加湿，由于加湿后空气温度会较低，因此，应先加湿后加热。但是当新风比较大时，混合点 C 点较低，这时循环水加湿的能力由于受到"机器露点"的限制，不容易满足要求。因此，混合后必须先将空气加

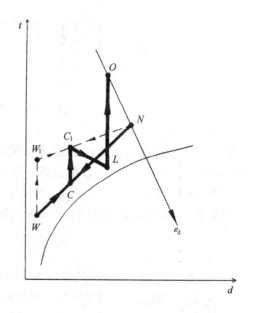

图 13-30　采用循环水加湿时的湿度控制

热至 C_1 点再进行加湿，C_1 点由"机器露点"的干球温度 t_L 来实现，如图 13-30 中的实线所示。

当然，也可以先对新风进行预热至 W_1 点（由 t_L 控制此点），然后混合至 C_1 点再加湿，

如图 13-30 中虚线所示。

C_1 点的确定方法：根据热负荷 Q_r 及热湿比 ε_r 确定送风点 O,d_o 线与 $\phi_2 = 80\% \sim 85\%$ 的交点为 L 点，h_L 线与 d_c 线的交点即为 C_1 点。

W_1 点的确定：N、C_1 两点的连线的延长线与 d_W 相交的交点即为 W_1 点。

在双管制系统中，上述预热盘管通常只是冬季使用的，夏季则是利用再热盘管作为冷盘管。因此，在夏季使用时，预热盘管的控制应切除，加湿控制停止工作。

（三）再热控制

在一些夏季热湿比比较小的系统中，由于考虑夏季除湿要求，冷盘管的处理点有可能无法落在 ε_s 线上（即 ε_s 线与 ϕ_L 线无交点，或者交点极低使普通 7/12℃ 冷水无法做到），这时需要对冷却后的空气进行再热，防止室温过冷。

如图 13-31，这种系统在控制上较为复杂，可如下考虑：

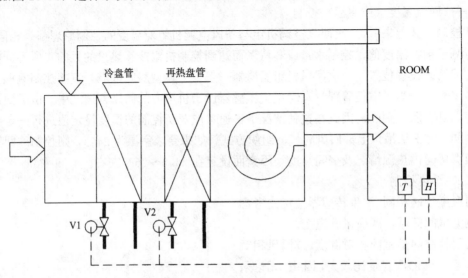

图 13-31　再热盘管控制

1. 夏季

室内温度 T 和湿度 H 同时控制冷盘管阀 V1 和再热盘管阀 V2。如果温、湿度均高于设定值，则开大 V1，关小 V2；若湿度高于设定值而温度低于设定值，则 V1、V2 均开大；若温度高于设定值而湿度低于设定值，则开大 V1，关闭 V2（显然，这时室内湿度偏小）；温、湿度均低于设定值时，则关小 V1 直至 V1 全关后若温度仍低于设定值时，打开 V2 阀调再热量。

2. 冬季

由于这种系统通常反映出的是室内湿负荷较大，因此大多可不再考虑加湿问题，这时室温 T 直接控制热盘管（对两管制系统而言即是夏季的冷盘管电动阀 V1），当 V1 阀全开而温度仍然过低时，开 V2 阀调再热。

（四）防冻及联锁

并不是所有的一次回风机组都必须考虑运行防冻的措施。只有设有新风预热器的机组，或混合点（或加湿后的状态点）有可能低于 0℃ 的机组，或者冬季过渡季要求作全新风运行且新风温度可能低于 0℃ 的机组，才有必要考虑运行防冻问题。但是，在停止运行时，机组的防冻是必须考虑的。

关于防冻及联锁的做法，一次回风机组与新风机组基本相同。

三、变新风比系统

变新风比系统属于一次回风系统的一种特殊情况，是为了节能而发展起来的（如图 5-18）。在夏季及冬季状态时，它的控制与一次回风定新风比系统完全相同；但在过渡季时，其控制存在较大的区别。

从其要求新风比的变化可知：这一系统通常采用双风机形式，并且新风电动阀 MD1，回风电动阀 MD2 和排风电动阀 MD3 均应采用调节式风阀，其动作应协调一致。动作方式为：MD1 开大时，MD3 同时开大，而 MD2 关小，反之亦然。当机组停止运行时，MD1 和 MD3 应全关而 MD2 应处于全开状态。

变新风比机组运行工况及转换边界条件如下：

1. 冬季运行时，室温 T_1 控制热水阀，采用最小新风比（即 MD1 和 MD3 为最小开度，MD2 全开）。

2. 当热水阀已全关时，如果 T_1 仍超过设定值，则说明系统已不需要外界热源，T_1 由控制热水阀改为控制新风比（通过调节 MD1、MD2 和 MD3 的开度来实现），这一季节即是冬季过渡季的控制方式。

3. 新风阀全开后，如果 T_1 仍超过设定值，则说明只靠新风冷源已不能承担室内全部冷负荷，因此必须对空调机组供冷水。在这时有两种情况将决定新风比的控制：

（1）通过测量室内外温湿度 T_1、H_1 和 T_2、H_2，计算出室内外空气焓值 h_N 及 h_W。当 $h_N > h_W$ 时，很显然机组处理全新风的耗冷量小于利用回风时的耗冷量，因此这时应采用全新风（MD1 及 MD3 全开，MD2 全关），同时 T_1 控制冷水阀。这种情况即是夏季过渡季的控制方式。

（2）如果这时 $h_N < h_W$，则说明利用回风是更节能的方式。这时应采用最小新风比，T_1 仍然控制热水阀，自控系统由此进入夏季工况的控制。

4. 夏季状态向冬季状态过渡时的转换过程与上述正好相反。为了防止系统振荡，在工况转换过程中，各转换边界条件必须考虑适当的不灵敏区（即上、下限），这一点对于两个过渡季状态的相互转换更是尤为重要，因为夏季过渡季要求运行冷水机组，如果没有合理的上、下限，会使冷水机组的起停极为频繁，既不利于管理，也不利于设备的运行。

从上述过程中可知：空调机组工况的转换与冷、热源的转换是密不可分的。

另一种变新风比系统形式如图 5-19。采用这种形式一般是由于机房尺寸或位置的限制造成的，正如第五章第六节所分析的那样，这种系统不是连续的变新风比系统而只是双新风比系统。在夏季、冬季及夏季过渡季三种状态时，它的控制与上述相同，但对于冬季过渡季，则应是采用全新风并由室温 T_1 控制热水阀。其边界条件是：当系统由冬季向冬季过渡季转换时，以热水阀全关、最小新风比时室温仍过高为转换边界点。从此进入冬季过渡季后，要求全开新风阀、运行排风机及全开排风阀而回风阀全关，室温控制热水阀（有可能很快到达最大阀开度）。当系统由夏季过渡季向冬季过渡季转换时，则以冷水阀状态和室温为依据，即供冷水阀全关而室温仍较低时，应该对其供热水。

从上面对两种不同变新风比系统形式的分析中可以看出：前一系统要求调节式电动风阀只对冬季过渡季有意义，它可以充分利用新风冷源或节省加热用热源。后者在能耗上比前者多耗一部分冬季过渡季的加热量，但它只要求各电动风阀均为双位式控制，因此其优点是投资节省、控制方便，且在许多实际工程中便于管道及风机的布置。即使从节能角度上看，通常的观点也认为节省冷量更为重要（即节省了电能），而上述中后者比前者仅多耗部分热量，因此后一系统（图5-19）也是有一定意义的。

空调系统中由于有多台空调机组，其使用场所不同，因此可以想像：每台设备对全年工况的转换边界条件也不可能是相同的。由于工况转换应与冷、热源系统及设备结合考虑，因此，每台空调机组各自的转换条件无法作为冷、热源系统及设备的转换依据。从此点来看，四管制系统在此具有更大的优点和灵活性，即在夏季过渡季与冬季过渡季相交叉的一段时间里，如果冷、热水同时都能送到空调机组中，则空调机组的工况转换将有可能做到全自动运行。而如果是两管制系统，则有两个问题对于工况转换的运行管理是存在困难的：一是系统冷、热源的转换必须根据多数空调机组的转换条件而定（这一点在实际工程中很难做到自动统计）且肯定会使一些空调机组受到影响；二是即使可以做到随空调机组转换冷、热源系统，但由于空调系统的过渡季概念是针对室内、外空气状态的比较而言的，也就是说，即使是在夏天季节，一天内也有可能跨越两种工况状态，因而对两管制系统来说要求在同一天内来回进行冷、热源系统的工况切换，这将对运行管理产生一定的困难。综上所述，变新风比系统更适合于采用四管制的空调水系统。

四、变风量系统

变风量系统在控制上有两部分，即VAV BOX的控制和VAV空调机组的控制。

（一）VAV BOX控制

VAV BOX的控制与所选择的VAV BOX的类型有关。从目前的实际情况来看，单风道型是采用较多的，其中无再热型和带热水再热盘管型两种应用最为普遍。

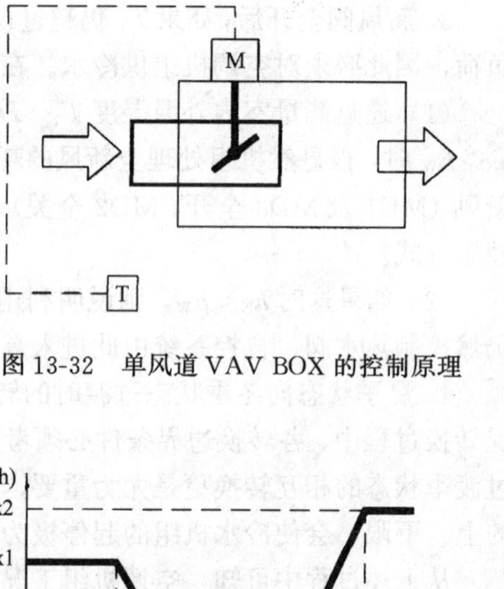

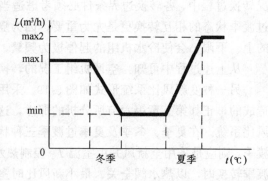

图13-32　单风道VAV BOX的控制原理

1. 单风道无再热型

这是最简单的一种VAV BOX形式，因此其控制特点也是最简单的，如图13-32所示。

室内温度控制器直接控制VAV BOX上的电动风阀的开度。在夏季，室温超过设定值时开大风阀，反之关小风阀；在冬季，动作过程与夏季相反。因此，室温控制器上设有冬、夏转换开关。VAV BOX的工作特性如图13-33所示。

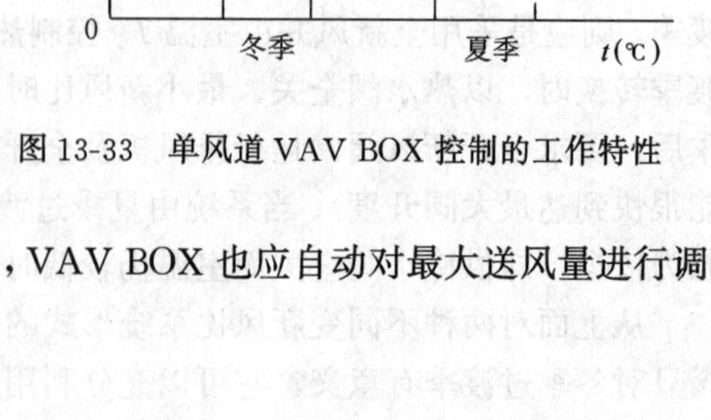

当房间冷、热设计负荷在数值上相差不大时，通常来说送热风时所要求的最大风量小于送冷风最大需求风量，因此在冬、夏转换的同时，VAV BOX也应自动对最大送风量进行调整。

图13-33　单风道VAV BOX控制的工作特性

2. 单风道热水再热型

324

如图 13-34，在夏季，它的控制与无再热型 VAV BOX 是完全相同的；但是在冬季，则与前者存在一定的区别，因为这时还要控制热水电动阀。

在第七章第七节中已经谈到，单风道再热型 VAV BOX 通常用于建筑的外区，在冬季工况下使用。对于风系统而言，它和内区的无再热型 VAV BOX 是在同一风系统之中，为了满足内区使用要求，系统送风温度必然低于室内温度。因此，外区 VAV BOX 在这里就有一个控制风阀和热水阀的先后次序问题。

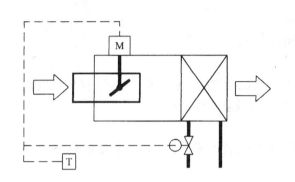

图 13-34　单风道热水再热型　　　　　图 13-35　单风道热水再热型
　　VAV BOX 控制原理　　　　　　　　　VAV BOX 控制的工作特性

当室温低于设定值时，首先的做法仍然是关小风阀（按夏季工况运行），减少冷风量。当送风量减至最小设定风量时，如果室温继续降低，则应打开热水阀对冷风进行加热，因此，这时室温控制应由控制风阀改为控制热水阀，并且控制器应自动改为冬季（供热）工况来运行。为了节能，这时应保持风阀为最小开度（即 VAV BOX 最小风量），随室温不断下降继续开大热水阀直至热水阀全开。当热水阀全开后，室温仍低于设定值时，则说明送风量不够（由于风量小导致热盘管换热量达不到要求），室温控制器由控制热水阀重新改为控制风阀（仍为冬季状态），加大 VAV BOX 的热风送风量以满足室温要求。上述整个工作过程特性如图 13-35 所示。

在 VAV BOX 中，目前大部分产品进口处都还设有风量传感器。对于单独的 VAV BOX 的控制而言，它的作用之一是起最小限制风量的功能，另一个作用是压力补偿。关于后一作用，在后面谈到变风量机组控制时再讨论，对于前者，可通过对 VAV BOX 控制器的设定来实现对其最小风量的限制。最小风量与设计送风量的比例应按下述三者中的较大者采用：

（1）VAV BOX 设计风量的 20%；

（2）变风量系统设计新风比 X；

（3）空调机组的变速比（即最小允许转速 $n_{\min}$ 与设计转速 n 的比值）所得出的最低风量之比值。

在上述三点中，前两点在第七章中已经提到，第三点从理论上来说似乎不是问题，但实际使用中有两点是应考虑的。第一是为了保证 VAV BOX 正常工作必须的工作压力，风机转速是不可能调为零的，但其风量有可能达到零；第二是空调机组内的风机在调速过程中，随着转速的下降，风机减振器（通常是钢弹簧）的减振效果也将下降，甚至可能产生共振。

根据第九章对减振体系的分析，一旦风机设计转速等参数确定之后，其减振器也就可以选定，因而减振器的固有频率 f_0 是一定的。当风机转速下降后，扰动频率 f 将下降，则频率比 f/f_0 下降，导致减振效率降低。换句话说，由此可以认为：减振器的固有频率 f_0 越低，则从减振设计来看风机的变速范围越大，从而越有利于变速节能。根据表 9-17，高层民用建筑中空调通风设备通常要求传递率 T 不大于 0.2，则由式（9-16）可以算出，减振要求的频率比 f/f_0 不应小于 2。因此，根据所选空调机组风机减振器的自振频率 f_0，我们就可以反过来计算出风机的最小转速要求为：

$$n_{\min} = 60f$$
$$= 120f_0 (r/\min)$$

（二）变风量空调机组及其系统的控制

变风量系统中控制的主要内容有：送（回）风温度控制、相对湿度控制、送风量控制、新风量控制等等，其中相对湿度控制与前述的定风量空调机组相同。

1．送风量控制

送风量控制是变风量系统的基础，是其节能的主要形式。它采用的主要方式是通过改变电源频率来调整风机的转速。

（1）静压控制

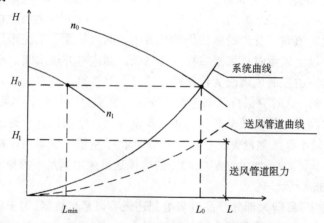

图 13-36　变风量系统的静压控制工况分析

如图 13-36，实线为整个风系统的设计性能曲线，设计风量 L_0，设计风压 H_0，设计转速 n_0；虚线为风道性能曲线（即除空调机组外的其余管道及附件，包括 VAV BOX），风量 L_0，设计风阻力 H_1。

理想的控制方法是：控制送风管路的工作点风压 H_1，调节风机转速。当风机转速调至 n_1 时，其送风量已达到最小风量 $L_{\min}$，这时已不能继续调风量，因此系统调速比为 n_0/n_1。

H_1 的值应根据系统设计状态时的计算值来确定。由于静压传感器有一定的测量精度限制，因此 H_1 值大一些对控制更有利，这样可使静压的变化更容易测出。这一点也从另一方面支持了第五章第十节中关于风速的讨论结果（见表 5-5）；即 VAV 系统中，送风道风速选择应比定风量系统更大一些。从目前的设计情况来看，在设计状态下，通常 H_1 占系统总阻力 H_0 的 40%～60% 左右。

关于静压控制点的位置选择，目前有以下几种做法（见图 13-37）。

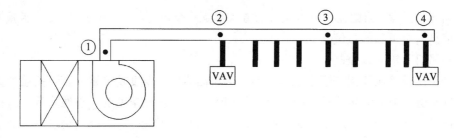

图 13-37　静压控制点的位置选取

①风机出口点(图 13-37 中的①点)这一位置是整个风系统在调节运行过程中静压变化最大的一点,因此,静压传感器的测量值最为可靠,且设置位置最为方便。

②第一个 VAV BOX 与主风道的连接点（图 13-27 中的②点）设于此点,主要是考虑保证 VAV BOX 所要求的静压,因此可以不管从①点到②点之间的风管阻力。从 VAV BOX 的控制要求看,这点可按末端装置的要求直接设定,因此较为方便调试,但这一位置的静压变化比①点小,因此要求传感器精度较高。

③最后一个 VAV BOX 与主风道的连接点（图 13-37 中的③点）以此考虑的原因是认为在②点与③点之间由于管道阻力使静压减少,因此它是以保证最末端 VAV BOX 要求的静压为基准。但此点静压的变化最小,对传感器的要求精度最高。

④送风主管中间部位点（图 13-37 中④点）此点是以综合②、③点的优缺点为基础的。

在上述四种选择中,之所以出现不同的位置,其原因是考虑到管路静压沿送风道的不断减少而得出的。但是,本书第五章第七节中已经指出:对于 VAV 系统,风道设计时应采用静压复得法计算并尽可能保证各 VAV BOX 进口处的静压值相等,这是 VAV 系统对风道设计的基本要求。只要严格按此要求设计,从理论上说,②、③、④点的静压值应相等。当然,实际工程中,静压值完全恒定是难以做到的,其原因除风道布置外,还与风道尺寸规格的不连续有关。但是,这种现象并不能完全成为上述选择的理由,因为从 VAV BOX 出口至各送风口之间的管路在实际工程中也不一定完全相同,因此实际工程中并不能肯定②点静压就会永远高于③点的静压,所以强调风系统中的压力平衡是最重要的。既然实际工程中管路上存在一定的静压差,不管按何点选择,都必然存在各 VAV BOX 进口压力不一致的状况,总有一些会受到影响,这样总是需要采取适当的修正措施（按系统最低压力点选择,则必须对高静压点进行修正,反之亦然）。

从 VAV BOX 本身的特点来看,在其进口处设有流量传感器,它和控制器一起可根据传感器测出的压差,对调节风阀进行开度的补偿和风量的再设定调节,从而对进口压力变化产生补偿作用,使静压变化对 VAV BOX 的影响很小。因此,当管路设计静压偏差率不大时,VAV BOX 是可以自动调整的,这种 VAV BOX 也就是目前最常用的一种形式——与压力无关型。

结合上述讨论,作者认为,为了维护管理及施工方便以及提高测量精度,按①点来设置静压传感器位置是较为合理的。

(2) 压差控制

所谓压差控制,即是通过改变风机转速,控制风机进出口的压差（即控制风机压头）。从图 13-36 中可以看出,对于风机来说,采用风机出口静压 H_1 控制与控制风机压头 H_0。具有完全相同的效果，因此控制风机压头的方式也是完全可行的。由于$H_0 > H_1$，压差控制时的测量值具有更可靠的数值。

（3）风机性能曲线控制

无论是出口静压控制，还是压差控制，都与传感器的精度及位置有密切关系，如果传感器精度不够，或其设置位置的空气流场不均匀，将会使测量值的可靠性降低，对控制质量产生影响。从系统分析来看，随 VAV BOX 的风阀开度变化，实际上是对风量需求的不断调整，因此，如果能直接控制风量则是最为精确的。

由于每个 VAV BOX 具有测量各自风量的能力，把各 VAV BOX 的瞬时风量值求和（$L = \Sigma L_i$），即可得出这时系统要求的总风量 L。根据风机在各转速下的性能曲线，可以得出定压头时其流量与转速的关系式 $L = f(n)$，把此关系编入控制器程序中，即可根据要求的风量得出要求的性能曲线而直接控制风机转速。

上述几种控制方式中，以控制精度来看，以第三种最好，但这同时也是最为复杂的。首先这要求对各 VAV BOX 的瞬时风量进行累计求和，其次要求空调机生产厂家提供较完整的风机曲线（包括各种转速），前者可通过设置适当的仪器来达到，而后者在目前有一定的困难，只有极少数厂家可以做到。从可靠性和投资上来看，静压控制则是目前大多数变风量系统控制所采用的普遍方法。

2．送风（或回风）温度控制

由于风系统不同，变风量系统与定风量系统对温度的控制方式是不一致的。

为了最大限度的节能，一般来说，低负荷时变风量系统应尽可能减小送风量。在定风量系统中，通常控制回风或室内温度，这时送风温度是在不断变化的，随冷负荷减少，夏季送风温度提高（或随热负荷减少，冬季送风温度降低），而送风量保持不变。但在变风量系统中，由于末端已能独立控制区域温度，因此，当保持送风温度不变时，更加有利于风量随负荷减少而节能；如果是控制回风温度，则风量的变化（减少）幅度相对较小，节能效益降低。在大多数情况下，系统风量 L 与送风温度 t_s 有如下近似关系：

$$\frac{Q_0}{Q} = \frac{L_0(t_n - t_{s0})}{L(t_n - t_s)} \tag{13-42}$$

式中　Q、Q_0——瞬时冷量及设计冷量；

　　　L、L_0——瞬时风量及设计风量；

　　　t_s、t_{s0}——瞬时送风温度及设计送风温度；

　　　t_n——室内设计温度。

从上式可以看出：随着 Q 的下降，维持送风温度 $t_s = t_{s0}$，将使要求的送风量 L 在同样冷最时为最小。因此，变风量系统当冷量在一定范围内变化时，应控制送风温度不变。

但是，由于 VAV BOX 及其空调机组有最小风量限制（L_{min}），当达到最小送风量时，如果冷负荷继续下降（或热负荷继续下降），则各房间 VAV BOX 已不能继续控制温度（实际上从这时开始系统已按定风量方式运行了）。因此，为了控制室内温度，这时应由控制送风温度改为控制回风平均温度或典型房间区域温度。可以看出：在这一情况下，系统已不能再独立去控制各个区域温度，因此尽可能减少这种情况（即让 L_{min} 尽量降低），不但有利于节能，也有利于房间的温度控制。

3．新风量控制

新风量控制的目的是保证系统在任何时候都至少能够提供满足卫生要求所必需的新风量，有以下两种做法。

(1) 增大设计新风比

这一做法的出发点是：在送风量变化的过程中，新风比始终保持不变，但新风量则处于变化之中；当送风量减为最小值 L_{min} 时，保证最小新风量 L_{xmin}。因此，这种做法的具体步骤是：首先确定最小送风量 L_{min}，然后根据人均最小新风量确定系统最小新风量 L_{xmin}（在这时应保证 $L_{xmin} < L_{min}$，否则应重新确定 L_{min}），则设计新风比为：

$$x = \frac{L_{xmin}}{L_{min}} \tag{13-43}$$

当系统送风量处于设计值 L_0 时，则该系统设计新风量为：

$$L_x = x \cdot L_0$$
$$= \frac{L_{xmin}}{L_{min}} \cdot L_0 \tag{13-44}$$

很显然，$L_x > L_{xmin}$，说明在设计状态甚至整个调速运转过程中，新风量始终超过卫生标准，因此这种方式能耗是较大的。并且随着送风量加大，系统的正压风量将增大，必须考虑有组织的机械排风且排风量也应随送风量同步变化。

从工程实践中看，用这种方式时，通常取 $L_{min} = (40\% \sim 50\%) L_0$，即认为系统风量变化范围在 $60\% \sim 100\%$ 或 $50\% \sim 100\%$ 之间。此种方式对新风阀只要求为开关式，因而风阀控制相对简单。但此方式能耗（尤其是冷、热源安装容量）将会有较大的增加。

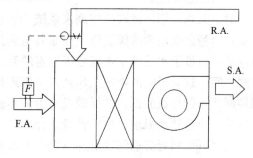

图 13-38　通过改变新风比控制新风量不变

(2) 变新风比

这种控制的出发点是：在系统调节运行过程中，新风量始终保持不变，因此，无论送风量如何变化，都按设计最小新风量 L_{xmin} 运行，设计新风比为系统最小新风比：

$$x_{min} = \frac{L_{xmin}}{L_0} \tag{13-45}$$

如图 13-38，当送风量减少时，调节回风电动阀开度，减少回风量，保持 L_{xmin} 不变，新风比则逐渐加大；当系统达到最小送风量时，新风比达到 100%。这一结论和前面讨论的关于系统最小送风量 L_{min} 的取值方法是完全一致的。

回风电动阀的控制可通过以下三种方式来取得：

①与风机同步调节。当风机转速由送风静压控制时，在调风机转速的同时同步调节回风电动阀的开度。这种方式控制简单可靠，但由于电动风阀的调节特性不完全是线性的，所以存在一定的误差。

②由总送风量控制。根据各 VAV BOX 的风量累计求得瞬时系统总送风量 L，可计算出此时要求的回风量 $L_h = L - L_{xmin}$，再根据 L_h 和风阀性能曲线即可控制回风电动风阀的开度。这一方式必须了解风阀特性并编制相应的调节程序，因此工作较为复杂一些。

③由新风量直接控制。在新风管道上设置风量传感器，直接测量新风量值，与设定值

（即设计值）L_{xmin}进行比较，通过调节回风阀，即可保持新风量为定值。

变新风比方式对于新风量控制的优点是始终能保持系统满足卫生要求的最小新风量，其节能的特点较为明显，控制也可以做到并较为可靠，建议设计中以此为主来考虑。

第七节　冷、热源系统的控制

一、一次泵冷冻水系统

（一）设备联锁

在一次泵冷冻水系统中，首先要求的是系统在起动或停止的过程中，冷水机组应与相应的冷冻水泵、冷却水泵、冷却塔等进行电气联锁。只有当所有附属设备及附件都正常运行工作之后，冷水机组才能起动；而停车时的顺序则相反，应是冷水机组优先停车。

当有多台冷水机组并联且在水管路中泵与冷水机组不是一一对应连接时，则冷水机组冷冻水和冷却水接管上还应设有电动蝶阀（如图 7-12 所示），以使冷水机组与水泵的运行能一一对应进行，该电动蝶阀应参加上述联锁。因此，整个联锁起动程序为：水泵——电动蝶阀——冷水机组；停车时联锁程序相反。

（二）压差控制

对于末端采用两通阀的空调水系统，冷冻水供、回水总管之间必须设置压差控制装置，通常它由旁通电动两通阀及压差控制器组成。旁通电动阀的选择在前面已述，其连接时，接口应尽可能设于水系统中水流较为稳定的管道上。在一些工程中，此旁通阀常接于分、集水缸之间，这对于阀的稳定工作及维护管理是较为有利的，但是如果冷水机组是根据冷量来控制其运行台数的话，这样的设置也许不是最好的方式，它会使控制误差加大，原因在以后关于流量计及温度计位置设置部分中将会提到。压差控制器（或压差传感器）的两端接管应尽可能靠近旁通阀两端并也应设于水系统中压力较稳定的地点，以减少水流量的波动，提高控制的精确性。压差传感器精度通常来说以不超过控制压差的 5%～10% 为宜，目前常用产品中，此精度大多在 10～14kPa 左右。

（三）设备运行台数控制

为了延长各设备的使用寿命，通常要求设备的运行累计小时数尽可能相同。因此，每次初起动系统时，都应优先起动累计运行小时数最少的设备（除特殊设计要求——比如某台冷水机组是专为低负荷节能运行而设置的），这要求在控制系统中有自动记录设备运行时间的仪表。

1. 回水温度控制

回水温度控制冷水机组运行台数的方式，适合于冷水机组定出水温度的空调水系统，这也是目前广泛采用的水系统形式。通常冷水机组的出水温度设定为 7℃，则不同的回水温度实际上反映了空调系统中不同的需冷量。回水温度传感器 T 的设置位置如图 7-11 和图 7-12 所示。

尽管从理论上来说回水温度可反映空调需冷量，但由于目前较好的水温传感器的精度在大约 0.4℃ 左右，而冷冻水设计供、回水温差大多为 12℃，因此，回水温度控制的方式在控制精度上受到了温度传感器的约束，不可能很高。为了防止冷水机组起停过于频繁，采用此方式时，一般不能用自动起停机组而应采用自动监测、人工手动起停的方式。

当系统内只有一台冷水机组时,回水温度的测量显示值范围为12.4～6.6℃(假定精度为0.4℃),显然,其控制冷量的误差在16%左右。

当系统有两台同样制冷量的冷水机组时,从一台运行转为两台运行的边界条件理论上说应是回水温度为9.5℃,而实际测量值有可能是9.1～9.9℃。这说明当显示回水温度为9.5℃时,系统实际需冷量的范围是在总设计冷量的42%～58%之间。如果此时是低限值,则说明转换的时间过早,已运行的冷水机组此时只有其单机容量的84%而不是100%,这时投入两台会使每台冷水机组的负荷率只有42%,明显是低效率运转而耗能的。如果为高限值(58%),则说明转换时间过晚,已运行的冷水机组的负荷率已达到其单机容量的116%,处于超负荷工作状态。

当系统内有三台同冷量冷水机组时,上述控制的误差更为明显。从理论上说,回水温度在8.7℃及10.3℃时分别为一台转两台运行及两台转为三台运行的转换点。但实际上,当测量回水温度值显示8.7℃时,总冷量可能的范围为26%～42%,相当于单机的负荷率为78%～126%,因此,在一台转为两台运行时,转换点过早或过晚的问题更为明显。同样,当回水温度显示值为10.3℃时,实际总冷量可能在58%～74%之间,相当于两台已运行冷水机组的各自负荷率为87%～111%,显然同样存在上述问题。可以以此类推的结论是:冷水机组设计选用台数越多而实际运行数量越少时,上述误差越为严重。

为了保证投入运行的新一台冷水机组达到所必须的负荷率(通常按20%～30%考虑),减少误投入的可能性及降低由于迟投入带来的不利影响,作者认为:如果采用回水温度来决定冷水机组的运行台数,则要求系统内冷水机组的台数不应超过两台。

2. 冷量控制

相对于回水温度控制来说,冷量控制方式是更为精确的。它的基本原理是:测量用户侧供、回水温度T_1、T_2及冷冻水流量W,计算出实际需冷量$Q=W(T_2-T_1)$,由此可决定冷水机组的运行台数。

在这种控制方式中,各传感器的设置位置是设计中主要的考虑因素,位置不同,将会使测量和控制误差出现明显的区别。目前通常有两种设置方式:一种是把传感器设于旁通阀的外侧(即用户侧),如图13-39中的各个位置;另一种是把位置定在旁通阀内侧(即冷源侧)如图13-39中A、B、C三点。

在空调水系统中,为了减少水系统阻力,一般不采用孔板式流量计而采用电磁式流量计,其测量精度大约为1%。以下以两台冷水机组所组成的水系统为例来分析上述两种设置位置的测量误差。假定水系统为线性系统(这是一次泵系统使用的基本条件),且两台冷水机组都正在运行,设计冷冻水流量为W_0,当实际冷量Q为设计冷量Q_0的50%时,从控制要求上看应停止一台冷水机组。

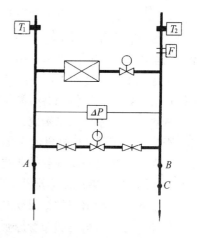

图13-39　水系统各传感器位置的选取

(1) 传感器设于用户侧时

实际冷量$Q=50\%Q_0$时,测量及计算出的最大可能冷量为:
$$Q_{\max}=0.5W_0\times(1+1\%)\times[(12+0.4)-(7-0.4)]$$

$$= 2.929W_0$$

测量及计算出的最小可能冷量为：

$$Q_{\min} = 0.5W_0 \times (1 - 1\%) \times [(12 - 0.4) - (7 + 0.4)]$$
$$= 2.079W_0$$

而实际冷量为 $Q = 2.5W_0$，因此冷量的计算误差为：

最大正误差：$\Delta Q_1(+) = Q_{\max} - Q = 0.429W_0$；

最大负误差：$\Delta Q_1(-) = Q_{\min} - Q = -0.421W_0$；

最大正误差率：$X_1(+) = \dfrac{\Delta Q_1(+)}{Q} = 17.16\%$；

最大负误差率：$X_1(-) = \dfrac{\Delta Q_1(-)}{Q} = -16.84\%$。

（2）传感器设于冷源侧时

分析条件不变，则测量及计算出的最大可能的冷量为：

$$Q_{\max} = W_0(1 + 1\%)[(9.5 + 0.4) - (7 - 0.4)]$$
$$= 3.333W_0$$

测量及计算出的最小可能的冷量为：

$$Q_{\min} = W_0(1 - 1\%)[(9.5 - 0.4) - (7 + 0.4)]$$
$$= 1.683W_0$$

最大正误差：$\Delta Q_2(+) = Q_{\max} - Q = 0.833W_0$；

最大负误差：$\Delta Q_2(-) = Q_{\min} - Q = -0.817W_0$；

最大正误差率：$X_2(+) = 33.32\%$；

最大负误差率：$X_2(-) = -32.68\%$。

从上面两种情况中的 X_1 和 X_2 的值可以看出：无论是正误差还是负误差，$|X_2|$ 远大于 $|X_1|$，几乎超过了一倍。由此可知：用冷量控制时，传感器设于用户侧是更为合理的。如果把旁通阀设于分、集水缸之间，则传感器的设置就无法满足这种要求，因此会使冷量的计算误差偏大，对机组台数控制显然是不利的。

从定性来看，之所以产生上述测量及计算误差值的不同，主要是由于水温传感器的测量相对精度低于流量传感器的测量精度所造成的。当水温传感器测量精度为 $0.4℃$ 时，其水温测量的相对误差对供水来说为 $0.4/7 = 5.7\%$，对回水而言则为 $0.4/12 = 3.3\%$，它们都远大于流量传感器 1% 的测量精度。同时，上述分析是在假定水系统为线性系统的基础上的，如果水系统呈一定程度的非线性，则用户侧回水温度在低负荷时可能会更高一些（大于 $12℃$），这时如果把传感器设于用户侧，相当于提高了回水温度的测量精度，其计算的结果会比上述第一种情况的结果误差更小一些。

除上述分析所得出的布置原则外，为了保证流量传感器达到其测量精度，应把它设于管路中水流稳定处，并在设计安装时保证其前面（来水流方向）直管段长管不小于 5 倍接管直径，后面直管段长度不小于 3 倍接管直径。

二、二次泵冷冻水系统

二次泵系统监控的内容包括：设备联锁、冷水机组台数控制、次级泵控制等等。从二次泵系统的设计原理及控制要求来看，要保证其良好的节能效果，必须设置相应的自动控制系统才能实现。这也就是说，所有控制都应是在自动检测各种运行参数的基础上进行的。

二次泵系统中，冷水机组、初级冷冻水泵、冷却泵、冷却塔及有关电动蝶阀的电气联锁起停程序与一次泵系统完全相同。

（一）冷水机组台数控制

在二次泵系统中，由于连通管的作用，无法通过测量回水温度来决定冷水机组的运行台数，因此，二次泵系统台数控制必须采用冷量控制的方式，其传感器设置原则与上述一次泵系统冷量控制相类似，如图 7-13。

（二）次级泵控制

次级泵控制可分为台数控制、变速控制和联合控制三种。

1. 次级泵台数控制

采用此种方式时，次级泵全部为定速泵，同时还应对压差进行控制，因此设有压差旁通电动阀。

应该注意的是，压差旁通阀旁通的水量是次级泵组总供水量与用户侧需水量的差值，而连通管 AB 的水量是初级泵组与次级泵组供水量的差值，这两者是不一样的。

压差控制旁通阀的情况与一次泵系统相类似。

（1）压差控制

当系统需水量小于次级泵组运行的总水量时，为了保证次级泵的工作点基本不变，稳定用户环路，应在次级泵环路中设旁通电动阀，通过压差控制旁通水量。当旁通阀全开而供、回水压差继续升高时，则应停止一台次级泵运行。当系统需水量大于运行的次级泵组总水量时，反映出的结果是旁通阀全关且压差继续下降，这时应增加一台次级泵投入运行。

因此，压差控制次级泵台数时，转换边界条件如下：

停泵过程：压差旁通阀全开，压差仍超过设定值时，则停一台泵；

起泵过程：压差旁通阀全关，压差仍低于设定值时，则起动一台泵。

由于压差的波动较大，测量精度有限（5%～10%），很显然，采用这种方式直接控制次级泵时，精度受到一定的限制，且由于必须了解两个以上的条件参数（旁通阀的开、闭情况及压差值），因而使控制变得较为复杂。

（2）流量控制

既然用户侧必须设有流量传感器，因此直接根据此流量测定值并与每台次级泵设计流量进行比较，即可方便地得出需要运行的次级泵台数。由于流量测量的精度较高，因此这一控制是更为精确的方法。此时旁通阀仍然需要，但它只是用作为水量旁通用而并不参与次级泵台数控制。

2. 变速控制

变速控制是针对次级泵为全变速泵而设置的，其被控参数既可是次级泵出口压力，又可是供、回水管的压差（见第七章）。通过测量被控参数并与给定值相比较，改变水泵电机频率，控制水泵转速。显然，在这一过程中，不再需要压差旁通阀。

3. 联合控制

联合控制是针对定-变速泵系统而设的，通常这时空调水系统中是采用一台变速泵与多台定速泵组合，其被控参数既可是压差也可是压力。这种控制方式，既要控制变速泵转速，又要控制定速泵的运行台数，因此相对来说此方式比上述两种更为复杂。同时，从控制和节能要求来看，任何时候变速泵都应保持运行状态，且其参数会随着定速泵台数起停时发生较大的变化。

此方式同样不需要设置压差旁通阀。

在上述后两种控制方式中，被控参数是压力或压差。之所以这样考虑，是因为在变速过程中，如果无控制手段，对用户侧来说，供、回水压差的变化将破坏水路系统的水力平衡，甚至使得用户的电动阀不能正常工作，因此，变速泵控制时，不能采用流量为被控参数而必须用压力或压差。

无论是变速控制还是台数控制，在系统初投入时，都应先手动起动一台次级泵（若有变速泵则应先起动变速泵），同时监控系统供电并自动投入工作状态。当实测冷量大于单台冷水机组的最小冷量要求时，则联锁起动一台冷水机组及相关设备。

三、冷却塔的控制

冷却塔与冷水机组通常是电气联锁的，但这一联锁并非要求冷却塔风机必须随冷水机组同时运行，而只是要求冷却塔的控制系统投入工作，一旦冷却回水温度不能保证时，则自动起动冷却塔风机。

因此，冷却塔的控制实际上是利用冷却回水温度来控制相应的风机（风机作台数控制或变速控制），不受冷水机组运行状态的限制（例如，室外湿球温度较低时，虽然冷水机组运行，但也可能仅靠水从塔流出后的自然冷却而不是风机强制冷却即可满足水温要求），它是一个独立的控制环路。

四、热水系统及冬夏转换

（一）热交换器的控制

空调热水系统与冷水系统相似，通常是以定供水温度来设计的。因此，热交换器控制的常见做法是：在二次水出水口设温度传感器，由此控制一次热媒的流量。当一次热媒的水系统为变水量系统时，其控制流量应采用电动两通阀；若一次热媒不允许变水量，则应采用电动三通阀。当一次热媒为热水时，电动阀调节性能应采用等百分比型；一次热媒为蒸汽时，电动阀应采用直线阀。如果有凝结水预热器，一般来说作为一次热媒的凝结水的水量不用再作控制。

当系统内有多台热交换器并联使用时，与冷水机组一样，应在每台热交换器二次热水进口处加电动蝶阀，把不使用的热交换器水路切除，保证系统要求的供水温度。

（二）冬、夏工况的转换

空调水系统冬、夏工况的切换只是在两管制系统中才具有的，通常是通过在冷、热回供、回水总管上设置阀门来实现，自控设备的使用方式决定了冷、热水总管的接口位置及切换方式。

1. 冷、热计量分开，压差控制分开

这种情况下，冷、热水总管可接入分、集水缸（如图13-40）。从切换阀的使用要求来看，当使用标准不高时，可采用手动。但如果使用的自动化程度要求较高，尤其是在过渡季有过能要求来回多次切换的系统，为保证切换及时并减少人员操作的工作量，这时应采用电动阀切换。

图13-40的一个主要优点是冷、热水旁通阀各自独立，因此各控制设备均能根据冷、热

水系统的不同特点来选择、设置和控制，这对于压差控制及测量精度都是较高的。这一系统的主要缺点是由于分别计量及控制，使投资相对较大。

2. 冷、热计量及压差控制冬夏合用

此种方式的优缺点正好与上一种方式相反（如图13-41）。通常此时冷、热量计量及测量元件和压差旁通阀都按夏季来选择，当用于热水时，由于流量测量仪表及旁通阀的选择偏大，将使其对热水系统的控制和测量精度下降。

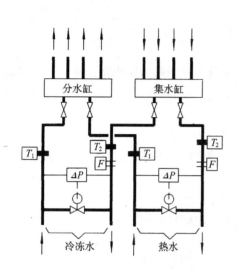

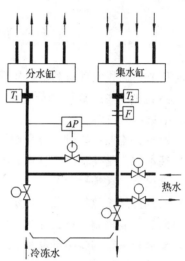

图13-40　冷、热水分别控制及计量　　　　图13-41　冷、热水合用控制及计量

在这时，冷、热水切换不应放在分、集水缸上而应设在分、集水缸之前的供、回水总管上（如图13-41），以保证前面所述的冷、热量计算的精度。从实际情况来看，总管通常位于机房上部较高的位置，手动切换是较为困难的。因此，这时通常采用电动阀切换（双位式阀门如电动蝶阀等）。同时，压差控制器应设于管理人员方便操作处，以使其可以较容易的进行冬、夏压差控制值的设定及修改（通常冬季运行时的控制压差小于夏季）。

在按夏季工况选择旁通阀后，为了尽可能使其在冬季时的控制较好，这里有必要研究冬季供热时对热水系统的设计要求。

假定夏季及冬季的设计控制压差分别为ΔP_s、ΔP_d（Pa），最大旁通流量分别为W_s、W_d（m^3/h），则按夏季选择时，阀的流通能力为：

$$C_s = \frac{316W_s}{\sqrt{\Delta P_s}} \tag{13-46}$$

按冬季理想控制来选择，则阀的流通能力为：

$$C_d = \frac{316W_d}{\sqrt{\Delta P_d}} \tag{13-47}$$

由于采用同一旁通阀，因此，同时满足夏季与冬季控制要求的阀门应是$C_s = C_d$，则由上两式得：

$$\frac{\Delta P_s}{\Delta P_d} = \left(\frac{W_s}{W_d}\right)^2 \tag{13-48}$$

与夏季压差旁通控制相同的是：冬季最大旁通量也为一台二次热水泵的水量。因此，当

ΔP_s、ΔP_d 及 W_s 都已计算出的情况下，可由式（13-48）计算出 W_d，这就是二次热水泵的水量，这一水量即是以控制来说最为理想的对二次热水泵的流量要求，由 W_d 并根据总热负荷及热水供、回水温差即可反过来确定出热交换器及二次热水泵的台数（一一对应）。当然，由此确定热交换器的台数后，还应符合前面章节中提到的关于热交换器的设置原则：一台热交换器停止运行时，其余的应保证总供热量的 70% 以上。如果不能满足这一原则，则应以此原则决定热交换台数，而牺牲对热水系统的调节能力。

第八节　中央监控系统

在前几节中，我们针对高层民用建筑空调系统及各种设备的使用特点提出了控制的基本要求，要实现这些控制及管理要求，需要采用相应的控制系统及相关设备，这就是本节所讨论的中央监控系统。

在设置中央监控系统时，应考虑以下一些内容：

（1）基本的控制要求，包括设备起停（或阀门的开闭）控制、设备及附件的运行状态显示，故障报警、联锁控制等。

（2）系统控制参数的监测、显示、记录及再设定。

（3）系统节能控制、运行台数控制、能耗及运行时间统计及报表。

（4）与消防系统的联络或联系。

一、启停控制系统

这是一种最简单的中央监控系统形式，其主要功能是通过强电接触器，在中央控制室中，对空调设备进行远距离的起停控制，以降低人工操作强度，提高操作的方便性。对于设备的运行状态，则通过信号指示灯来显示。

这种系统对于水和空气的各种工作参数均不作控制，因此实际上它不是参数自动控制系统，只适用于无自控要求的低标准建筑。从状态显示来看，其指示灯所显示的也只是接触器状态而非真正的设备状态。

因此，对于目前的高层民用建筑，这种系统已极少采用。

二、常规仪表控制系统

常规仪表控制已经在空调系统中使用了多年，其可靠性好，造价低廉，独立性强（根据不同的控制要求有不同的控制环路），因此得以广泛应用。

常规仪表控制系统的特点是控制器一般由弱电模拟调节仪表组成（如我们通常说的 P、PI 或 PID 控制器都属于常规仪表），每个控制器有其固有的调节特性，一些较高级的控制器的 PID 参数也可在现场调整。

常规仪表控制系统通常也包括了起停控制系统的内容。在参数的检测显示中，为了节省投资，一般来说不宜采用单一仪表单一参数显示的方式，而多采用多点式巡回检测仪设于中控室，以巡回检测各种主要控制参数。

三、集散式系统（简称 DGP 系统）

这种系统是对常规仪表系统的改进，其主要特点有以下三点：

（1）控制功能由分散设置的常规仪表来完成，这一点与常规仪表相同。

（2）设备运行状态及各种参数的采集采用分散式数据收集器（DGP），通过它的转换后，变为数字信号，利用计算机网络来传输并在中央电脑中显示。因此这一系统用计算机代替了常规仪表中的参数显示设备。

（3）通过中央电脑可对部分常规仪表控制器的控制参数进行再设定。

在80年代，这种系统在我国的一些较高级的民用建筑中得到了较大的应用。

四、直接数字控制系统（简称DDC系统）

通过对DGP系统的特点分析，我们可以看出，它是把计算机技术与常规仪表系统相结合的一个组合体，尽管可满足绝大多数控制及管理的要求，但投资是比较大的。从空调系统的要求来看，单一常规仪表的控制功能已越来越不能满足空调系统的控制要求。比如空调系统中的全年运行工况转换、变新风比控制、冷热量计量及控制等等，如果采用常规仪表来完成，必然要把多个控制仪表有机的组合在一个控制环路中才可能实现，其设计和运行管理的工作量都是较大的甚至有的是无法达到的。当然，作为一种过渡性形式，DGP系统仍然有其不可磨灭的地位。

随着现代计算机控制技术的不断发展，用计算机去完成一个甚至多个常规仪表组合功能已经不是困难的事了，许多比空调控制复杂得多的工艺过程也早已实现控制的计算机化。因此，国外从70年代开始，已逐渐研究把计算机控制引入建筑空调系统之中。在我国，从80年代中、后期开始，在一些建筑中也逐步开始采用这一技术，即DDC控制系统。

DDC系统的最大特点是：从参数收集、传输到控制等各个环节均采用数字控制功能来实现。与DGP系统相比，它采用了数字控制器来代替常规仪表控制器，并且一个数字控制器可同时完成多个常规仪表控制器的功能，可有多个不同对象的控制环路。正是由于整个控制系统实现了数字化，使其在速度、精度、管理等方面都远强于传统的常规仪表，因此，DDC系统代表着高层民用建筑空调控制系统的发展方向。它尤其适合于监控参数点较多、控制功能复杂、使用及管理要求较高的建筑之中。

DDC系统是最近十多年在我国新发展起来的控制技术，因此，本节将以此为重点介绍。

（一）DDC系统的组成

DDC即英文Direct Digital Control的缩写，直译即为直接数字控制。其系统通常的组成有：中央设备（中央电脑、彩色监视器、键盘、打印机、不间断电源、通讯接口、鼠标器等）、DDC现场控制器、通讯网络以及常规仪表控制系统中同样需要且在本章前几节中已经详细介绍过的传感器、执行器、调节阀等元器件。在这些基本组成中，DDC控制器是关键的控制部件，中央设备则主要是用于管理，而网络结构则是衡量整个系统指标的一个重要因素。

（二）系统网络结构

DDC系统在网络结构上目前有两大类，即Bus总线结构和环流网络结构。

1. Bus总线结构（如图13-42）

Bus总线结构即是所有的DDC控制器通过一条Bus总线与中央设备相连，各个DDC控制器均处在同一级别中，也即是人们常说的两级结构系统。其优点是通讯速度较快，系统结构简单，在一些中、小型工程中应用广泛。

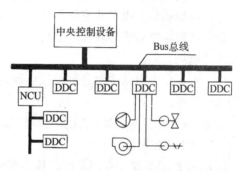

图13-42　Bus总线结构DDC系统示意

简单的 Bus 总线结构由于其容量有限，当工程较大、DDC 控制器数量较多时，这种布置方式可能存在一定的缺陷。比如当建筑内的机械用房分布为多个区域时，如果每个区域内有多个 DDC 控制器，则这样的布置将会导致布线的复杂。因此，一些厂商又在此基础上发展了一种支路 Bus 总线结构网络，即通过一个通讯处理设备（NCU）后产生支路 Bus 总线，这样各支路又可带若干个 DDC 控制器，对于一个区域而言，只需一个或几个 NCU 与系统 Bus 总线相连接即可，这也就是人们常说的三级系统。

2. 环流结构（图 13-43）

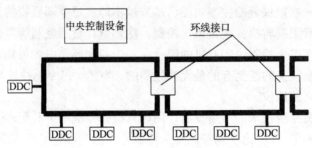

图 13-43　环流结构 DDC 系统示意

这种结构的特点是通过两条总线形成环路，每一环路中所带有数个 DDC 控制器。

为了便于扩充，这种系统一般还没有环线接口，形成后一级环路。因此，这种系统具有较强的扩充能力，其容量只受到中央设备能力的限制。

（三）中央设备

中央设备是指以中央电脑为基础的设备群组。其中鼠标器和键盘供人员操作使用，打印机负责对各种参数进行打印及报告，不间断电源则是为了满足中央电脑在停电时把一些必要资料进行记录存贮所必需的供电要求。

中央电脑及设备通常具有以下一些功能：

(1) 中央电脑通常为普通个人电脑，从目前情况看，以 486 电脑的应用较为广泛。

(2) 可容纳多个 DDC 控制器，同时可对每个 DDC 控制器进行管理及使它们相互通讯。

(3) 在中央电脑上，可对每个 DDC 控制器进行编程以满足实际工程的使用要求。

(4) 通过彩色监视器可显示多幅各种控制系统的彩色动态图。

(5) 可提供数个时间通道以便于对受控设备进行自动管理。

(6) 可提供数个优先级别的报警通道，通过声光及打印机随时打印及显示各种报警。

(7) 可提供数个级别的密码保护，以供不同级别的操作人员使用。

(8) 具有丰富的管理软件，如自动记录设备运行小时数，能量自动记录（包括瞬时能量及累计能耗）等。

(9) 可在中央电脑中对各种被控参数进行再设定，也可根据要求进行冬夏工况的自动分析和转换等。

(10) 应考虑到与消防电脑系统的通讯。

（四）DDC 控制器

DDC 控制器是整个控制系统的核心部分，是完成控制功能的关键，其构成如图 13-44。

从图 13-44 中可以看出：DDC 控制器实际上是一个具有输入、输出通讯功能的微型计算机控制器。空调系统中的各种信号（如温、湿度参数及设备工作状态等），通过输入装置后，变成了计算机可接受的数字信号（A/D 转换），在微处理器中按事先编好的程序进行运算，而后将运算结果以数字方式输出，通过 D/A 转换及输出装置后，去控制各种设备或元器件。

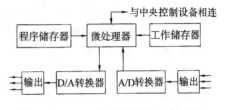

图 13-44　DDC 控制器的构成示意图

衡量一个 DDC 控制器的功能主要有以下一些内容：

1. 软件

软件部分通常分为三类，即基础软件、应用软件和自检软件。

（1）基础软件

基础软件是作为固定程序固化在模块中的通用软件，通常这部分由 DDC 控制器生产厂直接在微处理芯片中写入，不需要也不可能由其它人员进行修改。基础软件相当于空调设计的一些基础资料（如 h-d 图等）。从原理上来说，各种产品的基础软件是没有多大差距的。

（2）应用软件

应用软件是针对各控制内容而编写的，不同的控制要求不相同的控制程序。因此，这部分软件可以根据管理人员的要求进行一定的修改。

①控制功能　提供模拟 P、PI、PID 的控制特性，有的还具备自适应控制的功能。

②能量控制　能量控制包括的内容如下：

时间通道——自动或编程输入各设备的起停时间；

最优化起停及台数控制——根据空调系统的要求，自动决定设备的起停时间及运行台数；

能耗记录——自动记录瞬时及累计能耗，自动记录设备运行小时数；

焓值控制——通过比较室内、外空气焓值，控制新风比及进行工况转换；

夜间循环控制——利用夜间冷空气进行预冷，节约能耗；

节假日程序——在节假日时调整设备起停时间及运行台数。

③实时时钟　它使计算机内的时间永远与实际标准时相一致，上述能量控制功能大都需要实时时钟功能的配合来完成。

④运行管理　对各种控制参数、设备运行状态等进行再设定、监测及显示，同时与中央电脑进行各种相关的通讯。

⑤报警及联锁　当收到报警信号后，自动根据已编排程序联锁有关设备的起停或其它控制，同时向中央电脑发出报警信号。

（3）自检软件

自检软件的设置可以保证 DDC 控制器的正常运行，检测其运行故障，便于管理人员的维修操作。

2. 容量

DDC 控制器的容量一般是以其所包含有的控制点的数量来衡量的。所谓控制点，即指控制器可接受的输入信号或可发出的输出信号的功能及内容，一个点即代表一个信号。在介绍各种控制点之前，设计人员应先了解控制系统中几个特定物理量的意义及其表示符号。

（1）数字量

数字量又称为开关量。在控制系统中，它反映的是某个设备或控制参数的状态，是一个不连续的双位变量。它通常以英文字母 D 表示（即英文单词 Digital 的缩写），在一些厂家的资料中，也有用字母 B（英文单词 Binary 的缩写）来表示的。

空调系统中，作为数字量的参数通常有：设备运行状态（起或停）、双位阀的工作状态（开或关）等等。

（2）模拟量

模拟量即指连续变化的参数量。在空调系统中，诸如温度、湿度、压力等参数以及阀门开度等，都属于模拟量的范围，通常用字母 A（英文单词 Analog 的缩写）来表示。

（3）输入量

输入量指从外界送进 DDC 控制器的信号，以字母 I（英文单词 Input 的缩写）表示。

（4）输出量

输出量是指从 DDC 控制器发出的指令或信号，以字母 O（英文单词 Output 的缩写）来表示。

在明确上述几个基本量之后，DDC 控制器的控制点常用的有以下几种组合：

DI（或 BI）——数字量（开关量）输入，如风机、水泵等设备运行状态及压差开关状态等等。

DO（或 BO）——数字量（开关量）输出，如控制设备起停的信号、双位阀的控制信号等。

AI——模拟量输入，如温度、湿度、压力、流量等信号。

AO——模拟量输出，如调节式水阀或风阀、电机变速等的控制信号。

控制点数的多少是评价一个 DDC 控制器的重要指标，一般来说，控制点越多，表明其功能越强，可控制及管理的范围越大，但同时也表明其价格会因此上升。

在 DDC 系统设计中，DDC 控制器的点数及台数选择搭配是一个至关重要的问题，它直接与经济性和管理的方便性及可靠性有关。从产品本身来看，各种型号的 DDC 控制器都是有一定规格的，即其各种点数通常是按一定比例搭配的。尽管一些厂家可以通过插接模块或 A/D 转换模块对某些控制器提供较为灵活的点数组合，但没有一种产品可以完全按工程实际要求提供点数。因此，选择 DDC 控制器型号时，其点数除满足实际要求外，一般都会有一些多余的点不能利用，所以实际工程中并非一个 DDC 控制器的点数越多越好，而应针对被控对象的要求来决定。

当一个 DDC 控制器的容量较大时，也许它可控制几个对象的内容，因此，大容量控制器适合于设备或控制参数较多且较为集中的场所。对于参数或设备较为分散的场所（如每层的空调机房等），则宜采用每一对象（或每一机房）独立一个控制器的方式。

无论是大容量还是小容量控制器，同一控制对象（或空调系统）中的各种控制及管理的内容应尽可能放进同一 DDC 控制器之中，尤其是那些相互有关连的控制量（如空调系统中回风温度输入信号 AI 与控制电动水阀的输出信号 AO，水系统中压差输入信号与控制旁通阀的输出信号等）更应如此。这样做可以得到许多优点：第一是保证其控制的有效及可靠，第二是运行管理更为方便，第三是可充分发挥控制器功能以提高控制速度。

当然，实际工程中，由于各种原因（如为了充分利用控制器的多余点数以减少控制器数量，节省投资等），有时上述原则是不能完全满足的。也就是说，有时可能是同一控制对象（或系统）中的点数放进了不同的控制器中。由于各个 DDC 控制器是可以相互通讯的，厂商可以通过应用软件的编程来解决这一问题，因此从控制上看，这样做本身并不是不可行的。但这样做将使控制的可靠性降低，因为任何一台有关的控制器故障就会影响对被控对象的控制。因此，这种情况应尽可能避免，或者尽量缩小范围并且不应把有重要关联的参数量分开，最多也只宜在两台控制器中解决。

（五）一些常见问题的处理

1. 关于室外焓值的测量

对于变新风比空调系统，控制过程中必须测量室外焓值。如果一幢建筑内这种风系统不多，则每台空调机组控制时可以各自单独设置室外温、湿度传感器以测量及计算室外焓值，这样做的结果是不同场所（或区域）使用的变新风比机组将采用不同的室外空气焓值（很明显，由于建筑朝向等因素的影响，这种情况下各组测量及计算的焓值都是不相同的）。

但是，温、湿度传感器的造价是较贵的，上述做法要求各变新风比控制的空调机组的控制器上均要有两个单独的 AI 点，也使得控制器的价格提高，当建筑中这类机组很多时，系统的投资将上升较大。同时，这样做对于建筑整体来说，无法实现对室外空气参数的统一管理。因此，如果机组较多时，较好的方法是选择几个有代表性的位置（如按朝向来选择），测量计算几组典型的室外焓值，分别送入几个不同的 DDC 控制器中（如果能集中送入一个则更好，但有时由于距离过长而存在困难），然后把这几组典型的焓值由各 DDC 控制器送入中央电脑，在中央电脑中根据空调系统的设置情况进行加权平均（如根据新风口位于不同朝向的空调机组的数量取加权值），或者更简化一点是求算术平均值，再把此求出的平均值作为该幢建筑的标准室外焓值送至各个 DDC 控制器中参与其对变新风比机组的控制。这样的做法具有的优点是投资相对节省，且中央电脑不但可以方便的记录室外空气的状态变化，而且可把各 DDC 控制器的焓值统一起来，对于运行 管理人员来说可以提供更多的参考资料。

2. 合理搭配功能点

部分厂家在设计生产 DDC 控制器时，采用了通用输入/输出的方式，使输入/输出点既可是开关量，又可是模拟量，这给设计人员选择时提供了一定的灵活性。

位式电动阀门的正反转也是一个值得注意的问题。除风机盘管所配的位式电动水阀采用弹簧复位外，其余电动水阀和各种电动风阀都采用电机反转关阀，因此通常需要用两个 DO 点来控制（正、反转各一个）。如果 DDC 控制器点数有限，则也可采用一个 DO 点加上继电器来解决正、反转问题。

模拟量控制时，用两个 DO 点也可基本实现一个 AO 点的功能，即使控制器断续输出也可通过反馈比较使阀较好的定位，这样可使设计更为灵活。

一些调节式电动阀如果要显示阀位，则应在阀体上设置位置反馈装置，用 AI 点送入控制器中。这样做的好处是管理人员可随时检查实际阀位，但其缺点是投资增加。如果为了节省投资，则可利用控制该阀的 AO 信号当作阀位信号（即认为输出的大小就是阀位的大小），显然这是一个间接信号，其精度相对较低。

3. 设备状态的监测

设备状态的监测也存在直接信号和间接信号问题。间接信号一般是强电（接触器）信号，即认为只要输出 DO 起动信号或接触器接通信号返回，设备就已运行；反之，则表示设备处于停止状态。分析可知：这种间接信号是不可靠的，甚至有可能会给设备及人员安全带来影响。因此，设备状态一般应尽可能采用直接信号，即通过设置适当的传感元件来显示设备的真实状态，如风机的直接状态一般由风压差开关来检测，水泵状态则采用水流开关来检测。只有这些开关动作时，才说明有风（或水）正常流过，设备才是真正的正常运行。一旦发出起动信号后此开关未动作（或发出停止信号后开关未显示动作），则DDC控制器将视为故障而自动报警。

4. 与消防系统的联系

DDC系统与消防控制系统的联络是一个值得认真研究的问题。在国外，通常这两个系统由同一厂家提供，实际上它们都是楼宇自动化管理系统（BMS系统）下属的两个分支，因此它们是可以相互通讯的，这样也就不存在两者联络方面的问题。为了防止DDC系统管理人员进入消防系统，通常在技术上通过设置不同级别的密码来解决。但是目前在我国，由于某些观念及管理水平的落后，在部分地区的消防部门不允许这两个控制系统联网以保证消防控制系统的绝对安全；也有一些工程由于这两个系统分别采用了不同厂家的产品而使得系统间的通讯较为困难。由于空调系统中本身有一部分设备是和消防有关的，因此这就针对我国的实际情况而提出了这两个控制系统的联络问题。

(1) 70℃防火阀

从《高规》来看，70℃防火阀原则上应进入消防系统。但是，从快速预防火灾蔓延的观点来看，如果消防系统与DDC系统不联网，当该防火阀动作时，是无法停止相应的风系统中的风机的。因此，70℃防火阀的状态监视更适合于放于DDC系统之中，一旦它动作，DDC系统将自动停止对应的风机并报警。

为了使消防中心能迅速了解火情及采取措施，这一报警应在消防中心有所反映（或显示），并且消防中心可以根据需要采取措施停止其它空调设备。较好的做法是DDC控制系统采用两台中央电脑，其中一台设于消防中心，一旦火灾由消防人员通过它直接进行相关处理或通过电脑编程进行处理。

(2) 280℃防火阀

280℃防火阀的设置通常有两个目的：其一是该风系统平时用作普通换气，因而防火阀常开，火灾时系统排烟；其二是当排烟温度达到280℃时，此防火阀关闭并联锁停止风机。从它的使用功能来看，上述都是与平时使用的风机密切相关的，因此它的控制也应进入DDC系统（包括排风兼排烟风机）。

(3) 专用防排烟设备

专用的排烟风机、正压送风机、排烟阀、正压送风阀等，只有消防时才使用，其控制及监视应直接归入消防控制系统之中。

5. 其它机电设备

根据DDC系统的特点，除了可控制空调系统外，对于其它机电设备及参数，它也是可以监控的，如给、排水泵的起停、生活热交换器控制、水位控制、电气开关控制、电流电压电功率的监测、变压器的监测等等。这进一步扩大了DDC系统的应用领域。

DDC系统作为计算机技术在空调系统控制中的应用，代表了今后相当长一段时间内我国高层民用建筑空调自控的发展方向，具有较大的应用前景。目前，此领域中的世界著名的自控公司——Honeywell、Johnson、TA、Landis & Staff等的产品都逐渐进入了中国市场。据作者了解的情况看,国内只有清华同方控制工程公司自主开发的RH系列分布式微机控制系统在技术及实用性上可以与上述外国公司的各种系统相竞争,且其产品及系统费用相对较低。而从整个领域的总体上来说,由于经济技术等原因,国产产品尚不具备同国外产品全面抗衡的能力,这也正是值得本行业广大设计人员、生产科研人员及运行管理人员去努力的。

第九节　DDC系统典型控制原理图

为了方便读者,以下给出了一些常见的空调控制内容采用DDC控制的典型控制原理图及相关控制简要说明,供读者参考。

一、新风空调机组控制原理图 (图13-45)

（一）联锁控制

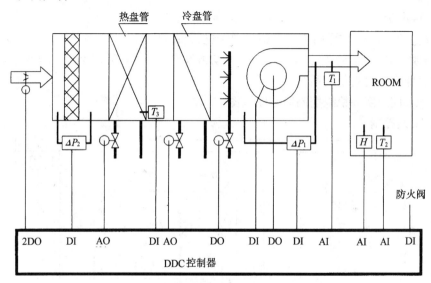

图13-45　新风空调机组DDC控制原理图

（1）机组设有程序自动、远距离键盘及现场手动三种起停方式。

（2）控制元器件与风机进行电气联锁,其顺序为:先开水阀,再开风阀,最后起动送风机。

（3）冬、夏由自控系统进行工况转换。

（二）夏季控制

送风温度 T_1 高于设定值时开大冷水阀,低于设定值时关小冷水阀。

（三）冬季控制

（1）送风温度 T_1 低于设定值时开大热水阀,高于设定值时关小热水阀。

（2）房间相对湿度 H 低于设定值时开加湿器,高于设定值时关加湿器。

（四）防冻保护

（1）运行过程中,盘管出口防冻开关 T_3 低于设定值时,停风机并开大热水阀。

（2）机组停止运行时,新风阀全关,防冻开关 T_3 仍按上述防冻要求正常工作。

（五）防火控制

监视防火阀状态，一旦防火阀动作，立即自动停止风机运行。

（六）显示、报警

（1）送风温度 T_1 及室内温度 T_2 显示，高、低限时报警。

（2）冬季室内相对湿度 H 显示，高、低限时报警。

（3）风机运行状态显示，故障报警。

（4）防冻保护状态显示，防冻报警。

（5）过滤器状态显示，高限报警。

（6）冷、热水阀阀位显示。

（7）加湿器及新风阀状态显示。

（8）防火阀状态显示，火灾报警。

（9）机组运行小时数记录。

（七）再设定

（1）T_1、T_3 及 H 均可由中央电脑及现场进行再设定。

（2）根据室内温度 T_2 对送风温度进行自动再设定（此方式适用于过渡季状态且机组设计出风焓值低于室内焓值的系统）。

二、一次回风空调机组控制原理图（图 13-46）

（一）联锁控制

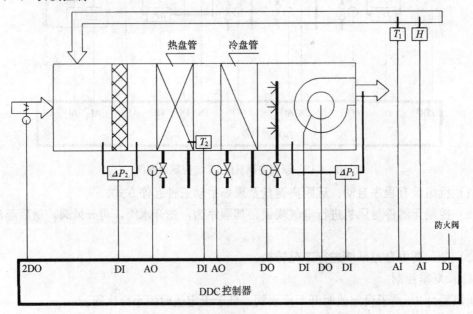

图 13-46　一次回风空调机组 DDC 控制原理图

（1）机组应设程序自动、远距离键盘及现场手动起停三种方式。

（2）联锁顺序：先开水阀，再开风阀，最后起动风机。

（3）自控系统进行冬、夏工况转换。

（二）夏季控制

回风温度（或室内温度）T_1 高于设定值时开大冷水阀，反之则关小冷水阀。

（三）冬季控制

（1）T_1 低于设定值时开大热水阀，反之关小热水阀。

（2）回风湿度（或房间湿度）H 低于设定值时开加湿器，高于设定值时关加湿器。

（四）防冻保护

（1）运行过程中，盘管出口防冻开关 T_2 低于设定值时，停风机，开大热水阀。

（2）风机停止运行时，新风阀全关，T_3 仍按上述防冻要求正常工作。

（五）防火控制

监视防火阀状态，一旦防火阀动作，立即自动停止送风机运行。

（六）显示、报警

（1）回风温度 T_1 及回风湿度 H 显示，高、低限报警（湿度显示及报警仅冬季用）。

（2）风机运行状态显示，故障报警。

（3）防冻保护状态显示，防冻报警。

（4）过滤器状态显示，高限报警。

（5）冷、热水阀阀位显示。

（6）加湿器及新风阀状态显示。

（7）防火阀状态显示，火灾报警。

（8）机组运行小时数记录。

（七）再设定

回风温、湿度 T_1 及 H 可由中央电脑及现场进行再设定。

三、变新风比空调机组控制原理图（图 13-47）

（一）联锁控制

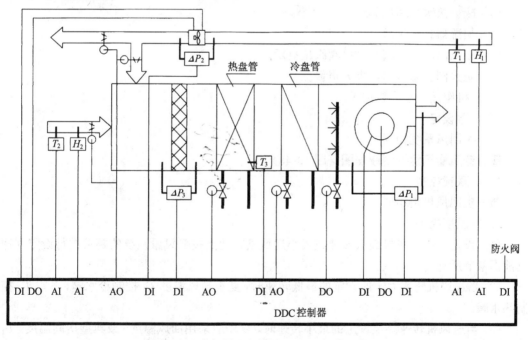

图 13-47　变新风比空调机组 DDC 控制原理图

（1）机组设有程序自动、远距离键盘及现场手动三种起停方式，且送、回风机应同时进行起停。

（2）联锁顺序：先开水阀，再开新风阀和排风阀，最后起动送、回风机。

（3）自控系统自动进行各工况转换。

（二）温度控制

（1）夏季及夏季过渡季由回风温度 T_1 控制冷水阀。

（2）冬季由回风温度 T_1 控制热水阀。

（3）冬季过渡季由回风温度控制新回风混合比，调节新风阀、回风阀及排风阀开度。

（三）相对湿度控制

冬季及冬季过渡季（若需要）由回风相对湿度 H_1 控制加湿器。

（四）焓值控制

夏季过渡季由室内及室外的焓值比较来控制新风阀、回风阀和排风阀的开闭情况（使系统作全新风运行)，夏季则通过此比较焓值使系统作最小新风比运行。因此，电脑应根据 T_1、H_1 及 T_2、H_2 来计算室内、外焓值 h_n 及 h_w 和对此两值进行比较运算。

（五）防冻保护及防火控制

此部分与一次回风定新风比机组相同。

（六）显示及报警

（1）回风温、湿度及焓值（T_1、H_1、h_1）显示，温、湿度高、低限报警

（2）室外温、湿度及焓值（T_2、H_2、h_2）显示。

（3）送、回风机运行状态显示及故障报警。

（4）防冻保护状态显示，防冻报警。

（5）过滤器状态显示，高限报警。

（6）冷、热水阀阀位显示。

（7）加湿器状态显示。

（8）新风阀、回风阀及排风阀阀位显示。

（9）防火阀状态显示，火灾报警。

（10）机组运行小时数记录。

（七）再设定

与一次回风系统相同。

四、变风量机组控制原理图（图 13-48）

（一）联锁控制

与一次回风机组相同。

（二）温度控制

（1）设定机组送风机最低转速或最小送风量，此点按变风量系统的要求进行设定（详见前面章节所述）。

（2）当送风机转速大于所设定的最低转速时，夏季送风温度 T_2 控制冷水阀，冬季 T_2 控制热水阀。

（3）当送风机转速降至设定的最小转速时，夏季应采用回风温度（或典型房间温度）T_1 控制冷水阀，冬季应采用 T_1 控制热水阀。

（三）相对湿度控制

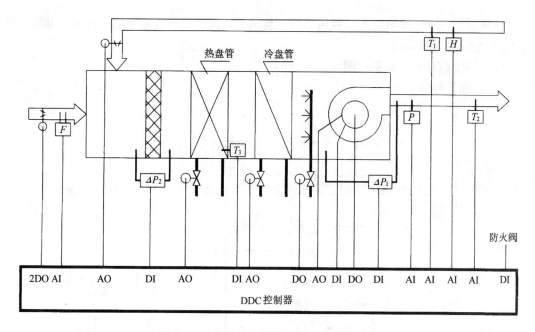

图 13-48 变风量空调机组 DDC 控制原理图

冬季由回风相对湿度 H 控制加湿器。

（四）送风量或转速控制

在送风机转速大于设定的最小转速区间内，当送风管静压 P 高于设定值时，降低风机转速，反之则加大风机转速。

（五）新风量控制

监测新风管风量 F，当新风量低于设定值时，关小回风阀；反之当新风量大于设定值时，则开大回风阀。

（六）防冻保护及防火控制

此部分与一次回风定风量机组相同。

（七）显示及报警

（1）回风温度 T_1 及回风湿度 H 显示，高、低限报警。

（2）送风温度 T_2 显示。

（3）送风静压 P 显示，高、低限报警。

（4）新风量 F 显示，低限报警。

（5）防冻保护状态显示，防冻报警。

（6）过滤器状态显示，高限报警。

（7）冷、热水阀阀位显示。

（8）加湿器状态显示。

（9）新风阀状态显示。

（10）回风阀阀位显示。

（11）防火阀状态显示，火灾报警。

（12）机组运行小时数及能耗显示（包括瞬时能耗和累计能耗）。

（八）再设定

回风温、湿度、送风温度、送风静压、新风量、风机最小转速等均可在中央电脑及现场 DDC 分站处进行再设定。

五、一次泵系统控制原理图（图 13-49）

（一）起停控制

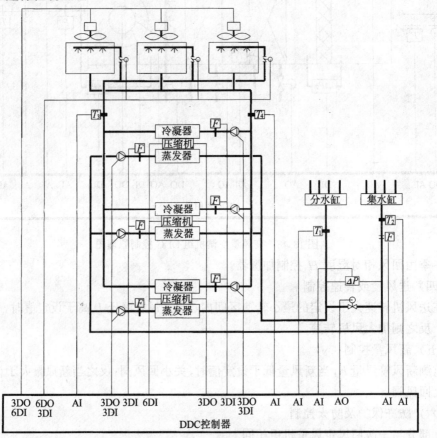

图 13-49　一次泵水系统 DDC 控制原理图

（1）联锁顺序：水泵——电动蝶阀——冷却塔控制环路——压差控制环路——冷水机组。停车时顺序相反。

（2）系统设有中央控制室键盘远距离起停及现场手动起停，如果控制设备有充分可靠的保证，也可以考虑自动起停。

（3）自动记录各机组的运行小时数，优先起动运行小时数少的机组及相关设备。

（二）运行台数控制

（1）系统初起动　根据室内、外空气的状态及运行管理的经验，由管理人员人工起动一套系统。

（2）冷量控制　根据所测冷冻水供、回水温度 T_1、T_2 及流量 F，计算实际耗冷量，并根据单台机组制冷量情况，自动决定机组运行台数开发出相应信号，由人工完成起停操作。

（3）设置时间延迟或冷量控制的上、下限范围，防止机组的频繁起停。

（4）根据冷却水回水温度 T_4，决定冷却塔风机的运行台数并自动起停冷却塔风机。

（三）压差控制

按设计及调试要求设定冷冻水系统供、回水压差，并根据压差传感器的测量值来决定旁通电动阀的开度。

（四）显示、报警

（1）设备运行状态（起、停）显示，故障报警。

（2）冷水机组主要运行参数显示及高、低限报警，此功能要求冷水机组自配的电脑控制器必须向 DDC 系统进行通讯协议开放，同时在 DDC 系统中应在图 13-49 的基础上增加相应的输入功能点。关于具体监测的参数，应由冷水机组生产厂商、DDC 系统供货厂商、使用单位以及设计人员根据具体工程的要求确定。

（3）冷冻水及冷却水供、回水温度显示，冷却塔回水温度 T_4 高、低限报警。

（4）冷冻水流量显示及记录。

（5）瞬时冷量及累计冷量的显示及记录。

（6）冷却塔电动蝶阀状态显示，故障报警。

（7）冷冻水供、回水压差显示，高限时报警。

（8）旁通电动阀阀位显示。

（9）设备运行小时数显示及记录。

（五）再设定

冷却塔回水温度 T_4、冷冻水供、回水压差 ΔP 均可在中央电脑及现场进行再设定。

六、二次泵系统控制原理图（图 13-50）

（一）系统起停

（1）根据室内、外气象条件及实际情况，人工选择运行小时数最少的一台次级泵起动，同时，压差旁通阀控制环路投入工作。

（2）冷水机组及其它设备的联锁起停顺序与一次泵系统相同。

（二）设备运行台数控制

（1）根据计算冷量，自动决定冷水机组及相关设备的运行台数，优先起动运行小时数最少的系统及设备。

（2）根据所测流量及次级泵设计参数，自动决定次级泵运行台数，优先起动运行小时数较少的次级泵（可自动起停）。

（3）冷水机组的起停应设有时间延迟或冷量控制的上、下限，避免机组频繁起停。

（4）冷却塔风机的运行台数由回水温度 T_4 来控制。

（三）压差控制

根据要求设定冷冻水供、回水控制压差，当实测压差 ΔP 大于设定值时，开大旁通电动阀；反之，则关小旁通电动阀。

（四）显示、报警

（1）设备运行状态（起、停）显示，故障报警。

（2）冷水机组运行参数显示及报警（同一次泵系统）。

（3）冷冻水及冷却水供、回水温度 $T_1 \sim T_4$ 显示，T_4 高限报警。

（4）冷冻水流量显示及记录。

（5）瞬时冷量和累计冷量显示及记录。

（6）冷却塔电动蝶阀状态显示，故障报警。

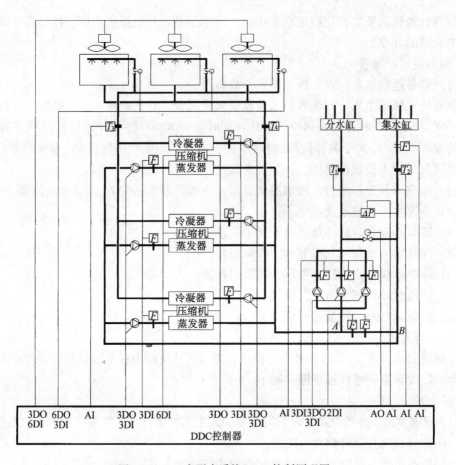

图 13-50　二次泵水系统 DDC 控制原理图

（7）冷冻水供、回水压差显示，高限时报警。

（8）旁通阀阀位显示。

（9）平衡管 AB 的管内水流方向显示。当有冷水机组运行时，此管内反向流动（从 B 点流向 A 点为反向流动）时报警，如果仅是次级泵运行而无冷水机组运行，则不报警。

（10）设备运行小时数显示及记录。

（五）再设定

与一次泵系统相同。

七、空调热水系统控制原理图（图 13-51）

（一）起停控制

（1）根据室内、外条件，在中央电脑键盘起动或现场手动起动第一台热交换器组成的热水系统（包括相应的设备）。

（2）联锁顺序：起动时先起动热水泵，再开启热交换器电动蝶阀。

（二）水温控制

根据各台热交换器二次水出水温度，控制二次热媒侧电动阀。

（三）台数控制

根据热水供、回水温度及流量，计算用户侧的实际耗热量，自动起停及决定热交换器和热水泵的运行台数。

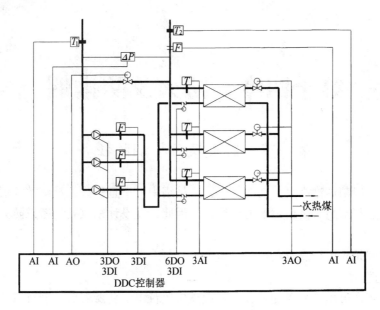

图 13-51　空调热水系统 DDC 控制原理图

（四）压差控制

根据设计要求或调试结果所得到的热水供、回水总管压差，控制电动旁通阀开度。

（五）显示及报警

（1）热水泵运行状态显示，故障报警。

（2）热交换器电动蝶阀状态显示，故障报警。

（3）热交换器一次热媒电动调节阀的阀位显示。

（4）电动旁通阀阀位显示。

（5）热水供、回水压差显示，高限报警。

（6）热交换器二次水出水温度显示，高、低限报警。

（7）热水总供、回水温度和流量的显示及记录。

（8）瞬时热量及累计热量显示及记录。

（9）设备运行小时数显示及记录。

（六）再设定

各热交换器二次水出水温度及供、回水压差 ΔP 均可在中央电脑及现场进行再设定。

第十四章　防火及防排烟

第一节　防火及防排烟的任务

高层建筑一般都体型高大、功能复杂、人员集中，一旦失火人员疏散和消防扑救非常困难，从而造成严重的人员伤亡及财产损失。因此，在设计中应处处考虑防火及防排烟的要求。

一、高层建筑火灾特点及危害的严重性。

1. 火灾危险大

首先，建筑内可燃及易燃物较多。现代高层建筑由于功能需要均进行内部装修，装修过程中使用的材料如木材、各种织物及塑料等大都是可燃材料且发烟量大，甚至在某些特殊房间，如商品库房、厨房等房间内有纸张、油类、酒类等易燃易爆品。另外，高层建筑舒适性和智能化的增强，使建筑内各种设备增多，电气事故的可能性增加。因此，高层建筑失火的高危险性更为突出。

2. 火灾危害大

由于高层建筑高度高，竖井众多，一旦发生火灾，火势蔓延快，烟气流动迅速。据测定，水平方向上火灾初期烟气扩散速度为 0.3m/s，火灾猛烈燃烧期烟气扩散速度为 0.5～3m/s，竖直方向上烟气扩散速度为 3～4m/s。随着高度的增加，室外风速加大，也能加速火灾的蔓延。

由于高层建筑层数多，垂直疏散距离长，人员疏散到地面的时间也长。加拿大的有关研究表明，在 50 层高每层 240 人的建筑内，如果使用一部 1.1m 宽的楼梯，人员全部到达楼外地面需 131min。

同样道理在现有装备下，消防人员和灭火及救护设备也难以达到很高的高度。消防部门使用的登高车一般为 23m，少量使用的进口云梯车最高也只有 50m。

此外，在大型公共建筑内，大量不固定人员（旅客、游客等）对建筑物情况不熟悉，火灾时易产生慌乱，从而迷失方向被烟火吞没，造成重大人员伤亡。

高层建筑造价高、装修标准高、内部设备昂贵，其失火的财产损失也十分惊人，动辄损失上千万元。

3. 火灾烟气危害严重

火灾过程中建筑构件、装修材料以及室内物品等热解和燃烧产生烟气。火灾烟气主要由下列物质组成：二氧化碳、一氧化碳、水蒸气、二氧化硫、烟灰、烟渣及剩余空气。火灾烟气中众多的有害成分，足以造成人缺氧、中毒甚至窒息，因此火灾烟气是火灾伤亡的最主要的原因。国外的统计数字表明，火灾死亡人数中烟气致死的比例显著增加，50 年代为 20%，60 年代为 40%，70 年代为 50%，而 90 年代已达 80%，故火灾烟气的防排是我们必须重视和解决的问题。

二、在建筑中构筑防火及防排烟体系

鉴于高层建筑火灾的严重危害，现代高层建筑采取了许多防治措施，如划分防火及防排烟分区、设置火灾自动报警和自动灭火系统等，就空调通风设计而言就是要防止火灾通过空调通风系统的管路蔓延，并有效地排除火灾烟气和热量，降低烟气浓度和温度，特别是要保证疏散通道不受烟气侵害，使人员能最大限度的安全疏散，并为消防人员灭火提供安全保证，此外还应完成火灾后残余烟气和用于灭火的有毒气体的排除。

设计中要严格执行现行的《高规》。在执行规范的各个条款时，要充分理解各个条款提出的原因和实际的作用。对一个建筑物的防火及防排烟设计要有整体性，通过设计，在建筑中能构筑一个较为合理的防火及防排烟体系。比如说排烟和加压之间就是一个相辅相成的关系。由于工程的多样性，在设计中不能机械地满足规范条款的要求，在充分理解规范条款的基础上，结合建立防火及防排烟体系的要求采取各种措施，设置各种防火及防排烟系统及设备，这样才能得到满意的结果。在设计中还必须与其它专业的工程师密切配合，通力协作，达到统一完善的防火效果。

三、要妥善处理实际工程问题

认真执行规范是每一个设计人员的责任，但在实际工程中可能会遇到规范中未规定的各种问题，这时就要本着达到安全防火防排烟的目的，采取稳妥的措施。当然，这样做时一定要征询当地消防主管部门的意见，取得消防部门的认可。

第二节　空调通风系统的防火

一、防火阀的设置

（一）空调通风系统的风管道在下列位置应设防火阀

（1）穿越防火分区的隔墙或楼板处；

（2）进出空调通风机房的隔墙或楼板处；

（3）垂直风管与每层水平风管交接的水平管道上；

（4）厨房、浴厕、开水间等垂直排风管道，若无防回流措施，其支管处；

（5）穿越重要的或火灾危险大的房间隔墙或楼板处；

（6）穿越变形缝处风管的两侧。

（二）需要说明的几个问题

（1）垂直排风管道防回流措施是指：

①加高各层垂直排风支管的长度，使各层的排风管道穿过两层楼板，在第三层内接入总排风管道，如图14-1（a）所示。

②将排风竖管分成大小两个管道，大管为总管，直通屋面；而每个排风小管分别在本层上部接入总排风管，如图14-1（b）所示。

③将支管顺气流方向插入排风竖管内，且使支管到支管出口的高差不小于600mm，如图14-1（c）所示。

④在排风支管上设置密闭性较强的止回阀。

以上方法虽能有效地防止回流，但失火层的烟气仍可以进入排风总管从而危及其它层，所以作者认为采取排风竖管的水平支管上设防火阀较为安全、简单、紧凑。

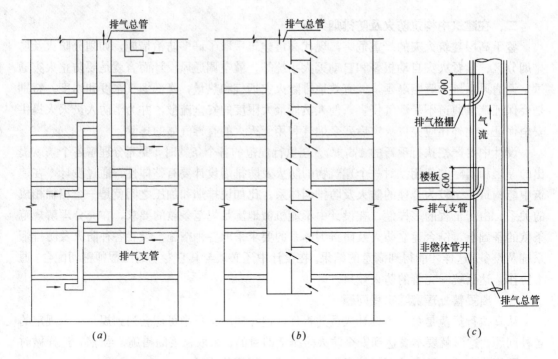

图 14-1 排气管防止回流示意图

（2）就高层民用建筑而言，重要或火灾危险性大的房间有：贵宾室、多功能厅、大会议室、危险品库房、计算机主机房、电讯机房、资料室、金库等。

（3）厨房灶具排风管在穿越通风空调机房或防火分区的隔墙或楼板处不能设置70℃防火阀，因为厨房灶具排风的温度可能超过70℃。解决厨房灶具排风管路的防火问题可以采用下列方法：可设置易熔片作用温度比灶具排风温度高25℃的防火阀，也可在上述位置设置280℃防火阀，或设置由消防中心根据火灾报警电动关闭的防火阀。同时，应视风管断面大小加大风管壁厚，一般取1～2mm。

（4）标准层采用全空气系统的建筑（例如采用变风量系统的办公类高层建筑），因层高限制通常利用吊顶回风，那么就要在房间与走道以及房间与房间的隔墙上开设回风口。上述位置如不采用防护措施，一旦失火，烟火容易在吊顶内蔓延，且难以及时发现，造成灾情的扩大并影响疏散安全。因此，在走道两侧的隔墙以及面积超过100m²，或贵重设备房间的隔墙上开设回风口时，应加70℃防火阀。

二、合理布局

为防止烟火的蔓延，高层建筑内设置了防火及防排烟分区，空调通风风管横向应按每个防火分区布置。在一个防火分区内有多个防烟分区时，应根据自然排烟条件、排烟竖井位置、能设排烟风机的机房位置等情况布置排烟系统。

垂直风管应设在管井内，以增强其防火能力。管道井应每隔2～3层在楼板处用相当于楼板耐火极限的不燃烧体作防火分隔；若建筑高度超过100m，应每层楼板均作上述防火分隔。

在实际工程中，要做到空调通风风管横向按防火分区设置，必须与建筑师密切配合，合理布置机房及竖井位置，尽量使风管不穿过防火分区。实际上，一个全空气空调系统负担的面积也不宜超过1000m²，负担面积过大势必造成单个系统风量增加、风管尺寸增大，从

354

而影响吊顶高或层高，这也是业主和建筑师们不愿看到的。因此，合理的设置空调通风系统与防火分区是有可能统一协调的。

三、严格选取设备及材料

空调通风系统几乎通达高层建筑的每一个房间,在火灾时是烟火蔓延的主要途径之一,是防止火灾蔓延的薄弱环节。杭州市一宾馆曾由于电焊时烧着了风管的可燃保温材料引起火灾，火势沿着风管和竖向孔洞蔓延，大火在全楼延烧八九个小时，造成重大经济损失。因此，在选取空调通风设备及材料时应严格把关，杜绝火灾发生及蔓延的危险和隐患。

空调通风系统的管道和风机等应采取不燃烧材料制作，但接触腐蚀性介质的风管和柔性接头可采用难燃材料制作。

管道和设备的保温材料、消声材料和胶粘剂应为不燃烧材料或难燃材料。设计中应首先选择不燃烧材料，若采用难燃材料，应选用不燃烧材料做外保温层及其胶粘剂。

风管内设有电加热器时，风机应与电加热器联锁。电加热器前后各800mm范围内的风管和穿过设有火源等容易起火部分的管道以及防火阀两侧各2m长的风管，都必须采用不燃烧保温材料。

四、防爆问题

空气中含有易燃、易爆物质的房间，其送、排风系统应采用相应的防爆型通风设备；当送风机设在单独隔开的通风机房内且送风干管上设有止回阀时,可采用普通型通风设备,其空气不应循环使用。

现代高层建筑中这类房间有：柴油发电机房及其油箱间，燃油、燃气锅炉房，燃气表间，以及医疗和科研建筑的有关易燃、易爆品药剂室、实验室等。

防爆型通风设备一般是指采用铝合金片等有色金属叶片和防爆电动机的通风设备。设计时注明防爆即可。

第三节　防烟排烟设计

一、烟气控制原则及控制方式

（一）烟气蔓延的主要因素

烟气是伴随建筑物内空气的流动而流动，因此烟气蔓延受下列因素的影响：

1. 热压作用

尤其是烟气温度通常为几百度，使建筑内外空气密度差很大，在建筑物的竖直通道（楼梯间、电梯井、中庭等）形成热气柱，带动烟气蔓延。

2. 风压作用

在室外风力的作用下，烟气将由迎风面向背风面蔓延，风压作用的大小取决于室外风速、风向以及建筑物的形状和遮挡情况等。

3. 建筑物内空气流动阻力

热压和风压作用都与建筑物内部空气流动阻力分布有关,因此加强门窗的密封性能,阻隔底层至顶层的竖向内部空气流动对减缓烟气的蔓延将起较大的作用。

4. 空调通风系统影响

单纯空调通风用的风系统，火灾时如果不能停机将助长烟气的蔓延。

（二）烟气控制原则

（1）创造条件使烟气由着火点直接排向室外；

（2）通过增压使被保护区域内的压力高于着火区和烟气区的压力，以阻止烟气扩散；

（3）在敞开的安全出口等非烟气区的开口部位，形成一股平均速度相当大的气流，通过控制该气流的流向来阻止烟气的蔓延。

（三）防排烟方式及组合

现代高层建筑主要采取三种防排烟方式：自然排烟、机械排烟、机械加压送风防烟。《高规》对这几种防排烟方式的选择有明确的规定，在确定防排烟方式时还应进行合理的组合。

通常在一栋高层建筑中加压送风与排烟这两种手段是同时被采用的，而且只有两者良好的配合才能达到满意的防排烟效果。本章第一节中曾经提到防排烟设计最重要的目的是要保证疏散通道不受烟气侵害，使人员能最大限度地安全疏散，并为消防人员灭火提供安全保证。按防止烟气侵害的重要程度将高层建筑各部分分为四个安全区：

第一安全区——防烟楼梯间、避难层；

第二安全区——防烟楼梯间前室、消防电梯间前室或合用前室；

第三安全区——走道；

第四安全区——房间。

这种划分使我们有了较为清晰的设计思路，能做到合理的利弊取舍。

一般的做法是房间和走道排烟，防烟楼梯间及其前室、消防电梯间前室或合用前室、封闭避难层加压，从而使各安全区之间保持梯次正压，布置排烟口时，在保证排烟口到所负担排烟分区各点距离合理的情况下，应尽量与疏散楼梯间拉大距离，使火灾时人流方向与烟气流动方向相反，如图14-2所示。

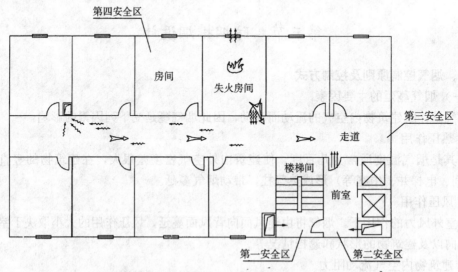

图14-2　防排烟措施及安全区划分示意图

随着有关防排烟研究的不断深入，提出了许多防排烟方法，因此在实际工程中防排烟组合方式很多，以上述的方式为基准，我们可以做一些比较。

通过失火房间内的排烟设施直接将烟气全部排出室外，这种情况下还可同时配合走道加压，使烟气影响范围最小。这一方式当然较为理想，实际工程中也多将通过可开启外窗自然排烟作为房间排烟的途径之一。但由于自然排烟方式受自然条件——风速、风向、地理位置、建筑密闭性等各种不确定因素影响作用不稳定，所以要完全达到排烟要求，每个房间都要设排烟口、排烟风管，并增加许多排烟风机及配套设备；另外，由于火灾时开向走道的门被大量打开，阻止烟气蔓延的走道加压风量很大，这些要求在实际工程中均难以实现。

另一种做法是将走道的排烟与其送风紧密结合并形成气幕，起到排烟、隔烟作用，如图14-3所示。其排烟量与送风量之比一般取1.8倍。为增强效果，排烟及送风口宜贯通走道截面，若排烟口和送风口位于走道侧墙上，则应装在地面以上1.8m至吊顶底部的范围内。这种方式还可以用来加强对疏散口的保护，如图14-4所示。走道内应用气幕式排烟其排烟效果好，对烟气扩散有很强的阻断作用，但需增加设备和投资，在经济条件许可的情况下可采用。

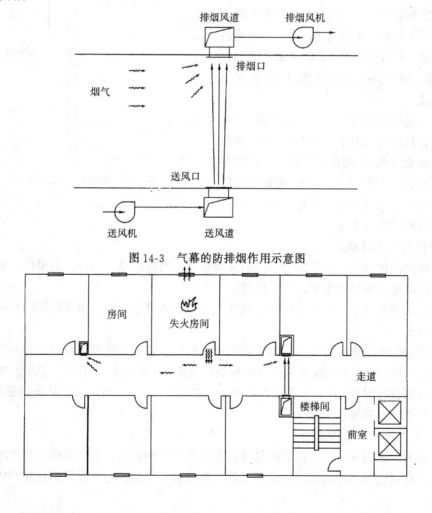

图 14-3　气幕的防排烟作用示意图

图 14-4　用气幕加强疏散口保护

前室和楼梯间的防排烟方式也很多，但经过国内外的多年实践，普遍认为机械加压防烟方式投资省、效果好，因此《高规》指出，除了满足规定的自然排烟条件的情况外，防烟楼梯间及其前室、消防电梯间前室及合用前室应设置机械加压送风防烟方式。

二、自然排烟

（一）自然排烟的特点

1. 自然排烟的影响因素

在上一部分我们曾讨论过烟气幕延的主要因素，实际上自然排烟就是烟气由建筑物对外的门窗向室外"蔓延"的过程，只不过这是我们希望的一种烟气流动途径，因此热压和风压同样是自然排烟顺利与否的主要影响因素。热压作用的大小取决于烟气与空气间的温差以及排烟口和进风口的高差，温差和高差越大排烟效果越好。风压作用取决于室外风的风向和风速，当排烟口位于下风向或与风向平行，由于排烟口外的负压作用，烟气能较顺畅地排出。当排烟口位于上风向，排烟受室外风力的阻碍，且风速越大排烟越困难。当风速达到一定数值，自然排烟失效，该风速值又称临界风速，风速再大不仅不能自然排烟，甚至出现烟气倒灌。

为改变迎风面自然排烟的不利状况，可以在窗外安装挡风板，如图14-5所示。室外风会因阻挡而改变风向，从而在挡风板与窗户间形成负压，这样烟气就能排向室外。但是在高层建筑中，由于在立面造型、采光、建筑构造等方面的诸多限制，采用挡风板十分困难，故这种方法的实际应用不多。

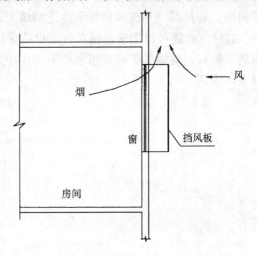

图14-5 挡风板作用示意图

2. 自然排烟的优缺点

自然排烟的优点是：其不需要专门的排烟设备，因而简单、经济、易操作，另外，火灾时排烟不受电源中断的影响，可靠性较好。

自然排烟的缺点是：受室外风向、风速以及建筑本身密封性、热压作用的影响，排烟效果不够稳定。

自然排烟的优缺点都很突出，鉴于我国目前经济、技术、管理的水平，在一般高层建筑（特别是高层住宅）中应优先采用自然排烟，但这种优先是有条件的，《高规》对自然排烟的应用范围进行限制，也是出于对其不稳定性的顾虑。因此，自然排烟的选用原则是：在作用稳定的基础上积极采用。

（二）自然排烟的应用范围

按《高规》的划分，自然排烟既是排烟设施中的一种形式，也是防烟设施中的一种形式。因此，在讨论自然排烟的应用范围之前，应明确高层建筑中需设排烟设施和防烟设施的部位。

1. 一类高层建筑或建筑高度超过32m的二类高层建筑设排烟设施的部位包括：

（1）长度超过20m的内走道；

（2）面积超过100m²，且经常有人停留或可燃物较多的房间；

（3）建筑中庭；

（4）经常有人停留或可燃物较多的地下室。

2. 高层建筑中设防烟设施的部位主要有：

（1）防烟楼梯间及其前室；

（2）消防电梯前室和合用前室；

（3）建筑内的避难层。

在以上设防烟设施的部位采用自然排烟首先应是建筑高度低于50m的一类公共建筑和建筑高度低于100m的居住建筑，且排烟设施所设部位靠外墙。其中较为特殊的一种自然排烟方式是：防烟楼梯间前室或合用前室利用敞开的阳台、凹廊或前室内不同朝向可开启外窗进行自然排烟，该防烟楼梯间可不设防烟设施。

3. 采用自然排烟的开窗面积应符合下列规定：

（1）防烟楼梯间前室、消防电梯间前室可开启外窗面积不应小于2.00m²，合用前室不应小于3.00m²；

（2）靠外墙的防烟楼梯间每五层内可开启外窗总面积之和不应小于2.00m²，且最高层应设一排烟口；

（3）长度不超过60m的内走道可开启外窗面积不应小于走道面积的2%；

（4）需要排烟的房间可开启外窗面积不应小于该房间面积的2%；

（5）净空高度小于12m的中庭可开启的天窗或高侧窗面积不应小于该中庭地面积的5%。

4. 自然排烟的一些要求

自然排烟除了上述的限制条件和窗口尺寸等要求，还有几个问题需要注意：

第一，防排烟分区中任一点至最近排烟口水平距离不应超过30m。若平面上有隔断，水平距离应包括绕过隔断的部分，如图14-6所示。另外，长度超过30m但不到60m，而其起排烟作用的可开启外窗如设在走道一端也不能满足自然排烟要求，如图14-7所示。此时应在走道设机械排烟，其排烟口位置应保证到走道内任一点的距离不超过30m，该部分的排烟风量按走道的全部面积考虑。

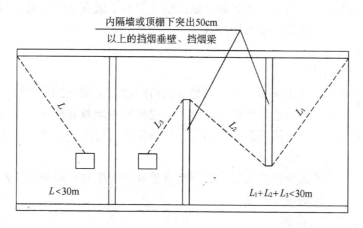

图14-6 排烟口至防烟分区最远水平距离示意图

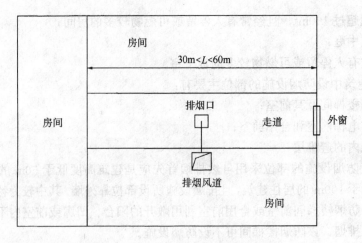

图 14-7　应设机械排烟的走道示意图

第二，排烟口应设在顶棚下 80cm 范围内，若设有防烟垂壁，排烟口应高于防烟垂壁下沿。这一问题涉及走道和房间的开窗面积取法，在距顶棚 80cm 的高度范围内，可开启外窗面积不一定能达到走道和房间面积的 2%，特别是高层建筑中大量运用的玻璃幕墙结构，其外窗开启方式与普通外窗不同，整扇幕墙向上开启，开启角度一般小于 15°，且扇面竖向尺寸较大，如图 14-8 所示。如果这些情况也规定设机械排烟设施的话，各种投资将增加，不符合我国当前的国情。所以《高规》指出火灾时开窗或打碎玻璃的办法进行排烟是可行的，排烟开窗面积按可开启外窗的面积计算即可。

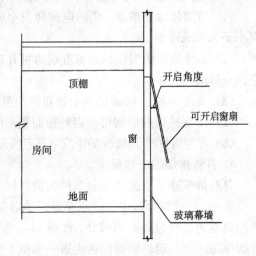

图 14-8　竖向开窗形式示意图

第三，尽管《高规》规定疏散楼梯间及前室可采用自然排烟防烟，但此方式实际上是把烟气引入了最安全的区域，因此条件允许时尽量不采用此方式，而采用机械加压方式。

三、机械排烟

1. 机械排烟的特点

机械排烟又称强制减压排烟，即利用排烟风机的动力将烟气排至室外，并在失火区域内形成负压，防止烟气向其它区域蔓延。也就是说机械排烟兼有机械、负压两种特点。

机械排烟的优缺点与自然排烟正好相反，机械排烟的排烟作用更加稳定，但需增加设备和投资。

机械排烟设计应考虑补风的途径，在不能自然补风时应设机械补风，恰当的补风使机械排烟目的性更强，排烟效果更好。

2. 机械排烟的应用范围

在前文里讨论过高层建筑中应设排烟设施的部位，这些部位若不采用自然排烟或不能满足自然排烟的条件，则应设机械排烟。

一类高层建筑和建筑高度超过32m的二类高层建筑设置机械排烟设施的部位有：

（1）无直接自然通风，且长度超过20m的内走道或虽有自然通风，但长度超过60m的内走道；

（2）面积超过100m²，且经常有人停留或可燃物较多的地上无窗房间或设固定窗的房间；

（3）不具备自然排烟条件或净空高度超过12m的中庭；

（4）除利用窗井等开窗进行自然排烟的房间外，各房间总面积超过200m²或一个房间面积超过50m²，且经常有人停留或可燃物较多的地下室。

3. 机械排烟系统设计

（1）机械排烟的排烟量

排烟量的确定分为两种情况：建筑内的防火分区的排烟量按其面积大小确定，而建筑中庭的排烟量按其体积大小确定。

具体的说，对于防烟分区或净空高度小于6.00m的不划防烟分区的房间，其机械排烟量应按其每平方米面积不小于60m³/h计算。

对于中庭，当其体积小于17000m³时，机械排烟量按其体积的6次/h换气计算；若其体积大于17000m³时，排烟量按其体积的4次/h换气计算，但这时排烟量不能小于102000m³/h，也就是说如果按4次/h换气算出的排烟量小于102000m³/h，则排烟量至少应取102000m³/h。计算中庭体积时，应将与中庭同一防烟分区的其它部位的体积包括在内。

在确定排烟风机的排烟量时，如果其负担两个或两个以上的防烟分区，该风机风量按其负担的最大防烟分区排烟量的两倍计算。此外，排烟风机的最小排烟量不应小于7200m³/h。

有一种特殊情况，如果带裙房的高层建筑的防烟楼梯间及其前室、消防电梯前室或合用前室，在裙房以上部分利用可开启外窗进行自然排烟，而裙房部分不具备自然排烟条件时，其前室或合用前室应设置局部机械排烟设置，其排烟量按前室每平方米面积不小于60m²/h计算，这种情况下排烟风机风量可不受最小7200m³/h的限制，按实际计算出的排烟量选取。同样的，若该排烟风机负担两个以上的前室，其排烟量按前室面积每平方米不小于120m³/h计算。

设置机械排烟的地下室，应同时设置送风系统，且送风量不宜小于排烟量的50%。

（2）机械排烟系统的布置

一般来说，房间的机械排烟系统宜按防火分区设置，走道的机械排烟系统宜竖向设置，这种布置在实际工程中很实用。

机械排烟的排烟口应设在顶棚上或靠近顶棚的墙面上，以利烟气的排出，当顶棚高度超过3m时排烟口可设在距地面2.1m以上，另外应注意吊顶排烟口与可燃物的距离不应小于1.00m。排烟阀平时应关闭，火灾时能自动开启并有手动开启装置，该手动开启装置应设在方便操作的地方，一般距地1.5m左右，并有明显火警标志。排烟风口尺寸应按其口部风速不超过10m/s来确定。

对于层数超过20层的建筑，为提高排烟效率一般将竖向排烟系统划分成两个或两个以上的系统。

（3）机械排烟系统的防火保护

当烟气温度达到或超过280℃时，烟气中将带火，如排烟系统仍继续工作，烟火就有可能从失火层沿排烟管道扩散到其它层从而造成新的危害。因此《高规》规定在排烟支管上以及排烟风道进入排烟风机机房处应设当烟气温度超过280℃时能自动关闭的排烟防火阀。

通常，可将排烟支管上的排烟阀与280℃自动关闭的防火阀统一考虑，即设置一平时关闭，排烟时自动开启，当烟气温度超过280℃时自动关闭的排烟防火阀。但目前国内带远距离操作装置的排烟防火阀在自动关闭时没有电讯号输出，也就是说消防中心不知道排烟防火阀自动关闭的情况，也就不能据此做出消防风机是否停机的决定，而当排烟系统中烟气温度超过280℃时，在关闭阀门的基础上停止风机运行将更有效地防止烟火蔓延。目前比较常用的做法是在风机吸入口处设280℃防火阀来联锁停风机，这样设置的最大问题是当排烟阀280℃重新关闭后，风机吸入口处的280℃防火阀可能还未达到关阀温度，其结果是无法联锁停风机。

带电讯号输出的排烟防火阀已经研制出来，并申请了专利，其特点是在排烟阀体执行机构上设置位置开关动合触点SQ，由二次信号线与控制系统中的微动开关相连接，在控制系统中设置动合触点2KA，一端与微动开关相连接，另一端与控制线路连接，当微动开关为单微动开关时，有A、B、C、D四个接线端子，若为双微动开关则有A～F六个接线端子，见图14-9。希望这种实用产品能早日运用到工程实践上。

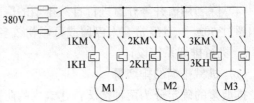
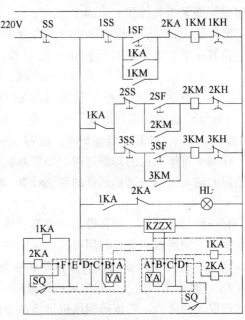

图14-9　增加关闭电讯号输出的排
烟防火阀控制线路原理图

还应指出，若一个排烟风机负担多个排烟分区，只有当所有这些分区的排烟阀都关闭时，才能停止风机的运行。

排烟管道必须采用不燃烧材料制作，采用金属排烟风道时其壁厚依管道大小取0.8～1.2mm。安装在吊顶内的排烟管道，其隔热层应采用不燃烧材料制作，并应与可燃物保持不小于150mm的距离。

排烟风机应设在机房内。当设在机房有困难时，也应使排烟风机与其负担的房间或走道之间由墙体、楼板等隔开，否则火灾时排烟风机自身安全不保，也就很难保证排烟的效果。

排烟设备的电源线尽量采用暗埋配线、钢管配线等耐火配线方式。

（4）排烟风机的选用

362

排烟风机应选用离心式风机或排烟专用轴流风机，选用时排烟专用轴流风机必须是当地消防主管部门经检验批准使用的产品。

选择排烟风机时，其风量在计算风量的基础上应考虑排烟风道的漏风系数，采用钢制风管漏风系数取 1.1～1.2，采用混凝土风道漏风系数取 1.2～1.3，漏风系数的大小也取决于排烟风道的长短，设计中不宜采用砖砌风道，实际工程中砖砌风道的漏风及阻力均难以估计。

（5）利用平时空调通风系统进行排烟

利用平时空调通风系统进行排烟可节省设备及管道投资，尤其适于层高有限，分别布置管道困难的情况。设计共用系统时应首先满足消防排烟系统的要求，然后再保证平时的运行使用。

最常见的如高层建筑地下车库的排风兼排烟系统，其排风量和排烟量通常不同，为同时满足要求一般设双速风机或并联风机（风机应达到排烟风机要求），当排风量与排烟量差距较大时应分设风机（火灾时切换）；车库排风要求设下排风口，而排烟口要求设在顶棚位置，当排风排烟共用管路时应使下排风口火灾时自动关闭，上排风口因兼作排烟口应满足排烟口的要求（如材质、到排烟分区最远点距离等）。

采用气体消防的房间，通常情况下其排风在火灾时负担灭火后灭火剂的排除，因灭火剂一般较空气重，所以应该设下排风口，其排风量应根据灭火后的灭火剂浓度、人员安全允许浓度及要求的排风时间来计算。

四、机械加压送风防烟

1. 机械加压送风的作用及特点

机械加压送风方式作为高层建筑防烟的最有效方式，70 年代后被大量运用在高层建筑楼梯间和前室的防烟设计中。

机械加压送风的作用主要有两方面：当非加压区开向加压区的门关闭时，使加压区的压力高于非加压区，这个压差将保证烟气不能通过两区之间的缝隙（主要是门缝）渗透到被保护的加压区内；同时为了使人员疏散时开门不致发生困难，压差要控制在一定范围内，通常楼梯间的正压值取 50Pa，前室或合用前室为 25Pa（均指与非加压区相对的压力）。当非加压区开向加压区的门开启时，在该门洞处形成一股与烟气扩散方向相反，且具有一定流速的气流。为保证防烟效果，这一流速应不小于 0.7m/s。

2. 机械加压送风的应用范围

高层建筑中应设置独立机械加压送风的部位有：

（1）不具备自然排烟条件的防烟楼梯间、消防电梯间前室或合用前室；

（2）采用自然排烟措施的防烟楼梯间，其不具备自然排烟条件的前室；

（3）封闭避难层。

3. 机械加压送风系统设计

对于机械加压送风的防烟楼梯间和合用前室，宜分别独立设置送风系统。当受土建条件等限制必须共用一个系统时，应在通向合用前室的支风管上设置压差自动调节装置。

实际上，这种设置压差自动调节装置的系统不仅造价高（它需在每个前室加压支管上设可调开度的电动风阀及压差传感器，见图 14-10），而且调节复杂，降低加压系统可靠性，一般不推荐采用。也就是说这种情况下，分设独立系统是最好的方法。

为说明问题，我们分析一下合设系统的危险性。合设系统的楼梯间与合用前室间相互影响大，若加入楼梯间的风量增大则加入合用前室的风量减少，反之亦然。这就造成两种危险：首先，在高层建筑火灾发生时，很可能出现多层人员同时疏散的情况，此时楼梯间的正压势必减小，加入楼梯间的风量增大，同时加入合用前室（失火层及其上一层）的风量就要减少。若该值小于应加入合用前室的设计风量，将降低合用前室防烟火侵害的能力。其次，如果在疏散开始时加压系统已经工作，由于首先疏散的是失火层人员，因此其他各层楼梯间及前室的门均处于关闭状态，此时加入失火层合用前室的风量将大大超过设计值，造成疏散门开启困难。

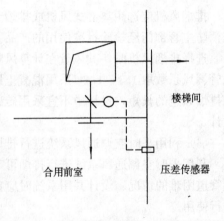

图 14-10　带压差传感器的加压系统示意图

对于防烟楼梯间及其前室一般只对楼梯间加压，这可以从加压送风的排泄途径方面理解，即防烟楼梯间的加压风只能通过前室向走廊排泄，哪层前室门打开，加压风就从哪层前室通过，从而起到防烟作用。但对高层建筑，当一个系统带的层数较多时，加压风量相应取得较大，可能使楼梯间与前室间的门开启困难，因此在实际工程中也可以在楼梯间与前室之间的墙上设置超压排气阀或者设置加压阀，火灾时失火层加压阀开启。若对于防烟楼梯间及其前室分别加压，则宜分设独立加压送风系统，这与楼梯间与合用前室加压同理，实际上合用前室除具有防烟楼梯前室的功能外只不过其同时还是消防队员到达失火层的落脚点而需要更安全的保护而已。

对于层数超过 32 层的高层建筑，加压送风系统应竖向分区，加压送风量也应分别计算。对于低于 32 层的建筑，尽管《高规》未做硬性规定，但有条件时，也应做适当的竖向分区，以保持各加压风口的风量尽可能均匀。超高层建筑的竖向加压送风系统应将竖向分区的分界点选在避难层。

加压风口的设置应与系统情况相结合。通常楼梯间采用均匀加压，加压送风口应尽量竖向均匀布置，一般每两层设一风口，风口形式通常为常开百叶风口，也可做自垂百叶风口。前室加压风口需层层设置，风口形式一般为电磁开启常闭风口，由消防中心及就地操作机构控制。

在确定机械加压送风系统的新风口时，必须保证由该新风口进入的新风安全可靠。其与排烟口的距离，在水平方向上应大于 20m，且应低于排烟口。加压送风空气来源的可靠性在工程设计中经常被设计人员忽视，实际上这是一个很重要的、甚至关系到加压送风成败的大问题。

4. 加压风量

加压风量的确定是围绕加压送风的目的进行的。如前所述，加压送风就是要保证烟气不会通过缝隙渗透和开门时流入疏散通道，因此计算加压风量也从两方面入手。

（1）应保持疏散通道的合理正压值，这一计算加压风量的方法又称压差法，按式（14-1）计算。

$$L = 0.827 \times A \times \Delta P^{1/n \times 1.25} \tag{14-1}$$

式中 L——加压送风量（m^3/s）；

　0.827——漏风系数；

　　A——总有效漏风面积（m^2）；

　ΔP——压差值（Pa）；

　　n——指数（一般取 2）；

　1.25——不严密处附加系数。

门窗面积一般疏散门取 2.0m×1.6m，电梯门取 2.0m×1.8m；门缝宽度一般疏散门取 0.002～0.004m，电梯门取 0.005～0.006m；正压值一般楼梯间取 50Pa，前室取 25Pa。

（2）按开启失火层疏散门时应保持该门洞处的风速计算，这种计算方法又称流速法，按式（14-2）计算。

$$L = F \cdot v \cdot n \tag{14-2}$$

式中 L——加压送风量（m^3/s）；

　　v——门洞断面风速（m/s）；

　　F——每樘开启门的断面积（m^2）；

　　n——同时开启门的数量。

实际计算中，开启门的数量一般按系统负担楼层数取值，20 层以下取 2，20 层以上取 3；门洞断面风速一般取 0.7～1.2m/s，门尺寸同式（14-1）。

机械加压送风量经过计算后，还应对照《高规》中有关加压送风量的 4 个表，即表 8.3.2-1～表 8.3.2-4，在最后确定加压风量时应取计算值与查表值中的较大值。在使用上述风量表时应了解其编制条件，从而依据实际工程情况选取风量。

上述两式是加压送风量的基本公式。由于影响加压送风量的因素较多，研究结果尚未统一，所以根据考虑方向的不同，有不同的计算公式，在此我们不做进一步介绍，仅就实际工程中使用的部分方法做一简介。

对于防烟楼梯间及前室有外窗的机械加压送风系统，加压风量应包含从外窗渗出的风量。对于合用前室加压，其加压风量应包含电梯门渗出的风量。对于前室加压，从最不利情况考虑，应计算从加压风机到加压层加压口前所有非加压层加压风口渗漏出的风量。

加压送风量计算时，对于剪刀楼梯间如果合用一个风道，其风量应按两个楼梯间风量计算，且风口宜层层设置。

商场类建筑中，为达到视野开阔的目的，营业厅开向楼梯间前室的门有时用防火卷帘代替，在计算前室加压风量时应考虑防火卷帘的使用情况。火灾发生时防火卷帘由消防中心控制，一次动作后其下沿下降到距地 1.5m 的位置，当温度达到 70℃时防火卷帘二次动作降至地面（卷帘两侧留有开启按钮），计算前室加压风量时其门洞面积按洞宽乘以 1.5m 计算。

加压风机的实际风量还应考虑加压风道的漏风系数，采用钢制风管漏风系数取 1.1～1.2，采用混凝土风道漏风系数取 1.2～1.3，漏风系数的大小也取决于加压风道的长短，同排烟竖风道一样，设计中不宜采用砖砌风道。

五、机械防排烟系统的控制

高层建筑中设有火灾自动报警系统和机械防烟排烟设施的均要求设置消防控制室，由消防控制室接受信号、发出启停命令来控制机械防排烟系统工作。具体的控制点及控制要求一般由空调通风专业设计人员提出，由电气专业设计人员绘制到消防控制图上，主要的控制程序见图 14-11。

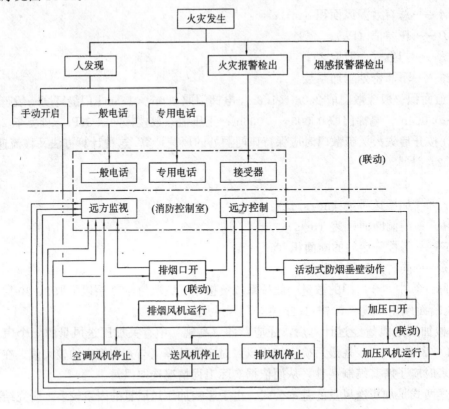

图 14-11 消防控制室的机械防排烟控制程序

机械防排烟系统中需要控制的设备主要包括：防火阀、排烟阀（口）、加压阀（口）、排烟风机（包括对应的补风风机）、加压风机。

火灾报警后应停止相关部位（一般为失火层及其上一层）的风机（含空调机的风机）；关闭需电动关闭的防火阀（通常为切断与防排烟系统共用管路的平时使用系统）；启动失火处的排烟阀（口）并联锁启动对应的排烟风机；启动失火层及其上一层走道的排烟阀（口）并联锁启动对应的排烟风机；启动楼梯间加压风机，启动失火层及其上一层楼梯间前室、消防电梯前室及合用前室的加压阀（口），联锁启动对应的加压风机。以上动作均要求接受反馈信号。

排烟阀、排烟风机入口的 280℃ 防火阀当烟气温度超过 280℃ 时将自动关闭，此时应联锁停对应的排烟风机。

此外，风路上的防火阀熔断关闭后应联锁停止其对应风机（含空调机的风机）的运行。这项控制可由空调自控系统（高层建筑一般为直接数字控制系统）完成，也可通过空调机及风机所配控制柜中的强电联锁完成，但都应向消防控制中心报警。采用数字式空调自控系统时，同一空调通风系统中的防火阀状态信号可合成一个 DI 点送入 DDC 系统中。

火灾时应向防排烟设备提供事故电源，对于平时通风火灾时兼做排烟或排烟补风的风机，则应提供平时和事故时的双路电源，并可及时切换。

第十五章 空调设计配合

建筑是一个多功能组合体，是以满足人们生活、工作等需求而设计建造的。因此，建筑设计是一个多工种的协调创作过程，必须各工种都在满足本专业要求的基础上，统一协调，才能解决好所有的问题，创作出一个整体优秀的建筑来。

在工业建筑设计中，设计配合相对容易一些，一切都围绕工艺的要求来进行。但在民用建筑（尤其是一些高层高级别民用建筑）设计中，首先的一个出发点是人的需求，而这一点又恰好是多样性的。同时，民用建筑在经济指标、外形及内装修方面都较为复杂，建筑、结构、给排水、暖通空调、电气等专业的设计也大都围绕建筑及室内装修设计来进行（越高级的建筑越能体现出此点）。因此，这就要求一个空调专业设计人员，不但要有本专业的基本知识和专业水平，而且要对其它相关专业工种有较深入的了解，才能做好协调配合工作，使建筑的整体更合理。

第一节 与建筑方案设计的配合

建筑方案是建筑设计的先行者。从建筑本身来看，尽管外形是一个相当的重要方面，但方案设计并不仅仅是一个外形问题，而且也要求其室内的各部分设计更为合理。这些内容包括：建筑层高、建筑各使用房间及功能的划分、人流及交通的组织方案等等。因此，一个建筑师也应要求其对各专业工种有比较深入的了解。

在方案设计中，各专业与建筑的配合是相当重要的。如果没有这些配合，有时尽管表面上看也许是一个好的建筑方案，但由于导致其它工种的不合理甚至无法实施，则必然导致在该方案虽已通过有关部门的审批仍要进行较大的调整甚至会对该方案的原设计思想产生较大的影响。

一、空调方案

在建筑的大体方案确定之后，空调设计人员可根据它来确定其空调系统的方案（或空调方式）。在空调方案设计时，还要考虑众多的问题。

（一）建筑规模

建筑方案及功能一定后的建筑规模是空调方案选择中的一个主要依据，应首先决定是采用中央空调系统，还是分散的空调系统方案，或者是 VRV 系统或水源热泵系统。一般来说，大、中型高层民用建筑目前较多的是采用了中央空调系统，也有少数工程开始采用 VRV 系统或水源热泵系统，只有一些较低层或者使用空调较为分散的建筑，才采用分散式空调系统。

如果采用中央空调系统，则应确定其水系统的大致形式，冷、热源的方式。当采用水冷式冷水机组时，中央制冷机房一般设于地下室；采用风冷冷水机组时，则应在室外（或屋顶上）考虑风冷冷水机组的位置。

（二）业主要求

作为一个空调设计人员，应本着对工程及业主负责的思想，去考虑建筑的空调方案并向业主解释各种方案的优缺点和技术经济的合理性。但在一些情况下，由于某些具体的原因（如经济性等），业主可能会提出自己所希望的空调方式。本着业主第一和质量第一的宗旨，只要业主的要求是合理的或相对合理，设计人员都应尽可能的去满足这一点。当然，满足业主要求并非是无原则的，而是以技术可行合理、符合有关规范及规定为准则，如果设计人员与业主的观点有矛盾，应在充分协商的基础上妥善解决。

（三）房间使用功能

房间使用功能对于室内空调设计是相当重要的，不同功能的建筑及各使用房间应采用不同的系统形式。一般来说，中央空调系统对于各类高层民用建筑大都是较为适合的，但就建筑内部的各种不同使用功能的房间而言，则空调风系统会有不同的方式。

1. 大空间公共部分

这部分通常应以全空气系统为基础，系统造价相对较低，施工方便，控制简单，特别是投入运行后的维修工作量较少，给建筑使用后的运行管理带来较大的方便。

2. 小房间

从使用要求来看，每一房间应该有自己独立的温度控制系统，因此，每个房间应有可自动控制温度的末端设备。对于酒店客房来说，目前的末端设备仍以风机盘管较为适合，其造价低廉，使用运行可靠。对于办公楼来说，尽管目前的建筑使用较多的仍是风机盘管，但已有越来越多的办公建筑开始采用变风量空调系统；另外，VRV 系统和水源热泵系统在办公建筑中也已开始有所应用。

二、机房

在空调方案明确之后，接下来的工作就是确定各种机房的面积及大致位置并向建筑专业提出相应的要求，以下以中央空调系统为例来说明。

（一）主机房

中央空调系统主机房一般指冷、热源设备机房，即冷冻机房和热交换站（包括水泵）。

1. 采用水冷式冷水机组

采用水冷式冷水机组时，通常需要占用较大的机房面积，这与冷水机组的形式及单机容量有关。一般来说，就单机占用面积而言，同样冷量时，离心式冷水机组占地面积较小，吸收式机组占地较大；同形式机组相比较，单机容量越大，单位冷量时的设备占地面积越小；从建筑规模来看，建筑面积越大，机房所占面积的比例将越小。

通过对现有工程的调研总结表明：采用离心式冷水机组时，冷冻机房面积大约为总建筑面积的 0.8%～1.2% 左右；采用往复式机组时，此比例大约为 1%～1.4% 左右；螺杆式机组的比例介于上述两者之间；而采用吸收式机组时，大约为 1.5%～2% 左右。

水冷机组由于重量较大，同时为了使振动、噪声等能有效的与使用房间隔绝，通常机房应设于建筑的最底层并在机房内采取一定的吸声措施。

冷冻机房是全楼空调管道最集中的地方之一，且管件较大，阀件较多，因此占用了较大的空间，所以对冷冻机房的净高应有一定的保障。作者在设计实践中体会到，一个设计较好的冷冻机房内一般有两层水管及一层风管（风管大多是为该机房服务的），其管道占用的空间大约在 1.2～1.5m 左右。如果加上给排水管道及电缆桥架等，则机电管线总的占用空间约在 1.8～2.0m。即使管道不设在冷水机组的上空处，考虑到人员的使用和运行管理，管道下也应留出 2.0～2.5m 净空，因此，冷冻机房的净高宜在 4.0～4.5m 以上。另外，从冷水机组及其接管口的高度来看，吸收式机组体积较大，接口较高，因此要求机房净高更高一些，宜在 4.5～5m 左右。在采用直燃式吸收机时，还要考虑烟道所占用的空间高度。

2. 热交换站

在空调系统中，热交换站也是占用面积较大的房面。因此，对于高层民用建筑来说，应尽可能采用体积小、热交换效率较高的板式换热器。在一些工程中，由于种种原因，也有的采用了列管式换热器。

采用板式换热器时，热交换站面积大约为总建筑面积的 0.15%～0.2%，净高要求在 3～3.5m 左右。

采用列管式换热器时，热交换站面积约为总建筑面积的 0.4%～0.5%，净高应在 4.5～5.5m 甚至更高一些。

热交换站在平面上的位置应尽可能与冷冻机房相邻，以便于管道布置、运行管理以及冬夏工况的切换。

3. 采用风冷式冷水机组

风冷式冷水机组通常设于室外，因此室内只有空调冷冻水泵（冬季使用也包含热交换站设备），相对于水冷式冷水机组而言，占用室内面积较少，振动及噪声的处理较为容易。空调冷冻水泵房的面积大约只有总建筑面积的 0.1%～0.2% 左右。

（二）空调机房

空调机房的面积与空调风系统的设置方式及空调机组的设计参数有着直接的关系，而空调机组本身的尺寸与所选的型号及功能有关，就一般情况而言，机组的平面尺寸与其风量大致有如下关系：

（1）风量为 1000～5000m³/h 时，机组平面尺寸大约为 2.5m×1.2m～3m×1.4m。

（2）风量为 5000～1500m³/h 时，机组平面尺寸大约为 3m×1.5m～4m×1.6m。

（3）风量为 15000～30000m³/h 时，机组平面尺寸大约为 4m×1.6m～6m×2m。

在布置空调机房时，必须考虑维修和接管等因素，同时，机房内还要考虑配电箱及清洁水池的位置。因此，通常机房在长度方向上应比机组长 1～1.5m；在宽度方向上，通常机组所接水管从侧面连接，因此机房净宽应比机组宽度大 1.5m 以上。根据上述基本数据及机组尺寸，也就可向建筑提出相应的空调机房面积。

在平面位置上，全空气系统的空调机房宜尽可能靠近所服务的被空调房间，以缩短管道距离。这样既可节省输送空气的能耗，又可避免空间过多的管道交叉。对于新风机组，有垂直式系统（通过每个房间竖风管把新风送入）和水平式系统（每层设新风送风干管）两种主要的布置方案，前者由于竖风道多，可能会占用较大的管道间面积，而后者则占用较高的空间。

（三）风机房

在高层民用建筑中，除地下室外，其余地点单独设置风机房的情况相对来说是比较少的。大多数情况下，风机都与空调机组等设备放在同一房间内。从节省占地面积的观点出发，尽可能采用管道式风机吊装安装是较为合理的，只有在管道式风机的使用不能满足要求时，才采用落地离心式风机。

风机房面积没有固定的比例，它与风机的类型及布置有较大的关系，设计人员应根据实际情况灵活掌握。

三、管道井

空调系统中，有许多垂直设置的风道及水管，这些都需要占用一定的面积。管道井的设置与下列几个因素有关。

（一）系统形式

无论是水系统还是风系统，如果每层水平布置，管道井占用面积都是最小的（一般只需要主立管管井）。但如果管道垂直式布置，则部分支立管需要管井。因此，系统形式决定了竖井面积。一般来说，采用水平式系统时，空调管井面积约占总建筑面积的 0.5%；而采用垂直式系统时，此比例可能达到 2%～3%。但是，采用垂直式系统时，尽管总的占用面积增大，但因其有可能把一些机房放在次要地点，可省出使用面积，且水平式系统将使层高要求加大，因此总的经济效益比较，这两者的优劣是无法一概而论的，具体工程的不同情况将是其主要决定因素之一。

（二）防排烟管道井

此部分在建筑中占有不少的面积，好在建筑师对此都较清楚，一般来说，方案中已有所考虑，因此，本专业主要对截面积进行适当的核实。总体来看，每个疏散楼梯及消防前室的加压送风竖井大约需要 0.8m² 左右，每层机械排烟竖井面积大约占该层建筑面积的 0.1%～0.2%。

四、建筑层高

建筑层高的决定与许多因素有关。首先，它与要求的吊顶下净高有关；其次，它与房间空调管道的布置及送风方式有关；第三，它还与其它专业的管道布置有一定关系；同时，结构形式也会对其产生较大的影响。一般来说，采用全空气系统时，空调专业要求的管道净空间高度约为 400～500mm。而采用风机盘管时，如果结构为框架形式，风机盘管可位于梁底标高之上布置，则从梁底计算所要求的梁底下净空间大约在 300mm 左右（设置水管）；如果结构形式为无梁厚板，则要求板底下净空间大约为 450～500mm 左右。

如果采用侧送风方式，则可以局部吊顶降低而使主要使用区域的吊顶提高。

因此，一般公共房间（如高层建筑的裙房部分），通常其层高在 4～5m 以上（考虑吊顶净高 2.8～3.5m）。标准层为办公室时，层高不宜低于 3.5m（吊顶净高 2.5m）；标准层为酒店客房时，层高宜在 3.0m 左右（客房进门走道局部吊顶高度 2.2m）。

五、概算指标

在方案阶段，设计人员应提出整个建筑空调系统的一些主要耗量及投资，通常这是采用指标进行估算的。在估算中，应考虑到建筑类型、建筑形式、建筑功能、建筑使用标准以及室外气象条件等等因素，但最关键的一点是进行调查研究，查看该建筑所在地的同类建筑的指标情况，如果当地无同类建筑，也可参照同类气象条件的其它城市的同类建筑的情况。由于是估算，因此并不要求十分精确。

以下以北京地区为例，其空调指标可见表 15-1 所示。

空调系统的造价与系统形式有极大关系，反映出的结果也是不大相同的。在不同地区，由于设备材料的来源不同，也会使投资产生较大的区别。以下以总建筑面积为基准提出一个供读者参考的指标。

北京地区部分典型建筑（房间）指标   表 15-1

	旅　馆	办公楼	商　场	餐　厅
冷指标（W/m²）	80～90	90～110	180～250	200～300
热指标（W/m²）	80～90	70～80	80～100	80～100
空调设备电容量指标（W/m²）	30～40	35～50	60～80	100～130

1. 对于中央空调水系统（包括空调自动控制系统）

（1）采用风机盘管为主，造价约为 450～550 元/m²。

（2）采用定风量全空气系统为主时，造价约为 500～600 元/m²。

（3）采用变风量系统时，造价约为 600～700 元/m²。

2. 采用 VRV 系统或水源热泵系统时，造价约为 700～800 元/m²。

第二节　初　步　设　计

在配合建筑专业完成方案设计并在其通过有关主管部门的审批后，即可开始初步设计的工作。

一、初步设计的一般工作程序

初步设计的工作共分为两大方面：第一是与其它工种的配合，第二是本专业内部的工作，这两方面是交叉进行的。以下根据工种配合的顺序来详细介绍。

（一）建筑作业图

建筑作业图是各专业进行设计的基础，从本专业要求来说，对建筑作业图的要求是：建筑各层平面布置、房间分隔、立面及剖面、主要机房及管道井的定位及尺寸等等。

从初步设计开始之日起，大约 7～10d 内，建筑可提供第一版作业图。

（二）空调设计计算

在收到第一版建筑作业图后，本工种应迅速根据方案设计的原则，对各被空气调节房间进行冷、热量及风量等的估算。在此基础上，初选出相应的设备及主要管道的尺寸等，并决定主要管道的走向及设备大致布置方案。

（三）资料反提

在主要设备及管道走向确定之后，应与其它工种进行配合。

1. 与给排水专业的配合

（1）提出本专业所需的用水点、排水点，这些场所包括：在冷冻机房、热交换站及空调机房内，应设有排水设施（地漏或地沟）及给水设施（其中给水设施主要是用于设备及机房的日常维护清洗）；膨胀水箱间及冷却塔的补水及排水要求。

（2）协商合用主要管道井内的布置，落实其尺寸及位置。

（3）协商吊顶内管道的布置原则。

2. 与电气工种的配合

在这时，主要是向电气工种提出本专业各种用电设备的用电量及用电点。

3. 与结构工种的配合

在与水、电工种的上述配合完成之后，本专业的大致情况都已基本确定，因此应尽快向结构工种提出相应的资料，这些资料主要有：剪力墙、楼板或梁上留洞的大致位置及尺寸（一般指长边超过1m的矩形洞或直径超过1m的圆形洞），主要设备机房内的设备重量或机房平均面积荷载（空调机房大约为$500\sim800 kg/m^2$），主要吊装大口径管道的重量等等。这些资料主要是为满足结构计算而提出的。

4. 与建筑工种的配合

在向结构专业反提资料的同时，向建筑工种提出本专业所要求的较为详细的机房尺寸、分隔墙位置、管道井位置及尺寸以及各种使用场所要求的管道空间的高度。

上述反提资料的工作应抓紧时间进行，以免影响其它工种的正常工作程序。一般来说，这一工作应在收到第一版建筑作业图后1~2周内完成或基本完成（视工程的规模和难易程度而定），其中给电气工种的用电量及用电设备的资料宜尽早提供。

（四）设计绘图

在完成上述基本工作后，应开始设计绘图阶段（有时它与提资料交叉进行），即把方案和前期的设计计算、设备选择等工作在图纸上反映出来。

设计绘图时，应首先绘制空调水路系统主干线图纸并以此作为平面设计中的指导性图纸文件，之后再分别进行各层平面的绘制工作并在这一过程中对水系统图进行接管相对位置等处的修改和完善。

在各层平面草图绘制基本完成后，应向电气工种提出第二批资料，主要包括各种控制设备的要求（如电动阀、防排烟阀等等），以及各种设备的联锁控制要求。

接下来的工作是绘制主要机房的平面图（包括设备布置及主要管道的走向及布置），这些机房主要有：冷冻机房、热交换器、大型空调机房、锅炉房等。此工作完成后，绘制风路系统图、控制原理图，编制图纸目录及主要设备材料表，编制初步设计说明书等。

绘图过程中遇到的具体问题也应不断与其它工种相互协调解决。

这部分工作大约需要1~2周时间完成。

（五）图纸会审

在各工种完成本专业图纸及设计文件后，应在项目设计主持人的主持下，对各专业图纸进行联合会审，进一步协调，防止由于配合差错或遗漏而出现大的问题。

二、初步设计文件的深度

初步设计文件，包括图纸和文字材料两部分，它们的深度要求应满足下列原则：

第一，政府主管部门的有关规定；

第二，设计合同的规定；

第三，业主对该工程的具体要求。

上述三点中，第一点是最为重要的，这是保证初步设计在主管部门的审批过程中得以通过的基础。

（一）设计图纸部分

空调专业初步设计一般包括以下图纸：

（1）空调水路系统图（包括冷、热源）；

（2）空调风路系统图；

（3）防排烟系统图；

（4）各层平面图；

（5）主要机房平面图。

在绘制平面图的过程中，对于较复杂的平面，为了使设计清晰，风管及水管平面宜分别绘制。只有在风管及水管较少时，才把它们合在同一张平面图中绘制。

在风管平面图绘制时，由于本专业初步设计主要强调系统及设备、管道布置及走向方式，因此图纸的表达可以相对简化，风道可用单线（粗线）绘制即可。但是，图纸的简化并不能代替工作深度的简化，各种设备及管道布置和管道走向能否符合实际或是否可行，应在这一过程中具体的排列，做到心中有数。

各种平面图（包括机房平面图）中，大尺寸的管道宜标注其尺寸及安装高度，以利以后施工图设计时控制相关的空间高度。平面图中还应注明各设备（或系统）的编号等内容。

（二）设计说明

设计说明中主要包括四大部分：即设计说明、主要设备材料表、主要设计指标及耗量、遗留及待审批时解决的问题。

1. 设计说明

在设计说明中，应包括设计依据，设计范围及内容，室外气象参数，设计标准，空调水系统及风系统形式，空调自动控制系统的选择，空调冷、热耗量及冷、热媒参数，消声、减振措施，防排烟系统的运行说明，风系统的防火，建筑热工要求，管道材料及保温，环境保护措施及节能措施等等。

2. 设备材料表

它的内容包括主要设备（如冷水机组、水泵、空调机、热交换器、冷却塔、风机、风机盘管等）的性能参数，使用数量及使用地点，主要附件（如电动风阀及水阀、排风扇等）及材料的性能要求等。

3. 主要设计指标

内容包括冷、热耗量及其单位面积指标，空调设备电气安装容量及面积指标，蒸汽耗量（或加湿量），全楼风平衡（进、排风量及其差值）以及其它经济技术指标。

4. 遗留问题

与施工图相比，初步设计并不能完全深入，因此在初步设计过程中及其完成后，必然存在一些需要在以后阶段解决的问题。比如：需要提请市政主管部门或初步设计审批部门审查的问题，需要市政部门配合解决的问题（如热源、气源等），需要业主注意或尽快答复及解决的问题以及需要在施工图中各专业进一步详细配合解决的重大问题等。

第三节　施工图设计

施工图设计是一个工程设计的最后一个阶段，同时也是最重要的阶段之一，工程施工就是以最后的施工图纸为依据的。因此，对施工图纸的基本要求就是消除错、漏、碰、缺，表达清晰明了，保证施工单位能够正确的看图及按图施工。

施工图设计的第一原则就是遵循已审批的初步设计。除非初步设计存在重大的原则性问题或如业主使用要求的变化等重大原因，否则施工图设计中不宜对初步设计所确定的基本方案及原则进行大的修改。但是，施工图毕竟是与初步设计不同的阶段，在这一阶段中，对初步设计的一些变更是完全正常的，这些正常的变更是为了把初步设计落实到实际的重要一环，是对初步设计的补充和完善。

施工图设计与初步设计的不同之处主要有以下几点：

第一，计算方法不同。

在初步设计中，各种计算都是建立在估算基础上的。由于大多数是套用某些指标，而对于一个具体工程（或房间）而言，这些指标并不一定是完全合理的。因此，施工图要求所有的计算都必须是针对具体对象进行详细的精确计算，作为施工图设计的基础。

第二，设计深度不同。

初步设计以管道和设备的大致布置及走向来表示，并不精确定位。施工图则要求所有空调系统中的任何设备、附件及管道等，都必须有精确的定位及尺寸大小，才能满足施工的要求。

在表达方式上也是不一样的。初步设计中只表示主要设备及管道且管道均可用单线图表示，但施工图中通常水管用单线表示而风管以双线表示。由于表达方式更加深入，因此，施工图的具体工作量相对来说更大。

第三，工种的配合更密切。

由于施工图是最终的施工依据，因此要求各工种在施工图设计过程中，进行更详细更深入的配合，如土建留洞大小、各工种管道的高低及平面位置、管道综合、吊顶高度及与装修的配合等等。

施工图设计一般包括以下几个步骤：制订工种配合进度计划，审核初步设计，了解业主要求，提出对各工种的通用技术要求，制定本专业内部的技术措施及相关规定，了解施工图设计深度，绘制施工图及工种配合，综合校核等等。

一、配合进度计划的制订

在每个工程的施工图设计之前，制订工种配合进度计划是首先要做的工作，这是保证整个工程设计保质保量按时完成的首要措施。

配合进度计划的制订本身也是一个极为复杂的工作。首先要考虑的是设计合同所规定的时间，必须保证按时完成。第二是考虑工程的复杂程度，通常工程越复杂设计周期也越长（这一点在合同中也会有所反映）。但即使如此，同类项目由于具体情况不同，各工程的难易程度也是不一样的。第三是考虑各工种人员的配置情况，对于一个带中央空调系统的高层民用建筑来说，作者认为建筑（不包括室内精装修）、结构、给排水、暖通（包括锅炉及煤气）和电气专业的人员配置对施工图来说大约比例是 3.3∶3.5∶1.2∶1.5∶1.5。当然，建筑功能不同时，配置比例会有所不同，应根据实际情况调整。第四还要考虑到实际工作日及节假日等。

以下以一个约 60000～80000m² 建筑面积的全空调高层民用建筑为例，提出以下配合步骤供读者参考。

（一）建筑第一版作业图

建筑第一版作业图的下发是比较快的，这主要是有前阶段的初步设计为基础。如果初步设计审批后没有大的原则性变化，建筑工种在此基础上适当加深后即可向各工种下发第一版作业图，这一过程大约在 7d 左右。在这期间，各工种应进行本专业的基础准备工作，如审查初步设计审批意见，了解业主对项目的具体要求（有相关设备的倾向性意见等），制定本专业统一技术措施等等。

（二）意见反馈

各专业收到第一版建筑作业图后，应对其进行进一步审查。一是比较其与建筑专业初步设计之间是否存在较大的修改，二是看本专业初步设计审批的意见及业主要求能否在第一版作业图中实现。同时，空调专业应向建筑工种提出围护结构热工要求，如外墙、外窗、屋面、楼板等的热工做法及要求的传热系数等。

这一工作约需 5d 时间，在这期间，室内装修工种应开始考虑装修设计方案。

（三）建筑第二版作业图

根据各工种的反馈意见，建筑工种约在 5d 内下发经修改后的第二版作业图。

在这期间，本专业应在第一版作业图上按初步设计的原则描绘出系统及平面草图，其主要内容是系统方案、各风系统所负担的房间及处理方式等内容。

（四）深入设计阶段

在收到第二版建筑作业图后，本专业即可开始进行较为深入的设计阶段。

1. 空调计算

本专业这时应根据第二版作业图，立即进行本专业的计算工作。首先是冷、热负荷的计算，其次是根据前述所划分的风系统情况进行处理过程计算及各通风房间送、排风量的计算，然后是关于排烟及加压送风风量的计算。上述计算完成之后，对全楼冷、热量的计算结果进行汇总并求出全楼的设计冷、热量，同时应对全楼进行风平衡的校核，保证建筑始终为正压。

2. 设备初选

计算工作完成后，则可进行设备初选工作，设备初选的目的在于为了尽快向电气工种提出各设备的用电量。由于此时风道及水管尚未开始布置，因此水力计算无法进行，一般来说只能根据经验并针对实际情况对每个风系统（包括空调风系统、机械送排风系统、机械排烟和加压送风系统）和水路系统的阻力进行大致的估计。根据目前实际工程及作者设计的体会，全空气空调机组的余压要求大约为 300～500Pa，普通机械送风机的压头要求大约为 250～400Pa，机械排风机的压头要求大约为 300～500Pa，新风空调机组的余压要求大约在 300～400Pa，厨房灶具排风机的压头大约为 500～700Pa，排烟及加压风机压头一般要求在 450～600Pa 左右。

空调机组初选时，一般是按风量选择其规格型号之后，根据要求的余压及处理参数，计算空调机组的空气阻力和盘管水流阻力（计算可由设计人完成，一些技术力量较强的厂家也可协助完成）并由此选出相应的风机。

水路系统的阻力在此时也只是估算数据。空调机组或热交换器的水阻力为 40～50kPa，冷水机组蒸发器水阻力为 50～70kPa，冷凝器水阻力为 60～90kPa（或由所选厂家提供），空调机组电动阀水阻力与盘管水阻力相同（40～50kPa），其余水路管道及附件水阻力大约在 150～250kPa 左右，冷却塔根据所选型号可确定出进塔水压（开式塔一般为 30～50kPa，闭式塔或引射式塔差别较大）。综上所述，空调冷冻水泵扬程大约在 30～40m，冷却水泵扬程大约为 25~35m。

对于双管制水系统，冬季时空调热水系统的阻力约在 20m 左右。

上述估算基本完成后，即可初选定设备型号并由此得到各设备的电气安装容量。

3. 根据上述计算及设备选择，进行平面布置，绘制平面草图，准备第一次互提资料

这些资料包括：

（1）对建筑工种

核实机房尺寸及管道井尺寸及相对位置，提出修改意见。

（2）对结构工种

准备剪力墙、楼板及穿梁的较大的洞口尺寸及大致位置资料，机房地面及顶层荷载。

（3）对电气工种

准备各设备位置及用电量资料。

（4）对给排水工种

准备要求的给水点及排水点位置，补水量等资料。

在这一过程结束前的 3~5d，室内装修工种应提出装修方案供各工种施工图具体实施时考虑。

这一过程大约需要 25 个工作日。对于本专业而言，较大的工作量是整理建筑围护结构热工计算原始资料，若能采用一些自动计算软件，则工作量将会有所减少。

（五）工种协调会

这一工种协调会主要是核查各专业进展情况，根据装修要求协调各专业，确定管道空间高度的大致划分。管道所占高度的确定原则是：风道位于最高层（贴梁或靠近楼层板底），其次是电缆桥架，接下来是消防、空调及生活水管，最低处为排水管道和空气凝结水管。

协调会之后，即对前期工作进行适当修改和完善，然后逐步提出前述已准备的经协调会后调整的资料。由于结构工种计算的要求，因此应优先提出结构资料。

会议至提请全部上述各工种资料所需时间约为 2 个工作日。

（六）绘制正式图纸

首先应绘制空调水路系统主干线图纸，以作为绘制其它施工图纸的指导性依据。

然后开始绘制各层空调风管及水管平面图，详细确定管道尺寸及位置，确定各种附件的位置。同时绘制空调自动控制原理图及各种机房的草图，确定控制元件的位置。

这一过程大约需要 40 个工作日。

（七）第二次工种协调会

本次协调会应视为施工图设计过程中最重要的一次会议。此时各工种的平面图已基本完成，因此本次会议的主要目的就是进行管道综合，详细协调各机电专业的管道定位尺寸。这一过程中，必须高度认真和仔细，对任何一处有管道交叉相碰或矛盾的问题都应及时解决，不留后患。本专业这时还应与装修核对风口位置及形式。

这一过程约需 7 个工作日。

根据协调会及管道综合的结果，对原设计进行适当的修改之后，向结构工种提清所有管道穿墙、穿梁或楼板的详细留洞尺寸及位置、预埋件位置、较重的吊装管道或设备荷载等，向建筑工种提出外立面进、出风口的详细尺寸及位置，向电气工种提出各种自控及联

锁要求、各控制元件的详细位置及性能参数。

提上述资料应在 3 个工作日内完成。

（八）完善图纸

绘制详细的机房平面图、风路系统图、防排烟系统图、各种大样图及放大图，完善、修改和补充空调水路系统图，编制设备表、图纸目录及图例，编写设计施工说明。至此，本工种内部各设计人的工作已基本完成，之后由工种负责人对全部图纸进行审查。

这一过程需要约 20 个工作日。

（九）图纸校对

在工种负责人审查完全部图纸之后，应立即交给校对人进行图纸校对工作。从实际工作情况来看，校对人最好也是本工程的设计人之一，以利相互校对，这样既熟悉情况，又可相互协调各人的工作，使校对工作更加深入有效地开展。校对完成后，各设计人即可根据校对意见，核实实际情况进行适当修改（对于认为可不按校对意见修改之处，应与校对人协商或提出书面理由备查）。

校对及其修改工作正常情况下需要大约 4 个工作日。

（十）图纸审核、审定

图纸的审核、审定是对图纸本身的最后技术把关，主要是对原则问题进行核查（在施工图进行过程中，设计人在原则问题上也应咨询审图人意见）。这时一般是不应出现大问题的，因而审图需要的时间可相对较少。之后，设计人应根据审图意见进行修改，与审图意见不一致时，应同审图人充分协调解决；若不能达成共识，原则上也应按审图意见修改并书面提出意见备案。修改完后，交工种负责人对全部图纸进行最后的全盘核查。

整个上述过程大约需要 3 个工作日。

（十一）图纸会签

图纸会签阶段要求各工种进行最后的协调和对图，特别要注意的是由于各工种校审意见所引起的修改是否会对其它工种产生影响。对图完成后，各工种负责人应在其它工种图纸的会签栏中签字确认。

此过程在 2 日内完成，至此本工程的全部施工图设计结束。

从上面的工种配合进度计划中可以看出，全部设计周期（施工图）大约需要 106 个工作日，如果加上公休及节假日，大约需要 4～4.5 个月。当然，设计周期和参加设计的人数是密切相关的，也和绘图方式有关。上述进度计划是按照目前广泛采用的计算机绘图为基础制定的，如果采用手工绘图，则设计周期有可能会加长。在上述计划中，各工种大致的参加人数为：建筑 5 人，结构 5 人，给排水 1.5 人，空调 2 人，电气 2 人。

二、对初步设计的审核

对初步设计的审核包括两部分，即对初步设计图纸和文件本身进行审核和对初步设计审批文件进行审核。通常而言，此工作应主要由施工图设计的工种负责人来承担。

（一）审核初步设计文件及图纸

（1）详细阅读初步设计说明书及查阅有关设计图纸，深入了解初步设计意图。

（2）审核初步设计方案，这里尤其要注意的是空调系统的形式，冷、热源方案，防火及防排烟、环保、节能措施等等。

（3）审查各主要机房的尺寸及位置是否能满足本工程的要求。

（4）了解建筑及结构工种的设计情况，审查本工程与建筑专业是否存在矛盾之处；了解结构体系及梁板布置的方式和重要的相关尺寸并核实本专业与其是否有冲突。

（5）了解水、电工种的设计情况，对其管道走向做到心中有数，为施工图设计提前做好基础准备。

（二）审核初步设计审批文件

（1）详细阅读审批文件，核对其对初步设计中遗留并提请审批解决的问题是否已有明确的答复或结论。

（2）详细审核审批文件提出的修改意见及各市政主管部门对本工程的要求，其中特别是消防、热力、煤气、环保及人防等部门的意见。

（3）对上述审批修改意见，若有不同看法或不清晰之处，应与主管部门有关人员进行协商或向其解释，不能取得一致时，应按审批意见执行，取得一致处应记录备案。

三、业主要求

了解业主对工程的要求是非常必要的，尤其是在商品经济社会中，"业主第一"的观念应在每个设计人员的设计中得到贯彻。当然，提"业主第一"并非片面的理解为业主说怎么做就怎么做，说要什么就给什么，这绝不是对业主和工程负责的态度，也同样不是真正贯彻业主第一的思想。

之所以这样说，是因为业主本身并不完全了解建筑内各个专业。尽管目前的工程中，许多业主都配备了各种专业技术人才，但这其中毕竟并不完全是从事建筑设计的人员，因而对各专业的了解带有片面性，这样他们在提出要求时有可能会受到一些限制或有不完全合理的成分存在。作为一个设计人员，应从实际出发，对业主提出的不恰当的要求进行充分必要的解释，坚持"质量第一"为中心，为业主以后的使用考虑，提出真正的合理化建议。

空调专业中，了解业主的使用要求主要有以下几个方面。

（一）建筑标准

通常来说，使用标准与其投资是成一定比例的，使用标准越高，相应的投资也就越多。业主提出的建筑标准首先应符合国家及各地政府部门的有关设计规定、规范等，过高的使用要求不但初投资增加，而且能耗增大，与国家有关节能政策将有可能产生矛盾；同时，一旦后期投资发生困难，将会导致设计进行较大的修改而产生不利影响。因此，碰到此类问题时，应耐心向业主解释，充分协商。但反过来说，在标准上只要不与国家政策及有关设计规范或规定有较大的矛盾，设计人员也应充分尊重业主的意见。

（二）使用及管理要求

业主的使用要求和建筑的具体情况是不可分的，并且同类建筑或同一建筑中的各种不同功能的房间，在使用要求上也是完全不同的。对整幢建筑而言，使用要求通常与其运行管理的方式有关；对于同一建筑而言，不同房间的使用大多是和时间有关。

在运行管理方式上，应了解运行管理人员的配置计划。比如运行管理人员是否按各自专业分开配设，每年的正常的维护保养工作是由内部人员完成还是由外聘专业公司完成，管理人员的编制，对机电系统运行管理的自动化程度，是否要求设中央监控系统以及中央监控系统的形式等等。

在各房间的使用上进行深入的了解是十分重要的。目前的高层民用建筑大多为多功能建筑，内部房间使用时间的不同，对于空调系统的设计将产生较大的影响。比如，酒店通常是 24h 使用，空调系统全年运行；商场的使用时间多是 9：00～20：00；一些饮食娱乐设施如歌舞厅、餐厅等的营业时间一般都到 22：00 以后；办公室则通常是 8：00～17：00 左右使用。因此，空调系统应满足这些不同使用时间的要求。若采用蓄冷系统，对蓄冷容量及冷水机组容量就应分不同情况对待；若采用普通的中央空调系统，就应考虑多台冷水机组制冷量的搭配，保证冷水机组能满足使用时间内的最小冷量要求。

（三）对空调设备的要求

在以前的设计中，空调设备的选型由设计人员指定。随着近年改革开放的深入及商品经济的发展，业主在设备选择的自主权上也日益加大。因为设备的购买是业主对建筑投资的一部分，所以设计人员对此应该是可以理解的。因此，从目前的情形看，设计人员应对各设备提出有关的技术要求，在满足要求的前提下，应充分尊重业主对设备具体选型的意见。

尊重业主的意见对设计人员来说是有较多益处的。一般来说，业主如果对设备选型提出自己的意见，通常是提出希望采用的设备厂家，这种情况表明业主与厂家通常存在某种长期的关系，因而在设备费用、维护等方面具有其它同类厂家不可比拟的优越性；或者是业主在其它项目中采用过同样设备而对其较有信心等等。这样一来，设计一开始设计人员就能按较定型的设备进行设计布置，设备尺寸、定位、机房尺寸等都容易得到控制，从而减少设备变动引起的修改。

如果业主设计前未提出设备选型的要求，则设计人员应根据本工程的具体情况及要求的技术参数，本着认真负责的态度，在设计时对设备进行初步选择并向业主推荐。初选的主要目的是为了施工图设计时的某些方便（尤其是外形尺寸及一些技术指标的控制上），待设备招标工作结束后，根据实际情况，可能还要进行必要的修改和完善。

四、施工图统一技术措施

一个大型高层民用建筑，其建筑面积往往从数万平方米至十几万平方米（甚至更多），而设计周期是有限的，因而这时每一工种单靠一个人来完成设计的情况并不多见，大多数情况下专业内部需要几个设计人员同时参与设计。由于每个设计人员有着各自的特点和自己熟悉的设计及表达方式，如果没有一个统一的规定，则同一工程中，对同类问题的处理方法可能会随设计人员的不同而变化，这样不但使图纸的整体表达无法完整和准确，更多的则是给施工带来较大的困难和麻烦。因此，应该十分强调的是：同一工程中，同类问题不同设计人都应采用同样的表达方式，这就是制定施工图统一技术措施的目的。

统一技术措施应该由工种负责人制定。在制定过程中，广泛征求参与本工程设计人的意见，一旦制定下来，各设计人都应遵守其基本原则和要求。

空调专业施工图统一技术措施的制定要考虑到全部与施工图设计有关的问题。

（一）图例

图纸是以各种符号、线条及文字来表达设计意图的一种文件。空调图纸中，各种设备、附件等大多数都是以某种图例符号来表示的。因此，图例是图纸的基础，制定一个完整、准确的图例，是施工图设计得以完整、准确表达的基本保证。

（二）图纸比例及图幅

空调施工图，以表达清晰为基本目的。图纸比例过大既无必要，又造成浪费；而比例过小则会导致表达不清。因此，必须根据不同的表达内容制定不同的图纸比例。

图幅即是图纸的尺寸大小，之所以对此作出适当的规定是便于施工使用及图纸存档管理。国家制图标准中对图纸规格有一定规定，一般来说，同一工程中，图纸规格不能过多，以不超过两种规格为宜。

（三）图纸表达深度及表达方式

对于图纸深度，国家建设部有过专门的规定及标准，必须遵照执行。除此之外，还有平面图的具体做法，风管、水管线条的粗细及其尺寸、定位的表示方法，英文字母及汉字的书写形式和字型等等，都宜作适当的规定和统一。

（四）室内、外空气设计及计算参数

制定这一规定的目的是为了使各设计人在计算时有一个统一的计算标准。室内设计参数应根据工程的实际情况制定，室外参数应按规范采用，当规范中不能查到时，则应统一制定合理参数。

（五）围护结构热工参数

为了冷、热负荷计算时统一标准而规定。由于围护结构热工计算中，存在一定的修正系数的选取，各设计人若自由选择可能不一致，因此要求同一标准。

（六）计算方法

不同的计算方法将使空调冷、热负荷计算、处理过程及风、水管水力计算产生一定的偏差。因此，同一工程中，无论何处都应采用相同的计算方法。

（七）单位制

在各人的设计图中，必须采用统一的单位制来表达各种参数，通常应尽可能采用国际单位制。

（八）关于系统的考虑

简明阐述系统情况，可使各设计人心中有底，知道自己承担的设计内容位于全工程中的位置及如何与系统相协调，也有利于各设计人之间的相互配合。

（九）设备、管道的连接和安装方式

同种设备（如空调机组、风机等），在接管方式及附件设置上应该是采用同样的原则，安装方式也应相同。

为了更详细说明上述内容，以下是作者负责设计的某一具体工程的空调施工图设计统一技术措施，列出供读者参考。

【例】"北京××工程"空调施工图统一技术措施

1. 图例

本施工图按我院统一图例进行设计，如果不完善，可根据需要进行适当补充，其基本内容见表 15-2。

常 用 图 例 表 15-2

图 例	名 称	图 例	名 称
L—	冷水机组编号	BR—	热水泵编号
B—	冷水泵编号	RJ—	热交换器编号
B1—	初级冷水泵编号	T—	冷却塔编号
B2—	次级冷水泵编号	Kn—	空调机编号
b—	冷却水泵编号	Xn—	新风空调机编号

图 例	名 称	图 例	名 称
Pn—	排风机及系统编号	—RH2—	二次热水回水管
Jn—	进风机及系统编号	—Z—	蒸汽管
V—	排气扇编号	—N—	蒸汽凝结水管
FM—	空气幕编号	—n—	空气凝结水管
FP—n（Z，Y）	风机盘管编号 n为序号 （Z，Y）为左右式	—b—	补水管
		—x—	循环管
PYn—	排烟风机及系统编号	—p—	膨胀管
JYn—	加压送风机及系统编号	—f—	冷媒管
KFn—	分体空调机及系统编号		
RFJ—	人防送风机及系统编号		自来水管
S.A.	送风		采暖供水管
F.A.	新风		
R.A.	回风		采暖回水管
E.A.	排风		
VAV—	变风量末端装置编号	$i=$	管道坡度及坡向
	水泵（系统图上表示）		管端封头
	屋顶式风机		管道固定支架
	屋顶式风机（平面图）		手动跑风
	管道式风机		水路自动排气阀
			压力表
	离心式风机		温度计
—LG—	冷水供水管		
—LH—	冷水回水管		
—LG1—	一次冷水供水管		水路软接头
—LH1—	一次冷水回水管		
—LG2—	二次冷水供水管		
—LH2—	二次冷水回水管		蒸汽减压阀
—LRG—	冷热水公用供水管		
—LRH—	冷热水公用回水管		
—TG—	32℃冷却水管		泄水丝堵 泄水阀
—TH—	37℃冷却水管		
—RG—	空调热水供水管		
—RG—	空调热水回水管		波纹管补偿器
—RG1—	一次热水供水管		
—RH1—	一次热水回水管		
—RG2—	二次热水供水管		

图 例	名 称	图 例	名 称
	球型补偿器	16　　16	铸铁散热器及片数
	套筒补偿器	1200　　1200	串片散热器及长度
	水管变径管	D×××	水管管径标注
	水路平衡阀		风管及法兰
	水路流量调节阀		风管手动多叶调节阀
	截止阀		风管三通调节阀
	闸阀		风管插板阀
	水路手动蝶阀		开关式电动风阀
	水路电动蝶阀		调节式电动风阀
	水路电动二通阀		风路止回阀
	水过滤器		风管软接头
	水路止回阀		软风管
	干蒸汽加湿器	a×b　φ	风管方圆变径管
	水加湿器		70℃防火调节阀
	疏水器		70℃防火调节阀（带电磁铁）
	集气罐		

图 例	名 称	图 例	名 称
	280℃防火调节阀	DBY－H	单层百叶风口
	排烟阀 排烟口	DBY－V	单层百叶风口
	加压送风口 加压送风阀	SBY－HV	双层百叶风口
	消声器	SBY－VH	双层百叶风口
消声弯头（$b \times h$）		FS	方形散流器
	自动空气泄压阀	YS	圆形散流器
	空气过滤器	XS	线形散流器
	人防通风手动密闭阀	ZS	直片散流器
	人防通风电动密闭阀	HS	活条散流器
	人防超压排气阀	FBY	防雨百叶
	人防防爆超压排气阀	DP	风压差开关
	圆伞形风帽	DW	水压差传感器
	圆筒形风帽	F	水流开关
	带导流片弯头	F	水流量传感器

图 例	名 称	图 例	名 称
 (T)	温度传感器	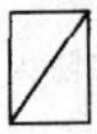 ▱	表冷器
 (P)	压力传感器	 ▨	空气加热器
 (H)	湿度传感器	 ▨	表冷器（加热器）

2. 图纸比例及图幅

（1）地下室及地上一～五层平面图的比例为 1：150。

（2）其它各层平面图比例为 1：100。

（3）机房放大图比例为 1：50。

（4）其余图纸比例（包括详图）由设计人员根据需要自行决定，常用比例采用 1：5，1：10，1：20 等。

（5）图纸规格为 1# 图或 0# 图。

3. 图纸

（1）图纸表达深度按建设部 1992 年 3 月批准的《建筑工程设计文件编制深度的规定》执行，有具体问题时可协商解决。

（2）平面图中，风管与水管分别绘制。

（3）平面图一般不画剖面，只有管道交叉较多（或重叠）而无法表达时，才画出局部剖面图，管道标高直接标注在平面图中。所有标高（系统图除外）均以本层建筑地面的标高为基准。如果某层平面图的地面标高随区域的变化较大，则可按建筑±0.000 标高为基准并在该层平面图附注中特别指明此点。

（4）所有机房放大图均应有完整的平、剖面图（1：50）。

（5）风管以双线表示。圆形风管应画出中轴线，矩形风管可视定位尺寸的情况而定。风管线宽度为：中心轴线 0.25mm，轮廓边缘线 0.5mm。法兰以单线表示，其线宽为 0.5mm，风管横断面法兰线宽 0.25mm。

（6）水管以单线表示，线宽 0.7mm。

（7）设备轮廓线为单实线，线宽 0.25mm。

（8）文字

图中汉字字型以 JD 型为主，字高 4mm（图中附注文字字高 6～8mm）；图名汉字用 JB 型，字高 6～8mm。图中数字及英文字符高度为 2～3mm，剖面号及设备编号的字符高度为 4～5mm。

4. 室内、外设计参数

（1）室内设计参数

一些主要房间的室内设计参数按下列标准采用：

①夏季办公室：室温 24℃、相对湿度 55％，餐厅：室温 23℃、相对湿度 60％，商场：室温 24℃、相对湿度 60％，大厅及门厅：室温 25℃、相对湿度 50％。

其它空调房间室温 24～27℃，视具体情况由设计人决定。

②冬季所有空调房间均按室温 22℃、相对湿度 40％考虑。

（2）通风换气次数

采用机械通风的房间的通风换气次数（次/h）按如下考虑：

卫生间：10～15，车库：6，变配电：15，机电设备房：5，厨房平时排风：5，厨房灶具排风：50，库房及备用房：5。

（3）室外设计参数

①夏季 $t_w = 33.2℃$，$t_{ws} = 26.4℃$，$h_w = 19.7kcal/kg$；

②冬季 $t_w = -12℃$，$\varphi_w = 41％$，$h_w = -2.6kcal/kg$。

其余室外参数若计算时需要，可按规范的规定选取。

5. 围护结构热工计算参数

（1）玻璃幕墙采光部分为双层中空玻璃。

夏季传热系数：$K_s = 3.0kcal/(h \cdot m^2 \cdot ℃)$；

冬季传热系数：$K_d = 3.2kcal/(h \cdot m^2 \cdot ℃)$。

（2）外墙

①玻璃幕墙不采光部分：9mm 石膏板＋110mm 岩棉＋单层玻璃。

$K_s = 0.6kcal/(h \cdot m^2 \cdot ℃)$，$K_d = 0.65kcal/(h \cdot m^2 \cdot ℃)$

②实墙部分：240 砖墙＋80mm 岩棉＋9mm 石膏板，传热系数与①相同。

因此，负荷计算时，外墙热 2 参数均按①选取，其结构形式按 Ⅲ 型采用。

（3）屋面

结构形式为 Ⅴ 型，$K_s = 0.5kcal/(h \cdot m^2 \cdot ℃)$。$K_d = 0.55kcal/(h \cdot m^2 \cdot ℃)$

（4）悬挑室外地板及需要计算传热的内楼板：120mm 混凝土板＋50mm 岩棉或聚苯板保温。

$K_s = 0.8kcal/(h \cdot m^2 \cdot ℃)$，$K_d = 0.86kcal/(h \cdot m^2 \cdot ℃)$。

（5）内墙

①370 砖墙：$K = 1.3kcal/(h \cdot m^2 \cdot ℃)$；

②240 砖墙：$K = 1.7kcal/(h \cdot m^2 \cdot ℃)$；

③120 砖墙：$K = 2.5kcal/(h \cdot m^2 \cdot ℃)$；

④石膏板墙：$K = 1.0kcal/(h \cdot m^2 \cdot ℃)$；

⑤300mm 混凝土墙：$K = 1.9kcal/(h \cdot m^2 \cdot ℃)$；

⑥400mm 混凝土墙：$K = 1.7kcal/(h \cdot m^2 \cdot ℃)$；

⑦500mm 混凝土墙：$K = 1.5kcal/(h \cdot m^2 \cdot ℃)$；

6. 负荷计算

（1）冷负荷计算：按冷负荷系数法进行。

①办公室部分外窗考虑有内遮阳，餐厅、商场及大厅等外窗不考虑内遮阳。

有内遮阳时：$C_a = 0.85$，$C_s = 0.78$，$C_n = 0.6$；

无内遮阳时：$C_a=0.85$，$C_s=0.78$，$C_n=1$。

天窗按无内遮阳单层玻璃计算，$C_a=0.85$，$C_s=0.83$，$C_n=1$，$K_s=5kcal/(h\cdot m^2\cdot ℃)$。

②室外悬挑地板按内楼板计算，但计算面积应作如下修正：

$$A_s=(5\times A)/T_f \tag{15-1}$$

式中　A_s——悬挑地板计算用面积（m^2）；

A——悬挑地板实际面积（m^2）；

T_f——内楼板计算附加温升（℃）。

③内墙传热系数统一按$K=1.0kcal/(h\cdot m^2\cdot ℃)$输入计算机，不同内墙的计算面积$A_s$进行如下修正：

$$A_s=K\cdot A \quad (m^2) \tag{15-2}$$

式中　K——各种内墙实际传热系数 $[kcal/(h\cdot m^2\cdot ℃)]$；

A——实际内墙面积（m^2）。

（2）热负荷计算

热负荷的计算方法与采暖负荷计算方法基本相同，但可以不考虑冷风渗透和冷风侵入等引起的耗热量。

（3）负荷分区

办公室部分在计算时分为内、外区，凡靠外窗（或外围结构）3.5m 以内的区域为外区，室内其它区域为内区。

内区计算时把走道视为房间一起考虑。

（4）照明设备容量（按单位使用面积计）及照明灯形式：

办公室：$15W/m^2$，日光灯；

餐厅：$35W/m^2$，白炽灯；

商场：$50W/m^2$，白炽灯；

大厅：$30W/m^2$，白炽灯；

走道：$10W/m^2$，日光灯。

（5）人员密度（按使用面积计）

办公室：$8m^2/$人；

餐厅：$1.5m^2/$人；

商场：$2m^2/$人；

大厅：$15m^2/$人；

走道：$20m^2/$人。

（6）电气设备

办公室部分考虑个人计算机，其电气安装容量为$30W/m^2$（使用面积）。

7. 单位制

计算书部分单位制由各设计人员根据个人习惯采用，图纸部分全部采用国际单位。

8. 空气处理及 h-d 图

（1）所有空调机的处理过程计算都应通过 h-d 图上进行。

（2）夏季处理的机器露点按$85\%\sim95\%$考虑，根据具体情况（如ε线的大小等）由设计人员灵活决定，但应符合下列原则：

①全空气系统的空调机处理点温度不宜低于 14℃。

②新风加风机盘管系统新风空调机处理点参数：夏季为室内等焓线与 95％相对湿度线的交点之下（稍低一点），冬季为室内等温线与等焓线之间并接近等焓线。

（3）夏季计算时，考虑空调风机及风管等的空气温升为 1℃。

（4）室内人员流动性较大的房间（如餐厅、商场等），冬季计算时，散湿量宜按设计值的 $\frac{1}{2} \sim \frac{2}{3}$ 来计算，以保证人员低于设计值时仍能保持较合适的相对湿度。

（5）冬季空气热工处理顺序：先加热然后再加湿。

9. 空调水系统

（1）冷水机组采用离心式水冷机组。

（2）冷冻水采用二次泵系统，内、外区环路分别设次级泵。

（3）冷冻水泵及冷却水泵均采用双吸泵。

（4）冷冻水泵及冷却水泵与冷水机组的接管方式为一一对应连接，且均要求考虑备用泵各一台。

（5）空调水路系统用户侧采用双管制水系统，内、外分区。

（6）空调水管采用无缝钢管焊接连接，空气凝结水管采用镀锌钢管丝扣连接。水管管经标注为 $D\times\times\times$，常用管道规格为：$D15$、$D20$、$D25$、$D32$、$D40$、$D50$、$D70$、$D80$、$D100$、$D125$、$D150$、$D200$、$D250$、$D300$、$D350$、$D400$、$D450$、$D500$ 等。

（7）水管弯头最小曲率半径为 $1.5D$（指中心轴线）。

（8）水管保温材料种类待定，保温厚度如下考虑：

$D100$（含）以下：25mm，$D125 \sim D250$：30mm，$D300$（含）以上：40mm。空气凝结水管保温厚度为 9mm。冷却水管在室内部分不做保温。

（9）水管坡度

空调水管为 3‰（确有困难时可减少至 2‰），空气凝结水管为 1％（确有困难时可协商局部改小至 5‰）。

（10）空调热水由热力站提供，水温为 70/60℃；空调冷冻水温为 7/13℃，冷却水温为 32/37℃。

（11）水泵基础应考虑较好的减振措施。

10. 风系统

（1）各自系统的划分原则上按扩初进行。

（2）办公室内、外区单独设置风系统。

（3）办公室内区要考虑采用全新风的可能性。

（4）1～5 层的内区新风空调机采用双速（或变速）风机，考虑冬季过渡季全新风的可能性。

（5）办公室及裙房部分房间采用变风量空调系统，VAV 末端装置的规格尽可能减少。

（6）风道尺寸规格尽量按国标采用，但具体情况若有困难，也可局部采用非标尺寸。送风道设计时，管内风速宜随气流方向逐渐减小，排风及回风道则尽可能不变管径。无论平、剖面图，风管尺寸标注均为宽×高。

当图纸上有风管断面时，应注明该风管所在系统的编号及该风管的性质（送风：S.A.，排风：E.A.，回风：R.A.，新风：F.A.）。

（7）风管保温厚度按 20mm 考虑，原则上送风、新风及回风管道做保温，其余风管不做保温。

（8）厨房灶具排风应采用落地式离心风机，其余风机则可采用管道式吊装风机。

（9）空调机组考虑下设 100mm 高混凝土基础，基础与机组之间设橡胶减振垫。管道式风机吊装时，采用减振吊钩。

（10）消声器的设置

①消声器采用折板式，单个长度为 1m；

②消声弯头采用小半径型，内弯半径为 250mm；

③每台空调机组送风总管上设置的消声器数量不得小于两台（或一台消声器加上两个消声弯头），回风管上至少设一台消声器（或两个消声弯头）。当风道较大，或风机功率较高时，消声器应适当增设。

④用于公共空间送、排风管上的消声器应考虑两台。

⑤每个 VAV 末端装置出口配消声段，长度按 1000mm 考虑。

（11）风口与风道之间采用软管连接时，风口应配消声静压箱，其尺寸应根据所接风口的尺寸决定。

（12）变风量系统的风道设计时，应按静压复得法进行水力计算，其它系统可参照此原则进行。

11．空调设备

空调设备的采用待与业主协商后确定。在未确定之前，各种设备可先按下列型号（或厂商）的样本进行设计（以下省略——本书注）。

以上即是北京某一办公式综合楼设计时，空调专业的施工图统一技术措施。由于该工程较大（约 12 万 m²），空调专业参加人员共有四人（其中三人直接参与设计绘图工作，另有一人为审图人），因此，作出一些统一规定后明显的减少了工种负责人的工作，也充分发挥了各设计人员的工作能力，取得了较好的效果。

五、空调专业对各工种的技术要求

（一）对建筑热工的要求

关于建筑热工，本书在第二章中有过详细的叙述，这里不再进一步讨论。总的一点要求是：在满足本工程投资的基础上，尽可能提高建筑各种围护结构的热工性能，降低传热系数，以使设计更符合经济节能的基本原则。

在这一点上，有时可能会与建筑工种产生一定的矛盾。例如，要提高热工性能，通常是采用复合墙体，增加保温材料厚度或采用新型高性能隔热材料，这样也许会给建筑施工图设计增加一些工作量甚至带来一些困难。在这时，本工种应向建筑工种（甚至业主）强调的是：提高热工性能不仅有利于节能，而且冷、热耗量的减少，还有利于减少空调专业的机房占用面积、管道尺寸等，因而提高了建筑面积的利用率；特别是管道尺寸的减小，有利于装修设计，吊顶高度的控制更容易达到甚至可以相对有所提高。

（二）机房及管井

机房及管井除前面提到的面积尺寸外，还应有其它一些要求。

（1）设备机房应采取隔声吸声措施

空调设备在运行时，都存在较大的噪声。尽管通风管道采用消声设备可防止噪声通过风管传至使用房间，但机器噪声通过机房隔墙和门等仍会有所传递，因此，机房隔墙或楼板等应有相应的隔声吸声措施。一般常见的方法是：在机房内表面四周（地面除外），贴50mm厚岩棉或玻璃棉，外用玻璃丝布保护并在最外层加铅丝网（如图15-1）；另一种方法是在一些大空间机房（如冷冻机房）内吊一些吸声体（通常为矩形，厚度大约是150～200mm，内填岩棉或玻璃棉）。上述两种方法比较，前者采用更多一些，不但能有效的吸声，而且可起到一定的隔声作用。如果机房邻室的要求较高，也可把上述两者有机的结合使用更为理想。

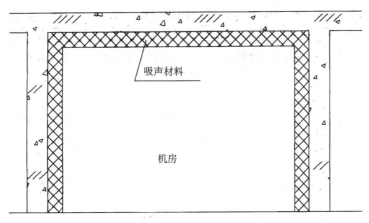

吸声材料

机房

图 15-1　设备机房内消声示意图

机房门通常应采用防火密闭隔声门。

（2）冷冻机房地面结构设计时，应考虑设备重量。由于冷水机组荷载大，因此在实际布置后应尽快提供给结构有关参数（特别是冷冻机房不位于最底层时）。同时，应做设备基础。

冷冻机房及热交换间由于吊装管道较多，结构设计时，顶板应考虑到吊装管道的重量。

（3）冷冻机房、热交换站及泵房等必须有给水及排水设施。当其位于最底层时，最好设置排水沟；如果位于楼板上，则应根据具体布置设一定数量的排水地漏。

空调机房由于有凝结水排除，因此也应考虑排水地漏。

给水设施除了为了系统补水外，还有一个主要用途是为了机房及设备的清洁清洗，通常可以设一个简易水池（拖布池）。

冷冻机房内还要考虑设备维修、人员管理等所需要的空间或房间。

（4）变配电室宜尽可能靠近冷冻机房等用电量较大的房间。

（5）各种机房的照度建议按表15-3采用。

机 房 照 度 标 准　　　　　　　　　　　　　　　　　　　表 15-3

房间名称	照度标准（l_x）	房间名称	照度标准（l_x）
机器间	30～50	贮存间	10～20
设备间	30～40	值班室	20～30
控制间	30～50	配电间	10～20
水泵间	10～20	走　廊	5～10
维修间	20～30		

六、施工图设计深度

施工图设计应力求完整、准确、清晰、无误，以保证施工能正常进行及按图施工。在此点上，我国的实际情况与欧、美及日本、香港等经济发达国家和地区的做法上存在一定差异。这些经济发达国家和地区的设计部门通常只做工程的招标图，其深度介于国内设计单位的扩初设计和施工图之间，而真正的施工图是由施工方完成的。但我国情况有所不同，至今为止，绝大多数设计单位仍沿用的是原苏联的运行模式，施工单位的设计人员也较为欠缺或力量不足，因此我国的设计单位做的是最后供施工用图，故比经济发达国家和地区的最后图纸深度更明显一些。1992年10月，国家建设部颁布了《建筑工程设计文件编制深度的规定》，其中对施工图设计也有较详细的叙述。另外，由于工程类型及建设地点不同，各地对此也有一些地方的要求，这都是设计人员必须遵守的。作者结合工作实践，认为主要可考虑以下内容。

（一）设计及施工说明

设计说明是对整个工程施工图设计的总体描述，让施工单位有一个整体概念；施工说明则提出一些施工过程中应注意的统一技术要求。此部分详见后述。

（二）平面图

这里所说的平面图是指与建筑平面相一致的各层平面图（俗称大平面）而不包括各种机房的平面放大图。

（1）平面图中应有建筑布置、房间分隔、房间名称（或编号）、轴线号及轴线间距尺寸，首层平面图中还应有指北针。

（2）应标注各种管道及设备的定位尺寸，此定位尺寸通常应以建筑轴线或承重墙来定位以利施工安装。

（3）在多数工程中，风道施工与水管施工通常分属于不同的施工部门，因此，风管和水管宜分开各自绘制平面图。

（4）标明风口位置、尺寸，可能时标出各风口的设计风量。

（5）当平面图无管道重叠时，管道及设备安装标高可直接在平面图中注明（可以本层地面为基准），这样对施工较为方便。但管道交叉较多或有重叠而无法在平面图上清晰表达时，应画出局部剖面图来表达。

（6）标注设备编号。对于风管及水管断面，应标注其断面尺寸及管道性质，同时对风管还应标出其所在风系统的编号，如图15-2所示。

图15-2（a）表示：该风管为K-1空调风系统的回风管，其管道尺寸为1000mm×400mm。

图15-2（b）表示：该水管为冷冻水供水管，管径为$D100$。

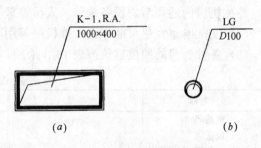

图15-2　风、水管断面标注

（7）平面图的比例一般以1∶100为宜，最小不应小于1∶150。

（三）机房放大图

（1）机房放大图的比例宜采用1∶50，特殊情况下可以适当放大。

（2）图中应有较完整的平、剖面图。

（3）应画出各种设备及其附件（包括排气阀、压力表、温度计、泄水阀，软接风管等等内容）。

（4）应给出设备基础尺寸、基础做法（或者把基础资料提给结构工种出图），减振设计及减振器技术规格（或选用型号）。

（5）以机房地面（或机房所在层的建筑地面）为基础，标注各种设备及管道的安装标高，平面定位尺寸等。

（四）系统图

（1）系统图绘出的是对整个建筑水系统或风系统的基本概念（也即是人们常说的原理图），而不是具体尺寸下的连接，因此，系统图可不用按轴测图（或透视图）方式绘制。

（2）系统图中，各种管道及设备连接的相对位置应与平面图相符合。

（3）水系统图中，还应注明各管段的管径且应与平面图相对应。

（4）规模较大的建筑，其冷、热源系统可与全楼空调水系统分开绘制。

（5）系统图中各种自控元件（如电动风阀、电动水阀等）应有所表示。

（五）控制原理图

（1）控制原理图一般包括有：冷、热源系统的控制、空调机组的控制、风机盘管控制和风机控制等内容。

（2）所有受控或控制设备及其元器件在图中应表示出来。

（3）说明控制要求（也可在设计说明中提出）并列出各系统的被控参数值。

（六）设备表

（1）设备表应详细列出该工程所有设备的工程技术要求，并根据与业主的协商，可对部分特殊或专用设备向业主推荐合理的型号。

（2）冷水机组的主要技术要求有：制冷量及其工作条件（如冷冻水进出水温度、水冷式机组冷却水进出水温度、风冷式机组进风温度等）、使用冷媒种类、机组耗电量限制、机组外形尺寸限制、蒸发器及冷凝器水阻力限制、水侧工作压力要求、使用电源规格以及需和业主及厂商协商的供货范围等。

（3）水泵设备表中应列出的主要技术要求有：水泵形式、水泵流量及扬程、电机功率限制、电机转速、设计点效率、水泵工作压力（或吸入口压力）、电源规格等等。

（4）风机盘管表中应列出的参数有：风机盘管形式、水管接管方向、风量、余压、冷（热）量及工作条件（进、出水温及进风干、湿球温度）、电量、噪声限制、接管管径及工作压力等等。

（5）空调机组表中应列出的参数：机组形式（卧、立式）、出风口位置、水管接管方向、冷（热）量及其工作条件、加湿量、风量、机外余压、电机电量、机外噪声及出风口噪声限制、组合式机组功能段要求、盘管水阻力限制、机组外形尺寸限制、盘管工作压力等。

（6）热交换器的要求参数为：一次热媒及二次热媒的性质及温度、换热量、热交换器形式、一次及二次热媒水阻力限制及工作压力要求，外形尺寸等。

（7）风机性能表所列参数：风机形式（管道式、屋顶式或落地离心式）、风量、风压、电量、转速、噪声等，对落地式离心风机，还要求列出风机方向及出口角度以及减振配置。

（8）冷却塔参数：冷却塔形式、处理水量及工作参数（冷却水进出水温及室外空气湿球温度)、风机电量限制、外形尺寸限制、噪声要求等。

七、设计施工说明

(一)设计内容

设计内容通常表达本施工图设计所针对的工程的名称及其所包括的具体内容,以及本工程建筑面积、空调面积等等。

(二)设计依据。

设计依据一般含有以下内容:

(1) 设计采用的规范名称。

(2) 遵循初步设计的有关原则。

(3) 关于各市政部门对初步设计的审批意见。

(4) 业主的有关要求及协商。

(5) 各专业有关资料及要求。

在列出上述内容时,应尽可能完整,如规范名称及编号,审批文件的名称及编号。业主的要求也最好有正式的公文,以利今后工作。

(三)室内、外设计及计算参数

(1) 室外气象条件应按规范选择其中主要的有用部分列出。

(2) 室内设计参数包括空调房间的温度、湿度、新风量及噪声等要求以及非空调房间的换气量(或换气次数)等。

(四)空调水系统说明

(1) 空调水系统的冷、热耗量及单位面积耗量指标、空调设备电气安装容量及单位面积指标。

(2) 空调水系统冷、热源的形式及参数。

(3) 冷、热源设备的配置。

(4) 水系统的分区以及系统特点说明。

(5) 水处理方式。

(6) 空气加湿处理的方式。

(五)风系统

(1) 全楼各处所采用的不同空调风系统的划分及形式等。

(2) 机械排风、补风系统的设置方式。

(3) 特殊空调及通风系统的说明。

(六)节能及自动控制

(1) 空调节能设计介绍,包括节能措施、建筑热工参数等。

(2) 对自动控制系统的要求。

(3) 结合控制原理图介绍各控制设备及系统的功能要求(此部分也可放在自动控制原理图中说明)。

(七)防火及排烟

(1) 防火阀的设置及联锁控制的内容。

(2) 排烟系数的设置方式及原则、具体的设置位置及排烟量的考虑。

(3) 加压送风系统的设置方式及原则,加压送风量的计算方式及原则。

（八）施工安装

施工安装部分的说明是根据本工程设计要求，对施工安装部分提出的统一技术要求。由于各工种施工安装本身都有严格的一些规范来规定，因此，此部分说明仅是对施工安装规范的一些补充或工程的特定要求。

（1）设备就位顺序及安装方式。

（2）减振设计及安装方式（若图中已表达，则此处可省略）。

（3）对管道（风管及水管）的施工安装要求，包括管道材质、管道规格、连接方式等。

（4）对各种附件及配件的技术性能要求。

（5）关于保温材料的技术性能及厚度要求、保温做法，支吊架的通用做法。

（6）管道及附件的颜色。

（7）试压及试运转要求。

（8）根据图纸要求说明的其它问题。

（9）水系统及风系统的调试要求及程序。

第四节　各级人员职责及工作范围

不管何种工程，其设计图纸都不可能是一人完成的，根据工作程序及图纸基本要求，同一工种内至少也应由两至三人以上签字。通常，一个工种内，设计图纸的完成过程中有以下人员：工种负责人、设计人、校对人及审图人。

一、工种负责人

工种负责人（或称专业负责人）应是具有较高的专业水平和一定的组织工作能力。在一项具体工程设计中，工种负责人在该工程设计主持人（通常也称为"设总"）的直接领导下，对该工程本工种的设计进行全面负责。

（一）职责

（1）根据设计任务书的要求，负责搜集、分析本专业的设计基础资料，在国家现行基建方针政策下，确定设计标准及本专业的设计原则，制定统一技术条件，提出采用和推广先进技术的措施。特别应注重防火及节能设计，制定出适用、经济合理的设计方案。

（2）参与工程设计配合进度计划的制定并按此要求制定本工作的内部工作计划，组织并参加本工种设计图纸及文件的编制，做到设计经济合理、技术先进可靠。图纸应清晰明了，消除错、漏、碰、缺现象，保证设计的完整性和准确性。同时，负责解决本专业设计过程中出现的技术问题。

（3）负责与各专业的配合协调，参加管道综合工作，图纸会审工作并协调解决专业之间的相互矛盾和问题。

（4）绘制本专业的主要图纸（如水系统图、风系统图、防排烟系统图及重要部位的相关图纸）。

（5）负责技术交底、工程施工配合、工程验收及总结，解决施工过程中存在的问题，负责本专业设计文件的整理及归档工作。

（6）参与系统的调试及试运转，解决试运转过程中出现的问题。

（二）主要工作内容

1. 方案设计阶段

（1）熟悉设计任务书中对空调专业的要求，了解业主的意愿，根据国家有关政策及设计规范，合理确定设计标准。

（2）认真研读建筑方案，据此估算冷、热、电等用量。

（3）根据建筑方案和有关要求，考虑初步设计方案并进行方案比较，提出合理的空调系统方案。

（4）配合建筑方案提出机房、管道井等的有关要求。

（5）编写本工种方案设计说明。

2. 初步设计阶段

（1）在上述初步空调系统方案的前提下，有针对性地收集与本工程类似的工程的设计参考资料，有条件时进行一些专业考查，了解类似工程的设计技术水平及要求。

（2）进行深入的系统方案研究和比较，组织本工种参与人员进行讨论并从中得出经济技术合理的初步设计方案，在这时应尽量咨询审图人意见并取得协调一致。

（3）分配各参与设计人员的工作。从空调设计来说，有两种较合适的分配方式：一种是按楼层划分、另一种是按系统划分。相对来说，如果楼内没有采暖系统，则前一种方式对设计组织更有利一些。

（4）根据各设计人员的考虑，确定机房、管井的位置及尺寸，向各工种提出有关资料。

（5）负责与外部单位（如城市主管部门）的联系工作，这些单位包括消防部门、热力、环保、人防等部门，了解主管部门对此工程的要求以及市政条件。

（6）绘制主要图纸，包括空调水系统、风系统原理图、自控原理图、防排烟系统图、图纸目录及图例以及部分重要平面图。

（7）编写初步设计说明书及主要设备材料表。

（8）对各设计人的图纸进行审查并针对出现问题提出相应的修改意见。

3. 施工图阶段

（1）审阅初步设计审批文件。重点是消防、环保、热力等部门的批复意见并尽快提出相应的修改意见。

（2）进一步了解业主对本工程的具体要求。

（3）制定本工种统一技术措施。

（4）参与施工图配合进度计划的制定，合理安排本工种内部工作计划，分配各设计人的具体工作内容。

（5）根据每个人的工作及进度配合计划的安排，协调与其它工种的配合及提出相应的资料，解决本专业中的技术问题。

（6）对自己承担设计的部分内容应按时保质保量完成。

（7）绘制主要图纸：图纸目录、图例、水系统图、风系统图、防排烟系统图、自控原理图、设计及施工说明、设备表，有条件时，还应绘制部分重要的平面图。

（8）认真审查各设计人的图纸，对存在问题提出修改意见。这时应特别注意本专业与其它工种在配合上的协调，防止碰、漏及配合不好产生的失误。这一工作完成后，即可交核审人员对图纸进行校审。对于校审意见，工种负责人应提出相应的修改和处理意见，并把所有校审材料整理归档备查。

4. 施工阶段

（1）进行施工技术交底，向施工单位介绍设计情况及意图，提出施工注意事项，解答施工单位及其它部门对图纸的疑问以及提出上述单位对图纸审查后发现问题的处理意见。

（2）积极配合施工。在施工过程中，重点注意各种结构上的预留孔洞是否满足要求或存在遗漏。在安装过程中，及时解决有关问题。

（3）对施工中出现的问题，可通过设计文件修改通知及修改图方式解决，所有修改及变动都应做好记录并整理归档备案。

5. 调试、试运转及验收

（1）协助质检部门对施工质量进行监督检查，重点是管道井、吊顶内等隐蔽的工程部分。

（2）参加试运转及初调试工作，提出存在问题的解决方案。

（3）听取使用单位意见，了解使用效果，写出工程总结报告。

二、设计人

一项较大规模的工程设计，除工种负责人之外，通常还有其它的参加设计人。在目前，绝大多数工程都普遍采用了 CAD 设计绘图，因此，传统的描图工作已基本没有了。从设计本身来看，制图与设计人在目前也无法分开，因此，设计人一般也是制图人。

设计人应在工种负责人的具体领导下，承担所安排的工作，并对自己的工作质量和计划进度负责。

（1）做好设计前期的准备工作，认真研究设计基础资料。

（2）根据本工种内部工作计划的安排，按时完成自己的工作。设计过程中，遇到原则问题时应和工种负责人进行协调，若不能取得一致意见应按工种负责人的要求执行，较大的争议问题应备案说明。

（3）设计应按本工种统一技术措施的要求进行，并符合国家有关规定、规范及考虑实际施工的情况，力求设计合理，表达清晰。

（4）一般来说，各设计人承担的工作范围应包括其设计负责范围的全部计算，计算结果应完整准确并报工种负责人复查核实。其设计图纸应与计算结果保持一致。

整个水系统的计算工作应由工种负责人来完成。

（5）设计完成后，应进行详细的自校，减少图纸的差错。修改和解决工种负责人、校审人对设计图纸所提的问题，填写好校审记录表中所要求的内容。

（6）及时向工种负责人反映设计中遇到的问题并协助其解决，提出合理化建议，配合工种负责人解决施工过程中个人承担设计部分所出现的问题。

（7）与工种负责人一起参加工程验收，试运转等，协助写出工程总结。

三、校对人

校对人对于设计后期工作来说是相当重要的。尤其是施工图的校对人，要求有高度的责任心和认真细致的工作作风，力求使设计问题在出图之前得以解决，不给以后的施工带来遗留问题和尽量减少修改。另外，校对人对计算书也应进行认真的校对。

从大的原则来看，校对人主要的职责是针对图纸本身进行工作的，即核实图纸的表达方式、设备参数、管道布置、附件设置等的合理性，消除错、漏、碰、缺现象。

（一）通用图纸部分

这部分主要包括图纸目录、说明、设备表及系统原理图，其校对的重点是：

（1）图纸目录名称与图名是否相同。

（2）设计参数（包括室外和室内参数）是否正确合理。

（3）设备参数是否正确完整，与计算书进行对比核实。

（4）设计说明的内容是否完整准确。

（5）系统原理图表达是否完整准确。

（二）平、剖面图

（1）校核空调图纸中的建筑图是否与建筑专业最终完成的图纸相同（如隔墙位置、房间名称等）。

（2）空调专业各种管道的走向是否存在问题及与其它专业是否相矛盾，重点是与建筑及结构有无冲突（如建筑空间的变化，结构梁板的布置情况等）。

（3）本专业管道尺寸及标高是否合理，平、剖面图是否一致，管道定位尺寸表达是否清晰齐全，图例有无错误，风管及水管附件的选择和布置的合理性。

（4）管道坡向、坡度、固定支架的位置及做法，设备编号等是否合理正确。

（三）机房放大图

（1）机房放大图中的进出管道与平面图同一管道的尺寸及位置是否一致。

（2）机房内各设备、附件的表达及定位尺寸是否完整准确。

（3）校核设备基础尺寸。

（4）详图做法是否符合技术要求并能够满足施工。

总之，校对人的工作应独立于工种负责人和设计人，对设计文件本身的完整性和准确性承担一定责任。在校对完成后，应认真填写校对记录卡。对发现的问题，可与设计人或工种负责人进行商榷，并提出相应的修改意义。

四、审图人

审图人应具有较高的专业技术水平和工作经验，是本专业在技术上的质量把关人，其职责是针对工程设计的原则问题进行审核并提出修改意见。审图人应从方案设计开始即介入该工程的设计工作。在设计过程中，进行技术上的全面指导，并对设计中与国家规定、规范、使用功能、系统形式等有关的重大原则问题承担责任。

（1）指导方案、初步设计及施工图设计。

（2）解决（或协助工种负责人解决）设计中出现的重大原则问题。

（3）审查计算书的计算原则及其结果的合理性和准确性。

（4）审查设计说明是否合理、准确（重点审查各种技术指标有无重大原则问题及各系统的合理性），设计标准是否恰当。

（5）审查设备选型及参数的合理性和完整性。

（6）重点审查防火及防排烟系统的设计，是否与国家规范和有关规定有矛盾。

（7）对审查出的问题提出处理意见。

（8）协助解决施工中出现的重大问题。

参 考 文 献

1 钱以明编著. 高层建筑空调与节能. 上海：同济大学出版社，1990

2 中国建筑科学研究院，建筑设计研究所，建筑标准设计研究所. 民用建筑采暖通风设计技术措施. 北京：中国建筑工业出版社，1983

3 建设部建筑设计院编著，顾兴蓥主编. 民用建筑暖通空调设计技术措施（第二版）. 北京：中国建筑工业出版社，1996

4 中国建筑科学研究院空气调节研究所. 空调技术，1983（1）

5 清华大学，西安冶金建筑学院，同济大学，重庆建筑工程学院合编. 空气调节. 北京：中国建筑工业出版社，1981

6 中国建筑科学研究院空调所张雅锐，单寄平. 对北京地区五栋旅馆建筑全年空调负荷分析结果的初步探讨. 1988 年全国暖通、空调、制冷学术年会论文集

7 建设部建筑设计院黄文厚，潘云钢. 二次泵变水量系统设计及问题探讨. 1988 年全国暖通、空调、制冷学术年会论文集

8 周谟仁主编. 流体力学泵与风机. 北京：中国建筑工业出版社，1979

9 潘云钢. 对旅馆空调新风处理的探讨. 暖通空调，1991（5）

10 转轮式全热交换器技术性能计算方法的研究. 冷冻与空调，1982（5）

11 丁高. 空调系统 DDC 控制设计. 暖通空调，1994（3）

12 清华大学彦启森. 冰蓄冷系统设计. 1996

13 陆耀庆主编. 供暖通风设计手册. 北京：中国建筑工业出版社，1987

14 电子工业部第十设计研究院主编. 空气调节设计手册（第二版）. 北京：中国建筑工业出版社，1995

15 施俊良著. 调节阀的选择. 北京：中国建筑工业出版社，1986

16 施俊良著. 室温自动调节原理和应用. 北京：中国建筑工业出版社，1983

17 章孝思著. 高层建筑防火. 北京：中国建筑工业出版社，1985

18 《实用消防手册》编写组. 实用消防手册. 北京：中国建筑工业出版社，1992